朝井 淳 著

U0067755

最新

SQL

語法範例字典

DICTIONARY ［改訂第4版］ SQLポケットリファレンス

感謝您購買旗標書,
記得到旗標網站
www.flag.com.tw
更多的加值內容等著您…

<請下載 QR Code App 來掃描>

1. FB 粉絲團:旗標知識講堂

2. 建議您訂閱「旗標電子報」:精選書摘、實用電腦知識
搶鮮讀; 第一手新書資訊、優惠情報自動報到。

3. 「更正下載」專區:提供書籍的補充資料下載服務, 以及
最新的勘誤資訊。

4. 「旗標購物網」專區:您不用出門就可選購旗標書!

買書也可以擁有售後服務, 您不用道聽塗說, 可以直接
和我們連絡喔!

我們所提供的售後服務範圍僅限於書籍本身或內容表達
不清楚的地方, 至於軟硬體的問題, 請直接連絡廠商。

● 如您對本書內容有不明瞭或建議改進之處, 請連上旗標
網站, 點選首頁的 讀者服務 ,然後再按右側 讀者留言版 ,
依格式留言, 我們得到您的資料後, 將由專家為您解答。
註明書名 (或書號) 及頁次的讀者, 我們將優先為您解答。

學生團體	訂購專線:(02)2396-3257 轉 361, 362
	傳真專線:(02)2321-2545
經銷商	服務專線:(02)2396-3257 轉 314, 331
	將派專人拜訪
	傳真專線:(02)2321-2545

國家圖書館出版品預行編目資料

最新 SQL 語法範例字典 /
朝井 淳 著;陳亦苓、朱浚賢 譯
臺北市:旗標, 2017.12 面; 公分

ISBN 978-986-312-495-5 (平裝)

1. 資料庫管理系統 2. SQL (電腦程式語言)

312.7565   106021016

作 者/朝井 淳

翻譯著作人/旗標科技股份有限公司

發 行 所/旗標科技股份有限公司

台北市杭州南路一段15-1號19樓

電 話/(02)2396-3257(代表號)

傳 真/(02)2321-2545

劃撥帳號/1332727-9

帳 戶/旗標科技股份有限公司

監 督/楊中雄

執行企劃/張根誠

執行編輯/張根誠

美術編輯/薛榮貴・陳慧如・薛詩盈

封面設計/古鴻杰

校 對/張根誠

新台幣售價:580 元

西元 2023 年 4 月初版 5 刷

行政院新聞局核准登記-局版台業字第 4512 號

ISBN 978-986-312-495-5

版權所有・翻印必究

序

　　光陰似箭，最新 SQL 語法範例辭典已改版至第四版。這次改版的重點在於新增對應 SQLite 的內容。如讀者所知，目前在主流智慧型手機平台例如：Android、iPhone 都已預載 SQLite 資料庫。

　　過去，關聯式資料庫只存在於大型伺服器，但如今也能被儲存在手機等行動裝置。換言之，只要隨身攜帶智慧型手機就如同隨時都擁有關聯式資料庫。當然，目前大型伺服器的關聯式資料庫還是被廣泛使用在各種場合。

　　在此進一步說明，SQL 是為了操作關聯式資料庫的語言。本書則是 SQL 語法的參考字典。本書在這次改版中基本架構不變，還是分成指令、運算子、函數、程序、程式設計界面、Appendix（附錄）等部份說明 SQL。

　　本書濃縮了各種精華部份並以簡潔的方式說明 SQL 常用指令。此外也附上許多範例，使用方式簡單易懂。若本書能對讀者在資料庫程式設計上有所助益的話，將是筆者的榮幸。

朝井 淳

目錄 *CONTENTS*

第 1 章 SQL 的基礎概念 1

第 2 章 命令(Command) 37

目錄 *CONTENTS*

第 3 章 運算子　　　　　　235

第 4 章 函式

目錄 *CONTENTS*

第 5 章 可以用在程序中的命令   485

目錄 *CONTENTS*

第 6 章 程式設計介面 (Programming Interface)　　485

附錄 A SQL 的使用技巧　　604

附錄 B Import 與 Export　　643

本書注意事項

本書的結構

● 結構

本書對應的資料庫

Oracle	8/8i/9i/10g/11g/12c
SQL Server	6.5/7.0/2000/2005/2008/2012/2014/2016
Access	97/2000/2003/2007/2010/2013/2016
DB2	V7/V8/V9/V10
PostgreSQL	7.3/7.4/8.0/8.1/8.2/8.3/8.4/9.0/9.1/9.2/9.3/9.4
MySQL	3.23/4.0/4.1/5.0/5.1/5.5/5.6/5.7
MariaDB	10.0/10.1
SQLite	2/3

　　雖非針對個別資料庫來解釋, 但是對於 SQL92(部分為 SQL99) 標準中的命令、函式等, 各資料庫的支援與否, 書中都有記述。

本書注意事項

　　此外，包含在本書對應對象內之資料庫，根據版本不同，其動作結果也有可能和本書所寫的結果略有出入。例如，在 Oracle9i 中可以正常運作的操作，在 Oracle8 中卻可能無法動作，這一點還請您見諒。

● 關於所用圖示

1. 在解說 SQL 的命令、函式處，在所解釋之命令、函式的右邊，會標有 Oracle、SQL Server、DB2、PostgreSQL、MySQL / MariaDB、SQLite、MS Access 、 SQL 標準等 8 個圖示。這些圖示所表示的是有支援該命令、函式之資料庫。

| Oracle | SQL Server | DB2 | Postgre SQL | MySQL/ MariaDB | SQLite | MS Access | SQL 標準 |

如以下的「GROUPING 函式」之說明，我們就可以看出共有 Oracle 、 SQL Server 和 DB2 這 3 種資料庫支援，而圖示以淡灰色顯示的 PostgreSQL 、 MySQL、SQLite、Access 和 SQL 標準則表示不支援。

GROUPING 函式

| Oracle | SQL Server | DB2 | Postgre SQL |
| MySQL/ MariaDB | SQLite | MS Access | SQL 標準 |

2. 在解說 SQL 的命令、函式處，如上述 1 中所解釋的，當所支援之資料庫種類不只一個時，為了標明範例程式所解說的是哪個資料庫的寫法，則以如下的圖示標示在範例程式右側：

以下就是 GROUPING 函式的示範。這個函式可以用在 Oracle、SQL Server 和 DB2 這 3 種資料庫中，但是某些用法只能用在特定的資料庫中。為了處理這種狀況，書中會於範例程式右側標出此寫法適用於哪個資料庫(例如 Oracle 和 DB2)。也就是說，以下這個寫法在 SQL Server 中是不適用的。

範例 用 GROUPING 函式來判斷是否為統計資料列。

```
SELECT 性別 , SUM(年齡), GROUPING(性別)                    Oracle  DB2
 FROM 通訊錄 GROUP BY ROLLUP(性別)
```

性別	SUM(年齡)	GROUPING(性別)
女	51	0
男	55	0
	106	1

本書的閱讀與使用方法

● 關於語法說明的格式

關於本書中各種命令、函式的語法格式，在此以如下的例子來說明。

從資料表中取得整列資料

語法

SELECT [ALL | DISTINCT] expression [, expression ...]
 FROM table_name [, table_name ...]
 [**WHERE** where_expression]
 [**GROUP BY** expression [, expression ...]
 [**HAVING** where_expression]]
 [**ORDER BY** expression [, expression ...]]

參數

table_name	要查詢的資料表名稱
expression	任意陳述式
where_expression	進一步篩選資料用的條件式

本書注意事項

SELECT	保留字
table_name	任意名稱
column	任意名稱，但必須爲欄位名稱
statement	SQL 的命令
expression	任意陳述式
[ ]	表示可以省略
( )	這個括弧一定要寫
...	可以不斷重複
A|B	可選擇 A 或 B 其中一者
{A|B}	可選擇 A 或 B 其中一者，不用寫外側的大括弧

接下來則爲你說明範例程式中常出現的說明格式。

● 在範例程式中所用的資料表名稱、欄位名稱和參數

範例 取出 foo 和 bar 資料表中 a 欄位資料相同的整列資料

```
SELECT * FROM foo, bar WHERE foo.a = bar.a
```

資料表名稱	使用了 foo 和 bar	
欄位名稱	當欄位之資料類型沒有特定限制時，基本上依序使用 a、b、c…	
	當欄位之資料類型有特定限制時，命名規則如下：	
	表示日期資料類型時	d、t
	表示非日期資料類型時	i、j
	有具體的資料表內容時(如通訊錄範例)，就會直接使用具體的欄位名稱。	
參數	s、t、u	字串
	c	文字
	n、m	數值
	d、e	日期
	p	日期要素
	e	陳述式
	l	表示長度的數值
	f	表示最前頭的數值
	f	表示格式

● 在範例程式中所用的物件名稱

範例 建立名為 v_foo 的 view 。

```
CREATE VIEW v_foo AS SELECT a, b FROM foo
```

　　本書加上不同的開頭文字來辨認, 因此不同種類的物件都利用 foo 作為基本名稱。

v_foo	表示 view 之名稱
p_foo	表示程序名稱
f_foo	表示函式名稱
s_foo	表示 Sequence 名稱
syn_foo	表示別名

● 傳回值

語法

RPAD (s, l, t) → 字串　　　　　　　　　　　　　　　MySQL/MariaDB

RPAD (s, l [, t]) → 字串　　　　　　　Oracle DB2 PostgreSQL

參數

s	字串陳述式
l	調整後的字串長度
t	填入的字串

傳回值

將字串 s 用 t 所指定之文字從右側重複填入成為長度為 l 的字串

　　在語法說明處, 標有「→」符號時, 就表示有傳回值。

運算子	表示出該運算之結果如何(會傳回怎樣的值)。
函式	表示出該函式執行後, 會傳回怎樣的值。依函式種類不同, 對於沒有傳回值的函式, 說明處就不會加上「→」符號

本書注意事項

● 執行範例

範例 SELECT 出通訊錄資料表中, 年齡不是 NULL 值的人。

```
SELECT 姓名, 年齡 FROM 通訊錄 WHERE 年齡 IS NOT NULL

姓名          年齡
-------------------------------------------------
山田太郎       21
鈴木花子       32
佐藤次郎       17
田中花子       19
高橋次郎       17
```

如上例, 在 SQL 命令(以 SELECT 開頭的一段文字)下, 若列出了一些像表格般的資料, 則該資料就是執行結果。

以上例來說, 就是顯示出從通訊錄資料表中, 把年齡欄位值不為 NULL(就是存有資料)之資料 SELECT 出來的結果。

第 1 章

SQL 的基礎概念

SQL 是 Structured Query Language 的縮寫，翻成「結構化查詢語言」。「結構化」一辭常用在程式語言中，所以其意義大家多少能體會，但是「查詢」是什麼意思呢？用日常生活中常用的辭彙來想的話，由於有「用電話查詢」之類的詞句，所以「向某組織提出疑問，並期待詢問結果」一這樣的情境就浮現在我們腦海裡了。

向資料庫查詢資料也是一樣的。「某些要詢問的問題」可以說就等於是以 SQL 所寫出的命令；「向某處」所指的就變成「向資料庫」；「用電話」則就對應到「透過 TCP/IP 網路」。

資料庫有很多種，過去有所謂有 tree 型的資料庫，也有 card 型的。最近出現了利用 C++ 或 Java 的物件，並直接以該型態作為永久保存資料的「物件導向資料庫」，而這種資料庫也已進入了實際的應用階段。

SQL 是針對關聯式資料庫所使用的命令語言。那麼，關聯式資料庫又是什麼？這種資料庫是從一種名為「關聯代數」的數學理論而來的。關聯代數是以資料表和集合的概念來表達資料的一種理論系統。因此，關聯式資料庫的基本要素，就是「資料表」。或許用試算表中的工作表來比擬會比較好理解。也就是說，資料表由欄 (行) 與列構成，所以只要指定第幾欄和第幾列，就能得到該資料表中的一項資料。在關聯代數理論中，資料表稱為「關係 (relation)」，每一橫列稱為「值組 (tuple)」，每一直行的欄位名則稱為「屬性 (attribute)」。由於這種資料庫是把表 (關係) 作為基本的物件來處理，所以就稱為關聯式資料庫。

資料庫中，可以放入多個資料表。而這些資料表雖然各自獨立，但卻可以讓它們彼此間保有關係。此部分雖然也是一種關聯，不過在此英文不稱為 relational，而稱為「relationship」。

1-1 SQL 的歷史

SQL 的歷史久遠，從 1970 年 E.F.Codd 博士發表的「大型共用 Data Bank 的關連式資料基礎模型」可說是起點。一開始，IBM 開發了以 E.F.Codd 博士的理論爲基礎而運作的資料庫系統－「System R」。而用來操作該系統的各種命令，統稱爲「SEQUEL」的語言，也就此登場。這個 SEQUEL，日後就成爲了 SQL 。

1979 年，Rational Software, Inc.(現在的 Oracle 公司) 發表了商業用的資料庫。在發表了 Informix 和 Sybase 等資料庫產品後，跟隨著各產品擴充功能後的 SQL 命令，變得十分堪用了。此時，一些制定規格的組織，像是 ANSI 和 ISO，就開始制定 SQL 的規格。在本書編寫時，最新的規格是「SQL-99」，又稱爲「SQL3」。而各公司的產品則主要依據前一個規格「SQL-92」爲標準而開發。不過含有 SQL-99 規格的產品也不在少數。

本書執筆時，SQL 的最新標準爲「SQL-2011」。這個標準從 SQL-92 、SQL-99 、 SQL-2003 到 SQL-2008 都不斷地更新版本。然而一般來說資料庫廠商的產品都會發展的比標準規格還要快一步，之後相關內容才會被追加至標準中。

Microsoft 公司的 SQL Server 是最近的資料庫產品之一。Oracle, Informix 和 Sybase 本來主要是在 Unix Workstation 上運作，而 SQL Server 是 Microsoft 公司的產品，所以只在同公司產品的 Windows 上運作。隨著 Windows 作業系統在世界各地日漸普及，在 Windows 上運作的 SQL Server，也自然地隨之擴展。看到這種狀況，Oracle 當然不會袖手旁觀。當 Oracle 也能在 Windows 作業系統上運作後，形成了「SQL Server VS Oracle」的局面。哪邊的運作效率比較好，哪邊的穩定性較高之類的議論就開始熱鬧地進行。

1999 年，名爲 SQL-99 的，支援各種資料類型的新規格已經被構思出來。又由於近年來，物件導向觀念的擴展，資料庫也出現了物件導向型態的需求。可以將物件直接保存的「物件導向型」資料庫也產品化了。此外，具有關聯性，又可將物件輕鬆資料庫化處理的功能的「物件導向關聯式資料庫」，也登場了。

　　在 2003 年所決定的 SQL-2003 中, 有一主題是關於和 XML 的連動應用, 可儲存 XML 資料或是進行搜尋。雖説藉由網際網路建構系統在今日已是主流, 但在當時對相關系統的建構方式產生了很大的影響。

　　Ajax 網路技術開始流行後, 資料庫結構簡化成鍵值型態 (key-value), 並聯伺服器進行分散處理的系統變得十分常見。也就是俗稱的「no-SQL」。SQL 使用於關聯式資料庫, 在 no-SQL 中因爲資料庫變爲鍵值型態, 所以無法使用 SQL。但要變動系統中的資料庫架構並不容易, 目前「完全不使用 SQL」的系統還是很少見。

　　此外行動裝置的發展也需要關注, 例如在 Android 裝置預載了 SQLite, 使得使用者可以隨身攜帶關聯式資料庫系統。

　　雖然上面只是簡述 SQL 的發展史, 但還是可讓我們感受 SQL 的歷史悠久。隨著時代的轉變, SQL 不斷新增各種功能與使用平台。在可見的未來中, SQL 也不會簡單地被淘汰。

1-2 語言體系

SQL 是由命令、運算子和函式形成之陳述式所構成的。而 SQL 的目的，是對資料庫進行存取動作。因此，基本的 SQL 命令中，是不包含控制命令的。不過，擴充出來的命令組 (PL/SQL 或 Transact-SQL) 中則含有控制命令。所謂的控制命令，就是指 IF 之類的條件判斷式，或是 WHILE 之類的迴圈等。

Basic 或 C 語言稱為「程序型語言」。將各命令依序寫出，然後整體能達成某個目的。相對於這樣的語言，SQL 則稱為「非程序型語言」。SQL 只用一個命令就結束，且只靠這一個命令就達成目的。通常，SQL 會嵌在 Basic 或 C 之類的程序型語言中，所以只要利用這些程式語言的控制命令即可。

SQL 語言主要由「保留字」、「資料庫物件」和「陳述式」等要素構成。以下就是針對這些要素的說明。

保留字

保留字是指「SELECT」、「CREATE」之類的命令，或者也可以說就是命令中的單字。保留字都是由半型的英文字母構成。

資料庫物件

所謂的資料庫物件，是指資料表或檢視表 (View) 等，由使用者或系統建立在資料庫中的物件名稱。物件的命名，在特定規則範圍內是自由的。很多資料庫還可以接受使用中文字來命名物件。一般來說，保留字不能作為物件名稱。但是非得用保留字來命名物件時，在 Oracle、DB2、PostgreSQL 中，可以用雙引號來區別物件名稱和保留字；SQL Server 和 ACCESS，則可用「[」和「]」包住物件名稱以區別之。MySQL 則是用反單引號。

在 SQLite 中可以使用雙引號（doublequote）、「[」和「]」、單引號（backquote）。

以保留字來命名物件時的寫法：

```
SELECT * FROM "SELECT"                    Oracle  DB2  PostgreSQL  SQLite
SELECT * FROM [SELECT]                     SQLServer  MS Access  SQLite
SELECT * FROM `SELECT`                      MySQL/MariaDB  SQLite
```

*當 SQL Server 和 MySQL 設定成 ANSI 相容模式時可藉由雙引號來指定資料庫物件的名稱。

Schema

物件是存在於稱爲「Schema」的命名空間中, 在此 Schema 中, 物件名稱必須是獨一無二不可重複的。

關於物件的命名慣例, 以資料表來說, 請在前頭加上 t_, View 的話, 就在前面加上 v_, 這樣一來, 只要看到名稱就能辨別出物件種類。雖然有這種命名慣例, 不過這並非強制規定。

下表則列出了幾種具代表性的資料庫物件:

圖1-1 資料庫物件

	物件	有無資料列
資料表	TABLE	有
索引	INDEX	無
View	VIEW	有
程序	PROCEDURE	無
函式	FUNCTION	無
Trigger	TRIGGER	無
Sequence	SEQUENCE	有模擬列
別名	SYNONYM	依據參照目標而定

陳述式

陳述式是由資料表或 View 、運算子、函式與常數所構成。資料表或 View 定義的就是資料的名字。處理某一資料表的命令中, 只要寫出欄位 (行) 名, 就能取得特定欄位的資料。處理多個資料表的命令中, 若這些資料表中有共同的欄位名, 那麼就會搞不清楚所指定的到底是哪個資料表的該欄資料了。爲了避免這種問題發生, 就要用「資料表名 . 欄位名」這樣的寫法。

運算子是用來進行運算的符號, 要做加法運算的話, 就用 + 符號, 寫成像「a+b」這樣的陳述式。

函式寫法就像「函式名 (參數)」這樣, 其中會對參數進行運算, 然後再傳回結果。

常數就是像「100」或「'ABC'」這樣, 呈現固定值的東西, 常數也稱爲「literal」。

數值常數

數值常數的寫法, 就單純寫出數字來即可。以下就是整數數值的寫法。

```
1    2    10   999
```

對於附有小數點的數值, 就加上點來寫即可。

```
1.23        0.432   29.542
```

若需表示很大或很小的數值, 可以用指數 (次方) 來寫。

```
1.23e10     23.4e12     4.0579e-12
```

MySQL 還可以用 16 進位的方式來寫數值。只要前頭有加上 **0x** 的數值, 就會被視為 16 進位數值。

字串常數

字串的寫法, 就是用單引號 (') 或雙引號 (") 把值包住即可。

```
'This is string'           "This is string"
```

多數的資料庫, 兩種寫法都能接受, 但在 SQL 中則習慣使用單引號。這種寫法在 Basic 或 C 語言等必須將 SQL 以字串方式撰寫的程式語言中, 會比較方便使用。因為在 Basic 或 C 語言中, 是用雙引號來表示字串。

```
char* sql = "SELECT * FROM foo WHERE a = 'abc'";
```

若要在以單引號寫成的字串中, 加上單引號符號, 那就得連續寫 2 兩個單引號。

```
'Asai''s'-> Asai's
```

SQL 標準規範中將雙引號所包圍的字串視為物件名稱。一般字串資料則用單引號包圍。此外, 在 Oracle 系統中會利用「N' 字串 '」的格式來描述 Unicode 字串, 也可使用「Q'# 字串 #'」的格式來描述。其中 # 的部份可用任何區隔字元 (delimiter) 來替代。前面的 N 或 Q 在使用上不用區分大小寫。

MySQL 中也支援用「N' 字串 '」來描述 Unicode 字串。如果將 SQL mode 設定成「ANSI_QUOTES」將可以改變系統的處理方式。

在 PostgreSQL 中, 還可以用「B'101011'」這樣的形式, 以 2 進位的方式來表示字串。

在 DB2 中, 用「X'FFFF'」這樣的形式, 就能以 16 進位的方式來表示字串。另外還有「N' 字串 '」、「G' 字串 '」的寫法, 可以用來表示漢字字串。

SQLite 中也可處理以「X'FFFF'」格式來描述 16 進位數字的字串。

大小寫

SQL 會忽略字母的大小寫差異。

```
SELECT * FROM FOO
select * from foo
Select From Foo
```

以上這 3 行程式會被視為相同的命令。不過, 依資料庫種類不同, 對於某些資料庫來說, 資料表名稱大小寫是有分別的。此外, 對大多數的資料庫來說, 其內的資料或字串, 是有大小寫之分的。

```
SELECT * FROM FOO WHERE NAME = 'ABC'
Select * from foo where name = 'abc'
```

以上這兩行 SELECT 命令的執行果是不一樣的, 因為字串資料 'ABC' 和 'abc' 是不一樣的。

但是依據文字組態的設定不同, 也有的資料庫會忽視其內資料或字串的大小寫差異。 MySQL 預設就會忽略大小寫差異。

日期常數

日期時間資料和一般字串資料一樣, 以單引號 (') 包圍來描述。但是其中的值必須是時間或日期。以下就是時間和日期的寫法。

```
'2002-11-23'          '2002/12/31'          '2000-01-01 13:30:20'
```

在 Oracle 和 PostgreSQL 中，可以利用 **TO_DATE** 函式來把字串轉換成時間或日期。此時，藉由指定書寫格式的方式，就可以利用各種寫法把字串轉換成日期。如下：

```
TO_DATE('1999/08/31', 'YYYY/MM/DD')
```

DB2 中藉由 **TIMESTAMP_FORMAT** 函數可以處理指定書寫格式的日期時間資料。

```
TIMESTAMP_FORMAT('2008-04-01', 'YYYY/MM/DD')
```

MySQL 則是使用 DATE_FORMAT 函數與 TIME_FORMAT 函數。

SQLite 使用「動態型別系統」，並沒有日期與時間型別（datetime）。所以也沒有 **datetime** 型別的資料。但 **SQLite** 還是有處理日期時間的相關函數。以記錄日期時間的書寫方式所建立的字串資料，可藉由相關函數轉換成日期時間來進行運算。因此以下書寫方式的字串，實質上可視為日期時間資料。

```
'2015-01-01'
'2015-08-31 12:10:30'
'09:00:00'
```

間隔常數

間隔常數是用來表示間隔 (Interval) 的，也是以單引號 (') 包住值的方式來寫。有的資料庫可以利用關鍵字「INTERVAL」來設定更多細節。以下就針對各資料庫加以說明。

• Oracle

在 Oracle 中，可以用 INTERVAL 來正確地指定關於間隔長度的常數值。舉例來說，10 天的間隔，就可以寫成 INTERVAL '10' DAY。而 1 小時的間隔則寫成 INTERVAL '1' HOUR。若要計算出 a 列所記錄之日期的 10 小時後，可以寫成如下：

```
SELECT a + INTERVAL '10' HOUR FROM foo                    Oracle
```

用 INTERVAL 也能寫出 3 年 4 個月的間隔：

```
INTERVAL '3-4' YEAR(1) TO MONTH                           Oracle
```

(1) 指的是年只有 1 位數的意思。若要寫出 10 天 8 小時的間隔的話，則如下：

```
INTERVAL '10 8' DAY(2) TO HOUR                           Oracle
```

圖 1-2 Oracle 間隔常數範例

間隔	間隔寫法
10 年	INTERVAL '10' YEAR
10 個月	INTERVAL '10' MONTH
3 年 6 個月	INTERVAL '3-6' YEAR(1) TO MONTH
7 天	INTERVAL '7' DAY
3 天又 4 小時	INTERVAL '3 4' DAY(1) TO HOUR
3 天又 4 小時 25 分	INTERVAL '3 4:25' DAY(1) TO MINUTE
3 天又 4 小時 25 分 20 秒	INTERVAL '3 4:25:20' DAY(1) TO SEOOND
13 小時	INTERVAL '13' HOUR
13 小時 44 分	INTERVAL '13:44' HOUR TO MINUTE
13 小時 44 分 10 秒	INTERVAL '13:44:10' HOUR TO SECOND
30 分鐘	INTERVAL '30' MINUTE
30 分鐘 12 秒	INTERVAL '30:12' MINUTE TO SECOND

• DB2

在 DB2 中，可用以下的關鍵字來指定間隔常數。

圖 1-3 OB2的間隔標籤

關鍵字	意義
YEAR YEARS	年
MONTH MONTHS	月
DAY DAYS	日
HOUR HOURS	時
MINUTE MINUTES	分
SECOND SECONDS	秒
MICROSECOND MICROSECONDS	百萬分之一秒

　　這些關鍵字稱為標籤，而標籤要和數值一起使用。 10 年的間隔就寫成「10 YEAR」或是「10 YEARS」(複數形可有可無)。

　　3 年 6 個月就寫成「3 YEARS + 6 MONTHS」。不過，間隔常數彼此是不能相加的，一定要用「日期 + 間隔」的寫法才行。若 a 列中的資料是日期資料，則「a + 10 DAYS + 12 HOURS」的寫法是對的。但由於間隔常數彼此是不能相加的，所以寫成「a +(10 DAYS + 12 HOURS)」就會出現錯誤訊息了。

範例 a 列中的日期起算 10 天後

```
SELECT a + 10 DAYS FROM foo                          DB2
```

• PostgreSQL

PostgreSQL 也可以用 INTERVAL 來設定間隔常數值。例如, 10 天後, 就寫成 INTERVAL '10 DAY', 而 1 小時後就寫成 INTERVAL '1 HOUR'。單引號的位置有微妙的差異, 請特別注意了。

範例 a 列中的日期起算 10 小時後

```
SELECT a + INTERVAL '10 HOUR' FROM foo           PostgreSQL
```

PostgreSQL 中的常數, 是以單引號包起來的字串。不過單引號中的值, 可能是日期、間隔, 也可能是幾何資料。為了能正確地指定資料類型, 所以要在前面加上如 INTERVAL 這樣的資料類型名稱。

像 '10 HOUR' 這樣, 很明白地顯示出是間隔類型資料的情況下, 前面寫上 INTERVAL 可能有點冗長, 所以也可以省略掉。舉例來說, a 列中的日期起算 10 小時後, 可以如下寫:

```
SELECT a + '10 HOUR' FROM foo                    PostgreSQL
```

3 年 6 個月的間隔常數, 可以寫成 INTERVAL '3 YEAR 6 MONTH'。此外, YEAR 也可以寫成 YEARS 這樣的複數形。

圖 1-4 PostgreSQL 的間隔常數範例

間隔	間隔常數
10 年	INTERVAL '10 YEAR'
10 個月	INTERVAL '10 MONTH'
3 年 6 個月	INTERVAL '3 YEAR 6 MONTH'
7 天	INTERVAL '7 DAY'
3 天又 4 小時	INTERVAL '3 DAY 4 HOUR'
13 小時	INTERVAL '13 HOUR'
13 小時 44 分	INTERVAL '13 HOUR 44 MINUTE' INTERVAL '13:44'
30 分鐘	INTERVAL '30 MINUTE'
30 分鐘 12 秒	INTERVAL '30 MINUTE 12 SECOND' INTERVAL '0:30:12'

• MySQL / MariaDB

MySQL 也能藉由 INTERVAL 來設定間隔常數, 不過不需要像 PostgreSQL 一樣用單引號來包住。 10 天的間隔, 寫成 INTERVAL 10 DAY 即可。

在 MySQL 中, 設定間隔常數不能省略 INTERVAL, 10 天的間隔, 不能寫成 10 DAY。 若寫成「SELECT a + 10 HOUR FROM foo」這樣, 則 HOUR 會被當成是列的別名來處理。所以一定要用「INTERVAL n 單位」的方式來寫。

範例 a 列中的日期起算 10 小時後

```
SELECT a + INTERVAL 10 HOUR FROM foo
```
MySQL/ MariaDB

3 年 6 個月的間隔常數, 可以寫成 INTERVAL '3-6' YEAR_MONTH。不用數值, 而以字串的方式來表示。

圖 1-5 MySQL 的間隔常數範例

間隔	間隔常數
10 年	INTERVAL 10 YEAR
10 個月	INTERVAL 10 MONTH
3 年 6 個月	INTERVAL '3-6' YEAR_MONTH
7 天	INTERVAL 7 DAY
3 天又 4 小時	INTERVAL '3 4' DAY_HOUR
13 小時	INTERVAL 13 HOUR
13 小時 44 分	INTERVAL '13:44' HOUR_MINUTE
13 小時 44 分 10 秒	INTERVAL '13:44:10' HOUR_SECOND
30 分鐘	INTERVAL 30 MINUTE
30 分鐘 12 秒	INTERVAL '30:12' MINUTE_SECOND

在 MySQL 中, 間隔常數彼此不能進行運算, 像 SELECT INTERVAL 2 DAY + INTERVAL 12 HOUR 這樣的寫法是錯的。間隔常數只能和日期資料進行運算。

SQLite

SQLite 沒有 datetime 型別, 當然也沒有時間間隔型別（interval）。但藉由日期函數可進行日期與時間的相關運算。日期函數可藉由可變數量的引數來建立, 也可指定任意的複數引數。

提供代表 interval 的字串, 日期函數就可進行日期的加減運算。可作為 interval 的文字如下。不使用關鍵字 INTERVAL 。

圖 1-6 SQLite 的間隔常數

間隔	間隔常數
年	year years
月	mounth mounths
日	day days
時	hour hours
分	minute minutes
秒	second seconds

文字上有沒有使用複數形都沒關係。秒最多可指定到小數點以下第二位。時間間隔作為修飾詞（modifier）在日期函數的第二個引數以後指定。

範例 計算 a 列資料的 1 年後

```
SELECT DATETIME(a, '1 year') FROM foo
```

想使用多個時間單位來進行細部時間的指定時, 可像下面一樣增加引數。

範例 計算 1 小時 30 分後

```
SELECT DATETIME(a, '1 hour', '30 minutes') FROM foo
```

指定負數值就可進行減法運算。

註解

SQL 的註解寫法和 C 語言一樣, 在「/*」和「*/」之間的字串, 就會被視為是註解文字。另外, 接在「--」之後的字串, 在換行之前, 也都會被視為是註解文字。

註解文字並不影響 SQL 命令的執行。如下這樣, 命令中夾有註解, 也不會影響命令的執行。

```
/* 這是註解,想寫什麼都可以 */
-- 這也是註解
SELECT /* 只選一個 */ one FROM foo /* foo資料表 */
```

在 Oracle 中, 為了給最佳化調整器 (Optimizer) 指示, 有時會使用到註解中的文字。註解文字最前頭若有 + 號, 就會被當成是給最佳化調整器的指示內容。

```
/* +特殊的註解 */
```

* 在 Access 中, 查詢命令中是不可以夾有註解的。

* Oracle、DB2、PostgreSQL 可使用 COMMENT 指令建立資料庫物件的註解。

* MySQL 可使用 CREATE TABLE 來建立資料表、資料列的註解。

1-3 資料表構造

關聯式資料庫的基本要素 (資料庫物件) 就是資料表。資料表由複數的「列 (Row)」構成, 而列又由「欄位 (行, Column)」構成。

圖 1-7

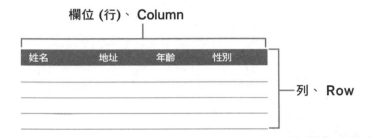

我們可以為欄位指定名稱和資料類型。依據資料庫不同, 能使用的資料類型也不同。不過基本的幾個資料類型是各個資料庫都能使用的。

列是不需命名的, 欄位的集合就構成了列。由於資料庫的限制, 要建立出含有數萬或數百萬欄的資料表是不可能的。但是要建立出含有數萬或數百萬列的資料表是可以的。欄位數多的話, 會影響資料庫運作效率, 並不是好事, 所以, 與其建立有很多欄位的資料表, 還不如分割成多個較少欄位的資料表。

決定行與列後, 就可指定單一「儲存格 (cell)」。在儲存格中寫入一個值後, 可進行儲存。能儲存的值取決於列的資料型別。字串型別的列可以儲存字串資料。

主鍵制約

每個資料表都可以設定一個「主鍵 (Primary Key)」。我們可以在資料表中指定 1 個或 1 個以上的欄位做為主鍵。被設定成主鍵的欄位, 其資料就不可以是 NULL, 而且這些資料在資料表中都得獨一無二才行。以剛剛所提的通訊錄資料表為例, 若姓名欄位被設成主鍵的話, 則有同樣姓名的資料就不能存在。

圖1-8 通訊錄資料表範例「主鍵 = 姓名」

姓名	地址	年齡	性別
山田太郎	東京都	21	男
鈴木花子	北海道	32	女
佐藤次郎	玉縣	17	男
田中良子	大阪府	19	女

如圖 1-8 的通訊錄資料表，若想要在表中加入同名同姓的另一位「山田太郎」的資料，會出現錯誤訊息而無法成功。所以指定主鍵時，要避開資料可能會重複的欄位。如果資料總是無可避免地會重複的話，可以設定一編號 (ID) 欄位，用編號作為主鍵來管理。

圖1-9 通訊錄資料表範例「主鍵 = ID」

ID	姓名	地址	年齡	性別
1	山田太郎	東京都	21	男
2	鈴木花子	北海道	32	女
3	佐藤次郎	埼玉縣	17	男
4	田中良子	大阪府	19	女
5	山田太郎	鹿兒島縣	62	男

要指定主鍵時，可以用「CREATE TABLE」的欄位定義命令「CONSTRAINT」，或者是在建立好資料表後，再用「ALTER TABLE」命令來指定。

主要索引鍵（primary key）的建立方法與使用細節請參考後面「CREATE TABLE」的 primary key 條件限制。

在資料表建立 primary key 後，同時會自動生成索引（index）。藉由索引，資料的搜尋效率會大幅提昇。此外，在後面章節會提到，為了利用外部索引鍵整合性限制（Foreign Key Constraints），必須設定 primary key。

由於以上理由，在資料表建立 primary key 是不可或缺的步驟。 primary key 條件限制也是關聯式資料庫中相當重要的一環。

外部參照整合制約

「外部參照整合制約」可以定義出比資料表間彼此的關係要更明確的定義。為了進一步說明，我們在前例的資料表 (圖 1-9) 中加上了所屬公司資訊。

圖 1-10 外部參照整合制約範例

通訊錄資料表

▼主鍵　　　　　　　　　　　　　　　　　　　▼外來鍵

ID	姓名	地址	年齡	性別	公司ID
1	山田太郎	東京都	21	男	1
2	鈴木花子	北海道	32	女	2
3	佐藤次郎	埼玉縣	17	男	1
4	田中良子	大阪府	19	女	（null）

公司資料表

▼主鍵

公司ID	公司名	地址
1	□□商事	東京都
2	××牧場	北海道

　　我們也可以在通訊錄資料表中加入公司名稱和公司地址等資料欄位，但這樣一來就浪費了關聯式資料庫的功能。所以在此，我們建立了公司資料表，利用「公司 ID」資料欄位來建立資料表間的關係。這樣一來，當公司地址有變動時，只要修改公司資料表中的地址資料即可，不用動到通訊錄資料表。

　　那麼，若是允許把公司資料表中，「××牧場」該列資料刪除的話，會變成怎樣呢？由於「鈴木花子」小姐依然在該牧場工作，所以在通訊錄資料表中，公司 ID 欄位的資料還是會留著 2 的值。像在這種情況下，為了讓資料間不會彼此矛盾，而加入限制的做法，就叫外部參照整合制約。

　　外部參照整合制約又叫「外來鍵」。外部參照整合制約是在使用「CREATE TABLE」命令或「ALTER TABLE」時來進行設定的。

欄位的資料類型

　　資料表的各欄位必須指定資料類型。基本的幾個資料類型包括了數值、字串、日期等 3 種。為了能處理大型的資料，還有 LOB(Large Object) 和 Image 等資料類型可使用。

　　在 SQL 標準規範中也有關於資料型別的相關規定。大部分的資料庫都可使用標準規範中所界定的資料型別。不過關於指定參數之類的細節，由於各家不同，以下就用簡單的資料表形式來說明。

• Oracle 中的資料類型

Oracle 中的資料類型, 雖然只有數值、字串和日期 3 大類, 不過其特徵是可以讓使用者自由設定資料的大小等細節。此外 Oracle 中, 還可以利用「CREATE TYPE」命令, 由使用者來自訂資料類型。以下就是 Oracle 中的各種資料類型。

圖 1-11 Oracle 的數值資料類型

類型名稱	可以存放的資料
NUMBER[(n[,m])]	任意精度的數值資料類型。可以指定有效位數 n, m 則為小數點以下的有效位數。
NUMERIC	同 NUMBER
DECIMAL	同 NUMBER
INTEGER	NUMBER(38)
INT	NUMBER(38)
SMALLINT	NUMBER(38)
FLOAT	同 NUMBER
DOUBLE PRECISION	同 NUMBER
REAL	同 NUMBER
BINARY_FLOAT	單精確度浮點數（32 位元）
BINARY_DOUBLE	倍精確度浮點數（64 位元）

圖 1-12 Oracle 的日期資料類型

類型名稱	可以存放的資料
DATE	日期和時間。精度為秒數。
TIMESTAMP[(n)]	日期和時間。精度為含有小數點的秒數。

圖 1-13 Oracle 的字串資料類型

類型名稱	可以存放的資料
CHAR[(n[BYTE|CHAR])]	固定長度的字串, 長度為 n。
CHARACTER	同 CHAR
NCHAR[(n)]	Unicode 的固定長度的字串, 長度為 n。
NATIONAL CHAR	同 NCHAR
NATIONAL CHARACTER	同 NCHAR
VARCHAR2[(n[BYTE|CHAR])]	可變動長度的字串, 最長為 n。
CHARACTER VARYING	同 VARCHAR2
CHAR VARYING	VARCHAR2
NVARCHAR2[(n)]	可變動長度的 Unicode 字串, 最長為 n。
NATIONAL CHARACTER VARYING	同 NVARCHAR2
NATIONAL CHAR VARYING	同 NVARCHAR2
NCHAR VARYING	同 NVARCHAR2
LONG	資料量在 2GB 以下的字串
CLOB	資料量在 4GB 以下的字串
NCLOB	資料量在 4GB 以下的 Unicode 字串

圖 1-14 Oracle 的 2 進位資料類型

類型名稱	可以存放的資料
LONG RAW	資料量在 2GB 以下的 2 進位資料
BLOB	資料量在 4GB 以下的 2 進位資料

圖 1-15 Oracle 的 XML 型別

類型名稱	可以存放的資料
XMLTYPE	XML 實體

*Oracle 從 Oracle 10g 以後支援 XMLTYPE 型別。

• SQL Server 中的資料類型

SQL Server 只在 Windows 上運作, 所以它遵循 Windows 相容電腦的資料規格, 提供對電腦來說方便使用的資料類型。因此, 它的運作效率會比較好。此外, SQL Server 可以利用「sp_addtype」命令, 由使用者來自訂資料類型。以下就是 SQL Server 中的各種資料類型。

圖 1-16 SQL Server 的邏輯資料類型

類型名稱	可以存放的資料
Bit	0 或 1

圖 1-17 SQL Server 的整數數值資料類型

類型名稱	可以存放的資料
Tinyint	不含符號的 1 個位元組整數
Smallint	含符號的 2 個位元組整數
int	含符號的 4 個位元組整數
integer	同 int
Bigint	含符號的 8 個位元組整數

圖 1-18 SQL Server 的幣值資料類型

類型名稱	可以存放的資料
Smallmoney	含有小數點的數值, 4 個位元組
Money	含有小數點的數值, 8 個位元組

圖 1-19 SQL Server 的浮點小數值資料類型

類型名稱	可以存放的資料
Float[(n)]	浮點小數數值
Real	Float(24)
Double Precision	Float(53)

圖 1-20 SQL Server 的日期資料類型

類型名稱	可以存放的資料
Samlldatetime	日期與時間, 精度到分鐘
Datetime	日期與時間, 精度到 300 分之 1 秒

圖 1-21 SQL Server 的字串資料類型

類型名稱	可以存放的資料
Char[(n)]	固定長度的字串, 長度為 n。
Character	同 Char
Varchar[(n)]	可變動長度的字串, 最長為 n。
Char Varying	同 Varchar
Character Varying	同 Varchar
Text	資料量在 2GB 以下的可變動長度字串
Nchar[(n)]	固定長度的 Unicode 字串, 最長為 n。
National Char	同 Nchar
National Character	同 Nchar
Nvarchar[(n)]	可變動長度的 Unicode 字串, 最長為 n。
National Char Varying	同 Nvarchar
National Character Varying	同 Nvarchar
NText	資料量在 2GB 以下的可變動長度之 Unicode 字串
National Text	同 NText

圖 1-22 SQL Server 的 2 進位資料類型

類型名稱	可以存放的資料
Image	資料量在 2GB 以下的 2 進位資料

圖 1-23 SQL Server 的 XML 型別

類型名稱	可存放的資料
XML	XML 實體

*SQL Server 從 SQL Server 2000 以後支援 XML 型別。

• DB2 中的資料類型

在 DB2 中,含有一般稱為數值資料、字串資料和日期資料等標準資料類型。此外 DB2 可以利用「CREATE TYPE」、「CREATE DISTINCT TYPE」等命令,由使用者來自訂資料類型。以下就是 DB2 中的各種資料類型。

圖 1-24 DB2 的數值資料類型

類型名稱	可以存放的資料
SMALLINT	含符號的 2 個位元組整數
INTEGER	含符號的 4 個位元組整數
INT	同 INTEGER
BIGINT	含符號的 8 個位元組整數
NUMERIC[(n[,m])]	任意精度的數值。可以指定有效位數 n, 以及小數點以下的有效位數 m。
NUM	同 NUMERIC
DECIMAL	同 NUMERIC
DEC	同 NUMERIC

圖 1-25 DB2 的浮點小數值資料類型

類型名稱	可以存放的資料
REAL	4 個位元組的浮點小數值
DOUBLE[PRECISION]	8 個位元組的浮點小數值
FLOAT	同 DOUBLE

圖 1-26 DB2 的日期資料類型

類型名稱	可以存放的資料
DATE	日期
TIME	時間
TIMESTAMP	日期與時間

圖 1-27 DB2 的字串資料類型

類型名稱	可以存放的資料
CHAR[(n)][FOR BIT DATA]	固定長度的字串, 長度為 n。
CHARACTER	同 CHAR
VARCHAR(n)[FOR BIT DATA]	可變動長度的字串, 最長為 n。
CHARACTER VARYING	同 VARCHAR
CHAR VARYING	同 VARCHAR
LONG VARCHAR[FOR BIT DATA]	資料量在 32,700 位元組以下的可變動長度字串
GRAPHIC(n)	固定長度的漢字字串, 長度為 n
VARGRAPHIC(n)	可變動長度的漢字字串, 最長為 n。
LONG VARGRAPHIC(n)	字數在 16,350 以下的可變動長度的漢字字串
CLOB[(n[K|M|G])]	資料量在 2GB 以下的可變動長度字串
DBCLOB[(n[K|M|G])]	資料量在 2GB 以下的可變動長度的漢字字串

圖 1-28 DB2 的 2 進位資料類型

類型名稱	可以存放的資料
BLOB[(n[K|M|G])]	資料量在 2GB 以下的 2 進位資料

圖 1-29 DB2 的 XML 型別

類型名稱	可存放的資料
XML	XML 實體

*DB2 從 DB2 V9 以後支援 XML 型別。

• PostgreSQL 中的資料類型

在 PostgreSQL 中, 除了有數值資料、字串資料和日期資料等資料類型外, 還有幾何、網路位址等獨特的資料類型。此外, 在 PostgreSQL 中可以利用 「CREATE TYPE」命令, 由使用者來自訂資料類型。以下就是 PostgreSQL 中的各種資料類型。

圖 1-30 PostgreSQL 的數值資料類型

類型名稱	可以存放的資料
SMALLINT	含符號的 2 個位元組整數
INT2	同 SMALLINT
INTEGER	含符號的 4 個位元組整數
INT	同 INTEGER
INT4	同 INTEGER
BIGINT	含符號的 8 個位元組整數
INT8	同 BIGINT
NUMERIC[(n[,m])]	任意精度的數值。可以指定有效位數 n,以及小數點以下的有效位數 m
DECIMAL	同 NUMERIC

圖 1-31 PostgreSQL 的浮點小數值資料類型

類型名稱	可以存放的資料
REAL	4 個位元組的浮點小數值
FLOAT4	同 REAL
DOUBLE PRECISION	8 個位元組的浮點小數值
FLOAT8	同 DOUBLE PRECISION

圖 1-32 PostgreSQL 的日期資料類型

類型名稱	可以存放的資料
DATE	日期
TIME [WITHOUT TIME ZONE]	時間
TIME WITH TIME ZONE	包含時區的時間
TIMESTAMP [WITH TIME ZONE]	日期與時間
INTERVAL	間隔

圖 1-33 PostgreSQL 的字串資料類型

類型名稱	可以存放的資料
CHAR[(n)]	固定長度的字串, 長度為 n
CHARACTER	同 CHAR
VARCHAR(n)	可變動長度的字串, 最長為 n
CHARACTER VARYING	同 VARCHAR
TEXT	長度無限制的可變動長度字串

圖 1-34 PostgreSQL 的 XML 型別

類型名稱	可存放的資料
XML	XML 實體

*PostgreSQL 從 PostgreSQL V8.3 以後支援 XML 型別。

圖 1-35　PostgreSQL 的幾何資料類型

類型名稱	可以存放的資料
POINT	點
LINE	直線
LSEG	線段
BOX	矩形
PATH	路徑
POLYGON	多邊形
CIRCLE	圓形

圖 1-36　PostgreSQL 的網路位址資料類型

類型名稱	可以存放的資料
INET	主機或網路位址
CIDR	網路位址
MACADDR	MAC 位址

• MySQL 中的資料類型

在 MySQL 中, 有一般的數值、字串和日期等資料類型, 還有各種大型 (Large Object) 資料類型可用。另外還有如「ENUM」、「SET」等有趣的資料類型。

和其他資料庫最不同的地方, 就是它可以區別大小寫。若是要區別字串資料的大小寫的話, 就得設定「BINARY」。此外, 還可以另外指定資料顯示時的位數, 而不受限於資料的實際位數。這些都是其他資料庫所沒有的功能。以下就是 MySQL 中的各種資料類型。

圖 1-37　MySQL 的數值資料類型

類型名稱	可以存放的資料
TINYINT[(n)][UNSIGNED][ZEROFILL]	1 個位元組的整數
SMALLINT[(n)][UNSIGNED][ZEROFILL]	2 個位元組的整數
MEDIUMINT[(n)][UNSIGNED][ZEROFILL]	3 個位元組的整數
INTEGER[(n)][UNSIGNED][ZEROFILL]	4 個位元組的整數
INT	同 INTEGER
BIGINT[(n)][UNSIGNED][ZEROFILL]	8 個位元組的整數
NUMERIC[(n[,d])][ZEROFILL]	未壓縮 (packed) 之 10 進位數值
DECIMAL	同 NUMERIC
DEC	同 NUMERIC

* 譯註：5.0.3 版之後的 NUMERIC 資料類型, 是經壓縮之 10 進位數值, 所謂「未壓縮」是以字串儲存精確數值, 每一個字元表示一個位數。

圖 1-38 MySQL 的浮點小數值資料類型

類型名稱	可以存放的資料
FLOAT(x)[ZEROFILL]	浮點小數值, x 為 4 或 8 個位元組
DOUBLE[(n,d)][ZEROFILL]	浮點小數值, 精度由參數決定
DOUBLE PRECISION(n,d)][ZEROFILL]	倍精準度的浮點小數值
REAL	同 DOUBLE PRECISION

圖 1-39 MySQL 的日期資料類型

類型名稱	可以存放的資料
DATE	日期
DATE TIME	日期與時間
TIMESTAMP[(n)]	日期與時間,n 是顯示時的位數
TIME	時間
YEAR[(n)]	年, n 為 2 或 4。

圖 1-40 MySQL 的字串資料類型

類型名稱	可以存放的資料
CHAR[(n)][BINARY]	固定長度的字串, 長度為 n。
VARCHAR(n) [BINARY]	可變動長度的字串, 最長為 n。
TINYTEXT	資料量在 255 位元組以下的 2 進位資料
TEXT	資料量在 65,535 位元組以下的 2 進位資料
MEDIUMTEXT	資料量在 1,677,215 位元組以下的 2 進位資料
LONGTEXT	資料量在 4,294,967,295 位元組以下的 2 進位資料

圖 1-41 MySQL 的 2 進位資料類型

類型名稱	可以存放的資料
TINY BLOB	資料量在 255 位元組以下的 2 進位資料
BLOB	資料量在 65,535 位元組以下的 2 進位資料
MEDIUMBLOB	資料量在 1,677,215 位元組以下的 2 進位資料
LONGBLOB	資料量在 4,294,967,295 位元組以下的 2 進位資料

圖 1-42 MySQL 的列舉資料類型

類型名稱	可以存放的資料
ENUM('value1' [,…])	括弧內所指定的任意字串
SET('value1' [,…])	括弧內所指定的任意字串的各種排列組合

SQLite 資料列的型別

在 SQLite 中, 列的資料型別有以下幾類。

圖 1-43 SQLite 列的資料型別（型別親和性）

類型名稱	可存放的資料
TEXT	字串
NUMERIC	數值
INTEGER	整數
REAL	浮點數
NONE	不指定特定型別

對 SQLite 而言, 列（column）的資料型別設定並不是絕對的。在其他的資料庫中, 列的資料型別設定會決定每行可儲存的資料類型。被設定為數值型別的列, 就只能儲存數值資料。將字串資料儲存在數值型別的列時, 系統會產生錯誤。

在 SQLite 定義資料表時, 就算不設定資料型別也沒關係。因為沒有設定資料型別, 所以什麼種類的資料都可以儲存。也就是同一列中可同時儲存數值資料和字串資料。這一點就算是有事先設定資料型別也一樣。設定為 INTEGER 的列, 也能儲存字串資料。

這種特性在 SQLite 被稱為型別親和性（affinity）。也就是定義資料表時所設定的資料型別, 只是在定義某一列中, 什麼類型的資料是最多的。並不是強制性的設定。但是也不代表設定型別親和性就是沒意義的。在資料庫系統中, 為了能在內部進行最佳化, 還是建議盡可能在定義資料表時設定列的資料型別。

1-4 Schema

在稱爲資料庫伺服器的系統，是以「多使用者」爲前提而存在的。若某使用者建立了資料表等資料庫物件，則該物件的所有者，就是該使用者。而若別的使用者建立了同名的資料表，則該資料表會被建立成不同的資料庫物件。

舉例來說，A 使用者建立了一個 foo 資料表。所以 foo 資料表的所有者就是 A 使用者。接著，B 使用者也可以建立名爲 foo 的資料表。此時，若是 A 使用者再建立名爲 foo 的資料表，則會出現「該資料表已存在」的錯誤訊息，但是由於 B 使用者還沒有擁有名爲 foo 的資料表，所以此時並不會出現錯誤訊息。

圖1-44 資料庫和 Schema

這麼説來，A 使用者就無法參照到 B 使用者所有的 foo 資料表的內容囉？事實不然。利用「Schema 名稱．資料表名稱」的方式，就能夠參照到了(當然要 A 使用者擁有參照的權限才行)。

範例 選取在 Schema B 中，資料表 foo 裡的各列資料

```
SELECT * FROM B.foo
```

在此，所寫的 B 不是使用者名稱，而是 Schema 的名稱。這又是爲什麼呢？

Schema 指的是資料表和 View 等資料庫物件的集合。而許多 Schema 集合起來就構成了資料庫。Schema 的功用之一，就是在資料庫中建立名稱空間。而 A 使用者的 foo 資料表和 B 使用者的 foo 資料表之所以不同，正是因為 Schema 的存在才成立的。

實際上 Schema 是和使用者相對應的，所以「Schema = 使用者」這樣的想法基本上不會造成什麼問題。此外，在 SQL 中，Schema 之上還有一種叫 Catalog 的單位。市面上的資料庫產品中，把 Catalog 當做資料庫的做法似乎滿多的。

* 在 MySQL、Access、SQLite 中, 並沒有 Schema 的概念。

1-5 使用者與權限

資料庫伺服器可以允許多使用者使用。安裝好後，只會先登錄「管理者」。這個管理者擁有資料庫所有的管理權限。然後再由這個管理者建立新的使用者。

使用者建立好後，還不能使用任何命令。在被賦予權限之前，就連連接資料庫都不行。至於權限的指定，有逐一指定資料庫物件 (物件權限)，和指定整個資料庫 (系統 / 聲明權限) 這兩種方式。

圖 1-45 物件權限

權限	內容
SELECT	能使用 SELECT 命令來取得資料
INSERT	能使用 INSERT 命令來插入資料
UPDATE	能使用 UPDATE 命令來更新資料
DELETE	能使用 DELETE 命令來刪除資料
EXECUTE	能執行程序
REFERENCES	可以用外來鍵來參照資料
ALL	所有權限

資料庫物件建立好後，建立的使用者就成為該物件的所有人。所有人會自動具有該資料庫物件的所有物件權限。因此，對於自己所建立的資料表，就能用「INSERT」、「UPDATE」、「DELETE」等命令來操作資料，也能用「SELECT」命令來取得資料。

資料表所有人以外的使用者不會被賦予權限。在所有人或管理者明確地指定權限給其他使用者之前，其他的使用者都無法使用該資料表。

權限的指定是用「GRANT」命令來進行，而要取消權限則用「REVOKE」命令。

角色 (Roll)

角色可以想成就是綜合整理好的權限組合。將許多權限一一進行設定是很累人的，所以將綜合整理好的權限組合賦予給使用者，就方便多了。

群組 (Group)

有的資料庫不是用角色的方式來指定權限，而是用群組的方式來指定。所謂的群組，就是使用者的集合。將權限指定給群組的話，則該群組內的所有使用者都能享有該權限。

1-6 View

「View」是一種藉由「SELECT」命令，以「假想的資料表」形式來參照資料庫中實際存在之資料表的功能。在資料庫中，資料表是用來保存資料的，所以必須佔用硬碟空間。而 View 則只有定義。當使用者發出取得 View 之內容的命令時，「SELECT」命令就會被執行。做成的 View 也稱為「假想資料表」，對使用者來說，看起來和一般的資料表並沒什麼不同。

用戶端程式經常使用的「SELECT」命令，若事先以「View」建立起來，用戶端的處理就能更簡化。此外，以「View」來取代複雜的「SELECT」命令，就可以分段執行「SELECT」命令，也就能寫出簡潔易懂的資料查詢陳述式。還有，配合上權限的設定，也可以限制使用者只能參照到部份資料表內容。

圖1-46 View 的範例

員工資料表

員工編號	姓名	薪資	離職
1	山田	430000	0
2	鈴木	420000	0
3	田中	235000	0
4	山本	320000	1

```
SELECT 員工編號, 姓名
FROM 員工 WHERE 離職<>1
```

員工編號	姓名
1	山田
2	鈴木
3	田中

View v 員工

　View 不太佔用磁碟空間, 不過請記得, 每次參照到它, 都會執行「SELECT」命令。將許多 View 巢狀組織起來使用的話, 很可能會影響執行效率。由於 View 就是這樣單純完整的物件, 所以無法利用參數來控制之。想要用參數控制時, 建議你利用預存程序來進行。

行內檢視 (INLINE VIEW)

　行內檢視是在 SELECT 指令中作爲子查詢 (subquery) 被使用的一種檢視 (VIEW)。可用於 FROM 句中的子查詢, 也可用於 WITH 句。

實體化檢視 (MATERIALIZED VIEW)

　一般的 VIEW, 每次使用都必須重新執行 SELECT 指令。雖然不會消耗磁碟空間, 但會佔據 CPU 的運算資源。因爲每次使用都必須重新運算, 所以當 VIEW 的 SELECT 指令較爲複雜時, 系統反應也會變慢。

　實體化檢視則可以節省 CPU 的運算資源, 但會佔據磁碟空間。實體化檢視的 SELECT 指令執行時, 會在資料庫產生實體的資料表。如此一來, 每次調閱時不用重新取得資料, 也能改善執行效率。

　但缺點是, 當資料來源變動時, 實體化檢視也必須更新。也就是所謂的 REFRESH (更新)。雖然也能設定成資料來源變動時, 自動地進行更新。但有許多限制條件。所以實體化檢視一般會使用於複寫 (replication) 或統計資料表⋯等更新頻率不高的情境。

　Oracle、DB2 和 PostgreSQL9.3 以後的版本可支援實體化檢視。

1-7 預存程序 (Stored Procedure)

「預存程序」是在資料庫中，事先建立好一連串的 SQL 命令陳述式，這樣只要執行一個程序，就可以輕易地執行一連串的 SQL 命令。程序中除了 SQL 命令外，也可以寫入「IF」、「WHILE」等等控制命令或是迴圈處理命令，所以也可以說就是能建立出一種程式。

這類控制命令，依據資料庫種類不同，文法也各自不同。在 SQL-99 中，雖然制定了名為「PSM」的語言，但是目前還不普及。在 Oracle 中，有一種「PL/SQL」語言，它是主要用來撰寫程序的語言。而最近 Oracle 也支援用 Java 來撰寫程序了。在 SQL Server 中，則可以用「Transact-SQL」語言來撰寫程序。PostgreSQL 中，則可以用 C、Perl、Tcl 等 UNIX 上的幾種主要程式語言來撰寫程序。另外，PostgreSQL 中也可以使用和 Oracle 的 PL/SQL 很相似的「PL/pgSQL」語言。SQLite 中為無法建立預存程序（stored procedure）。

程序存放在伺服器端，也在伺服器端執行。保存時，就會被編譯成中間碼。執行時由於不需再經過文法或邏輯檢查，所以速度特別快。

程序有時也被利用來管理資料庫。我們可以將建立資料表、進行批次處理等管理、運作上的邏輯，寫到程序中，然後在必要的時間點執行即可。

預存函式 (Stored Function)：使用者定義函式

在 Access、SQLite 以外的資料庫中，還有一種「預存函式」資料庫物件。「預存函式」也被稱做「使用者自訂函式」。和預存程序一樣，它是建立在伺服端的東西，又因為是函式形式的東西，所以可以有傳回值。建立之函式中，也可以使用「SELECT」、「INSERT」、「UPDATE」等命令。

將複雜的資料查詢陳述式給函式化，就可以用簡單的語法來進行複雜的檢索和合計。

1-8 Trigger

「Trigger」是針對資料表來建立的。在某一資料表中插入一筆資料，或是更新、刪除某筆資料時，若有設定 Trigger, 則 Trigger 內的 SQL 敘述就會自動被執行。藉由這樣的功能，隨著資料的增加、刪除、更新，對於有關聯的資料表也能進行處理，就可以自動形成內部資料不矛盾的資料庫。

圖 1-47 Trigger 的範例

```
UPDATE 員工 SET 離職 = 1 WHERE 員工編號 = 4
```

員工資料表

員工編號	姓名	薪資	離職
1	山田	430000	0
2	鈴木	420000	0
3	田中	235000	0
4	山本	320000	1

員工資料表的 UPDATE Trigger

```
IF :new.離職 = 1 THEN
    DELETE 業務經歷 WHERE 員工編號 = :new.員工編號
END IF
```

業務經歷資料表

員工編號	日期	經歷
1	95/04/01	總務部組長
1	97/04/01	總務部課長
2	96/04/01	營業部組長
3	96/09/01	營業部主任
4	94/04/01	會計部主任
4	97/04/01	會計部組長

* 在 Access 中沒有 Trigger 功能；MySQL 則在 5.0.2 版後加入 Trigger 的功能。

1-9 Sequence

「Sequence」物件是含有單一值的物件。若參照到 Sequence 的「NEXTVAL」模擬欄的話,則其中的值就會遞增。用「INSERT」命令時,若利用 Sequence, 就可以建立出不重複的連續編號資料 (可以作為主鍵)。

利用「NEXTVAL」來參照 Sequence 的值時,並不會受交易 (Transaction) 的影響。在交易中若把利用了「NEXTVAL」的「INSERT」命令回復過來的話,因「INSERT」命令而插入的資料會變成無效,但是 Sequence 的值卻不會恢復。

圖 1-48 Sequence 的範例

員工資料表

員工編號	姓名	薪資	離職
1	山田	430000	0
2	鈴木	420000	0
3	田中	235000	0
4	山本	320000	1

員工編號 Sequence
Sequence 值 =5

```
INSERT INTO 員工  VALUES(員工編號.NEXTVAL, '佐藤', 225000, 0)
```

員工資料表

員工編號	姓名	薪資	離職
1	山田	430000	0
2	鈴木	420000	0
3	田中	235000	0
4	山本	320000	1
5	佐藤	225000	0

員工編號 Sequence
Sequence 值 =6

SQL Server 2008 之前版本、MySQL、Access、SQLite 中, 沒有 Sequence 功能。

1-10 別名

「別名」是資料庫物件的別稱。若針對資料表或 View 建立了別名的話，就可以不用實際名稱，而用別名來參照資料。

公開的別名不包含在 Schema 所形成的名稱空間中。所以，它就成為所有使用者都能參照的資料庫物件了。在這種情況下，別名就得是資料庫中的唯一名稱。而在某 Schema 中建立了別名的話，則在該 Schema 中，就能使用該別名。

若是建立好了公開的別名，就不再需要注意 Schema 的問題，所以要參照使用者之間共享的資料時，就變得更容易。此外，別名也可以賦予權限，所以也可以利用別名來限制資料庫資料的使用。

圖 1-49 別名的概念圖

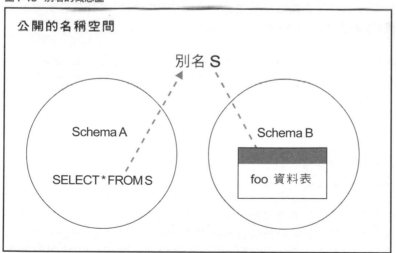

* 在 PostgreSQL、MySQL、Access 和 SQLite 中，使用者無法建立別名。

* 在 DB2 中，別名被稱為 Alias。

1-11 使用者定義類型

物件導向關聯式資料庫, 是由 C++ 或 Java 之類物件導向程式語言延伸到資料庫, 且為了讓資料能更容易地保存, 而把物件導向的概念移植到關聯式資料庫中的產物。

在物件導向中, 有一種名為「類別繼承」的功能。而在關聯式資料庫中, 卻只有資料表這種 2 次元的資料構造。物件導向的資料結構, 則更為複雜, 因為它還有參照、集合, 甚至是繼承等功能。要將物件放到關連式資料庫中的話, 就得將結構複雜的物件變換成單純的資料表結構。這就是所謂的「物件關聯式對映」了。

物件導向資料庫是將物件直接存在硬碟中, 採取永久性保存方式的資料庫。而物件導向關聯式資料庫, 則是將關聯式資料庫, 做成能更容易存放的物件導向構造之資料, 並納入參照、集合, 甚至是繼承等概念的資料庫。物件導向關聯式資料庫也可以說就是－為了讓物件關聯式對映能更容易進行, 而擴充成的關聯式資料庫。

在 Oracle 、 DB2 中, 使用者可以自訂類型, 這就是「使用者定義類型」。在類型中, 函式或程序可以用成員的型態存在。此外, 類型也能進行繼承的動作, 就相當於物件導向中的類別。

我們可以用建立出的類型為基礎來建立資料表。這就稱為「物件資料表」或「類型附加資料表」。就像使用者定義類型可以繼承一般, 物件資料表、類型附加資料表也能進行繼承的動作。物件資料表、類型附加資料表就相當於物件導向中, 存放複數實體之處。

經由使用者定義類型來建立資料表時, 就能使用名為「參照」的功能。使用這個參照功能, 就能參照到資料表中各列資料。到目前為止的各種關聯式資料庫中, 也有類似參照的動作。外來鍵就是參照的一個很好的例子。不過, 由於加入了繼承的功能, 參照也就變得很複雜。我們也可以把 C++ 中的 Pointer 或 Java 中的參照功能, 想成是置入到資料庫中的東西。

1-12 SQL/XML

「XML」是一種由標籤（tag）所構成的標記語言（Markup Language）。雖然說是語言，但不是被用於建立各種電腦程式，所以也沒有控制指令。若是以「XML 格式（format）」來思考或需比較容易理解。遵守 XML 格式的 HTML 網頁，廣義上來說也是一種 XML 資料。依循 XML 格式所產生的 XML 資料可稱為「XML 實體（instance）」。

藉由網路伺服器和資料庫的連動，建立網路應用程式的情形並不少見。網路中廣泛地使用 HTML（XML），但 XML 的用途不僅限於網路相關情境。各種資料都可藉由 XML 來記錄並進行交換。在這樣的背景條件下，資料庫系統也逐漸支援 XML 的處理。

XML 實體實際上也只是文字資料，可被儲存於文字型別的資料列中。但支援 XML 的資料庫會有專門用於儲存 XML 實體的資料型別。將 XML 實體儲存於資料庫後，就可搜尋 XML 實體中的特定元素，或是更新內容值。

XML 和關聯式資料庫不同，是樹狀結構。要指定特定元素時會使用「XPath」。此外，也有和 SQL 類似的「FLWOR 表達式」，可藉由「XQuery」語言來處理 XML 實體。

MEMO

第2章

命令(Command)

SQL 是為了對資料庫下命令而產生的語言。命令大致可分為 2 類,「操作資料的命令」和「定義資料的命令」。前者就稱為「資料操作命令 (DML)」,後者叫「資料定義命令 (DDL)」。

資料操作命令只有 4 個:

- 在資料表中檢索資料, 然後傳回結果的「SELECT」命令。

- 在資料表中插入整列新資料的「INSERT」命令。

- 更新既有資料的「UPDATE」命令。

- 刪除整列資料的「DELETE」命令。

而資料定義命令, 則是用來建立或刪除資料庫中的資料表或 View 等資料庫物件的。各種資料庫所能建立出的資料庫物件都不同。幾個具代表性的資料庫物件包括了「資料表」、「View」、「Trigger」和「程序函式」等。

在第 2 章中, 我們把命令分成資料操作命令和資料定義命令來加以解說。

關於用於權限管理的 GRANT 、 REVOKE 指令被分類成資料控制語言 (DCL)。但在本書中並不歸類成 DCL, 而是將 GRANT 、 REVOKE 指令分類成資料定義語言 (DDL)。此外, 關於交易 (transaction) 的指令也會進行分類。

2-1 資料操作命令 DML

資料操作命令共有「SELECT」、「INSERT」、「UPDATE」、「DELETE」等 4 個。

SELECT 命令也稱為「查詢」或「Query」。SELECT 可以說是 SQL 裡，最基本的命令，其使用頻率也最高。使用 SELECT 命令時，有個不可錯過的重要技巧－「結合」。這個技巧是藉由建立資料表彼此間的關係，然後只用 1 個 SELECT 命令，就能同時從多個資料表中查詢出所需結果。

SELECT 命令也可以當成巢狀子命令來用，也就是把 SELECT 命令傳回的結果再用在 SELECT 命令中。這個技巧被稱為「副查詢」或「Subquery」。

合計功能可以說是 SELECT 命令的特徵。像是合計名單中的男女人數，或是合計營收資料都可以輕易達成。

除了 SELECT 之外的命令還有 3 個，分別是在資料表中插入整列新資料的 INSERT 命令、更新既有資料的 UPDATE 命令、刪除整列資料的 DELETE 命令。這些命令和 SELECT 不同，它們都會對資料庫中的資料造成影響。

圖 2-1　4 個資料操作命令。

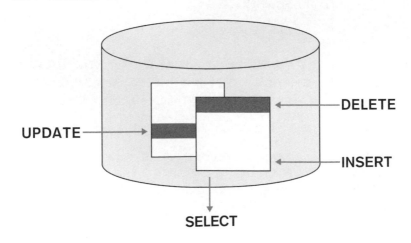

SELECT

從資料表中取得整列資料

語法

SELECT [ALL | DISTINCT] expression **[,** expression **...]**
 FROM table_name **[,** table_name **...]**
 [WHERE where_expression **]**
 [GROUP BY expression **[,** expression **...]**
 [HAVING where_expression **]]**
 [ORDER BY expression **[,** expression **...]]**

參數

table_name	要查詢的資料表名稱
expression	任意陳述式
where_expression	進一步篩選資料用的條件式

SELECT 命令會從資料表中選擇資料，是 SQL 中最基本的命令。

　基本的語法是在 SELECT 之後寫上「要選擇的欄位」，這樣所查詢到的結果就會是所指定之欄位中的資料。要查出所有欄位的資料時，可以利用萬用字元「*」，就能查詢到所有欄位的資料了。

　繼續用 FROM 指定所查詢之資料表名稱。這個部分稱爲「FROM 子句」。利用半形逗號指定多個資料表的話，就可以一次從多個資料表中抽出資料。

範例 取出 foo 資料表中所有欄位的資料

```
SELECT * FROM foo
```

・選擇列

　用 WHERE 來指定條件，就可以依條件來選擇特定資料。這個部分叫做「WHERE 子句」。條件式一般是以運算子、函式、常數來構成。

範例 取出 foo 資料表中 a 欄位資料爲 1 的整欄位資料

```
SELECT * FROM foo WHERE a = 1
```

• 同時選擇多個資料表的資料

在 FROM 子句中記述多個資料表名的話, 就可以同時從多個資料表中取出資料。此時, 不同資料表之間的關聯性可在 FROM 或是 WHERE 的條件句中描述。這種技巧稱爲「結合 (JOIN)」。結合可分成「內部結合」「外部結合」「自我結合」等方式。

範例 取出 foo 和 bar 資料表中, a 欄位資料相同的整欄位資料

```
SELECT * FROM foo, bar WHERE foo.a = bar.a
```

• 用 GROUP BY 進行合計

在 SELECT 命令中, 可以利用「GROUP BY」來進行群組別的合計。這個部分叫「GROUP BY 子句」。在 GROUP BY 子句中, 要指定欄位名或陳述式。指定的欄位或陳述式的資料內容若相同, 就會被當成是同一組, 然後就以組爲單位來進行合計或計算平均值。合計或平均值可以利用「統計函式」來計算。統計函式也可以在沒有 GROUP BY 子句的情況下使用。此時由於沒有進行群組化的動作, 所以整體會被視爲一個群組來處理。

範例 將 foo 資料表依 a 欄位來做分組, 然後計算出 b 欄位的合計值

```
SELECT SUM(b) FROM foo GROUP BY a
```

• 用 ORDER BY 來排序

指定 ORDER BY 的話, 可以得到排序後的查詢結果。不指定 ORDER BY 的話, 所取得資料的順序就會沒有特定的規則。

範例 將 foo 資料表依 a 欄位之資料來排序

```
SELECT * FROM foo ORDER BY a
```

SELECT 命令是 SQL 的基本命令, 語法細節眾多, 以下就一一詳加解説。

SELECT 子句

決定要取得的欄位

> **語法**
>
> **SELECT [ALL | DISTINCT]** expression **[[AS]** alias **] [,** expression **...]**
>
> **參數**
>
> expression   任意陳述式
>
> alias   別名

在 SELECT 之後, 接著寫想要取得欄位名, 或是寫上陳述式來列舉出要取得之欄位名。而查詢結果會依照此處欄位列出的順序取出。若指定了資料表中沒有的欄位名, 就會出現錯誤訊息。想取得資料表中所有欄位的資料時, 可以用 * 符號來指定。進行結合動作時, 可以用「資料表名 .*」的方式來指定特定資料表中的所有欄位。

寫成像「SELECT a, a, a」這樣, 同樣的欄位名重複指定 2 次以上, 也不會出現錯誤訊息, 只是查詢結果會出現重複的值而已。

• 指定 DISTINCT

資料表中有內容重複的資料列並非好事, 因為這樣會造成查詢資料時, 有可能得到重複的資料。此時, 可以在指定欄位名之前加上「DISTINCT」, 就能除去重複的資料。由於 DISTINCT 是用來修飾所有指定的欄位名, 所以只要在 SELECT 之後 (第 1 個欄位名之前), 寫 1 次就行了。

若想要取得所有重複的資料, 就不用 DISTINCT, 而用「ALL」。沒有指定DISTINCT 或 ALL 的話, 預設就以 ALL 的方式執行, 所以一般來説是不特別指定 ALL 的。

範例 取出 foo 資料表的 a 欄位資料, 並除去重複之資料

```
SELECT DISTINCT a FROM foo
```

·欄位的別名

在列出要選取之欄位時,可以加上「別名 (alias)」。加上別名的方式如下。

範例 為陳述式設定別名, 再執行 SELECT 命令

```
SELECT a * c AS mulval, a - c AS subval FROM foo
```

由於指定欄位名時,可直接寫欄位名也可以寫陳述式,所以也可以為它們設定別名。只指定單一欄位時,預設就直接使用該欄位之名稱,若還指定了別名給它的話,原來的欄位名就會被取代掉。寫陳述式時,若不設定別名,就等於沒有欄位名可用 (如上例的 a * c 陳述式並沒有欄位名,必須指定別名 mulval);設定了別名的話,就等於幫該陳述式設定了欄位名。

在 Oracle、SQL Server、DB2、MySQL、SQLite 中指定別名時,可以省略「AS」。

範例 設定別名時省略 AS

```
SELECT a * c mulval, a - c subval FROM foo
```
`Oracle` `SQLServer` `DB2` `MySQL/MariaDB` `SQLite`

在 SQL Server 中指定別名時,也可以用「別名 = 陳述式」的方式來寫。

範例 用 = 號來設定別名

```
SELECT mulval = a * c, subval = a - c FROM foo
```
`SQLServer`

·指定前 n 筆資料

在 SQL Server 和 Access 中,可以用「SELECT TOP n」這樣的寫法, 來取得 SELECT 命令查詢結果的前 n 筆。例如寫成「TOP 3」, 就是只取查詢結果中的最前面 3 筆資料。

範例 只取得最前面的 3 筆資料

```
SELECT TOP 3 * FROM foo
```
`SQLServer` `MS Access`

Oracle、SQL Server、DB2、PostgreSQL 可利用 OFFSET、FETCH 來限制取得的資料筆數。 PostgreSQL、MySQL 則可利用 LIMIT 來限制取得的資料筆數。

FROM 子句

決定要查詢的資料表

語法

FROM table_name [[**AS**] table_alias] [, table_name ...]
FROM table_name [{
 INNER |
 LEFT | **RIGHT** | **FULL** [**OUTER**] | |
 CROSS }] **JOIN** table_name
 { **ON** join_condition | **USING** (column [, column ...]) }

參數

table_name	要選擇其中列資料的資料表名稱
table_alias	資料表的別名
join_condition	結合條件式
column	用來結合的欄位

在「FROM 子句」中, 需要寫上資料表名。從 FROM 子句中所指定的資料表裡, 查詢出結果來。想結合多個資料表後, 再以 SELECT 來查詢的話, 可以將多個資料表名用逗號隔開來寫。此外, 也可以用 JOIN 進行結合, 並用 FROM 子句來指定結合條件。

• **資料表的別名**

你可以爲資料表設定「別名 (alias)」。要爲資料表設定別名時, 得像以下這樣, 在 FROM 子句指定資料表名之後, 接上一半形空白作爲區隔, 再接著寫上別名。 Oracle 以外的其他資料庫, 都能以「AS」這個保留字來明確地指定別名。

範例 爲 foo 資料表設定別名爲 t1, bar 資料表別名爲 t2

```
SELECT * FROM foo t1, bar t2 WHERE t1.a = t2.a
```

範例 用 AS 來設定別名

```
SELECT * FROM foo AS t1, bar AS t2 WHERE t1.a = t2.a
```

像前述這樣，就可以把 foo 資料表的別名設為 t1, bar 資料表的別名設為 t2 。為資料表設定了別名後，再使用原來的資料表名稱，就會出現錯誤訊息。所以在 WHERE 條件或列舉出要取得之欄位處，就要用別名來寫。此外，一但設定了別名，則即使原本是同一個資料表，也會被當成不同的資料表來處理。利用這個特性，就可以進行「同一資料表結合 (自身結合)」了。

• 寫在 FROM 子句裡的結合條件

FROM 子句不只能指定資料表，還可以指定資料表間的結合條件。但是，舊版的 Oracle 不支援。

一般的結合，都是在 FROM 子句中，將資料表名稱以逗號分隔的方式來寫，但是為了寫出結合條件，所以改用「INNER JOIN」或「LEFT JOIN」、「RIGHT JOIN」來取代逗號。結合有內結合、外結合等種類，INNER JOIN 就相當於內結合，LEFT / RIGHT JOIN 就相當於外結合。而 LEFT、RIGHT 的差別，是指要讓左側的資料表資料全部留下，還是要讓右側的資料表資料全部留下。

條件式則接在「ON」之後寫。若要指定多個欄位的符合條件的話，可以用 AND 來寫條件式。

範例 資料表 foo 和 bar, 以 foo.a = bar.a 的條件式進行內結合

```
SELECT * FROM foo INNER JOIN bar ON foo.a = bar.a
```

• 3 個以上的資料表結合

要結合 3 個以上的資料表時，就有點複雜了。要用括弧把 INNER JOIN... ON... 括起來，讓它被當成是一個資料表，然後進行結合。

範例 將資料表 foo 、 bar 和 more 結合

```
SELECT * FROM (foo INNER JOIN bar ON foo.a = bar.a)
INNER JOIN more ON foo.a = more.a
```

• LEFT JOIN、RIGHT JOIN

使用 LEFT JOIN 、 RIGHT JOIN 時，要注意資料表寫的順序。寫成「foo LEFT JOIN bar」的話，會把寫在左側的 foo 資料表的所有資料留下，寫成「foo RIGHT JOIN bar」，則是要讓寫在右側的 bar 資料表的所有資料留下。

這些文法的基礎都是 JOIN。 INNER、 LEFT、 RIGHT 可以說是用來修飾 JOIN, 指定結合的方式。 LEFT、 RIGHT 屬於外結合, 所以也可以用代表外部的「OUTER」來寫。以下這兩種寫法的意義就是相同的。

範例 省略 OUTER 和不省略的寫法

```
SELECT * FROM foo RIGHT JOIN bar ON foo.a = bar.a
SELECT * FROM foo RIGHT OUTER JOIN bar ON foo.a = bar.a
```

• FULL OUTER JOIN

「FULL OUTER JOIN」就類似於合併使用 LEFT JOIN 和 RIGHT JOIN 的感覺, 也是一種外結合。這個寫法可以同時取得只有左側資料表有的資料, 和只有右側資料表有的資料。

範例 用 FULL OUTER 進行結合

```
SELECT * FROM foo FULL OUTER JOIN bar ON foo.a = bar.a
```

* 在 MySQL 和 Access 中, 無法使用 FULL OUTER JOIN

• CROSS JOIN

「CROSS JOIN」能進行「交叉結合」。交叉結合沒有結合條件。若把 foo 和 bar 資料表做交叉結合, 就會得到 foo 資料表的全部資料再接上 bar 資料表的全部資料。

範例 將 foo 和 bar 資料表做交叉結合

```
SELECT * FROM foo CROSS JOIN bar
```

* DB2 和 Access 中無法使用 CROSS JOIN。

• USING

若結合之條件是同名的欄位的話, 就可以用「USING」來指定結合條件。在 USING 後接著的括弧中寫入要指定的欄位名即可。當兩個要結合的資料表中, 有共同的欄位名時, 就可以使用這種寫法。

範例 將 foo 和 bar 資料表依 a 欄位來進行內結合

```
SELECT * FROM foo INNER JOIN bar USING (a)
```

* SQL Server、 DB2、 Access 中無法使用 USING。

• NATURAL JOIN

「NATURAL JOIN」會進行自然結合。自然結合是以兩個資料表中相同名稱的欄位（column）為基準，進行兩個資料表的聯集。

範例 資料表 foo 與 bar 進行自然結合。

```
SELECT * FROM foo NATURAL JOIN bar
```

＊ SQL Server、DB2、Access 不支援 NATURAL JOIN

• CROSS APPLY

「CROSS APPLY」用於結合右側的內容會受左側影響時。例如結合右側是會回傳資料表的函數（function）或是依據左側內容進行運算的子查詢（subquery）。這些情境下都很適合使用。

範例 資料表 foo 與 bar 的子查詢藉由 CROSS APPLY 進行結合

```
SELECT * FROM foo CROSS APPLY
(SELECT * FROM bar WHERE foo.a = bar.a) S
```

＊ CROSS APPLY 可在 Oracle 12c、SQL Server 使用。

INNER JOIN 和「LATERAL」一起使用也可達成和 CROSS APPLY 一樣的功能。如下例，將上面範例中的 CROSS APPLY 用 INNER JOIN 和 LATERAL 來改寫。

範例 資料表 foo 與 bar 的子查詢藉由 INNER JOIN 和 LATERAL 進行結合

```
SELECT * FROM foo INNER JOIN LATERAL
(SELECT * FROM bar WHERE foo.a = bar.a) S ON foo.a = S.a
```

＊ Oracle 12c、SQL Server、DB2、PostgreSQL 支援 LATERAL 關鍵字。

• OUTER APPLY

當結合右側沒有回傳資料時，使用 CROSS APPLY 的話就不能保留左側資料。若使用「OUTER APPLY」則可像外部結合一樣，在保留左側資料表的情況下和右側進行結合。

範例 資料表 foo 與 bar 的子查詢藉由 OUTER APPLY 進行結合

```
SELECT * FROM foo OUTER APPLY
(SELECT * FROM bar WHERE foo.a = bar.a) S
```

＊ OUTER APPLY 可在 Oracle 12c、SQL Server 使用。

OUTER APPLY 可以使用 LEFT JOIN LATERAL 來替代。關於結合的實際例子請參考下頁的 WHERE 語句。

WHERE 子句

指定抽出或結合條件

語法

WHERE boolean_expression

參數

boolean_expression   任意邏輯判斷式

在「WHERE 子句」中, 要寫上選擇列資料的條件式。這樣只有條件符合的列資料才會作爲結果被傳回。條件式中除了欄位名之外, 還可以用運算子和函式來寫。此外, 進行結合時, 也可以把資料表彼此間的關係作爲條件式來記述。

• 篩選條件

　想要取得符合某種條件的列資料時, 就用「WHERE」來指定檢索條件。

範例 只將 foo 資料表中, a 欄位之值爲 1 的資料給取出

```
SELECT * FROM foo WHERE a = 1
```

請注意, 當符合之資料超過 1 筆時, 這些資料就都會傳回。

假設有個商品資料表如下。若想取得單價爲 100 元的商品資料, 則 SELECT 命令的寫法和查詢結果如下 :

圖 2-2 商品資料表

編號	商品名	單價
1	口香糖	100
2	糖果	100
3	可樂	120

```
SELECT * FROM 商品 WHERE 單價 = 100
```

編號	商品名	單價
1	口香糖	100
2	糖果	100

• 結合

　　一般的資料庫系統，都是由多個資料表所構成。資料表彼此之間的關係，應該是藉由設計者所指定的欄位而定義出來的。這些欄位可能被稱為主鍵，或是外來鍵。

　　在 SQL 中，為了能同時從多個資料表裡取出資料，所以能在 FROM 子句中指定多個資料表。在 FROM 子句中所寫的那些資料表間的關係，是在 WHERE 子句中以條件的型態記述的。以圖 2-3 為例，依據資料表 foo 和 bar 中，彼此的 a 欄位資料之值相同的這種關係 (結合條件)，來查詢出 foo 和 bar 資料表中的所有資料。由於 a 欄位在 foo 和 bar 兩個資料表都存在，所以只寫 a 的話，會搞不清楚是哪個資料表的 a 欄位。這種情況下，就要寫成「資料表名 . 欄位名」，來避開這種問題。下例中就寫成 foo.a 和 bar.a：

圖 2-3　多個資料表的結合, 例 1

foo

a	b
1	簡單
2	專家
3	標準

bar

a	b	c
1	2	VB
2	10	VC
3	12	SQL

```
SELECT * FROM foo, bar WHERE foo.a = bar.a
```

foo.a	foo.b	bar.a	bar.b	bar.c
1	簡單	1	2	VB
2	專家	2	10	VC
3	標準	3	12	SQL

一般來說，資料表間的關係有「一對一」和「一對多」兩種。上述的範例中，foo 和 bar 的關係是一對一。若再加入 bar2 資料表，且 foo 和 bar2 為一對多的關係，我們來結合兩者試試：

範例 結合 foo 和 bar2 資料表

```
SELECT * FROM foo, bar2 WHERE foo.a = bar2.a
```

上面的 SELECT 命令執行的結果如下表。bar2 的 a 欄位，值為 1 的資料有 2 筆，值為 2 的也有 2 筆，值為 3 的資料則只有 1 筆。而 bar2 中有 a 欄位值為 4 的資料，foo 資料表中則沒有。仔細看看查詢結果，此時 a 欄位值為 4 的資料就不見了。內結合時，只要不是各結合資料表中都有資料，就會被剔除。

圖 2-4　多個資料表的結合, 例 2

foo

a	b
1	簡單
2	專家
3	標準

bar2

a	b	c
1	1	version5.0
1	2	version6.0
2	1	version5.0
2	2	version6.0
3	1	92
4	1	ISAM

```
SELECT * FROM foo, bar2 WHERE foo.a = bar2.a
```

foo.a	foo.b	bar2.a	bar2.b	bar2.c
1	簡單	1	1	version5.0
1	簡單	1	2	version6.0
2	專家	2	1	version5.0
2	專家	2	2	version6.0
3	標準	3	1	92

• 利用 FROM 子句來寫結合條件

除了舊版本的 Oracle 之外, 都可以利用 FROM 子句來寫結合條件。

範例 利用 FROM 子句來寫結合條件

```
SELECT * FROM foo INNER JOIN bar ON foo.a = bar.a
```

這種指定結合條件的方法, 是由 ANSI 所規定的。 Visual Basic 的 Report Designer 或 Create Designer 就用這種寫法。寫結合條件時, 一般推薦使用 FROM 子句來寫, 而不用 WHERE 來寫。

• 外結合

一般進行結合時, 只要結合的資料表中, 有任一資料表中的一筆資料不符合指定之條件的話, 該資料就會被捨棄。此時, 若使用外結合, 則就算有資料不符合指定之條件, 也可以保留其中一資料表的所有資料。

範例 Oracle 的外結合

```
SELECT * FROM foo,bar WHERE foo.a = bar.a(+)                    Oracle
```

範例 SQL Server 的外結合

```
SELECT * FROM foo,bar WHERE foo.a *= bar.a                    SQLServer
```

在一般的結合中, foo 資料表裡所沒有的「a=4」該筆資料會從查詢結果中被剔除。將此例改用外結合來處理的話, 就可以保留 foo 資料表的全部資料。

針對語法來說明的話, SQL Server 的結合條件不是用「=」來指定, 而是寫成「*=」。這就表示要保留附有 * 符號那邊的資料表 (在上例中就是 foo) 之全部資料, 再進行結合。以此類推, 寫成「=*」就是要保留 bar 資料表的所有資料。請注意, SQL Server 2005 以後的版本已不支援使用「=*」來進行外部結合。

在 Oracle 中則用「(+)」的寫法來處理, 這和 SQL Server 的想法剛好相反, 不是指定要留下全資料的那方, 而是指定哪邊要做隨意的運算, 所以上面二個例子做的事是一樣的。若結合條件是以「AND」結合多個陳述式而形成的, 則同樣的, 就得一一用 *= 或 (+) 把各條件都標好才行。另外, 這個被進行了外結合的資料表 (本例為 bar), 無法跟其他有關聯的資料表再做結合。由於外結合的欄位資料有可能出現都是 NULL 的情況, 所以我們無法指定用 NULL 值來做結合。

圖 2-5　外結合範例

foo	
a	b
1	VB
2	VC
3	SQL
4	ISAM

bar	
a	b
1	簡單
2	專家
3	標準

```
SELECT * FROM foo, bar WHERE foo.a *= bar.a
SELECT * FROM foo, bar WHERE foo.a = bar.a(+)
```

foo.a	foo.b	bar.a	bar.b
1	VB	1	簡單
2	VC	2	專家
3	SQL	3	標準
4	ISAM	(null)	(null)

由於 bar 資料表中, 沒有符合「a=4」條件的資料, 所以該筆資料中, 關於 bar 部分的欄位值, 都會傳回為 NULL。

• 在 FROM 子句中寫入結合條件

除了舊版的 Oracle 之外, 都可以在 FROM 子句中寫入結合條件。

範例 在 FROM 中以 LEFT JOIN 做外結合

```
SELECT * FROM foo LEFT JOIN bar ON foo.a = bar.a
```

因為是 LEFT, 所以寫在左側的資料表 (在本例中就是 foo) 的所有資料都會被保留下來。在 DB2 、 PostgreSQL 、 MySQL 、 Access 、 SQLite 中, 我們無法在 WHERE 子句中指定外結合的結合條件。所以, 本例在 FROM 子句中寫入結合條件。利用 FROM 子句指定結合條件並進行結合的做法, 是由 SQL92 所規定的。正因為這個理由, 所以一般都偏好用 FROM 子句來指定結合條件, 而不用 WHERE 子句來寫。

GROUP BY 子句

群組化

語法

GROUP BY expression [, expression ...]

參數

expression   任意陳述式

在「GROUP BY 子句」中，可以指定要群組化的欄位名，或是含有欄位名的陳述式。群組化在進行合計時會利用到。利用逗號將多個欄位名分隔開，就能指定多個欄位來進行群組化。指定多個陳述式時，與各陳述式所得值相同的資料就會被群組起來。

範例 根據資料表 foo 的 a 欄位值來進行群組化，再統計其列數

```
SELECT COUNT(*) FROM foo GROUP BY a
```

一般來說，所謂的合計，感覺好像就是單純把資料加起來而已，但像是投票結果之類的處理，要分組來計算的狀況也不在少數。而投票結果的合計，其實就是把獲得選票者做爲單位來群組化後，再進行合計。假設某個資料表中只存了獲得選票者的姓氏。

圖 2-6 群組化範例

| 投票結果 |
| 姓氏 |
| 山田 |
| 鈴木 |
| 山田 |
| 鈴木 |
| 佐藤 |

合計 →

姓氏	COUNT(*)
山田	2
鈴木	2
佐藤	1

將這個資料表的姓氏做爲投票結果「1 列 = 投 1 次票」這樣來看的話，則想取得每人獲得票數時，查詢就要寫成如下：

範例 合計投票結果

```
SELECT 姓氏, COUNT(*) FROM 投票結果 GROUP BY 姓氏
```

用 GROUP BY 便可指定群組化的方式。執行群組化時，在要選取之欄位名清單處，只能寫上 GROUP BY 所指定的欄位，或是用統計函式所寫成的陳述式。統計函式包括了「COUNT」、「MIN」、「MAX」、「AVG」、「SUM」等。這些統計函式若出現在沒有 GROUP BY 的查詢裡的話，就會把資料表整體當成一個群組，來進行合計。若查詢裡有 GROUP BY 的話，則合計會在群組化後的群組中各自進行。上述的查詢結果，就如圖 2-6。

關於統計函式的詳細說明，請參考「第 4 章 函式」。

•設定排列順序

MySQL 可在 GROUP BY 設定排列順序。本來排列順序一般都是在 ORDER BY 設定，但只有 MySQL 可在 GROUP BY 利用 ASC、DESC 來設定排列順序。

範例 分組進行降序排列

```
SELECT a, SUM(b) FROM foo GROUP BY a DESC
```

GROUPING SETS ROLLUP CUBE

| Oracle | SQL Server | DB2 | Postgre SQL |
| MySQL/MariaDB | SQLite | MS Access | SQL 標準 |

OLAP 合計選項

語法

GROUP BY GROUPING SETS ((expression [, expression...])
[,(expression [, expression ...]) ...])　　　　　`Oracle` `SQLServer` `DB2`
GROUP BY ROLLUP (expression [, expression ...])　　　`Oracle` `DB2`
GROUP BY CUBE (expression [, expression ...])　　　`Oracle` `DB2`
GROUP BY expression [, expression ...] WITH ROLLUP　`SQLServer` `DB2` `MySQL/MariaDB`
GROUP BY expression [, expression ...] WITH CUBE　　`SQLServer` `DB2`

參數

expression　　　　　　　　任意陳述式

　　在 GROUP BY 子句中, 爲了進行各群組的計算, 我們還能設定一些選項。
指定了選項後, 根據選項內容, 合計列就會被追加到查詢結果中。

　　在此爲了方便說明, 假設有如圖 2-7 這樣的一個「實際銷售量」的資料
表:

圖 2-7　「實際銷售量」資料表

月	日	商品	銷量	月	日	商品	銷量
9	20	AFG-20	32	10	1	AFG-20	24
9	20	AFC-21	5	10	1	AFC-21	13
9	20	AFG-20	12	10	1	AFG-20	20
9	20	HKS-30	8	10	1	AFC-21	8
9	20	HKS-30	16	10	1	AFG-20	12
9	20	AFG-20	42				

• Oracle

　　在 Oracle 中, 指定 GROUPING SETS、ROLLUP 和 CUBE 的寫法如下。

```
GROUP BY ROLLUP(月, 商品)
GROUP BY CUBE(月, 商品)
GROUP BY GROUPING SETS((月, 商品))
```

　　這 3 列都是指定依月和商品欄位來進行群組化, 從括弧內的內容相同就
可看出來。不過, 它們的查詢結果中, 追加的合計列則不一樣。

```
ROLLUP(月, 商品) .............. 以月份為單位小計, 總合計
CUBE(月, 商品) .............. 以月份為單位小計、以商品為單位小計、總合計
GROUPING SETS((月, 商品)) ..... 跟一般的 GROUP BY 一樣
```

「GROUP BY GROUPING SETS((月,商品))」的寫法, 和「GROUP BY 月,商品」是一樣的。在 GROUPING SETS 中, 可以指定任意排列組合的合計項目。此外 ROLLUP 、 CUBE 也可以用 GROUPING SETS 來指定, 如下：

```
ROLLUP(月, 商品)...GROUPING SETS((月, 商品), (月), ())
CUBE(月, 商品).....GROUPING SETS((月, 商品) , (月), (商品), ())
```

不只是 SUM, 包括 AVG 、 MIN 、 MAX 等統計函式也都能和 ROLLUP 、 CUBE 一起併用。

• DB2

在 DB2 中的 GROUPING SETS 、 ROLLUP 和 CUBE 的寫法, 與 Oracle 幾乎完全相同。不過 DB2 還支援 SQL Server 中的 WITH 語法。

• SQL Server

在 SQL Server 2005 之前中, ROLLUP 和 CUBE 的指定方式如下。

```
GROUP BY 月, 商品 WITH ROLLUP
GROUP BY 月, 商品 WITH CUBE
```

SQL Server 2008 以後的版本和 Orcale 、 DB2 用同樣的方法進行 OLAP （On-Line Analytical Processing）彙總分析。

• MySQL

MySQL 只支援 WITH ROLLUP。

範例 依據 ROLLUP 所指定的內容, 列出各月份小計和總合計資料

```
SELECT 月, 商品, SUM(銷量) FROM 實際銷售量 GROUP BY ROLLUP(月, 商品)
ORDER BY 月, 商品
```

月	商品	SUM(銷量)	
9	AFC-21	5	
9	AFG-20	86	
9	HKS-30	24	
9		115	◀ 9月的小計
10	AFC-21	21	
10	AFG-20	56	
10		77	◀ 10月的小計
		192	◀ 總合計

範例 依據 CUBE 所指定的內容, 列出各月份和
各商品的小計以及總合計資料

```
SELECT 月, 商品, SUM(銷量) FROM 實際銷售量 GROUP BY CUBE(月, 商品)
ORDER BY 月, 商品
```

月	商品	SUM(銷量)	
9	AFC-21	5	
9	AFG-20	86	
9	HKS-30	24	
9		115	9月的小計
10	AFC-21	21	
10	AFG-20	56	
10		77	10月的小計
	AFC-21	26	AFC-21的小計
	AFG-20	142	AFG-20的小計
	HKS-30	24	HKS-30的小計
		192	總合計

範例 依據 GROUPING SETS 所指定的內容, 算出總合計

```
SELECT 月, 商品, SUM(銷量) FROM 實際銷售量
GROUP BY GROUPING SETS((月, 商品), ()) ORDER BY 月, 商品
```

月	商品	SUM(銷量)	
9	AFC-21	5	
9	AFG-20	86	
9	HKS-30	24	
10	AFC-21	21	
10	AFG-20	56	
		192	總合計

* 在 PostgreSQL、MySQL、Access、SQLite 中, 不能指定 ROLLUP、CUBE 等選項。

HAVING 子句

Oracle	SQL Server	DB2	PostgreSQL
MySQL/MariaDB	SQLite	MS Access	SQL 標準

用統計函式的結果值作為條件來篩選

語法

HAVING boolean_expression

參數

boolean_expression　　任意邏輯判斷式

在「HAVING 子句」中，可以指定含有統計函式的條件式，只有符合此條件的群組才會成為查詢結果。不過此處含有統計函式的條件式，不能用 WHERE 子句的條件式來寫。

範例 群組合計值大於 100 者，才傳回做為查詢結果

```
SELECT x, SUM(i) FROM foo GROUP BY x HAVING SUM(i) > 100
```

想要把合計結果做為條件來指定時，一般都會很自然地想寫成「WHERE SUM(i) > 100」，不過這種寫法是錯的，會出現錯誤訊息。這種時候得用 HAVING 子句，來把合計結果寫成條件式才行。

圖 2-8 HAVING 之範例

foo

x	i
X	18
X	30
Y	100
Y	25
Z	230

```
SELECT x, SUM(i) FROM foo GROUP BY x
```

x	SUM(i)
X	48
Y	125
Z	230

```
HAVING SUM(i) > 100
```

x	SUM(i)
Y	125
Z	230

像這樣利用 HAVING 子句，就能指定只傳回合計結果大於 100 的資料。在上例中，用 HAVING 所指定的條件，和所要選取之欄位名清單裡，剛好同樣都用了 SUM 統計函式，但其實並沒有規定這兩處必須指定相同的內容。在要選取之欄位名清單裡，不寫 SUM(i) 也沒關係。此外，我們也可以查詢出合計值大於 100 的群組中的最大值 (MAX) 或最小值 (MIN)，以及平均值 (AVG)。

SELECT 是 DML 嗎？

DML 是 Data Manipulation Language（資料操作語言）的簡寫。其中 INSERT、DELETE、UPDATE 的功能分別是對資料進行新增、刪除、更新，稱為「資料操作語言」十分合適。

但是 SELECT 的功能主要是檢索資料，並沒有實際操作資料的感覺。因此有時歸類成「查詢」的類別而不是 DML。

ORDER BY 子句

指定取得之資料的順序

語法

ORDER BY expression [**ASC** | **DESC**] [, expression [**ASC** | **DESC**] ...]

參數

expression　　　　　　任意陳述式

利用「ORDER BY 子句」, 我們可以將查詢結果加以排序, 只要在 ORDER BY 子句中指定要做為排序依據的欄位名或是陳述式即可。而你可以指定多個欄位名做為排序依據, 例如「ORDER BY a, b, c」, 會先依據 a 欄位排序, 碰到 a 欄位之值相同時, 再依 b 欄位排序, 又相同的話再以 c 欄位排序。沒有用 ORDER BY 子句指定排序的話, SELECT 的查詢結果順序就不會固定。若想要每次查詢都能獲得同樣順序的資料, 就要用 ORDER BY 來指定。

• ASC 、 DESC

排序時, 預設是以 ASC 方式 (由小到大, 升幕) 來排, 若要由大到小排列的話, 就要指定用 DESC(降幕) 方式。

範例 將資料表 foo 中的所有資料依 a 欄位之值, 由小到大來排序

```
SELECT * FROM foo ORDER BY a ASC
```

範例 將資料表 foo 中的所有資料依 a 欄位之值, 由大到小來排序

```
SELECT * FROM foo ORDER BY a DESC
```

3 、 2 、 1, 數字由大到小地排列, 就是 DESC (降幕)。

• NULL 值的排序

NULL 值的排序處理依資料庫種類不同而有異。在 SQL Server 、 MySQL 和 Access 中, NULL 值會被當成最小值來排序。所以在 ASC 的排序方式中, 就會列在最前頭, 在 DESC 方式中, 就會列在最後面。而在 Oracle 9i 和 PostgreSQL 8.3 以後版本中, NULL 反而被當成最大值來處理, 因此在 ASC 排序中列在最後, 在 DESC 排序中列在最前頭。

在 Oracle9i 中可以利用 NULLS FIRST、NULLS LAST 來指定 NULL 值的處理方式。

範例 將資料表 foo 中的所有資料依 a 欄位之值,
由大到小來排序, NULL 值排在最後

```
SELECT * FROM foo ORDER BY a DESC NULLS LAST          Oracle  PostgreSQL
```

• 依據欄位編號來做 ORDER BY 的動作

在 ORDER BY 中, 除了指定排序用的欄位名之外, 還可以指定欄位的編號。欄位編號是從 1 開始的任意數值。而這個編號則對應到要選取之欄位名清單 (寫在 SELECT 之後的欄位名) 的順序。

範例 依據要選取之欄位名清單中的第 2 個欄位來排序

```
SELECT a, b FROM foo ORDER BY 2
```

即使要選取之欄位名清單是以陳述式來寫, 還是可以正確地進行排序

範例 依據要選取之欄位名清單中的第 2 個運算式來排序

```
SELECT a, c*b FROM foo ORDER BY 2
```

• 定序基準

在 SQL Server、MySQL、SQLite 可以使用 COLLATE 來指定定序基準。

範例 指定定序基準進行排序。

```
SELECT * FROM foo ORDER BY a COLLATE Chinese_Taiwan_Stroke_BIN  SQLServer
```

Chinese_Taiwan_Stroke_BIN 是 SQL Server 中針對台灣繁體中文製作的定序基準, 以 binary 值進行比較。若不須區分大小寫可以指定 Chinese_Taiwan_Stroke_CI_AS 作為定序基準。在 SQLite 中, 若字元編碼為 utf8 時, 可以指定 utf8_bin(binary)、utf8_general_ci(不區分大小寫)…等定序基準。

在 Oracle 則是藉由 SESSION 的 NLS_SORT 變數來設定定序基準。若只是想要暫時改變定序基準則可使用 NLSSORT 函數。

範例 指定排序時的定序基準。

```
ALTER SESSION SET NLS_SORT='JAPANESE_M_CI'          Oracle
```

子查詢 (SUB QUERY)

SELECT 中的 SELECT 命令

> **語法**
>
> ```
> (select_statement)
> ```
>
> **參數**
>
> select_statement　　　　　　任意 SELECT 命令

在 SQL 中, 我們可以在 **SELECT** 命令中, 寫入另一個 **SELECT** 命令, 這種寫法叫做「子查詢」, 也稱為「副查詢」。利用子查詢的寫法, 我們就能進行複雜的查詢動作。

MySQL 4.1 之前並不支援這種子查詢的寫法, 而也有一些其他的資料庫, 對於子查詢的使用有限制, 請特別注意了。

範例 將 bar 資料表中 b 欄位之最大值拿來與 foo 資料表之 a 值比較, 然後列出 foo 資料表中兩值相同的資料

```
SELECT * FROM foo WHERE a = (SELECT MAX(b) FROM bar)
```

取得 bar 資料表之 b 欄位最大值的查詢以括號括起來, 就成了子查詢。在本例中, 經由子查詢取得的值不會因為 foo 資料表的內容而有變化, 所以其實分成兩次, 以 **SELECT** 命令來查詢 (如下例), 可能會比用子查詢寫要有效率。

範例 將 SELECT 命令所得的結果存到變數中後, 再於下一個 SELECT 命令中使用

```
maxvalue = SELECT MAX(b) FROM bar
SELECT * FROM foo WHERE a = maxvalue
```

真正需要用到子查詢的情況, 是依據 foo 資料表內容不同, 會造成子查詢的查詢結果有異的時候。

範例 子查詢依存於主查詢的情況

```
SELECT * FROM foo WHERE a = (SELECT MAX(b) FROM bar
  WHERE bar.c = foo.c)
```

在上面的範例中，子查詢裡多了 WHERE 子句。此 WHERE 指定了 bar 之 b 欄位最大值，必須從 bar 和 foo 資料表中的 c 欄位值相同的資料裡找出，因此比較 foo 資料表的 a 值時，子查詢的最大值會有不同變化，這種子查詢就無法成為單獨執行的查詢文。像這樣會受外層資料所影響的子查詢稱為相互關聯子查詢。

・使用了 EXISTS 的子查詢

想確認與某資料表有關聯的一資料表中，是否有某筆特定資料，並進一步根據此確認結果做為查詢條件時，就可以利用「EXISTS」或「NOT EXISTS」加上子查詢來做到。

範例 在 foo 資料表中，若有 1 筆以上的資料其 a 欄位值和 bar 資料表中的 a 欄位值相同，就把該筆資料傳回

```
SELECT * FROM foo WHERE EXISTS (SELECT * FROM bar
  WHERE bar.a = foo.a)
```

用結合的方式似乎也沒問題，不過若 bar 資料表中的 a 欄位值有重複的狀況時，這些重複的資料都會變成結果傳回。此時用 EXISTS 加子查詢的方式，就可以避開這個問題。反之，若是使用 NOT EXISTS 的話，就變成是在進行子查詢動作之資料表中，不符合條件的資料才做為結果傳回。

圖 2-9 EXISTS 子查詢之範例

foo	
a	b
A	1
B	2
C	3

A 在 bar 中存在 1 筆以上的資料, 真
B 在 bar 中不存在, 偽
C 在 bar 中存在, 真

bar	
a	c
A	aaa
A	abc
C	ccc
D	ddd

```
SELECT * FROM foo
  WHERE EXISTS (SELECT * FROM bar WHERE foo.a = bar.a)
```

a	b
A	1
C	3

子查詢會針對資料表中的每一筆資料做 SELECT 的動作, 所以伺服器會變得很忙碌。而使用 EXISTS 時, 由於只須傳回 SELECT 查詢的結果, 所以不用逐一處理每一筆資料, 而 NOT EXISTS 則得檢查每一筆資料, 確定沒有任何符合條件的資料才行, 因此執行速度可能比較慢。

• 在要選取之欄位名清單中使用子查詢

　　在要選取之欄位名清單中, 也可以使用子查詢。不過, 只能指定傳回值為單一資料的 SELECT 命令。這種子查詢就稱為 Scalar Subquery (純量子查詢)。

範例 在要選取之欄位名清單中使用子查詢

```
SELECT (SELECT COUNT(*) FROM foo), (SELECT COUNT(*) FROM bar)
```

* 在 Oracle、DB2、Access 中, 還必須加上 FROM 子句。

• 在 FROM 子句中使用子查詢

　　FROM 子句中也能使用子查詢, 這樣就等於把 SELECT 命令得來的結果當成一個資料表來處理。

範例 在 FROM 子句中使用子查詢

```
SELECT * FROM (SELECT a, b FROM bar) AS SUBQ
```

使用 ROWNUM 限制筆數

雖然在 Oracle 12c 以前的版本無法在 SELECT 使用 TOP 和 LIMIT, 但還是可以利用「ROWNUM」來限制查詢的資料筆數。ROWNUM 會顯示 SELECT 過程中, 資料行的順序。當只需要前三筆資料時, 使用方法如下。

```
SELECT * FROM foo WHERE ROWNUM <= 3
```

但是 ROWNUM 顯示的是資料排序前的順序。若想要取得排序後資料的前三筆, 則必須使用子查詢。

```
SELECT * FROM (SELECT * FROM foo ORDER BY a)
WHERE ROWNUM <= 3
```

WITH 子句

共用查詢

> **語法**
>
> **WITH** inline_view **AS (** select_statement **)**
> **[,** inline_view **AS (** select_statement **) ...]**
> select_statement
>
> **參數**
>
> inline_view   行內檢視定義
> select_statement   SELECT 指令

    使用 WITH 就可在一個 SQL 指令中定義「行內檢視」。定義後, 在同一個 SQL 指令中可多次使用。想在 FROM 中重複使用行內檢視時, 使用 WITH 就只須輸入一次行內檢視的內容而不用重複輸入。因為只會產生暫時性的資料表, 所以也有助於提昇效能表現。

範例 定義共用查詢 foobar, 使用三次

```
WITH foobar AS (SELECT foo.a, foo.b
 FROM foo INNER JOIN bar ON foo.a = bar.a)
SELECT ?  FROM foobar
 WHERE a = (SELECT MIN(a) FROM foobar)
  OR a = (SELECT MAX(a) FROM foobar)
a b
-------
A 1
C 3
```

定義行內檢視的名稱時也可同時指定列名。

範例 設定共用查詢的名稱和列名。

```
WITH foobar(aa, bb) AS (SELECT foo.a, foo.b
 FROM foo INNER JOIN bar ON foo.a = bar.a)
SELECT ?  FROM foobar
```

WITH 遞迴查詢

遞迴查詢

語法

WITH [RECURSIVE] inline_view **(** column_name **[,** column_name **...])**
AS (
initial_select_statement
UNION ALL
recursive_select_statement **)**
select_statementt

參數

inline_view	行內檢視名稱定義
initial_select_statement	不含遞迴呼叫的初期化用 SELECT 指令
recursive_select_statement	含遞迴呼叫的 SELECT 指令
select_statement	SELECT 指令

使用 WITH 語句後就可設定能「自我呼叫進行遞迴查詢」的行內檢視。典型的遞迴查詢就是藉由 UNION ALL 將不含遞迴呼叫的初期化用查詢與含遞迴呼叫的自我結合查詢結合。

在 PostgreSQL 要使用遞迴查詢時,WITH 後面必須使用關鍵字 RECURSIVE。但若在其他的資料庫系統使用 RECURSIVE 的話,系統會產生錯誤。

範例 典型的 WITH 遞迴查詢範例

```
WITH td(NNO, PNO, LVL) AS (
  SELECT NODE_NO, PARENT_NO, 0
    FROM TREE_DATA WHERE PARENT_NO IS NULL
  UNION ALL
  SELECT TD2.NODE_NO, TD2.PARENT_NO, td.LVL + 1
    FROM td INNER JOIN TREE_DATA TD2
      ON td.NNO = TD2.PARENT_NO
)
SELECT ?  FROM td
```

LIMIT 子句

限制查詢結果

> **語法**
>
> **LIMIT** count | **ALL** [{ **OFFSET** | , } start]　　PostgreSQL MySQL/MariaDB SQLite
>
> **LIMIT** [start,] count　　MySQL/MariaDB SQLite
>
> **參數**
>
> count　　　　　　取得的資料筆 (列) 數
>
> start　　　　　　從第幾筆 (列) 資料開始取用

在 PostgreSQL、MySQL 和 SQLite 中,我們可以用 LIMIT 子句來指定,讓 SELECT 查詢到的資料不全部傳回,而只傳回特定的部分。不論是哪種資料庫,只設定一個參數的話,該參數就是代表要取得的資料筆數。設定爲 「LIMIT 3」時,會從資料最前端開始取得 3 筆資料。

範例 從資料最前端開始取得 3 筆資料

```
SELECT * FROM foo LIMIT 3
```

LIMIT 後面可以使用 OFFSET 來指定資料取得的開始位置。開始位置從 0 開始計算。第二種語法則是使用逗號 (,) 依「LIMIT 開始位置, 筆數」的順序來設定。

範例 從第 6 筆資料開始取出 3 筆資料

```
SELECT * FROM foo LIMIT 3 OFFSET 5         PostgreSQL MySQL/MariaDB SQLite
SELECT * FROM foo 5, 3                      MySQL/MariaDB SQLite
```

LIMIT 子句會在排序動作之後進行,所以我們可以取得查詢結果排序後的最前頭 3 筆資料:

範例 只取得查詢結果排序後的最前頭 3 筆資料

```
SELECT * FROM foo ORDER BY a LIMIT 3
```

OFFSET FETCH

限制查詢結果

語法

[**OFFSET** start]   Oracle PostgreSQL
  FETCH { **FIRST** | **NEXT** } **ROWS** count **ONLY**

ORDER BY expression [**OFFSET** start]   SQLServer
  FETCH { **FIRST** | **NEXT** } **ROWS** count **ONLY**

FETCH FIRST ROWS count **ONLY**   DB2

參數

start   資料取得的開始位置
count   資料取得的筆數
expression   任意語句

Oracle、SQL Server、DB2、PostgreSQL 可藉由 OFFSET FETCH 來限制
資料取得筆數。從 Oracle 12c、SQL Server 2012、PostgreSQL 8.4 以後開始
支援。

範例 從資料最前端開始取得 3 筆資料

```
SELECT * FROM foo FETCH FIRST 3 ROWS ONLY
```

範例 從第 6 筆資料開始取出 3 筆資料

```
SELECT * FROM foo OFFSET 5 FETCH FIRST 3 ROWS ONLY
```

FETCH 後的關鍵字 FIRST 、 NEXT, 兩種都可使用, 結果沒有差異。一般
使用 OFFSET 的話, 用 NEXT 在語意上比較自然。

參照：LIMIT   P.66

SELECT INTO

用 SELECT 命令來建立資料表

> **語法**
>
> **SELECT [ALL | DISTINCT]** expression **[,** expression **...]**
> **INTO** new_table_name
> **FROM** table_name **[,** table_name **...]**
> **[WHERE** where_expression **]**
> **[GROUP BY** expression **[,** expression **...][HAVING** where_expression **]]**
> **[ORDER BY** expression **[,** expression **...]]**
>
> **參數**
>
> | | |
> |---|---|
> | new_table_name | 要建立的資料表名稱 |
> | table_name | 從中選取資料的資料表名稱 |
> | expression | 任意陳述式 |
> | where_expression | 篩選資料的條件式 |

在 SQL Server、PostgreSQL 和 Access 中，可以藉由「SELECT INTO」命令，把 SELECT 命令所獲得的查詢結果做成新資料表保存起來。在語法上，就單純只是在一般的 SELECT 命令中加上「INTO 句」而已。由於 SELECT 命令所得的結果會原原本本地變成資料表定義，所以就不用再另外記述欄位定義了。

範例 將 SELECT * FROM foo 的結果存入新建的 new_foo 資料表

```
SELECT * INTO new_foo FROM foo
```

我們也可以將使用了 GROUP BY 合計之後的結果存成資料表。此時，若想指定新產生的欄位名的話 (特別是在使用 SELECT 文中以陳述式指定欄位名時)，就要寫上別名。這樣別名就會變成新建立之資料表的欄位名。

範例 將 SELECT 的結果存成 new_foo 資料表。
新建立的 new_foo 資料表中則含有名為 a 和 b 的兩個欄位

```
SELECT a, SUM(b) AS b INTO new_foo FROM foo GROUP BY a
```

在 Oracle、MySQL、SQLite 中, 可以用「CREATE TABLE AS」來將 SELECT 命令的查詢結果存成資料表。

在 PostgreSQL 中, 也可以用 CREATE TABLE AS 將 SELECT 命令的查詢結果存成資料表, 同時也支援 SELECT INTO 語法。

在 MySQL 中, 也有 SELECT INTO 這樣的語法, 不過它不是把 SELECT 命令的查詢結果存成資料表, 而是存成外部檔案, 也就是匯出資料。

若要在既有的資料表中加入 SELECT 命令的查詢結果, 則要寫成 INSERT INTO SELECT。

保存 SELECT 運算結果

因為 SELECT 的結果是擷取資料表的一部分所產生的, 所以可以直接以資料表的形式儲存。在 SQL Server、Access、PostgreSQL 會在 SELECT 指令中設定。

FROM 子句前加上 INTO 子句的話, SELECT 的結果就可儲存在 INTO 所指定的資料表。被儲存的資料表會和 SELCT 的結果一致。

```
SELECT * INTO bar FROM foo
```

Oracle 則是使用「CREATE TABLE AS」指令。在建立資料表時指定 SELECT 指令為資料來源。

```
CREATE TABLE bar UNRECOVERABLE AS SELECT * FROM foo
```

在 Oracle 的 SELECT INTO 是用於藉由 PL/SQL 將運算結果值存入變數時。在 PostgreSQL 中「SELECT INTO」「CREATE TABLE AS」兩種方式都可使用。在 MySQL 中則是使用「CREATE TABLE AS」。 SELECT INTO 是用於輸出檔案時。

在 DB2 中「SELECT INTO」用於將運算結果值存入變數。不能產生資料表。使用 CREATE TABLE AS 則會建立實體化檢視 (MATERIALIZED VIEW)。建立 bar 實體化檢視的範例如下。

```
CREATE TABLE bar AS (SELECT * FROM foo)
DATA INTIALLY DEFERRED REFRESH DEFERRED
REFRESH TABLE bar
```

參照:CREATE TABLE AS   P.115

集合運算

對 SELECT 命令所得之結果進行集合運算

語法

```
select_statement 集合運算子 select_statement
```

參數

select_statement　　　　　任意的 SELECT 命令

利用「UNION」和「INTERSECT」之類的集合運算子, 就可以針對 SELECT 命令所得之結果進行集合運算。

UNION 是將兩個集合資料做「聯集」的運算。若集合 A 的資料內容為 1, 2, 3, 集合 B 的資料內容為 3, 4, 5, 則集合 A 與 B 的聯集就是 1, 2, 3, 4, 5。我們可以針對 SELECT 命令所得之結果進行這樣的計算。

範例 SELECT * FROM foo 和 SELECT * FROM bar 兩者經由 UNION 做聯集的計算

```
SELECT * FROM foo UNION SELECT * FROM bar
```

集合運算包括了聯集、差集和乘積。很多資料庫還可以利用 UNION 來進行連續的聯集計算。至於差集和乘積, 有的資料庫是不支援的, 請特別注意了。MySQL 、 Access 只支援 UNION 。

關於集合運算子的詳細說明, 請參考「第 3 章 運算子」。

參照 : UNION 運算子　　　　　P.237
　　　　EXCEPT 運算子　　　　P.239
　　　　MINUS 運算子　　　　　P.240
　　　　INTERSECT 運算子　　　P.241

INSERT

在資料表中新增一筆 (列) 資料

語法

INSERT [INTO] table_name [(column [, column ...])]
  { **VALUES** (value [, value ...]) | select_statement }

INSERT ALL INTO table_name **VALUES** (value [, value ...])
[**INTO** table_name **VALUES** (value [, value ...]) ...]select_statement

Oracle

參數

table_name	要新增資料的資料表名稱
value	要插入之欄位資料
column	欄位名
select_statement	SELECT 命令

　　使用「INSERT」命令, 就可以在資料表中追加新資料。在 SQL Server 和 MySQL 中可以省略 INTO, 但在 Oracle、DB2、PostgreSQL、Access、SQLite 中則一定要寫。要插入的值則寫在「VALUES」後的括弧中。此時, 請務必要依照該資料表定義的欄位定義順序依序記述。要寫入字串資料時, 要像這樣加上單引號 ' 我是字串資料 ', 以表示該值為字串資料。若要寫入 NULL 值的話, 只要寫成 NULL 就可以了, 不過若該欄位之定義為 NOT NULL 的話, 就會出現錯誤訊息了。

範例 在 foo 資料表中增加整列資料 -

```
INSERT INTO foo VALUES(1, 2, 'ABC')
```

• 限定 INSERT 的欄位

　　指定欄位, 只在那些欄位中寫入資料。沒指定的欄位若是有定義預設值的話, 就會自動寫入預設值, 反之會寫入 NULL 值。此外, 若是有定義成 NOT NULL 的欄位則一定要寫入資料。指定欄位的順序可自由調整但必須和 VALUES 後的值相對應。

範例 foo 資料表中只新增欄位 a, b, c 的數值。若是有其他欄位存在的時候，那些欄位的值會被設成 NULL 。

```
INSERT INTO foo(a, b, c) VALUES(1, 2, ' ABC ')
```

• INSERT 預設值

除了 Access 與 SQLite 外，以預設值插入新資料時，可以直接用「DEFAULT」來明確指定要填入預設值。 Access 與 SQLite 中則不能使用 DEFAULT 這樣的語法。在資料表定義中有被定義的欄位，INSERT 時卻沒有被指定資料的話，該欄位會自動被填入 NULL 值，但若有設定預設值，則會填入預設值。

範例 在欄位 c 中填入預設值

```
INSERT INTO foo(a, b, c) VALUES(1, 2, DEFAULT)
```

• INSERT 以 SELECT 命令查詢到的結果

我們可以將 SELECT 命令所查詢到的結果，直接 INSERT 到資料表中保存。必要時，還可以指定要插入哪幾欄的資料到目標資料表中。不過 IN-SERT 和 SELECT 中所指定欄位的個數必須相符才行。

範例 將 SELECT 所查詢到的內容插入到資料表中

```
INSERT INTO foo(a, b, c) SELECT a, b, c FROM bar
```

• 同時 INSERT 多筆 (列) 資料

在 SQL Server、DB2、PostgreSQL、MySQL 中，我們可以用一個 INSERT 命令來插入多筆資料。只要將 VALUES 之後，用來指定值的括弧，以逗號分隔記述即可。

範例 將 2 列資料以 1 個 INSERT 命令一次新增完成

```
INSERT INTO foo VALUES(1, 2, 'abc'), (2, 10, 'xyz')
```

＊同時寫入多行資料的 INSERT 是 PostgreSQL 8.2、SQL Server 2008 以後才有的功能。

• INSERT ALL

在 Oracle 中, 有更複雜的 INSERT 命令語法可用。要一次增加多列資料時, 可以用以下的「INSERT ALL」來寫。

範例 將 2 列資料以 1 個 INSERT 命令一次追加完成

```
INSERT ALL INTO foo VALUES(1, 2) INTO foo VALUES(3, 4)        Oracle
SELECT * FROM DUAL
```

ALL 就接在 INSERT 之後寫。「INTO foo VALUES(1, 2)」和「INTO foo VAL-UES(3, 4)」則用來指定所追加之列資料的內容。 INSERT ALL 需要配合 SELECT 命令來使用;以 VALUES 來指定插入值時, 也要配合 SELECT 命令來使用。

在 INSERT ALL 中, 由於可以在 INTO 之後指定資料表, 所以不僅可以新增資料到同一資料表中, 也可以用單一 INSERT 命令來新增資料到不同的資料表中。

此外, 在 Oracle 中, 還可以利用「WHEN」和「THEN」, 依據特定條件來分別處理各資料表的新增動作。 WHEN 、 THEN 的用法和 CASE 很類似。

範例 在 INSERT ALL 文中利用 WHEN 、 THEN 來分別
處理不同資料表的新增資料動作

```
INSERT ALL                                                    Oracle
    WHEN a < 10000 THEN
        INTO bar1
    ELSE
        INTO bar2
    SELECT a, b FROM foo
```

使用 INSERT FIRST 的話, 只會執行最先符合條件的 THEN 。若是 INSERT ALL 的話則會執行所有符合條件的 THEN 。

• RETURNING、OUTPUT

Orcale 、 PostgreSQL 在 INSERT 使用 RETURNING 將可回傳所新增的資料。在 PostgreSQL 使用 RETURNING 可像 SELECT 一樣回傳新增的資料。

範例 回傳 INSERT 所新增的資料中, 欄位 a 和 b 的值。

```
INSERT INTO foo VALUES(1, 'one') RETURNING a, b              PostgreSQL
```

在 Oracle 中 RETURNING 後面可指定要回傳的欄位名稱, 並在 INTO 後指定要接收回傳值的變數。（PostgreSQL 中也可用 INTO 將回傳值寫入變數）。

範例 將 INSERT 所新增的資料中, 欄位 a 和 b 的值寫入變數 va 和 vb。

```
INSERT INTO foo VALUES(1, 'one') RETURNING a, b
INTO va, vb                                            Oracle PostgreSQL
```

在 SQL Server 中可利用 OUTPUT 達到同樣的效果。

範例 將 INSERT 所新增的資料中, 欄位 a 和 b 的值寫入變數 table_var。

```
DECLARE @table_var table(a integer, b varchar(20))
INSERT INTO foo OUTPUT INSERTED.a, INSERTED.b
INTO @table_var VALUES(1, 'one')                       SQLServer
```

• ON DUPLICATE KEY UPDATE

在 MySQL 發生索引鍵鍵值（key）重複時, 可以使用 UPDATE 指令。雖然有類似功能的 REPLACE 指令, 但是副作用太多還是建議用 ON DUPLICATE KEY UPDATE。

範例 將資料（1, 'one'）INSERT 到 foo, 當鍵值重複時更新欄位 b 的資料。

```
INSERT INTO foo VALUES(1, 'one')
ON DUPLICATE KEY UPDATE b= 'one'
```

• INSERT OR REPLACE

在 SQLite 執行 INSERT 發生鍵值（key）重複時, 可使用以下方法處理。

OR IGNORE, 忽略這次要新增的資料。

OR REPLACE, 將衝突的既存資料刪除, 存入要新增的資料。此指令的作用和 REPLACE INTO 相同。

範例 即使鍵值重複也使用 INSERT OR REPLACE 進行複寫

```
INSERT OR REPLACE INTO foo VALUES(1, 'one')
```

UPDATE

更新資料表中既有的資料

語法

UPDATE table_name **SET** column=expression [,column=expression ...]
[**FROM** table_name] [**WHERE** expression]

參數

table_name	要更新資料的資料表名稱
column	欄位名
expression	任意陳述式

要更新資料表中既存的資料時，就用「UPDATE」命令。緊接在 UPDATE 之後，就寫上要更新之資料表名稱。接著再於「SET」之後，將要更新的欄位名與新的值，以等號相連的方式記述。而若省略 WHERE 子句的話，則資料表中每一列的資料都會被當成更新對象。

範例 將資料表 foo 中 a 欄位的值都改成 1

```
UPDATE foo SET a = 1
```

• 只更新特定列的資料

指定 WHERE 子句的話，就可以篩選更新對象。一般更新資料的處理如下所示，會指定更新特定列的特定欄位資料。若資料表中沒有符合 WHERE 所指定條件之列的話，資料就不會更新。而由於語法本身正確無誤，所以不會出現錯誤訊息。

範例 只更新 b 欄位資料為 2 的列

```
UPDATE foo SET a = 1 WHERE b = 2
```

• 一次更新多欄位資料

若欲更新之欄位不只一個，只要用逗號分隔多個「欄位名 = 值」的記述文即可。

範例 更新資料表 foo 的 a 欄位和 b 欄位資料

```
UPDATE foo SET a = 1, b = 2 WHERE c = 2
```

• 使用子查詢來更新資料

用 SET 所指定的更新值, 也可以用子查詢來取代。藉由這種方式, 就可以參照其他資料表中的資料, 或參考合計結果, 再來更新資料。

範例 更新資料表 foo 的資料。值則使用子查詢得來的結果

```
UPDATE foo SET a = (SELECT MAX(b) FROM bar) WHERE c = 1
```

＊上例無法在 Access 執行。

• 使用 FROM 子句

在 SQL Server 、 PostgerSQL 中, 可以在 UPDATE 命令中寫入「FROM 子句」, 這樣就可以讓更新值與別的資料表先進行結合, 再將其結果值交給 SET 做更新處理。

範例 更新資料表 foo 的資料。值則使用結合後的 bar 資料表的 c 欄位之值

```
UPDATE foo SET a = bar.c FROM bar
  WHERE foo.b = bar.b
```
`SQLServer` `PostgreSQL`

• RETURNING、OUTPUT

一般的 UPDATE 指令並不像 SELECT 指令一樣會返回執行的結果。但只要使用 UPDATE 的可選指令 (optional), 就可返回執行結果。

Orcale、PostgreSQL 在 UPDATE 中使用 RETURNING, 可將更新的資料回傳。在 PostgreSQL 中使用 RETURNING 就可像 SELECT 指令一樣地回傳結果。

範例 回傳 UPDATE 所更新的資料中, 欄位 a 和 b 的值。

```
UPDATE foo SET a=2, b='two' WHERE a=1 RETURNING a, b
```
`PostgreSQL`

在 Oracle 中 RETURNING 後面可指定要回傳的欄位名稱, 並在 INTO 後指定要接收回傳值的變數。（ PostgreSQL 中也可用 INTO 將回傳值寫入變數 ）。

範例 將 UPDATE 所更新的資料中, 欄位 a 和 b 的值寫入變數 va 和 vb。

```
UPDATE foo SET a=2, b='two' WHERE a=1 RETURNING a, b
INTO va, vb                                    Oracle PostgreSQL
```

請注意, 當 UPDATE 同時更新多行資料時, RETURNING-INTO 會發生系統錯誤。

在 SQL Server 中可利用 OUTPUT 達到同樣的效果。在 SQL Server 可進一步指定要回傳的資料是更新前的還是更新後的。更新前的資料可用 DELETED 取得, 更新後的資料可用 INSERTED 來取得。

範例 將 UPDATE 指令中, 更新前資料和更新後資料的欄位 a 、更新後資料的欄位 b 寫入變數 table_var 。

```
DECLARE @table_var table(olda integer, newa integer,
b varchar(20))                                    SQLServer
UPDATE foo SET a=2, b='two' OUTPUT DELETED.a,
INSERTED.a, INSERTED.b INTO @table_var WHERE a=1
```

• 更新排序在前面的資料 TOP 、 LIMIT

在 SQL Server 、 MySQL 、 SQLite 可使用 TOP 或 LIMIT 來設定要更新前面多少筆資料。

範例 更新前三筆資料

```
UPDATE TOP(3) foo SET a=1                            SQLServer
UPDATE foo SET c=1 LIMIT 3                    MySQL/MariaDB  SQLite
```

在 MySQL 可藉由 ORDER BY 指定更新處理的順序。

範例 依條件排序後, 更新前三筆資料

```
UPDATE foo SET c=1 ORDER BY a LIMIT 3               MySQL/MariaDB
```

＊SQLite 不支援在 UPDATE 中使用 ORDER BY。

DELETE

消除資料表中既存的整列資料

語法

DELETE [FROM] table_name **[FROM** table_name **]**
 [WHERE expression **]**

參數

table_name	要刪除之資料表名稱
expression	任意陳述式

使用「DELETE」命令, 可以刪除資料表中既存的整列資料。寫法是在「DELETE FROM」之後接著寫上要刪除的資料表名稱即可。只有 SQL Server 可以省略 FROM。我們還可以用 WHERE 來寫入條件, 以指定要刪除的列, 若省略 WHERE 的話, 資料表中全部的資料都會被刪除。

範例 將資料表 foo 中全部的資料都刪除

```
DELETE FROM foo
```

不過若是想刪除資料表中全部的資料時, 與其用 DELETE, 建議你使用「TRUNCATE TABLE」比較好。

・只刪除指定之列

若只要刪除符合某些條件的列資料時, 就在 DELETE 命令中加上「WHERE 子句」。這樣一來, 只要符合 WHERE 所指定之條件的列, 就會被刪除。和 UPDATE 命令一樣, 若沒有任何列符合 WHERE 所指定之條件的話, 就沒有資料會被刪除, 而且由於語法正確, 並不會出現錯誤訊息。

範例 將 a 欄位之值為 1 的列刪除

```
DELETE FROM foo WHERE a = 1
```

• 利用子查詢來進行刪除動作

在 WHERE 子句中的條件式，也可以用子查詢來寫。這樣一來，就可以參照其他資料表的值，或根據結合後的結果，來進行刪除的動作。

範例 依據子查詢的結果刪除資料表 foo 中相符的列

```
DELETE FROM foo WHERE a = IN (SELECT c FROM bar
 WHERE c = 'deleted')
```

• 使用 FROM 子句

在 SQL Server 的 DELETE 命令中，在指定資料表後，可以在加上額外的 FROM 子句，先與別的資料表進行結合，再依篩選結果進行刪除動作。當要刪除的資料必須先與存在於別的資料表中的判斷條件比對時，就可以利用這個方法來處理了。

範例 將 foo 與 bar 二個資料表結合後，c 欄位之值
　　　　為 deleted 的資料列刪除

```
DELETE FROM foo FROM bar                          SQLServer
WHERE foo.a = bar.b AND bar.c = 'deleted'
```

這種 DELETE 命令的 FROM 子句用法是 SQL Server 才有的功能。

*譯註：第 1 個 FROM 的資料表 foo 是刪除的標的，第 2 個 FROM 的資料表 bar 是要結合的資料表，也可以省略第 1 個 FROM，寫成 DELETE foo FROM bar WHERE ...。

• 使用 USING 結合外部資料表進行刪除

在 PostgreSQL 、 MySQL 中可使用 DELETE 的「USING」，結合外部資料表刪除資料。

範例 刪除資料表 foo 的資料。刪除目標是結合的資料表 bar 中
　　　　欄位 c 為 deleted 的資料

```
DELETE FROM foo USING bar                         PostgreSQL
WHERE foo.a=bar.b AND bar.c='deleted'
DELETE FROM foo USING foo, bar                    MySQL/
                                                  MariaDB
WHERE foo.a=bar.b AND bar.c='deleted'
```

在 MySQL 中，除了要在 USING 指定要結合的資料表外，還要指定要刪除資料的資料表。

· RETURNING、OUTPUT

Oracle、PostgreSQL、MariaDB 10.0 中, 藉由在 DELETE 中使用 RETURNING, 將可以把已刪除的資料回傳。

在 PostgreSQL、MariaDB 中, 使用 RETURNING 可以像 SELECT 一樣將結果返回。

範例 返回 DELETE 的資料中, 欄位 a 和 b 的值

```
DELETE FROM foo WHERE a=2 RETURNING a, b                    PostgreSQL
```

Oracle 則是在 RETURNING 後面可指定要回傳的欄位名稱, 並在 INTO 後指定要接收回傳值的變數。（PostgreSQL 中也可用 INTO 將回傳值寫入變數）。

範例 將 DELETE 的資料中, 欄位 a 和 b 的值寫入變數 va 和 vb。

```
DELETE FROM foo WHERE a=2 RETURNING a, b           Oracle PostgreSQL
INTO va, vb
```

請注意, 當使用 DELETE 同時刪除多筆資料時, RETURNING-INTO 會發生系統錯誤。

在 SQL Server 中可利用 OUTPUT 達到同樣的效果。

範例 將 DELETE 的資料中, 欄位 a 和 b 的值寫入變數 table_var。

```
DECLARE @table_var table(a integer, b varchar(20))        SQLServer
DELETE FROM foo OUTPUT DELETED.a, DELETED.b
INTO @table_var WHERE a=2
```

· 刪除排序在前面的資料 TOP、LIMIT

在 SQL Server、MySQL、SQLite 可使用 TOP 或 LIMIT 來設定要刪除前面多少筆資料。

範例 刪除前三筆資料

```
DELETE TOP(3) foo                                         SQLServer
DELETE foo LIMIT 3                                MySQL/MariaDB SQLite
```

在 MySQL、SQLite 可藉由 ORDER BY 指定刪除順序。

範例 依條件排序後, 刪除前三筆資料

```
DELETE FROM foo ORDER BY a LIMIT 3                MySQL/MariaDB SQLite
```

MERGE

更新資料表中既有資料或新增資料

> **語法**
>
> **MERGE INTO** table_name [table_alias]
> **USING** merge_source [source_alias] **ON** (condition)
> **WHEN MATCHED THEN** update_statement
> **WHEN NOT MATCHED THEN** insert_statement
>
> **參數**
>
> | | |
> |---|---|
> | table_name | 目標資料表名 |
> | table_alias | table_name 的別名 |
> | merge_source | MERGE 的來源資料表、View、SUB QUERY |
> | source_alias | merge_source 的別名 |
> | condition | 目標資料表與資料來源的關係式 |
> | update_statement | 更新資料的處理命令 |
> | insert_statement | 新增資料的處理命令 |

「MERGE」是較新的命令。由於此命令可以根據條件, 在 UPDATE 和 INSERT 功能之間切換, 所以也被稱為「UPSERT」命令。

以典型的資料操作來說 – 獲得新資料時, 若該列資料本來就存在, 就用 UPDATE 來更新內容;若不存在, 就以 INSERT 新增一列資料 – 這是很常見 的規則。而 MERGE 可以執行一次命令就處理好這些事。

假設有 foo 和 bar 兩個資料表。foo 和 bar 彼此之間藉由 a 欄位資料產生 關聯。而我們想讓 foo 資料表中的所有列資料反映在 bar 資料表中。foo 資 料表中有, 但是 bar 資料表中沒有的列資料, 就新增到 bar 資料表去;而本 來就存在於 bar 資料表中的資料, 則更新之。

範例 使用 MERGE, 讓 foo 資料表中的資料反映到 bar 資料表中

```
MERGE INTO bar USING foo ON (foo.a = bar.a)
WHEN MATCHED THEN UPDATE SET bar.b = foo.b, bar.c = foo.c
WHEN NOT MATCHED THEN INSERT(bar.a, bar.b, bar.c)
  VALUES(foo.a, foo.b, foo.c)
```

讓我們依序來看看語法。接在「MERGE INTO」之後，指定的是操作資料的目標資料表名稱。在本例中，就是 bar 資料表。在「USING」之後，則指定要新增或更新資料用的資料來源。資料來源除了可以寫資料表名之外，也可以寫 View 或子查詢。本例中則指定 foo 資料表做為資料來源。在「ON」之後，再以條件式指定目標資料表和來源資料表之間的關係。在本例中，指定的是 foo 和 bar 資料表的 a 欄位值相等的關係。

「WHEN MATCHED THEN」之後所記述的是，當條件為真時的資料更新動作，也就是以 UPDATE 命令的形式來做更新。當條件為真時，就表示在目標資料表中，目前處理的列資料已經存在，所以就採用 UPDATE 的處理。而這裡的 UPDATE 不能加上 WHERE 子句，這是因為更新的目標，只能是條件式為真時的列資料。

「WHEN NOT MATCHED THEN」之後所記述的是，當條件為偽時的資料新增動作，也就是以 INSERT 命令的形式來做新增。我們把 MERGE 命令執行時的狀況圖解如下：

圖 2-10 MERGE 命令執行時的狀況

```
MERGE INTO bar USING foo ON (foo.a = bar.a)
WHEN MATCHED THEN UPDATE SET bar.b = foo.b, bar.c = foo.c
WHEN NOT MATCHED THEN INSERT(bar.a, bar.b, bar.c)
 VALUES(foo.a, foo.b, foo.c)
```

b, c 欄位之值被 UPDATE 更新

INSERT 新增的列資料

REPLACE

資料表中既存資料的更新或新增資料

語法

REPLACE [INTO] table_name [(column_name [,column_name ...])]
   VALUES(value [,value ...])   MySQL/ MariaDB SQLite
REPLACE [INTO] table_name
   SET column_name=value [,column_name=value ...]   MySQL/ MariaDB
REPLACE [INTO] table_name [(column_name [,column_name ...])]
select_statement   MySQL/ MariaDB SQLite

參數

table_name	資料表名稱
column_name	欄位名稱
value	資料的值
select_statement	SELECT 指令

在 MySQL、SQLite 中,「REPLACE」可和 Oracle 中的 MERGE 一樣地進行資料處理。使用 RELACE 的前提示是資料表已設定了主要索引鍵(primary key)、唯一索引鍵(unique key)。當 REPLACE 指定的資料在資料表中是既存資料時,會更新該筆資料的欄位內容(UPDATE);當是新資料時,會新增該筆資料(INSERT)。如何判斷是否屬於既存資料則取決於資料表中設定為索引鍵的欄位內容裡,是否有和指定資料重複的值。

語法上,指定欲存入的資料有三種方式,分別是和 INSERT 一樣的方法、和 UPDATE 一樣的方法、使用 SELECT 指令的方法。三種都可達到相同的功能。

範例 用 INSERT 形式的 REPLACE 指令進行
      UPSERT(依條件進行 UPDATE 或 INSERT)

```
REPLACE INTO foo(a, b, c) VALUES(3, 'yyy', 400)
```

範例 用 UPDATE 形式的 REPLACE 指令進行 UPSERT

```
REPLACE INTO foo SET a=3, b='xxx', c=300
```

SQLite 支援 INSERT 形式的語法和使用 SELECT 指令的語法。

從內部機制來看，REPLACE 會先進行 DELETE 再進行 INSERT。因此可能不經意之間就觸發了 DELETE 的 trigger（觸發器）或是和外部索引鍵相關的資料。請小心上述的副作用。

相較於 REPLACE，一般的情境下 MySQL 中還是建議使用 INSERT 指令的 ON DUPLICATE KEY UPDATE。

範例 使用 ON DUPLICATE KEY UPDATE 進行 UPSERT。

```
INSERT INTO foo VALUES(3, 'xxx', 500)
  ON DUPLICATE KEY UPDATE b= 'zzz', c=500
```

不論是 REPLACE 還是 ON DUPLICATE KEY UPDATE，必須有 primary key 或 unique key 才能判斷資料是否重複。在上例中，假設欄位 a 被設為 primary key。

參照：INSERT　　P.71

2-2 交易功能 (Transaction)

使用「交易功能 (Transaction)」的話, 就可以將多個 SQL 命令當成一個邏輯單位來處理。由於「交易功能」和資料庫系統的「排他控制」息息相關, 所以我們就先來解釋排他控制的意義。

請看看以下這個例子。 A 先生在銀行擁有一個帳戶, 帳戶號碼為 1234。今天是發薪日, 所以他決定從銀行領出 10000 元, 來趟旅行調劑身心。他就這樣出發前往銀行領錢了。就在領錢的同時, 他的公司也匯了薪水到他的帳戶。

圖 2-11 缺乏排他控制的例子

薪水入帳和提款機提款的處理就如上圖所示。

一開始是銀行要匯入薪水, 所以先檢查了帳號 1234 的存款金額, 當時是 24000 元。同時, 從提款機要提錢, 也檢查了當時的存款金額, 當然也是 24000 元。

由於薪資匯款也在同時進行, 所以存款加上 30 萬的月薪, 就變成 324000 元, 而這個資料就作為更新值, 寫入資料庫。至於提款的部分, 則因為提出了 10000 元, 所以之前的存款應剩下 14000 元。這個值也作為更新值, 用來更新資料庫中的資料, 將 324000 元蓋掉。這樣一來, A 先生的 30 萬薪水就不見了。

現實世界中的銀行, 要是出了這種事就糟糕了。取得資料和更新資料的命令若分別獨立處理, 是很危險的。

在資料系統中, 有一種叫「交易」(Transaction) 的觀念。這種觀念是將多個命令統合成一個邏輯單位, 這些命令沒有全部完成的話, 就不接受其他使用者的操作要求。靠這樣的方法, 就可以保持資料的一致性。

• 交易的基本命令

使用「交易」的方式, 就能將多個 INSERT 或 UPDATE 命令統合起來執行。在 SQL 中, 是以「BEGIN」來開始啟動「交易」功能。在 Oracle 和 DB2 中,「交易」功能一直都在啟動狀態, 所以沒有開始交易功能的命令。在交易功能開始後所記述的 INSERT 或 UPDATE 命令, 完全不會執行, 而是先進入保留狀態。而要結束交易功能, 有兩種方法: 用「COMMIT」是讓所有在保留狀態的命令都有效後, 結束交易功能; 或是用「ROLLBACK」讓所有命令都無效後, 結束之。在一連串的命令中, 若產生了資料列重複等問題的錯誤就可以用 ROLLBACK 結束交易功能, 讓半途中斷的不良資料不被寫入資料庫。

交易功能的基本命令, 就是 BEGIN 、 COMMIT 和 ROLLBACK 這三種, 不過依資料庫不同, 還是有微妙的差異。有的資料庫還可以在交易功能內設定叫做「儲存點 (Save Point)」的中間點。

• 自動 COMMIT

很多用來執行 SQL 的用戶端工具, 都具有自動 COMMIT 模式。在自動 COMMIT 模式中, 執行 SQL 命令時, 會自動執行 COMMIT 。這對於使用者來說非常方便, 不過想要自己控制交易功能時, 就得特別關閉該自動功能才行。此外, 有時即使是在自動 COMMIT 模式下, 也可以使用 BEGIN 來啟動交易功能。

ADO 或 JDBC 之類的中介軟體 (middleware) , 也有自動 COMMIT 模式。而且中介軟體多半含有交易功能專用的指令。以 ADO 來說, 只要藉由執行 Connection 物件的 CommitTrans 方法, 就可以讓交易功能執行其 COMMIT 命令。而 JDBC 中的 Connection 物件則含有 commit 方法可用。

• 資料讀取的一致性

在 Oracle 和 PostgreSQL 中, 在交易功能內進行的資料表變更, 在交易功能外是無法參照的。這不是指 SELECT 命令被鎖住, 而根本是像沒有 INSERT 或 UPDATE 命令的狀態一樣 (其中有個例外, 就是自己進行的操作結果自己一定能看到)。當然, 交易功能一旦 COMMIT 之後, 從其他的交易功能中, 就可以看到資料的變化了。

· ISOLATION LEVEL

交易功能和交易功能之間，要怎麼分隔開呢？我們可以用「ISOLATION LEVEL(隔離等級)」來指定。

SQL92 中所規定的 ISOLATION LEVEL 有以下 4 種。依據資料庫不同，支援的等級種類也會不同。

● READ UNCOMMITTED

此等級可以在 COMMIT 之前進行變更。正因為這種特性，很可能造成髒讀 (Dirty Read- 讀取到資料異動前的錯誤資料) 問題。不過在讀取專用的資料庫中，因為資料不被鎖定，所以讀取速度很快。

● READ COMMITTED

可以在 COMMIT 時參照到變更的資料。這是大多數資料庫採用的預設隔離等級。

● REPEATABLE READ

此隔離等級可以保證在交易功能內，不論執行幾次 SELECT 命令，都可以獲得相同結果。

● SERIALIZABLE

在交易功能開始之前，才可以參照 COMMIT 的內容。

在 DB2 中，隔離等級的指定方式和 SQL92 不同，對應表如下。

圖 2-12 SQL92 和 DB2 的隔離等級對應表

SQL92	DB2	
Serializable	Repeatable Read(RR)	可重複讀取
Repeatable Read	Read Stability(RS)	讀取穩定性
Read Commited	Cursor Stability(CS)	游標穩定性
Read Uncommited	Uncommited Read(UR)	未確定的讀取

· 讀取專用之交易功能

在 Oracle 和 MySQL 中的交易功能，可以設定成只執行讀取動作的狀態。在這種讀取專用之交易功能裡，誠如其名，只能以 SELECT 命令進行資料讀取的動作。若使用 INSERT 、 UPDATE 、 DELETE 就會出現錯誤訊息。

・鎖定

當各交易功能之間發生衝突時，後進行的交易功能會被阻擋住，暫時停止執行。這是因爲，先執行的命令把資料表的資料給鎖住了的關係。而被鎖住的資料列是不能更動的。而一旦交易功能確定完成後，資料就會解除鎖定。此時被阻擋了的命令便可以開始執行。

● 自動鎖定和手動鎖定鎖定功能

會在交易功能中 INSERT 、 DELETE 之類的 DML 命令執行時，就自動進行鎖定。這就叫做「自動鎖定」。如果靠自動鎖定來處理的話，使用者或程式設計師就不用注意鎖定的問題了。

當然，我們也可以更積極地執行鎖定的動作。利用 SELECT FOR UPDATE 或 LOCK TABLE 命令，使用者或程式設計師就可以用手動的方式進行鎖定。相對於自動鎖定，這就稱爲「手動鎖定」。

● 資料表鎖定和列鎖定

又分爲把資料表全體鎖定的「資料表鎖定」，和只將資料表中部分資料列鎖定的「列鎖定」兩種。資料表鎖定可以藉由 LOCK TABLE 命令來執行。列鎖定則用 SELECT FOR UPDATE 命令來執行。在 SQL Server 中，還可以用一頁作爲單位來鎖定資料。 SQLite 是以和程式本身直接結合爲主，所以鎖定的基本單位是資料庫檔案。

・TRANSACTION（交易）中的 DDL

雖然實際上要取決於資料庫系統，但基本上 TRANSACTION 中的 CREATE TABLE…等 DDL 也屬於 COMMIT 、 ROLLBACK 的處理對象（SQL Server 、 DB2 、 PostgreSQL ）。

TRANSACTION 中可使用 CREATE TABLE foo 建立資料表 foo 。如果將 TRANSACTION 進行 COMMIT 的話，資料表 foo 就會維持建立好的狀態。但如果進行 ROLLBACK 的話，CREATE TABLE 會被取消，資料表 foo 也會被消除。

SET TRANSACTION ISOLATION LEVEL

設定交易功能的隔離等級

語法

SET TRANSACTION ISOLATION LEVEL level

參數

level　　READ UNCOMMITTED、READ COMMITTED、
　　　　　REPEATABLE READ、SERIALIZABLE

我們可以利用「SET TRANSACTION ISOLATION LEVEL」來設定交易功能的隔離等級。

• Oracle

這個命令必須在交易功能的最前頭執行才行。等 INSERT 、 UPDATE 之類的 DML 命令執行後, 就不能再變更交易功能的隔離等級了。

在 Oracle 所支援的等級有 READ COMMITTED 和 SERIALIZABLE 這兩種。預設的隔離等級則是 READ COMMITTED。

SET TRANSACTION 是用來設定現在所在之交易功能的隔離等級。一旦用 COMMIT、ROLLBACK 結束交易功能後, 就會回復到預設的 READ COMMITTED 等級去, 請特別注意了。

• SQL Server

ISOLATION LEVEL 會針對 SESSION 進行設定。預設的隔離等級是 READ COMMITTED。

• PostgreSQL

PostgreSQL 和 Oracle 一樣, 支援 READ COMMITTED 和 SERIALIZABLE 這兩種隔離等級。預設的隔離等級是 READ COMMITTED 。這是因為 PostgreSQL 和 Oracle 一樣, 具有資料讀取一致性功能的關係。

• MySQL

MySQL 中 TRANSACTION(交易)可設定為 SESSION 或 GLOBAL 。

BEGIN

開始交易功能

> **語法**
>
> **BEGIN [TRAN [SACTION] ** transaction_name **]**　　　　　　　SQLServer
> **BEGIN [WORK]**　　　　　　　PostgreSQL MySQL/MariaDB
> **BEGINTRANSACTION**　　　　　　　MS Access
> **BEGIN [type] [TRANSACTION]**　　　　　　　SQLite
>
> **參數**
>
> transaction_name　　　　交易名稱

使用「BEGIN」, 可以開始一個交易功能。

• SQL Server

在 SQL Server 可使用「BEGIN TRANSACTION」開始交易。這個指令也可簡化成「BEGIN TRAN」。交易的名稱也可省略。

開始一個交易功能後, 直到用 COMMIT 命令結束此交易前, 交易內各命令執行的結果都不會反映在資料庫中。而交易功能的隔離等級, 是由 SET TRANSACTION ISOLATION LEVEL 命令所決定。

在 SQL Server 中, 預設是以自動 COMMIT 模式來運作的。執行 BEGIN 命令的話, 即使在自動 COMMIT 模式下, 也可以指定要開始某個交易功能。交易功能名稱可以在交易功能以巢狀結構存在時, 作為辨識名稱來使用。

範例 巢狀結構的交易功能

```
BEGIN TRAN A                                        SQLServer
INSERT INTO foo VALUES(1, 2, 3)
BEGIN TRAN B
INSERT INTO bar VALUES(1, 2, 3)
COMMIT TRAN B
COMMIT TRAN A
```

• PostgreSQL

在 PostgreSQL 中,預設是以自動 COMMIT 模式來運作的。執行 BEGIN 命令的話, 即使在自動 COMMIT 模式下, 也可以指定要開始某個交易功能。

• MySQL

MySQL 的用戶端工具,預設也是在自動 COMMIT 模式中。執行 BEGIN 命令的話, 即使在自動 COMMIT 模式下, 也可以指定要開始某個交易功能。

• Access

在 Access 中, 要用「BEGIN TRANSACTION」命令來開始交易功能, 不能省略 TRANSACTION。

• SQLite

在 SQLite 使用 BEGIN TRANSACTION 開始交易。也可同時設定進行鎖定的時機。

圖 2-13 SQLite 交易模式的選項

選項	內容
DEFERRED	預設的選項。交易中最初開始讀寫時, 就同時進行鎖定。依讀取或寫入會進行不同的鎖定, 可分為共享的鎖定(SHARED)和保留的鎖定(RESERVED)。
IMMEDIATE	BEGIN 指令執行後就進行保留的鎖定。其他的交易可讀不可寫。
EXCLUSIVE	BEGIN 指令執行後就進行排他的鎖定。其他的交易可讀不可寫。

範例 開始交易並進行排他鎖定

```
BEGIN EXCLUSIVE TRANSACTION                                    SQLite
```

* 一般來說, 在 Oracle 、 DB2 隨時都是處於交易的狀態, 所以沒有開始的指令。

```
參照 : COMMIT      P.92
       ROLLBACK    P.94
```

COMMIT

COMMIT 交易功能

語法

COMMIT [WORK]	`Oracle` `SQLServer` **DB2** `PostgreSQL` `MySQL/MariaDB`
COMMIT [TRAN [SACTION]] [transaction_name **]]**	`SQLServer`
COMMIT	`MS Access`
**COMMIT [{ TRANSACTION	WORK }]**	`SQLite`

參數

transaction_name	交易名稱

使用「COMMIT」命令, 我們可以 COMMIT 某交易功能 (讓所有在保留狀態的命令都有效後, 結束該交易功能)。

COMMIT 某交易功能後, 該交易中的 INSERT 、 UPDATE 、 DELETE 的執行結果就會固定下來。若要忽略某交易中的命令, 並回復到交易開始前的狀態的話, 就用 ROLLBACK 命令。

• Oracle

Oracle 中的交易功能, 不會把 CREATE TABLE 等 DDL 命令當成 COMMIT、ROLLBACK 的對象。要是在交易功能中不小心錯用了 DROP TABLE 命令, 還想要用 ROLLBACK 來救回資料, 那可就大錯特錯囉!

• SQL Server

在 SQL Server 中有 2 種 COMMIT 語法, 「COMMIT TRANSACTION」和「COMMIT WORK」。兩者可以分別簡寫為「COMMIT TRAN」和「COMMIT」。使用「COMMIT TRAN」時, 可以指定交易名稱。

對 SQL Server 中的交易功能來說, 即使是 CREATE TABLE 之類的 DDL 命令, 也會被當成 COMMIT 、 ROLLBACK 的對象。所以即使是在交易功能中用了 DROP TABLE 命令, 還是可以用 ROLLBACK 來救回資料。

• DB2

DB2 中的交易功能, 也會把 CREATE TABLE 之類的 DDL 命令當成 COMMIT、ROLLBACK 的對象。

2.2 交易功能 (Transaction)

• PostgreSQL

PostgreSQL 中的交易功能, 也會把 CREATE TABLE 之類的 DDL 命令當成 COMMIT、ROLLBACK 的對象。

• MySQL

MySQL 中的交易功能, 不會把 CREATE TABLE 等 DDL 命令當成 COMMIT、ROLLBACK 的對象。所以要是在交易功能中不小心錯用了 DROP TABLE 命令, 也無法用 ROLLBACK 來救回資料。

執行後會將交易自動進行 COMMIT 的指令如下 :

```
ALTER TABLE、ALTER VIEW…等
CREATE TABLE、CREATE INDEX、CREATE VIEW…等
DROP TABLE、DROP INDEX、DROP VIEW…等
LOCK TABLES、RENAME TABLE、TRUNCATE TABLE、UNLOCK TABLES…等
```

• SQLite

在 SQLite 的交易中, CREATE TABLE…等 DDL 指令也屬於 COMMIT、ROLLBACK 的處理對象。此外, 在 SQLite 中,「END」也被當成 COMMIT 指令來使用。

• Sequence

在 Oracle、 DB2、 PostgreSQL 中, 可以使用 Sequence 功能。 Sequence 可以不受交易功能影響, 正常運作。假設在交易功能中寫了 Sequence 的 NEXTVAL 命令, 則即使用 ROLLBACK 命令來復原資料, Sequence 的值還是不會復原的。這一點特性是各家資料庫共通的。

參照 : BEGIN　　　　P.90

　　　　ROLLBACK　　P.94

ROLLBACK

復原到交易功能開始之前的資料狀態

語法

ROLLBACK [WORK] [TO [SAVEPOINT] savepoint] `Oracle` `DB2` `SQLServer` `MySQL/ MariaDB`

ROLLBACK [TRAN [SACTION] [tran_name | savepoint]] `SQLServer`

ROLLBACK [WORK] `SQLServer`

ROLLBACK [{ TRANSACTION | WORK }] `MS Access`

ROLLBACK [TRANSACTION] [TO [SAVEPOINT] savepoint] `SQLite`

參數

tran_name   交易名稱

savepoint   儲存點

使用「ROLLBACK」命令, 可以復原資料。將交易功能復原的話, 在該交易功能內之 INSERT 、 UPDATE 、 DELETE 命令的執行結果就會被拋棄。若要讓交易功能內之命令的執行結果反映到資料庫中的話, 就用 COMMIT 命令。

• Oracle

執行「ROLLBACK TO 儲存點」的話, 就可以將資料回復到儲存點處。而儲存點可以用 SAVEPOINT 命令來定義。

範例 將資料回復到交易功能中的 A 儲存點處

```
ROLLBACK TO A                                                    Oracle
```

在 Oracle 的交易功能中, CREATE TABLE 之類的 DDL 命令是不被當作 COMMIT 和 ROLLBACK 的對象的。所以要是在交易功能內, 錯用了 DROP TABLE 命令, 也無法用 ROLLBACK 來救回資料。

• SQL Server

在 SQL Server 中, 和 COMMIT 一樣, ROLLBACK 也有 2 種語法。用 ROLLBACK TRAN 的話, 可以指定交易名稱, 也可以指定儲存點。有名稱和儲存點, 就可以 ROLLBACK 任何指定的交易功能, 也可以指定要復原到哪一個儲存點處。

範例 將資料回復到交易功能中的 A 儲存點處

```
ROLLBACK TRAN A                                    SQLServer
```

• DB2

執行「ROLLBACK TO SAVEPOINT 儲存點」的話,就可以將資料回復到儲存點處的狀態。請注意,此命令中不能省略「SAVEPOINT」。而儲存點可以用 SAVEPOINT 命令來定義。

範例 將資料回復到交易功能中的 A 儲存點處

```
ROLLBACK TO SAVEPOINT A                                 DB2
```

• PostgreSQL 、 MySQL 、 SQLite

執行 ROLLBACK TO savepoint, 就可回溯到 savepoint(儲存點)的狀態。savepoint 可使用 SAVEPOINT 指令來定義。

範例 回溯到交易內的 savepoint A 。

```
ROLLBACK TO A                          PostgreSQL MySQL/MariaDB SQLite
```

• Access

在 Access 中無法建立 savepoint, 只能回溯整個交易。

參照 : COMMIT   P.92
　　　 SAVEPOINT P.96

SAVEPOINT

設定儲存點

> **語法**
>
> **SAVEPOINT** savepoint   Oracle PostgreSQL MySQL/MariaDB SQLite
> **SAVEPOINT** savepoint **ON ROLLBACK RETAIN CURSORS**   DB2
>   **[ON ROLLBACK RETAIN LOCKS]**
>
> **參數**
>
> savepoint   儲存點

使用「SAVEPOINT」命令, 就可以在交易功能中定義儲存點。接著則可以用 ROLLBACK 命令, 指定要將資料復原到哪個儲存點處。

範例 SAVEPOINT 之範例 (Oracle)

```
INSERT INTO foo VALUES(1, 'abc');                          Oracle
SAVEPOINT A;
UPDATE foo SET b = 'xyz' WHERE a = 1;
ROLLBACK TO SAVEPOINT A;
COMMIT;
```

上例中, 是在 INSERT 命令之後定義了儲存點。而儲存點之後又執行了 UPDATE 命令。則用 ROLLBACK TO SAVEPOINT A, 就可以將資料回復到儲存點 A 處的狀態。也就是說, 在儲存點 A 之後執行的 UPDATE 命令之處理結果會被忽略掉。

交易功能中可以定義多個儲存點, 不過儲存點的名稱不能重複。而設定了多個儲存點時, 若指定 ROLLBACK 回復到某儲存點的話, 該儲存點之後所定義的儲存點則都會失效。

• DB2

在 DB2 中, 一定要指定「ON ROLLBACK RETAIN CURSORS」。此選項是用來指定, 做 ROLLBACK 動作時, 對於開啟中的游標 (Cursor) 該要如何處理。 RETAIN CURSORS 指的是, 回復到儲存點時, 儘可能不變更游標。

在 DB2 的交易功能中, 無法定義多個儲存點。

參照： COMMIT   P.92
        ROLLBACK   P.94

SAVE TRANSACTION

設定儲存點

語法

SAVE TRAN [SACTION] savepoint

參數

savepoint   儲存點

　在 SQL Server 中, 使用「SAVE TRANSACTION」就可以在交易功能中定義儲存點。而用 ROLLBACK 命令, 就可以指定要將資料回復到哪個儲存點處。

範例 SAVE TRANSACTION 之範例

```
BEGIN TRAN
INSERT INTO foo VALUES(1, 'abc')
SAV TRAN A
UPDATE foo SET b = 'xyz' WHERE a = 1
ROLLBACK TRAN A
COMMIT TRAN
```

　在上例中, INSERT 命令之後定義了一個儲存點, 而儲存點之後又執行了 UPDATE 命令。用 ROLLBACK TRAN A, 就可以將資料回復到儲存點 A 處的狀態。也就是説, 在儲存點 A 之後執行的 UPDATE 命令之處理結果會被忽略掉。

參照：COMMIT   P.92

     ROLLBACK   P.94

SELECT FOR UPDATE

鎖定列資料

語法

SELECT column [, column ...] **FROM** table_name
 [**WHERE** expression]
FOR UPDATE [**OF** locktable_spec] [**NOWAIT**]

參數

table_name	資料表名稱
column	欄位名
expression	任意陳述式
locktable_spec	指定要鎖定的資料表

藉由「SELECT FOR UPDATE」可以鎖定資料表中的特定資料（資料列的鎖定）。在 SELECT 指令後面加上「FOR UPDATE」, 就會將 SELECT 所查詢出來的資料進行鎖定。也可使用 WHERE 在條件符合時進行鎖定。

範例 鎖定 foo 資料表中, a 欄位值為 1 的列資料

```
SELECT * FROM foo WHERE a = 1 FOR UPDATE
```

• Oracle

在 Oracle 中, 可以使用以下的選項。

FOR UPDATE OF

「FOR UPDATE OF」之後, 接著指定欄位名的話, 就可以限定要鎖定的資料表。雖然指定的是欄位名, 但是實際上鎖定的是資料表中的列資料。鎖定動作並非以欄位為單位進行。在有資料表結合的情況下, 此選項可以用來限定要鎖定的資料表。

2.2

交易功能 (Transaction)

範例 依 foo 和 bar 資料表結合的結果來進行鎖定,
而且限定只鎖定 foo 資料表中的列資料。

```
SELECT * FROM foo, bar WHERE foo.a = bar.a          Oracle
 AND bar.b = 'abc' FOR UPDATE OF foo.a
```

NOWAIT

使用 SELECT FOR UPDATE 時, 若已經有其他的交易功能先進行了鎖定,
則 SELECT FOR UPDATE 就會被封鎖。藉由指定 「NOWAIT」, 就可以不被
封鎖, 照樣執行鎖定動作。不過, 要是還被其他的鎖定功能鎖到, 那就會出
現錯誤訊息了。

範例 只鎖定 foo 資料表中 a 欄位之值為 1 的列資料。由於指定了
NOWAIT, 所以要是該資料已經被鎖定了的話, 則命令不會被
封鎖, 而會傳回錯誤訊息。

```
SELECT * FROM foo WHERE a = 1 FOR UPDATE NOWAIT          Oracle
```

・DB2

在 DB2 只能使用 FOR UPDATE。不支援 FOR UPDATE OF、NOWAIT。此
外也請注意隔離等級。建議藉由 WITH 指定隔離等級, 再使用 FOR UPDATE。

範例 設定隔離等級為 RS 並執行 SELECT FOR UPDATE

```
SELECT * FROM foo WHERE a=1 FOR UPDATE WITH RS          DB2
```

• PostgreSQL

在 PostgreSQL 中, 可以使用以下的選項。

FOR UPDATE OF

「FOR UPDATE OF」之後接著指定資料表名稱, 則只有所指定的資料表會被鎖定。

範例 依 foo 和 bar 資料表結合的結果來進行鎖定, 而且限定只鎖定 foo 資料表中的列資料。

```
SELECT * FROM foo INNER JOIN bar ON foo.a = bar.a          PostgreSQL
  WHERE bar.b = 'abc' FOR UPDATE OF foo
```

NOWAIT

和 Oracle 相同, 在資料已經先被鎖定時, 可藉由 NOWAIT 選項即時傳回錯誤訊息。 PostgreSQL 在版本 8.0 以後才有支援 NOWAIT。

• MySQL

在 MySQL 只能使用 FOR UPDATE。不支援 FOR UPDATE OF、NOWAIT。

範例 使用 SELECT FOR UPDATE 進行鎖定

```
SELECT * FROM foo WHERE a=1 FOR UPDATE          MySQL/
                                                MariaDB
```

LOCK TABLE

鎖定資料表

語法

LOCK TABLE table_name **IN** mode **MODE [NOWAIT]**

參數

table_name	資料表名稱
mode	鎖定之模式

利用「LOCK TABLE」命令，可以鎖定資料表。

範例 以共享模式鎖住 foo 資料表

```
LOCK TABLE foo IN SHARE MODE
```

• Oracle

在 Oracle 中，可以指定的模式包括了「ROW SHARE」、「ROW EXCLUSIVE」、「SHARE」、「EXCLUSIVE」、「SHARE ROW EXCLUSIVE」。而在交易功能結束時，鎖定就會解除。

SHARE 和 EXCLUSIVE 是相對的，SHARE 是「共享鎖定」的意思，而 EXCLUSIVE 是「排他鎖定」。排他鎖定和共享鎖定的關係如右表所示：

圖2-14 共享鎖定和排他鎖定的關係

	共享鎖定	排他鎖定
共享鎖定	○	×
排他鎖定	×	×

被設為共享鎖定的資料表，還可以被其他交易功能指定為共享鎖定，但不能指定為排他鎖定。被設為排他鎖定的資料表，則無法被其他交易功能指定為共享鎖定，也不能指定為排他鎖定。

ROW SHARE 和 ROW EXCLUSIVE 的話，鎖定的不是資料表，而是列資料。不過，要是被其他交易功能設定成共享鎖定，或排他鎖定的話，其限制則與上表相同。

NOWAIT

碰到無法進行鎖定的狀況時，LOCK TABLE 命令就會被封鎖。也就是說，一直到鎖定解除為止，都處於暫停狀態。

指定「NOWAIT」的話，就能不被封鎖，馬上執行。不過，要是還被其他的鎖定功能鎖到，那就會出現錯誤訊息了。

• DB2

在 DB2 中，可以指定的模式包括了「SHARE」和「EXCLUSIVE」兩種。鎖定會在交易功能結束時同時解除。此外，DB2 不能指定 NOWAIT 選項。

• PostgreSQL

在 PostgreSQL 中，可以指定下列各種模式：

ACCESS SHARE
最弱的鎖定。只會和 ACCESS EXCLUSIVE 模式產生衝突。

ROW SHARE
會和 EXCLUSIVE、ACCESS EXCLUSIVE 模式產生衝突。

ROW EXCLUSIVE
會和 SHARE、SHARE ROW EXCLUSIVE、EXCLUSIVE、ACCESS EXCLUSIVE 模式產生衝突。

SHARE
會和 ROW SARE、SHARE ROW EXCLUSIVE、EXCLUSIVE、ACCESS EXCLUSIVE 模式產生衝突。

SHARE ROW EXCLUSIVE
會和 ROW EXCLUSIVE、SHARE、SHARE ROW EXCLUSIVE、EXCLUSIVE、ACCESS EXCLUSIVE 模式產生衝突。

EXCLUSIVE
會和 ROW SARE、ROW EXCLUSIVE、SHARE、SHARE ROW EXCLUSIVE、EXCLUSIVE、ACCESS EXCLUSIVE 模式產生衝突。

ACCESS EXCLUSIVE
最強力的鎖定模式。不指定鎖定模式時，預設就會使用這個鎖定模式。此模式與其他各模式都會產生衝突。

LOCK TABLES

鎖定資料表

> **語法**
>
> **LOCK TABLES** table_name mode [, table_name mode ...]
>
> **參數**
>
> | table_name | 資料表名稱 |
> |------------|-----------|
> | mode | 鎖定之模式。READ/READ LOCAL/WRITE /LOW_PRIORITY WRITE |

　　在 MySQL 中, 可以用「LOCK TABLES」命令來鎖定資料表。鎖定動作是排他的。也就是有其他的鎖定設定存在的話, 則在該鎖定解除前, 我們無法從別的 SESSION 來進行鎖定 (也就是鎖定命令會被封鎖)。要解除鎖定的話, 可以執行「UNLOCK TABLES」命令。鎖定 (Lock) 的模式有以下各種。

圖 2-15 LOCK TABLES 的鎖定模式

鎖定模式	鎖定的狀態
READ	無法從其他連線 (session) 進行寫入 (INSERT 或 UPDATE)。所有寫入的動作都被攔截 (包含設定鎖定的 session)。
READ LOCAL	除了不會發生衝突的 INSERT 指令, 所有寫入的動作都被攔截。
WRITE	無法從其他 session 進行讀取和寫入。
LOW_PRIORITY WRITE	當 READ 和 WRITE 兩種鎖定模式發生衝突時, 以 READ 優先。此模式在 MySQL 目前的版本中已無實質功能。

範例 以 READ 模式鎖住 foo 資料表

```
LOCK TABLES foo READ
```

參照：UNLOCK TABLES　　P.104

UNLOCK TABLES

解除資料表的鎖定狀態

語法

UNLOCK TABLES

在 MySQL 中, 使用「UNLOCK TABLES」命令可以解除資料表的鎖定狀態。而 UNLOCK TABLES 命令沒有參數可用。用了此命令, 可以解除由該 SESSION 鎖定的所有資料表。

範例 解除資料表的鎖定狀態

UNLOCK TABLES

LOCK TABLES 、 UNLOCK TABLES 命令和交易功能是不同的功能。即使該資料庫安裝時是用不含交易功能的方式安裝, 之後也還是能使用 LOCK TABLES、UNLOCK TABLES 命令。此外, 即使是 MyISAM 形式的資料表, 也可以使用鎖定功能。

鎖定的單位

資料庫有鎖定資料的功能。隨著資料庫的不同, 可以鎖定的最小單位也有所不同。有各式各樣的資料庫, 有以資料行 (row) 為單位進行鎖定的、有以資料表為單位進行鎖定的, 也有依情況彈性調整鎖定範圍的。

雖然資料庫在交易 (transaction) 處理中會自動進行鎖定, 但鎖定的範圍卻是依資料庫的預設值擅自被決定。當然我們也可藉由像 LOCK TABLES 的指令手動進行鎖定。這時鎖定的範圍就會依使用的指令而有所不同。 LOCK TABLES 是以資料表為鎖定的單位;SELECT FOR UPDATE 則是以資料行 (row) 為鎖定的單位。

鎖定的範圍越大, 影響也越大。所以必須盡可能縮短鎖定的時間。當資料表被鎖定時, 資料表就無法修改。

參照:LOCK TABLES　P.103

2-3 資料定義命令 DDL

「資料定義命令 (DDL)」可以「建立」、「刪除」、「更新」資料庫中的物件。主要是給管理者使用的命令。

要建立物件時, 就使用「CREATE XXX」, 刪除則用「DROP XXX」, 更改屬性則用「ALTER XXX」這樣的 SQL 命令。

如果建立的資料庫物件名稱, 和既有的資料庫物件同名, 就會傳回錯誤訊息。在 Oracle 中, 想要將既存的 View 或程序重新建立一次時, 可以用「CREATE OR REPLACE VIEW」這樣的寫法, 也就是加上「OR REPLACE」, 就可以建立物件而不會出現錯誤訊息。

在 SQL Server 中, 沒有 OR REPLACE 的功能。想要替換既存的物件時, 一定要先刪除後再建立才行。不過, 若是試圖刪除不存在的物件, 也會傳回錯誤訊息。最正確的做法, 是以 Enterprlse manager 中用來建立 Script 的功能來處理。就像以下的 Script 般, 先參照「sysobjects」資料表, 確定物件是否存在, 若已存在, 則先刪除之, 再 CREATE 。

```
if exists (select * from sysobjects                    SQL Server
    where id = object_id('dbo.foo')
    and OBJECTPROPERTY(id, 'IsUserTable') = 1)
    drop table dbo.foo
```

在 PostgreSQL 中, 有部分命令可以使用「OR REPLACE」。

在 MySQL、SQLite 中, 可以用「CREATE TABLE IF NOT EXISTS foo」的寫法, 只在同名資料表不存在時, 才建立該資料表。另外, 也可以用「DROP TABLE IF EXISTS foo」的寫法, 先確定該資料表確實存在, 才刪除之。在 MySQL 中, 不論資料表存不存在, 都可以用以下的寫法來定義, 或重新定義資料表, 且不產生錯誤訊息 :

```
DROP TABLE IF EXISTS foo                                MySQL/
CREATE TABLE foo (......)                               MariaDB
```

CREATE TABLE

| Oracle | SQL Server | DB2 | Postgre SQL |
| MySQL/ MariaDB | SQLite | MS Access | SQL 標準 |

建立資料表

> **語法**
>
> **CREATE TABLE** table_name
> (column_definition [, column_definition ...])
>
> **參數**
>
> table_name　　　　要建立的資料表名稱
> column_definition　欄位定義

「CREATE TABLE」命令會根據所指定的資料表名稱、欄位名稱與資料類型，以及屬性建立資料表。由於資料表可以由多個欄位構成，所以請指定所需要的欄位。欄位基本上要指定欄位名稱和資料類型 2 個部分。 SQLite 以外的資料庫必須指定資料型別。在 SQLite 則可以省略資料型別。關於資料型別請參考「1.3 資料表的結構」。

範例 建立名為 foo 的資料表，其中包括 a 和 b 共 2 個欄位，欄位資料類型分別是整數和字串。

```
CREATE TABLE foo (
    a INTEGER,
    b VARCHAR(20)
)
```

我們還可以對資料表的欄位進行各種制約設定。這樣一來，違反該制約設定的資料就無法寫到該欄位中。舉例來說，若不想讓欄位中存入 NULL 值，就將該欄位設定為 NOT NULL 。

針對欄位設定的制約規則叫「欄位制約」。針對資料表設定的制約規則就叫「資料表制約」。運用資料表制約，就可以為資料表內多個欄位設定制約規則。

• 欄位的預設值

對於欄位，我們可以將其預設值當成屬性的一種來設定。預設值只要用「DEFAULT」來設定即可。 INSERT 時沒有被指定值的欄位，若本身設有預設值，則該值就會被 INSERT 到欄位中。

範例 將 a 欄位的預設值設為 0。

```
CREATE TABLE foo (
    a INTEGER DEFAULT 0 NOT NULL,
    b VARCHAR(20) NULL
)
```

* 在 Oracle 中, 一定要在 NOT NULL/NULL 之前, 以 DEFAULT 指定預設值。

• NOT NULL 制約

我們可以設定欄位是否接受 NULL 值。不接受 NULL 值的話, 就用「NOT NULL」, 可以接受的話就用「NULL」, 只要接著寫在欄位資料類型後即可。省略不寫的話, 就等於設定成接受 NULL 值。

範例 將 a 欄位指定為 NOT NULL, b 欄位則為 NULL

```
CREATE TABLE foo (
    a INTEGER NOT NULL,
    b VARCHAR(20) NULL
)
```

* 在 DB2 中, 只有 NOT NULL 的寫法。也就是只有在不接受 NULL 值時需要寫上 NOT NULL。

• CHECK 制約

我們可以為欄位設定檢查其值有效與否的條件式。這就稱為「CHECK 制約」。會使條件式結果值為 " 偽 " 的值若被輸入到資料庫中, 就會被拒絕。

範例 將 a 欄位的有效值以 CHECK 制約設定成 0 ～ 9

```
CREATE TABLE foo (
    a INTEGER CHECK (a >= 0 AND a <= 9),
    b VARCHAR(20) NULL
)
```

* MySQL、Access 不支援 CHECK 制約功能。

• UNIQUE 制約

利用「UNIQUE 制約」，就可以避免建立出欄位值重複的列資料。這個制約和稍後要說明的主鍵制約類似。不過，UNIQUE 制約可以包含 NULL 值。

範例 為 a 欄位設定 UNIQUE 制約

```
CREATE TABLE foo (
    a INTEGER UNIQUE,
    b VARCHAR(20) NULL
)
```

* 在 DB2 中，UNIQUE 制約一定要同時設為 NOT NULL 才行。

• 主鍵 (Primary key) 制約

一般資料表，都會擁有 1 或多個欄位，可以讓列資料不重複。這種欄位就稱為「主鍵」或「Primary key」。在一個資料表中只能有一個主鍵，而資料表中雖然也可以沒有主鍵，但是一般使用關聯式資料庫的系統中，幾乎每個資料表都會設有主鍵 (可能以不會重複的索引編號欄位做主鍵)。

被設為主鍵的欄位是不能接受 NULL 值的，所以只有 CREATE TABLE 時被設定為 NOT NULL 的欄位才能設定成主鍵。而若是試圖建立主鍵欄位之資料完全相同的重複列資料時，在執行該 INSERT 或 UPDATE 命令時就會出現錯誤訊息。

主鍵除了在 CREATE TABLE 時可以指定外，對於既存的資料表，也可以用「ALTER TABLE」命令來指定主鍵。

範例 建立以 a 欄位為主鍵的資料表 -

```
CREATE TABLE foo (
    a INTEGER NOT NULL PRIMARY KEY,
    b VARCHAR(20) NULL
)
```

將「PRIMARY KEY」當成 a 欄位的屬性來指定，就可以設定主鍵制約。用以上的命令，就可以建立出以 a 欄位為主鍵的 foo 資料表。

要將多個欄位同時設為一個主鍵時，則用 PRIMARY KEY，以資料表制約的方式來設定。

範例 建立以多欄位為主鍵的資料表

```
CREATE TABLE foo (
    a INTEGER NOT NULL,
    b VARCHAR(20) NOT NULL,
    PRIMARY KEY (a, b)
)
```

CREATE TABLE 時, 沒有設定主鍵的話, 還可以事後用 ALTER TABLE 來指定主鍵。

• 外來鍵 (Foreign Key)制約

資料表通常都和其他的資料表保有關聯性。所謂的關聯性, 是藉著此資料表中的某欄位資料, 和其他資料表中相同意義的欄位資料而成立的。為了確保這種狀態不會發生資料矛盾的問題, 便有了「外部參照整合制約」。

範例 定義一 foo 資料表, 而此資料表之 b 欄位參照到 bar 資料表的 c 欄位。且 bar 資料表的 c 欄位必須是主鍵, 或者是和主鍵有同等性質的欄位

```
CREATE TABLE foo (
    a INTEGER NOT NULL PRIMARY KEY,
    b VARCHAR(20) NOT NULL REFERENCES bar(c)
)
```

外部參照整合制約可以用資料表制約的形式來指定。此時要用「FOREIGN KEY」這個關鍵字來指定。

範例 以資料表制約的形式來指定外部參照整合制約

```
CREATE TABLE foo (
    a INTEGER NOT NULL PRIMARY KEY,
    b VARCHAR(20) NOT NULL,
    FOREIGN KEY(b) REFERENCES bar(c)
)
```

＊在 MySQL 中, 若資料庫儲存引擎為 InnoDB 的情形, 就可以使用外部索引鍵(foreign key)。此外, 如果是 4.1 以前的版本的話, 必須建立外部索引鍵用的索引 (index)。

＊在 SQLite, 為了使用外部索引鍵必須先設定 PRAGMA foreign_keys=ON。

• 連鎖刪除

藉由外來鍵指定了外部參照整合制約的資料表，其列資料的刪除會有限制。以 A 參照到 B 的情況來說，B 的列資料要是被刪除，從 A 過來的參照就會斷掉了 (也就是對應不到資料)。一般來說，要是試圖 DELETE 被 A 參照到的 B 資料列，是會出現錯誤訊息的。

若指定外來鍵的選項之一——「ON DELETE CASCADE」的話，刪除列資料時就會進行連鎖反應般的刪除動作。也就是說，若是刪除 B 的資料列，則參照到該資料列的 A 的資料列也會一併刪除。

範例 將外部參照整合制約定義爲連鎖刪除模式

```
CREATE TABLE foo (
    a INTEGER NOT NULL PRIMARY KEY,
    b VARCHAR(20) NOT NULL REFERENCES bar(c)
        ON DELETE CASCADE
)
```

有的資料庫還可以設定「ON DELETE SET NULL」，這樣就不會連鎖刪除列資料，而會將因刪除而空缺了的資料填入 NULL 值。

• 連鎖更新

由外來鍵形成的外部參照整合制約，也有可能因爲 UPDATE 命令的更新動作而造成資料的矛盾。以 A 參照到 B 的情況來說，B 的列資料要是被更新，A 的資料參照就可能出錯。因此一般來說，要是試圖 UPDATE 被 A 參照到的 B 資料列，是會出現錯誤訊息的。

若指定外來鍵的選項之一——「ON UPDATE CASCADE」的話，更新列資料時就會進行連鎖反應般的更新動作。也就是說，若是更新 B 的資料列，則參照到該資料列的 A 的資料列也會一併更新。

範例 將外部參照整合制約定義爲連鎖更新模式

```
CREATE TABLE foo (
    a INTEGER NOT NULL PRIMARY KEY,
    b VARCHAR(20) NOT NULL REFERENCES bar(c)
        ON UPDATE CASCADE
)
```

* 在 Oracle、DB2 中，無法指定 ON UPDATE CASCADE。

・制約名稱

前面介紹了 NOT NULL 制約、 CHECK 制約、主鍵制約、外來鍵制約, 這些制約都能利用「CONSTRAINT」來指定名稱。指定制約名稱後, 稍後要刪除它時就很方便。要消除制約時, 請用「ALTER TABLE」命令來進行。

範例 爲主鍵制約指定名稱爲 pkey

```
CREATE TABLE foo (
    a INTEGER NOT NULL CONSTRAINT pkey PRIMARY KEY,
    b VARCHAR(20) NULL
)
```

範例 爲主鍵制約指定名稱爲 pkey 的另一種寫法

```
CREATE TABLE foo (
    a INTEGER NOT NULL,
    b VARCHAR(20) NULL,
    CONSTRAINT pkey PRIMARY KEY(a)
)
```

＊ 在 SQLite 雖然可以爲條件限制加上名稱, 但無法用 ALTER TABLE 刪除條件限制。

・計算欄位

在 Orade 、 SQL Server 、 DB2 中, 可以根據計算式來定義欄位。在 SQL Server 中, 計算欄位是以「欄位 AS 計算式」的方式來定義。資料類型會根據計算式而自動設定好。

範例 將 c 欄位定義成計算欄位。 c 欄位的資料是由 a*b 的結果而定的。

```
CREATE TABLE foo (                          SQLServer
    a INTEGER,
    b INTEGER,
    c AS a * b
)
```

在 Orade 、 DB2 中, 計算欄位是以「欄位 資料類型 GENERATED ALWAYS AS(計算式)」的方式來定義。

範例 將 c 欄位定義成計算欄位。 c 欄位的資料是由 a*b 的結果而定的。

```
CREATE TABLE foo (                                    DB2
    a INTEGER,
    b INTEGER,
    c INTEGER GENERATED ALWAYS AS (a * b)
)
```

＊在 Oracle 中, 藉由算式所定義的欄位, 可以省略型別宣告和關鍵字 GENERATED ALWAYS。

＊Oracle11g 以後的版本, 開始支援使用算式定義欄位。

・定義自動遞增欄位

定義欄位時, 我們可以將之定義成每次追加列資料時, 就會自動遞增值的欄位。將欄位定義成這樣的話, 就可以自動產生主鍵。各資料庫系統定義自動遞增欄位的方法都不同, 以下就分別說明。

Oracle

在 Oracle 11g 之前無法定義會自動遞增值的欄位。不過可以藉由從 Sequence 取得值, 再以 INSERT 的方式來達到同樣的效果。

Oracle 12c 以後開始支援 IDENTITY。

範例 將欄位 a 設定成自動遞增欄位。

```
CREATE TABLE foo(                                    Oracle
    a INTEGER GENERATED ALWAYS AS IDENTITY,
    b VARCHAR(20)
)
```

SQL Server、Access

在 SQL Server 中, 使用的是「IDENTITY」, 而指定 IDENTITY 要寫在資料類型之後。在括弧中, 寫上初始值和遞增間隔即可。

範例 將 a 欄位設定成自動遞增欄位。

```
CREATE TABLE foo (                              SQLServer  MS Access
    a INTEGER IDENTITY(1, 1),
    b VARCHAR(20)
)
```

DB2

在 DB2 中, 則用「GENERATED ALWAYS AS IDENTITY」。

範例 將 a 欄位設定成自動遞增欄位。

```
CREATE TABLE foo (                                      DB2
    a INTEGER GENERATED ALWAYS AS IDENTITY,
    b VARCHAR(20)
)
```

PostgreSQL

在 PostgerSQL 中, 可以利用「SERIAL」資料類型來定義自動遞增欄位。而其內部其實利用的是 Sequence。

範例 將 a 欄位設定成自動遞增欄位。

```
CREATE TABLE foo (                                   PostgreSQL
    a SERIAL,
    b VARCHAR(20)
)
```

MySQL

在 MySQL 中, 指定為「AUTO_INCREMENT」, 就等於定義為自動遞增欄位。
而自動遞增欄位必須同時是主鍵。

範例 將 a 欄位設定成自動遞增欄位。

```
CREATE TABLE foo (                          MySQL/
                                            MariaDB
    a INTEGER PRIMARY KEY AUTO_INCREMENT,
    b VARCHAR(20)
)
```

在 MySQL 中, InnoDB 和 MyISAM 的 AUTO_INCREMENT(自動遞增)欄位有
些許差異。

SQLite

在 SQLite 將整數型別的欄位設為主要索引鍵時, 系統會自動分派連續的
號碼到此欄位。但當最後一筆資料被刪除時, 所使用的號碼會被回收。下
次有新增的資料時會再次被使用。使用可選項目 AUTOINCREMENT 則可
以避免這種號碼回收再使用的狀況。所以要作為自動遞增欄位來使用時,
還是建議在定義欄位時附加 AUTOINCREMENT 。

範例 將欄位 a 設定成自動遞增欄位。

```
CREATE TABLE foo(                           SQLite
    a INTEGER PRIMARY KEY AUTOINCREMENT,
    b VARCHAR(20)
)
```

在 SQLite 中, 即使是主要索引鍵也有可能為 NULL 值。這點和其他資料庫
不同, 請小心。

參照 ： DROP TABLE   P.120
        ALTER TABLE   P.122

2.3
資料定義命令 DDL

CREATE TABLE AS

以 SELECT 命令來建立資料表

語法

CREATE TABLE table_name **AS** select_statement   **Oracle PostgreSQL SQLite**

CREATE TABLE table_name **[AS]** select_statement   **MySQL/ MariaDB**

CREATE TABLE table_name **AS (** select_statement **) WITH NO DATA**   **DB2**

參數

table_name	要建立的資料表名稱
select_statement	SELECT 命令

在 Oracle、PostgreSQL、MySQL、SQLite 中,可以藉由「CREATE TABLE AS」命令來將 SELECT 命令查詢出的結果,直接儲存成新的資料表。一般的 CREATE TABLE 命令,是在括弧中寫上欄位定義,但是 CREATE TABLE AS 則是直接將 SELECT 命令得到的結果做成資料表定義,所以不用另外指定欄位定義。

範例 將 SELECT * FROM foo 的結果直接存成 new_foo 資料表。

```
CREATE TABLE new_foo AS SELECT * FROM foo
```

在 MySQL 中,可以省略 AS。只要在 CREATE TABLE 之後接著指定資料表名稱,再接著寫 SELECT 命令即可。

範例 將 SELECT * FROM foo 的結果直接存成 new_foo 資料表。

```
CREATE TABLE new_foo SELECT * FROM foo                          MySQL/ MariaDB
```

對於既存的資料表,若要加入 SELECT 命令的查詢結果,只要使用「INSERT INTO SELECT」就可以了。SQL Server、Access 則可以用「SELECT INTO」來將 SELECT 命令的查詢結果存入既有的資料表中。

• DB2

在 DB2 中,請注意 CREATE TABLE AS 是建立實體化檢視(MATERIALIZED VIEW)的指令。在 AS 後面設定子查詢,並附加 WITH NO DATA 就可以利用 SELECT 指令來建立資料表。

CREATE TEMPORARY TABLE

建立臨時資料表

> **語法**
>
> **CREATE GLOBAL TEMPORARY TABLE** table_name　　　　　`Oracle` `DB2`
> (column_definition [, column_definition ...])
> [**ON COMMIT** { **DELETE** | **PRESERVE** } **ROWS**]
> **CREATE TEMPORARY TABLE** table_name　　　　　　　　　`PostgreSQL`
> (column_definition [, column_definition ...])
> [**ON COMMIT** { **DELETE** | **PRESERVE** } **ROWS**]
> **CREATE TEMPORARY TABLE** table_name　　　　　　　　　`MySQL/MariaDB`
> (column_definition [, column_definition ...])
> **CREATE** { **TEMPORARY** | **TEMP** } **TABLE** table_name　　　`SQLite`
> (column_definition [, column_definition ...])

> **參數**
>
> table_name　　　　　　　臨時資料表名稱
> column_definition　　　欄位定義

在 Oracle、DB2、PostgreSQL、MySQL、SQLite 中, 可以用「CREATE TEMPORARY TABLE」命令來建立「臨時資料表」。臨時資料表是提供暫時使用的資料表。相對於這種資料表, 一般的資料表也被稱為「永久資料表」。

• Oracle 、 DB2

Oracle 的臨時資料表是在交易功能 (Transaction) 中使用的。合併使用「ON COMMIT DELETE ROWS」的話, 則在交易功能 COMMIT 時, 臨時資料表內的列資料就會被全數刪除。

若使用「ON COMMIT PRESERVE ROWS」的話, 則 COMMIT 之後, 臨時資料表中的資料列就不會被刪除。

Oracle 的臨時資料表不會在 SESSION 結束的同時被 DROP TABLE(刪除)。隨著 SESSION 結束, 臨時資料表中的資料列會被刪除, 但是其內的欄位構成依然存在。因此, 要是不同的 SESSION 要建立相同名稱的臨時資料表的話, 就會出現錯誤訊息。

臨時資料表中的資料列, 若來自不同的 SESSION, 就等於是不同的資料。這一點特性和永久資料表不同。

• SQL Server

SQL Server 中的臨時資料表, 無法用「CREATE TEMPORARY TABLE」來建立。其建立方法, 是在資料表名稱前加上 # 或 ##, 這樣就可以指定目前要建立的資料表是臨時資料表。

• PostgreSQL 、 MySQL

PostgreSQL 、 MySQL 中的臨時資料表, 可以用「CREATE TEMPORARY TABLE」來建立。 PostgreSQL 、 MySQL 中的臨時資料表, 在 SESSION 結束的同時, 也會被 DROP TABLE(刪除)。而若 SESSION 不同, 則即使臨時資料表的名稱相同, 也會被當成是不同的臨時資料表, 不會造成衝突。

範例 建立 temp 臨時資料表。

```
CREATE TEMPORARY TABLE temp (a INTEGER)      PostgreSQL  MySQL/MariaDB
INSERT INTO temp VALUES (1)
SELECT * FROM temp

a
- - -
1
```

* 從其他的 SESSION 是無法參照到 temp 資料表的。

用「CREATE TEMPORARY TABLE AS」, 就可以將 SELECT 命令查詢出的結果存成臨時資料表。

範例 將 SELECT * FROM foo 的結果存成名為 temp 的臨時資料表

```
CREATE TEMPORARY TABLE temp AS SELECT * FROM foo      PostgreSQL  MySQL/MariaDB
```

在 PostgreSQL, COMMIT 時所執行的動作可利用 ON COMMIT 來設定。和 Oracle 一樣, 預設動作是 ON COMMIT PRESERVE ROWS (保留資料)。

• SQLite

SQLite 可用「CREATE TEMPORARY TABLE」建立暫存資料表 (temporary table)。 TEMPORARY 可簡寫成 TEMP。此外, 也支援 AS SELECT 指令。

参照 : DROP TABLE   P.120

DECLARE GLOBAL TEMPORARY TABLE

建立臨時資料表

語法

DECLARE GLOBAL TEMPORARY TABLE table_name
(column_definition [, column_definition ...])
[ON COMMIT { DELETE | PRESERVE } ROWS] NOT LOGGED
[IN user_temporary_tablespace]

參數

table_name	臨時資料表名稱
column_definition	欄位定義
user_temporary_tablespace	使用者臨時資料表空間名稱

在 DB2 中, 可以用「DECLARE GLOBAL TEMPORARY TABLE」命令來建立「臨時資料表」。所謂的臨時資料表, 是提供暫時使用的資料表。在 DB2 中, 臨時資料表是建立在「使用者臨時資料表空間」中的。要使用臨時資料表時, 就要事先建立起這個使用者資料表空間。

此外, 臨時資料表會依據 SESSION 而分隔開。在 DB2 中, 使用「SESSION」這個關鍵字就能參照到 SESSION 內的臨時資料表。

使用「ON COMMIT DELETE ROWS」或是「ON COMMIT PRESERVE ROWS」就可以在交易功能 COMMIT 時, 指定要讓臨時資料表中的資料列自動被刪除, 或是保留下來。預設值是 DELETE ROWS, 也就是自動刪除。在自動 COMMIT 的環境中, 若沒有特別指定要 PRESERVE ROWS 的話, 即使執行了 INSERT 命令, 但由於會自動 COMMIT, 所以列資料還是會自動被刪除掉。

「NOT LOGGED」選項是用來指定不留 LOG(不留記錄)。臨時資料表是無法記錄 LOG 的。所以在設定 DECLARE GLOBAL TEMPORARY TABLE 時, 一定要指定這個選項。

指定要建立之資料表空間時, 要用「IN」這個關鍵字。而所指定的資料表空間必須就是使用者臨時資料表空間。

* DB2 V9.7 以後版本就可和 Oracle 一樣使用「CREATE GLOBAL TEMPORAY TABLE」。

建立名為 temp 的臨時資料表。

```
DECLARE GLOBAL TEMPORARY TABLE temp (a INTEGER)
 ON COMMIT PRESERVE ROWS NOT LOGGED
INSERT INTO SESSION.temp VALUES(1)
SELECT * FROM SESSION.temp

 a
 _ _ _ _
 1
```

* 其他的 SESSION 無法參照 SESSION.temp 資料表的資料。

臨時資料表會在 SESSION 結束時, 同時自動被消除。當然我們也可以在 SESSION 仍存在時, 用 DROP TABLE 來指定刪除資料表。只不過指定刪除臨時資料表名稱時, 一定要寫成「DROP TABLE SESSION.temp」這樣, 在資料表名稱前得加上 SESSION. 才行。

臨時資料表的使用時機

「進行複雜的彙總計算時」、「在處理的過程中, 需要暫時建立資料表時」等情境下可以使用臨時資料表。單純計算總計和平均值時, 一般使用彙總函數或 GROUP BY 就可處理。但有時會針對彙總的結果再次進行分析, 或是以結果的其中一部分再次進行處理。

雖然這時可以使用子查詢, 分階段進行彙總。但若是建立實體的資料表的話, 就可利用索引（index）來提昇處理的效率。如果處理過程中所使用的資料表後續並不會使用, 使用臨時資料表也無妨。

結合處理…等作業, 也是建議在內部建立暫時使用的資料表。結合時會和臨時資料表一樣, 有助於系統的讀寫效率。換言之, 建議將過程中只是暫時需要的資料表以臨時資料表的形式來使用。不但讀寫速度較快, 也能更有效率地進行運算。

參照：DROP TABLE　　P.120

DROP TABLE

刪除資料表

語法

DROP TABLE table_name
DROP HIERARCHY TABLE table_name   `DB2`

參數

table_name   要刪除的資料表名稱

使用「DROP TABLE」命令,可以刪除資料表。記述方式是在 DROP TABLE 之後接著指定資料表名稱。

一旦執行了 DROP TABLE,則資料表的內容和附在資料表上的索引之類的資訊都會一併消除。

範例 刪除 foo 資料表。

```
DROP TABLE foo
```

• Oracle

在 Oracle 中,若在交易功能中使用了 DROP TABLE 命令,將無法再用 ROLLBACK 命令復原資料。

• DB2

若一資料表以繼承關係建立出子資料表,而這些子資料表依然存在時,就無法用 DROP TABLE 刪除該資料表。先將所有子資料表都刪除後,才能刪除該父資料表。在 DB2 中,使用「DROP HIERARCHY TABLE」,就可以一舉刪除所有子資料表。

• PostgreSQL

若一資料表以繼承關係建立出子資料表,而這些子資料表依然存在時,就無法用 DROP TABLE 刪除該資料表。得先將所有子資料表都刪除後,才能刪除該父資料表。

2.3

資料定義命令 DDL

• IF EXISTS

在 PostgreSQL、MySQL、SQLite 中, DROP TABLE 有可選項目 IF EXISTS 可使用。一般的情形, 若 DROP TABLE 指定刪除一個不存在的資料表就會發生系統錯誤, 但若是使用 IF EXISTS 的話, 資料表不存在也不會發生錯誤。

範例 如果資料表 foo 存在就將它刪除。

```
DROP TABLE IF EXISTS foo
```

• 刪除所有資料

要將資料表中所有資料刪除的時候, 請使用 DELETE 或 TRUNCATE 指令。使用 DROP TABLE 的話, 資料表本身也會被刪除, 資料表內部的設定都不會被保存。

另外, 如果資料量龐大的時候, 與其用 DELETE 來刪除全部的資料, 不如使用 TRUNCATE TABLE 較有效率。

資料表空間（table space）

在資料庫系統裡, 將資料儲存在名為 table space 的儲存區塊中。每當新增資料時都會消耗 table space 的空間。table space 一般都是作業系統所管理之檔案, 並沒有專屬於資料庫的檔案系統。

如此一來, 若用 DROP TABLE 將資料表刪除後, table space 的檔案大小會如何變化呢？因為資料被刪除了, 所以檔案會變小嗎？事實上大部分的資料庫中,「table space 的大小只會增加不會減少」。即使執行 DROP TABLE 後檔案大小也不會減少。僅僅是在檔案中將那個區塊標記為未使用的狀態。

參照 ： CREATE TABLE　　P.106
　　　ALTER TABLE　　P.122

ALTER TABLE

Oracle | SQL Server | DB2 | Postgre SQL

MySQL/ MariaDB | SQLite | MS Access | SQL 標準

更改資料表屬性

語法

ALTER TABLE table_name alter_sub_command

參數

table_name	資料表名稱
alter_sub_command	ALTER TABLE 的子命令

2.3
資料定義命令 DDL

使用「ALTER TABLE」命令, 就可以針對既存的資料表做增加欄位、刪除欄位、設定主鍵等動作。而增加欄位、消除欄位與制約設定等, 可以用其子命令來達成。

• 增加欄位

要在資料表中增加欄位的話, 就要使用 ALTER TABLE 的「ADD」子命令。新增的欄位之值預設都是 NULL 。基本的寫法是在 ALTER TABLE 之後指定資料表名稱, 再接著寫上 ADD, 繼續寫上要增加之欄位的定義即可。以下就是 ADD 子命令的語法:

語法

ALTER TABLE table_name **ADD** (column_definition)　　　**Oracle**
ALTER TABLE table_name **ADD** column_definition　　**SQLServer** **MS Access**
ALTER TABLE table_name **ADD** [**COLUMN**] column_definition
　　　　　　　　　　　　　　　　DB2 **PostgreSQL** **MySQL/ MariaDB** **SQLite**

參數

table_name	資料表名稱
column_definition	要增加之欄位的定義

在 Oracle 中, 欄位定義需要寫在括弧中。而 DB2、PostgreSQL、MySQL、SQLite 則是接在 ADD COLUMN 之後, 直接寫上欄位定義。也可以省略 COLUMN 。

範例 在 foo 資料表中增加一 c 欄位, 而其資料類型為數值, 。

```
ALTER TABLE foo ADD (c INTEGER)                    Oracle
ALTER TABLE foo ADD c INTEGER              SQLServer  MS Access
ALTER TABLE foo ADD COLUMN c INTEGER   DB2  PostgreSQL  MySQL/MariaDB  SQLite
```

・消除欄位

想刪除資料表中的欄位時, 要用 ALTER TABLE 的「DROP」子命令。基本的寫法是在 ALTER TABLE 之後指定資料表名稱, 再接著寫上 DROP, 繼續寫上要刪除之欄位名稱即可。以下就是 DROP 子命令的語法:

語法

ALTER TABLE	table_name	**DROP** (column_name)	`Oracle`
ALTER TABLE	table_name	**DROP** COLUMN column_name	`SQLServer` `MS Access`
ALTER TABLE	table_name	**DROP [COLUMN]** column_name	
			`DB2` `PostgreSQL` `MySQL/MariaDB`

參數

| table_name | 資料表名稱 |
| column_name | 要刪除之欄位名稱 |

Oracle 是在 DROP 之後, 接著在括弧中指定欄位名稱即可。在括弧內指定多個欄位名稱的話, 就可以一次刪除多個欄位。在 MySQL 中, 則是在 DROP COLUMN 之後接著指定欄位名稱。也可以省略不寫 COLUMN。

範例 刪除 c 欄位。

```
ALTER TABLE foo DROP(c)                               Oracle
ALTER TABLE foo DROP COLUMN c          SQLServer MySQL/MariaDB MS Access
```

* 從 Oracle8i 開始, 支援用 DROP 子命令來刪除欄位。

・更改欄位屬性

想更改欄位屬性時, 要使用 ALTER TABLE 的「MODIFY」或「ALTER」子命令。Oracle、MySQL 是使用 MODIFY。SQL Server、DB2、PostgreSQL、Access 則使用 ALTER。

語法

ALTER TABLE table_name **MODIFY(** column_definition **)** `Oracle` `MS Access`
ALTER TABLE table_name **ALTER COLUMN** column_definition
`SQLServer` `MS Access`
ALTER TABLE table_name **MODIFY [COLUMN]** column_definition
`MySQL/MariaDB` `MS Access`
ALTER TABLE table_name **ALTER [COLUMN]** column_definition `DB2`
ALTER TABLE table_name **ALTER [COLUMN]** column_name `PostgreSQL`
  { **SET DEFAULT** default_value | **DROP DEFAULT** |
  SET NOT NULL | **DROP NOT NULL** | **TYPE** type_name }

參數

table_name	資料表名稱
column_definition	欄位定義
column_name	欄位名稱
default_value	預設值

在 Oracle 中, 可以更改欄位的屬性。但是資料類型變更時, 該欄位的所有資料都必須是 NULL 才行。

要更改欄位屬性時, 要使用「MODIFY」。在 MODIFY 之後接著指定欄位定義即可。若是在括弧內, 指定多個欄位定義的話, 就可以同時更改多個欄位。

範例 將 c 欄位之資料類型改成 VARCHAR2。

```
ALTER TABLE foo MODIFY (c VARCHAR2(30))                        Oracle
```

在 DB2 中, 則可以利用「ALTER COLUMN」來更改欄位的部分屬性。

範例 更改資料類型為 VARCHAR2 之 c 欄位的資料最大長度。

```
ALTER TABLE foo ALTER c SET DATA TYPE VARCHAR(20)             DB2
```

在 PostgreSQL 中可藉由 ALTER COLUMN 來改變欄位屬性。可以改變的有預設值、 NOT NULL 限制、資料型別共三種。欄位的預設值可用「SET DEFAULT」來變更, 用「DROP DEFAULT」來刪除。 NOT NULL 限制則可用「SET NOT NULL」來設定, 用「DROP NOT NULL」來刪除。變更資料型別則是用「TYPE 型別」的形式來設定。

範例 將 c 欄位之預設值設為 0。

```
ALTER TABLE foo ALTER c SET DEFAULT 0                    PostgreSQL
```

*SQLite 中無法用 ALTER TABLE 來變更欄位屬性。

・主鍵

主鍵可以用「PRIMARY KEY」這個關鍵字來追加設定。若需要設定制約名稱,則在 CONSTRAINT 之後指定制約名稱即可;不需要設定制約名稱的話,就可以省略 CONSTRAINT。而在 PRIMARY KEY 之後,於括弧內指定欄位名稱,則這些欄位就會被設定成主鍵。其語法如下:

語法

ALTER TABLE table_name **ADD [CONSTRAINT** constraint_name **]**
PRIMARY KEY (column **[,** column... **])**

參數

table_name	資料表名稱
constraint_name	制約名稱
column	欄位

範例 將 a、b 欄位設定為主鍵。

```
ALTER TABLE foo ADD CONSTRAINT pkey PRIMARY KEY(a, b)
```

*SQLite 中無法用 ALTER TABLE 來追加主要索引鍵的設定。

・外來鍵

要建立外來鍵時,用「FOREIGN KEY」,就可以把外來鍵制約加到資料表中。而指定外來鍵時,必須要用「REFERENCES」來指定所參照到的外部資料表名稱,和欄位名稱。此外,REFERENCES 所指定的欄位還必須是該欄位所在資料表的主鍵才可以。其語法如下:

語法

ALTER TABLE table_name **ADD [CONSTRAINT** constraint_name **]**
FOREIGN KEY (column_name **[,** column_name... **])**
REFERENCES ref_table_name **(** column_name **[,** column_name... **])**

參數

table_name	資料表名稱
constraint_name	制約名稱
column	欄位
ref_table_name	外來鍵所參照到的資料表名稱

範例 將資料表 bar 的欄位 b 設定爲資料表 foo 欄位 a 的外部索引鍵。

```
ALTER TABLE foo ADD CONSTRAINT fkey FOREIGN KEY(a)
  REFERENCES bar(b)
```

• 刪除制約

我們也可以刪除主鍵或外來鍵等制約。只要在「DROP CONSTRAINT」後,接著指定要刪除的制約名稱即可。

語法

ALTER TABLE table_name **DROP CONSTRAINT** constraint_name
ALTER TABLE table_name **DROP PRIMARY KEY**

參數

table_name	資料表名稱
constraint_name	制約名稱

範例 刪除名爲 pkey 的制約。

```
ALTER TABLE foo DROP CONSTRAINT pkey
```

由於主鍵在資料表中只能設定一個, 所以不指定制約名稱也能刪除之。

範例 刪除主鍵制約。

```
ALTER TABLE foo DROP PRIMARY KEY                    Oracle  DB2  PostgreSQL  MySQL/MariaDB
```

*SQLite 中無法用 ALTER TABLE 來刪除限制(constraint)。

• 更改欄位名稱

在 Oracle 、 DB2 、 PostgreSQL 、 MySQL 中, 可以更改欄位名稱。此時要使用 ALTER TABLE 的「RENAME」或「CHANGE」子命令。

語法

ALTER TABLE table_name **RENAME COLUMN** column_name   Oracle DB2
  TO new_column_name
ALTER TABLE table_name **RENAME** column_name   PostgreSQL
  TO new_column_name
ALTER TABLE table_name **CHANGE [COLUMN]** column_name MySQL/MariaDB
  column_definition

table_name	資料表名稱
column _name	欄位名稱
new_column_name	新的欄位名
column_definition	欄位定義

在 Oracle 、 PostgreSQL 中, 是用「RENAME」來更改欄位名稱。

範例 將 c 欄位的名稱改成 new_c 。

```
ALTER TABLE foo RENAME COLUMN c TO new_c          Oracle
ALTER TABLE foo RENAME c TO new_c                 PostgreSQL
```

在 MySQL 中, 則可以用「CHANGE」來更改欄位名稱和其他欄位屬性。

範例 將 c 欄位的名稱改成 new_c,並且將其資料類型改成 VARCHAR 。

```
ALTER TABLE foo CHANGE c new_c VARCHAR(30)        MySQL/MariaDB
```

• 更改資料表名稱   Oracle PostgreSQL MySQL/MariaDB SQLite

在 Oracle、PostgreSQL、MySQL、SQLite 中, 可以用 ALTER TABLE 來變更資料表的名稱。有的則是用「RENAME TO」來變更。

語法

ALTER TABLE table_name **RENAME TO** new_table_name   Oracle PostgreSQL SQLite
ALTER TABLE table_name **RENAME [AS]** new_table_name   MySQL/MariaDB

參數

table_name	資料表名稱
new_table_name	新的資料表名稱

範例 將 foo 資料表的名稱改為 bar 。

```
ALTER TABLE foo RENAME TO bar                    Oracle PostgreSQL SQLite
ALTER TABLE foo RENAME AS bar                    MySQL/MariaDB
```

*SQL Server 可使用 sp_rename 來變更資料表名稱、欄位名稱。

TRUNCATE TABLE

Oracle | SQL Server | DB2 | Postgre SQL
MySQL/ MariaDB | SQLite | MS Access | SQL 標準

刪除資料表中全部的列資料

[語法]

TRUNCATE TABLE table_name   Oracle SQLServer

TRUNCATE [TABLE] table_name   DB2 PostgreSQL MySQL/MariaDB

[參數]

table_name   資料表名稱

　　使用「TRUNCATE TABLE」, 就可以迅速刪除資料表中全部的列資料。想要刪除所有的列時, 一般推薦用 TRUNCATE TABLE, 而不用 DELETE 。這是因為 DELETE 會留下 LOG 紀錄, 還得重新建立索引等等, 伺服器得進行很多這類相關的處理工作。 TRUNCATE TABLE 的話, LOG 紀錄和索引等都不用處理, 所以刪除工作就能很快完成。不過, 一執行就會刪除所有列資料, 請特別注意了。

[範例] 刪除 foo 資料表中所有的列 -

```
TRUNCATE TABLE foo
```

　　在 v9.5 以前的 DB2 中, 沒有 TRUNCATE TABLE 這個命令。得靠著變更資料表屬性, 配合上 DELETE 命令, 來達到與 TRUNCATE TABLE 命令同樣的效果 (刪除列資料且不留 LOG 紀錄)。不過, 在執行 ALTER TABLE 時, 就要先加上 NOT LOGGED INITIALLY 選項才行。

[範例] 在 DB2 中, 取代 TRUNCATE TABLE 命令的 DELETE 命令用法。

```
ALTER TABLE table ACTIVATE NOT LOGGED INITIALLY
  WITH EMPTY TABLE
DELETE FROM table                              DB2
```

　　在 SQLite 中沒有 TRUNCATE TABLE 指令。替代方法可以先使用 DELETE 指令刪除全部資料, 再執行 VACUUM 指令。

参照：DELETE   P.78

CREATE INDEX

建立索引

> **語法**
>
> **CREATE [UNIQUE] INDEX** index_name **ON** table_name
> (column [, column ...])
>
> **參數**
>
> | | |
> |---|---|
> | index_name | 要建立的索引名稱 |
> | table_name | 要建立索引的資料表名稱 |
> | column | 欄位名稱 |

執行「CREATE INDEX」, 就可以在資料表中建立索引。建立索引可以使資料檢索的工作更快更有效率。在 CREATE INDEX 之後, 指定要建立的索引名稱, 接著再加上「ON」, 然後接著寫上要建立索引之資料表名稱, 以及以括弧括住的 1 個以上的欄位名稱。

- **索引**

一般的索引, 用上述的寫法就能建立出來。

索引是針對資料表的欄位而建立的。不過, 在 Oracle 、 DB2 、 PostgreSQL 、 SQLite 中的索引, 屬於 schema 物件。因此, 同一個 schema 中不能有同名的索引。

在 SQL Server 、 MySQL 、 Access 中, 索引是建立在資料表之下的。因此, 在不同的資料表中, 是可以有同名的索引存在的。

範例 針對 foo 資料表的 a 欄位建立出名爲 idx 的索引。

```
CREATE INDEX idx ON foo(a)
```

- **唯一索引**

使用「CREATE UNIQUE INDEX」, 就可以建立出唯一 (無重複) 的索引。若是已有列資料存在, 則資料內容會先被檢查, 若列資料有重複, 就會出現錯誤訊息。而唯一索引建立後, 又執行會造成資料重複的 INSERT 、 UPDATE 命令的話, 也會出現錯誤訊息。

範例 針對 foo 資料表的 a 欄位建立出名為 idx 的唯一索引。

```
CREATE UNIQUE INDEX idx ON foo (a)
```

・函式索引

`Oracle` `PostgreSQL`

在 Oracle、PostgreSQL 中,我們可以建立函式索引。一般來說,根據欄位而建立的索引,經過運算或函式處理過後,就無法再利用。而建立函式索引的話,即使是經過函式計算,也能達到快速檢索資料的目的。

語法

CREATE [UNIQUE] INDEX index_name **ON** table_name `Oracle` `PostgreSQL`
(func_name **(** column **[,** column **...]))**

參數

index_name	要建立的索引名稱
table_name	要建立索引的資料表名稱
column	欄位名稱
func_name	函式名稱

範例 建立函式索引。

```
CREATE INDEX idx ON foo (UPPER(b))
```
`Oracle` `PostgreSQL`

・叢集索引

`Oracle` `SQLServer` `DB2`

叢集索引是將資料表本身的順序進行排序動作,以達成索引的目的。由於這種索引不需要使用到索引專用的記憶體空間,所以不僅可以節省記憶體容量,還能比一般的索引功能更有效率地進行檢索。不過,資料表新增或刪除資料時,由於得重新排列資料表本身的資料順序,所以使用 INSERT、UPDATE、DELETE 命令時的負擔就會變得比較大些。

語法

CREATE [UNIQUE] INDEX index_name **ON CLUSTER** cluster_name `Oracle`
CREATE [UNIQUE] CLUSTERED INDEX index_name `SQLServer`
  ON table_name **(** column **[,** column **...])**

CREATE [UNIQUE] INDEX index_name **ON** table_name `DB2`
  (column **[,** column **...]) CLUSTER**

index_name	要建立的索引名稱
table_name	要建立索引的資料表名稱
column	欄位名稱
cluster_name	叢集名稱

在 Oracle 中, 為了建立出叢集化的資料表, 要先用「CREATE CLUSTER」來建立叢集才行。而「CREATE INDEX CLUSTER」則是用來建立叢集與索引的對應關係。

範例 建立叢集索引。

```
CREATE INDEX idx ON CLUSTER cls_foo                              Oracle
```

關於叢集, 以及叢集化之資料表的建立方法, 請參考「CREATE CLUSTER」的說明。

在 SQL Server 中, 叢集索引要用「CREATE CLUSTERED INDEX」來建立。

範例 針對 foo 資料表的 a 欄位建立名為 idx 的叢集索引。

```
CREATE CLUSTERED INDEX idx ON foo(a)                            SQL Server
```

在 DB2 中, 則要在命令最後面加上「CLUSTER」選項。

範例 針對 foo 資料表的 a 欄位建立名為 idx 的叢集索引。

```
CREATE INDEX idx ON foo(a) CLUSTER                               DB2
```

在 PostgreSQL 中, 我們可以建立叢集化的資料表, 但是無法藉由 CREATE INDEX 來直接進行叢集化的動作。為了決定要以哪個欄位為準來進行叢集化, 得用 CREATE INDEX 來建立索引。而實際叢集化的動作, 則用「CLUSTER」命令來達成。至於叢集化的範例, 請參考 CLUSTER 命令的說明。

• 針對 view 的索引   SQL Server

在 SQL Server 中, 我們可以針對 view 來建立索引, 這樣一來, 經由 view 的檢索動作就能變快。若要針對 view 建立索引, 則在建立 view 時, 就要先指定好

「SCHEMABINDING」選項。此外, 作爲 view 之來源的 SELECT 命令也不能使用外結合或子查詢, 使用上有不少限制。

• INCLUDE

SQLServer DB2

在 DB2 中, 使用「INCLUDE」, 可以指定唯一索引要不要包含關鍵欄位以外的欄位。利用這個選項, 有時只參照索引就能完成查詢動作。舉例來說, 我們建立了如下的索引:

範例 建立包含欄位 b 、 c 的索引。

```
CREATE UNIQUE INDEX idx ON foo(a) INCLUDE(b, c)
```
SQLServer DB2

對 foo 資料表進行查詢時, 若用這樣的命令「SELECT a, b, c FROM foo WHERE a = 100」, 由於從索引裡就能查詢到所有的欄位資料, 所以不用實際參照到資料表也能完成查詢工作。唯一索引就可以指定使用 INCLUDE 選項。

• 指定演算法 (algorithm)

PostgreSQL MySQL/MariaDB

在 PostgreSQL 、 MySQL 中的索引功能, 可以指定要以怎樣的演算法來處理索引。而演算法的指定要用「USING」關鍵字來進行。預設的演算法是 BTREE。

範例 根據 HUSH 演算法來建立索引。

```
CREATE INDEX idx ON foo USING HASH (a)
CREATE INDEX idx USING HASH ON foo(a)
```
PostgreSQL
MySQL/MariaDB

參照 : CREATE CLUSTER   P.134
        CLUSTER   P.136

DROP INDEX

刪除索引

語法

```
DROP INDEX index_name                          Oracle  DB2  PostgreSQL
DROP INDEX table_name.index_name                              SQLServer
DROP INDEX index_name ON table_name      SQLServer  MySQL/ MariaDB  MS Access
```

參數

index_name	要刪除的索引名稱
table_name	索引所在的資料表名稱

　執行「DROP INDEX」命令就可以刪除資料表的索引。在 DROP INDEX 之後,請接著指定要消除的索引名稱。而執行了 DROP INDEX 後,並不會影響所刪除之索引所在的資料表。

• Oracle 、 DB2 、 PostgreSQL 、 SQLite

　在 Oracle、DB2、PostgreSQL、SQLite 中,可以直接把索引名稱指定給 DROP INDEX。在這些資料庫中,索引本身屬於 Schema 物件。SQL Server 2005 之後的版本,也可以用 index ON table 的形式來指定索引。

範例 刪除名為 idx 的索引。

```
DROP INDEX idx                          Oracle  DB2  PostgreSQL  SQLite
```

• SQL Server

　在 SQL Server 中,索引名稱要用「資料表名稱.索引名稱」或「view名稱.索引名稱」的方式來指定。在此資料庫中,索引屬於資料表中的區域物件。

範例 刪除 foo 資料表中名為 idx 的索引。

```
DROP INDEX foo.idx                          SQLServer
DROP INDEX idx ON foo
```

• MySQL 、 Access

　在 MySQL、Access 中,要用「索引名稱 ON 資料表名稱」的方式來指定 DROP INDEX 的對象。在這些資料庫中,索引屬於資料表中的區域物件。

範例 刪除 foo 資料表中名為 idx 的索引。

```
DROP INDEX idx ON foo                          MySQL/ MariaDB  MS Access
```

CREATE CLUSTER

建立叢集

> **語法**
>
> **CREATE CLUSTER** cluster_name
> (column_definition [, column_definition ...])
>
> **參數**
>
> cluster_name　　　　　　　叢集名稱
> column_definition　　　　　欄位定義

在 Oracle 中, 可以使用「CREATE CLUSTER」來建立叢集。若想將資料表叢集化, 就必須要執行建立叢集的動作。叢集和資料表一樣, 會進行欄位定義。藉著在叢集之上建立索引、資料表的動作, 就能將資料表叢集化。

範例 定義 cls_foo 叢集。

```
CREATE CLUSTER cls_foo (
    a NUMBER(8),
    b VARCHAR2(20)
)
```

範例 在叢集上定義名爲 idx_foo 的索引。該叢集中
所有的欄位都作爲索引對象。

```
CREATE INDEX idx_foo ON CLUSTER cls_foo
```

範例 在叢集上定義名爲 tbl_foo 的資料表。

```
CREATE TABLE tbl_foo (
    a NUMBER(8),
    b VARCHAR2(20),
    c VARCHAR2(80)
) CLUSTER cls_foo (a, b)
```

參照： CREATE TABLE　　P.106
　　　 CREATE INDEX　　P.129

DROP CLUSTER

刪除叢集

> **語法**
>
> **DROP CLUSTER** cluster_name
> **[INCLUDING TABLES [CASCADE CONSTRAINTS]]**
>
> **參數**
> cluster_name   叢集名稱

在 Oracle 中, 可以用「DROP CLUSTER」來刪除叢集。

範例 刪除名爲 cls_foo 的叢集。

```
DROP CLUSTER cls_foo
```

在叢集上還建立有資料表的話, 使用 DROP CLUSTER 就會出現錯誤訊息, 因而無法刪除叢集。在這種情況下, 要先用 DROP TABLE 刪除該資料表後, 再執行 DROP CLUSTER；或者, 在 DROP CLUSTER 命令中加上「INCLUDING TABLES」選項來執行。

範例 刪除名爲 cls_foo 的叢集, 以及存在於其上的所有資料表。

```
DROP CLUSTER cls_foo INCLUDING TABLES
```

若加上「CASCADE CONSTRAINTS」的話, 則若有外來鍵參照到該叢集時, 該外來鍵制約也會一並刪除。

範例 刪除名爲 cls_foo 的叢集, 以及存在於其上的所有資料表, 和參照過來的外來鍵制約。

```
DROP CLUSTER cls_foo INCLUDING TABLES CASCADE CONSTRAINTS
```

參照：DROP TABLE   P.120

CLUSTER

資料表的叢集化

語法

CLUSTER [table_name [**USING** index_name]]
CLUSTER index_name **ON** table_name

參數

Index_name	索引名稱
table_name	資料表名稱

　　在 PostgreSQL 中, 可以利用「CLUSTER」命令來將資料表叢集化。一執行 CLUSTER 命令, 資料表就會依照所指定的索引來重新排列。而在 CLUSTER 命令執行之後才插入的列資料, 則不會依索引排列。也就是說, 資料表的資料一旦經過新增、刪除、更新後, 就得要再度執行 CLUSTER 命令, 這些資料才能依索引排列。

範例 定義 foo 資料表。

```
CREATE TABLE foo (
    a INTEGER,
    b VARCHAR(20)
)
```

範例 在資料表中定義名爲 idx_foo 的索引。

```
CREATE INDEX idx_foo ON foo(a)
```

範例 將 foo 資料表中以名爲 idx_foo 的索引來進行叢集化。

```
CLUSTER foo USING idx_foo
CLUSTER idx_foo ON foo
```

　　若省略用 USING 指定索引的部份, 則會使用之前叢集化時所使用的索引。若省略資料表名稱, 會將所有資料表都進行叢集化。

參照：CREATE INDEX　　P.129

CREATE VIEW

建立 view

語法

CREATE [OR REPLACE] VIEW view_name **[(** column **[,** column **...])]**
　AS select_statement　　　　　　　　　　`Oracle` `DB2` `PostgreSQL`
CREATE VIEW view_name **[(** column **[,** column **...])]**
　AS select_statement　　　　　`SQLServer` `MySQL/MariaDB` `MS Access` `SQLite`

參數

view_name	要建立的 view 之名稱
column	欄位
select_statement	SELECT 命令

利用「CREATE VIEW」命令就可以建立出 view 來。

範例 建立名為 v_foo 的 view。

```
CREATE VIEW v_foo AS SELECT a, b FROM foo
```

所建立出的 v_foo 這個 view 的欄位, 是依據「AS」之後所寫的那串 SE-LECT 命令而來的。在本例中, 查詢的結果由 a 和 b 兩個欄位構成, 所以 v_foo 的欄位就是 a 和 b 兩個。建立出的 v_foo, 在很多地方都可以被當成資料表來處理。

範例 以 SELECT 查詢名為 v_foo 之 view 中的資料。

```
SELECT * FROM v_foo
```

‧指定欄位名稱

View 的欄位名稱, 雖然基本上和 SELECT 命令所得的欄位名相同, 不過我們也可以在 view 名之後指定自訂的欄位名。

範例 在 CREATE VIEW 時, 指定欄位名稱。

```
CREATE VIEW v_foo (viewcolumn1, viewcolumn2) AS
  SELECT foo.a, bar.b FROM foo, bar WHERE foo.a = bar.a
```

* 在 ACCES 中, view 是經由「查詢」而建立的。
* SQLite 無法指定欄位名稱。

DROP VIEW

刪除 view

語法

DROP VIEW view_name

參數

view_name　　　　要刪除的 view 之名稱

執行「DROP VIEW」命令, 就能將指定的 view 刪除。而 view 中之資料所用的資料表則不會被刪除。若被刪除的 view 本身有被其他 view 參照到, 則那些 view 就會變成無法使用。

範例 刪除名為 v_foo 的 view。

```
DROP VIEW v_foo
```

檢視（view）和實體化檢視（materialized view）

即使刪除檢視, 資料庫所使用的磁碟空間幾乎不會有變化。因為檢視像是一種虛擬的資料表, 並不需要儲存資料的磁碟空間。

但實體化檢視則不一樣。雖然實體化檢視的名稱中有「檢視」二字, 但事實上是一種實體的資料表。

順帶一提, 刪除實體化檢視的方式, 在 Oracle 中是使用「DROP MATERIALIZED VIEW」指令。但因為在 DB2 中不是稱為實體化檢視而是物化查詢表（Materialized Query Table）, 是把其當成表格來處理。所以刪除上也是使用「DROP TABLE」指令。

參照：CREATE VIEW　　P.137

CREATE PROCEDURE

建立程序

> **語法**
>
> **CREATE [OR REPLACE] PROCEDURE** procedure_name   `Oracle`
> **{ IS | AS }** statement
>
> **CREATE PROCEDURE** procedure_name   `SQLServer`
> **[WITH** option **] AS** statement
>
> **CREATE PROCEDURE** procedure_name **(** parameters **)** `DB2` `MySQL/MariaDB`
> **LANGUAGE** lang statement
>
> **參數**
>
> | | |
> |---|---|
> | procedure_name | 預存程序的名稱 |
> | statement | 要實行之陳述式 |
> | parameters | 參數 |
> | lang | 陳述式所用的程式語言 |

　在 Oracle、SQL Server、DB2、MySQL 中, 可以用「CREATE PROCEDURE」命令來建立程序。

• Oracle

　在 Oracle 中, 於 CREATE PROCEDURE 命令之後, 接著寫上要建立之程序的名稱。若使用「CREATE OR REPLACE PROCEDURE」, 則可以讓新建立的程序取代既存的程序。而在「IS」之後繼續寫上 PL/SQL 陳述式。IS 也可以寫成「AS」。

　在 Oracle 中, 程序中的 SELECT 命令只能將數值代入變數中。因此, 使用程序的目的, 不是要傳回結果給用戶端, 而是藉由一連串的命令, 來製作出資料, 或是把不需要的資料刪除。若是為了要傳回資料給客戶端, 而在伺服器端進行含有 IF 語法的處理動作的話, 那我們建議你建立預存函式, 然後以 SELECT 命令來處理比較好。

> **範例** 定義名為 p_foo 的程序。

```
CREATE OR REPLACE PROCEDURE p_foo IS                    Oracle
BEGIN INSERT INTO foo VALUES(SYSDATE) ; END;
```

• SQL Server

在 SQL Server 中, 用「CREATE PROCEDURE」命令, 並接著寫上要建立之
程序的名稱, 即可建立程序。若需要指定選項, 則加上「WITH」後, 再接著
寫上選項。在「AS」之後, 則寫上 SQL 命令, 或是控制命令。

範例 在 foo 資料表中, 以現在日期建立出執行 INSERT 命令
的程序, 而程序名稱為 p_foo。

```
CREATE PROCEDURE p_foo AS                        SQLServer
 INSERT INTO foo VALUES(GETDATE())
```

• DB2

在 DB2 中, 用「CREATE PROCEDURE」命令, 並接著寫上要建立之程序的
名稱, 即可建立程序。在「LANGUAGE」之後, 可以指定陳述式是由哪個程
式語言寫成的。若使用的是 SQL 命令的話, lang 的部分就寫為「SQL」,
statement(陳述式) 部分就寫上 SQL 的命令或控制命令。

DB2 V10 以後的版本開始支援 OR REPLACE 語法。此外, 若 DB2 設定成
Oracle 相容模式時, 會變成使用和 Oracle 一樣的語法。

範例 在 foo 資料表中, 以現在日期建立出執行 INSERT 命令
的程序, 而程序名稱為 p_foo。

```
CREATE PROCEDURE p_foo() LANGUAGE SQL               DB2
 INSERT INTO foo VALUES(CURRENT TIMESTAMP)
```

• MySQL

MySQL 的語法和 DB2 大致上相同。可以省略關鍵字 LANGUAGE。

程序可以含有參數。關於參數的詳細定義方法, 以及控制命令的寫法, 請
參考「第 5 章 可以用在程序中的命令」。

參照:CREATE FUNCTION   P.142

DROP PROCEDURE

刪除預存程序

語法

DROP PROCEDURE procedure_name   `Oracle SQLServer MySQL/MariaDB`

DROP PROCEDURE procedure_name (parameters)   `DB2`

參數

procedure_name	要刪除的程序名稱
parameters	要刪除之程序名稱的資料類型清單

執行「DROP PROCEDURE」命令,就可以刪除所指定的程序。若被刪除的程序有被其他的程序呼叫執行,則那些程序都會變得無法執行。

• Oracle 、 SQL Server 、 MySQL

在這兩種資料庫中,DROP PROCEDURE 命令中只能指定要刪除的程序名稱。

範例 刪除名稱爲 p_foo 的程序。

```
DROP PROCEDURE p_foo
```

• DB2

在 DB2 中,DROP PROCEDURE 命令中除了可以指定要刪除的程序名稱外,還可以指定參數-資料類型的清單。這種時候就表示,此程序被多載 (Overload) 處理了。

範例 刪除名稱爲 p_foo 的程序。

```
DROP PROCEDURE p_foo
```

範例 刪除名稱爲 p_foo, 且帶有 1 個 INTEGER 類型之參數的程序。

```
DROP PROCEDURE p_foo (INTEGER)
```

參照:CREATE PROCEDURE   P.139

CREATE FUNCTION

| Oracle | SQL Server | DB2 | Postgre SQL |
| MySQL/ MariaDB | SQLite | MS Access | SQL 標準 |

建立預存函式

語法

CREATE [OR REPLACE] FUNCTION function_name **[(** parameters **)]**
    RETURN type **{ IS | AS }** statement　　　　　　　　　`Oracle`
CREATE FUNCTION function_name **(** parameters **)**
    RETURNS type **[AS] BEGIN** statement **END**　　　`SQLServer`
CREATE [OR REPLACE] FUNCTION function_name **(** parameters **)** `DB2`
    RETURNS type **LANGUAGE** lang statement
CREATE FUNCTION function_name **(** parameters **)**　　　`MySQL/ MariaDB`
    RETURNS type **LANGUAGE** lang statement
CREATE [OR REPLACE] FUNCTION function_name **(** parameters **)** `PostgreSQL`
    RETURNS type **AS** 'statement' **LANGUAGE** 'lang'

參數

function_name	預存函式名稱
parameters	參數
type	回傳之資料類型
statement	要實行之陳述式
lang	陳述式所用之程式語言

2.3

資料定義命令 DDL

我們可以用「CREATE FUNCTION」命令來建立預存函式 (使用者自訂函式)。預存函式的功能基本上和程序相同, 不同的是, 它可以傳回值。要傳回值時, 請使用「RETURN」命令即可。

• Oracle

在 Oracle 中的預存函式之處理內容, 可用 PL/SQL 來寫。不含參數的函式就不加括弧；而含有參數的函式就一定要加上括弧, 這一點請特別注意了。而關於 PL/SQL 和參數的詳細說明, 請參考「第 5 章 可以用在程序中的命令」。

範例 定義 func 函式。

```
CREATE FUNCTION func (aa IN NUMBER) RETURN VARCHAR2 IS    Oracle
result NUMBER(4);
BEGIN
  SELECT MAX(a) INTO result FROM bar WHERE a = aa;
  IF result IS NOT NULL THEN
    RETURN 'Found';
  ELSE
    RETURN 'Not Found';
  END IF;
END;
```

　建立出來的函式可以自由運用在 SELECT 查詢文中。像這樣利用函式來進行資料查詢，就可以有彈性地處理複雜的查詢動作。

範例 呼叫預存函式。

```
SELECT * FROM foo WHERE func(a) = 'Found'                 Oracle
```

• SQL Server

　從 SQL Server 2000 開始，SQL Server 就可以使用「CREATE FUNCTION」命令來建立預存函式。而函式的內容可以用 Transact-SQL 來寫。

範例 定義 func 函式。

```
CREATE FUNCTION func (@aa int) RETURNS VARCHAR(10) AS    SQLServer
BEGIN
  DECLARE @result int
  SELECT @result = MAX(a) FROM bar WHERE a = @aa
  IF @result IS NOT NULL
    RETURN 'Found';
  RETURN 'Not Found';
END
```

所建立的函式可以應用在 SELECT 命令中。

範例 呼叫預存函式。

```
SELECT * FROM foo WHERE dbo.func(a) = 'Found'                    SQLServer
```

• DB2

在 DB2 中, 可以用「CREATE FUNCTION」命令來建立函式。而函式的內容則可以用 C 語言等一般的程式語言來寫。此外, 也可以用 SQL 來寫, 而用 SQL 來寫時, 要將 LANGUAGE 指定為「SQL」。

範例 定義 func 函式。

```
CREATE FUNCTION func (a INTEGER) RETURNS VARCHAR(20)            DB2
  LANGUAGE SQL
   RETURN CASE a WHEN 0 THEN 'zero' WHEN 1 THEN 'one'
     ELSE '?' END;
```

所建立的函式可以應用在 SELECT 命令中。

範例 呼叫預存函式。

```
SELECT * FROM foo WHERE func(a) = 'zero'                        DB2
```

• MySQL

MySQL 從版本 5.0 後開始支援建立函數（function）。語法和 DB2 大致上相同, 但可以省略 LANGUAGE 。

• PostgreSQL

在 PostgreSQL 中無法用「CREATE PROCEDURE」命令來建立程序。因此在 PostgreSQL 中, 要用函式來取代程序。函式的處理內容可以用 C 語言、Perl 、Tcl 等一般的程式語言來寫。此外, PostgreSQL 也含有類似 Oracle 的 PL/SQL 之類的語法, 叫「PL/pgSQL」, 所以也可以用「PL/pgSQL」來寫。用 PL/pgSQL 來寫時, LANGUAGE 要指定為「plpgsql」。另外, 函式的處理內容請全部以字串形式記述。因為在函數內的指令中常會使用到字串, 描述函數時建議以「$$」來包圍整個函數內容。

2.3 資料定義命令 DDL

範例 定義 func 函式。

```
CREATE FUNCTION func (INTEGER) RETURNS VARCHAR AS $$    PostgreSQL
DECLARE
  Result VARCHAR;
BEGIN
  SELECT MAX(a) INTO result FROM bar WHERE a = $1;
  IF result IS NOT NULL THEN
    RETURN 'Found';
  ELSE
    RETURN 'Not Found';
  END IF;
END$$ LANGUAGE 'plpgsql'
```

　爲了使用 PL/pgSQL, 還得用「createlang」來進行一些環境設定。函式處理內容也可以不含控制命令, 只含有單純的 SQL 。所以像是要把副查詢 (SUB QUERY) 寫成函式來利用時, 就很方便。以下就是一例。

範例 以 SQL 命令來定義名爲 f_sql 的函式。

```
CREATE FUNCTION f_sql (INTEGER) RETURNS INTEGER AS '    PostgreSQL
  SELECT MAX(a) FROM foo WHERE b = $1;
' LANGUAGE 'sql'
```

　所建立的函式可以應用在 SELECT 命令中。

範例 呼叫預存函式。

```
SELECT * FROM foo WHERE func(a) = 'Found'    PostgreSQL
```

• 多載 (Overload)

　函式會根據參數的個數, 以及參數之資料類型, 而被「多載 (Overload)」處理。關於參數的使用, 和多載的詳細説明, 請參考「第 5 章 可以用在程序中的命令」。

參照：DROP FUNCTION　　P.146

DROP
FUNCTION

刪除預存函式

【語法】

DROP FUNCTION function_name

DROP FUNCTION function_name (parameter)

Oracle SQLServer MySQL/MariaDB
DB2 PostgreSQL

【參數】

function_name	要刪除之預存函式名稱
parameter	參數清單

用「DROP FUNCTION」命令, 就可以刪除預存函式。

• Oracle 、 SQL Server 、 MySQL

在 Oracle、SQL Server 中, 要在 DROP FUNCTION 之後接著指定要刪除的預存函式名稱。

範例 刪除名為 f_foo 的函式。

```
DROP FUNCTION f_foo
```
Oracle SQLServer MySQL/MariaDB

• DB2 、 PostgreSQL

在 DB2 、 PostgreSQL 中, 函式會因為參數個數, 和資料類型的不同, 而被多載處理。此時 DROP FUNCTION 時, 就要指定參數才行。

範例 刪除帶有1個資料類型為 INTEGER 之參數, 且名為 f_foo 的函式。

```
DROP FUNCTION f_foo(INTEGER)
```
DB2 PostgreSQL

不帶有參數的函式, 也必須要加上括弧。

範例 刪除不帶有參數, 且名為 f_foo 的函式。

```
DROP FUNCTION f_foo()
```
DB2 PostgreSQL

參照:CREATE FUNCTION　P.142

CREATE PACKAGE

宣告預存 package

語法

CREATE [OR REPLACE] PACKAGE package_name
{ IS | AS } statement

參數

package_name	預存 package 之名稱
statement	要執行之陳述式

在 Oracle 中, 可以用「CREATE PACKAGE」命令來宣告預存 package。所謂的預存 package, 就是程序或函式等程式物件的集合體。而這些程式物件則稱為「package 成員」。

在 CREATE PACKAGE 命令中, 只宣告程序或函式。這有點像 C 語言的 prototype 宣告。而程序和函式的內容定義, 則用「CREATE PACKAGE BODY」來寫。

以 CREATE PACKAGE 命令宣告的物件, 會被視為 Public 形式的物件。也就是會成為可從外部參照的物件。而只在 CREATE PACKAGE BODY 中宣告的物件, 就是「Private」物件, 也就是只在該 package 中才能參照到。

作為 package 成員的程序、函式, 依據參數個數和資料類型不同, 會被多載處理。關於多載 (Overload) 的詳細說明, 請參考「第 5 章 可以用在程序中的命令」。

範例 宣告名為 mypack 的 package。在 mypack 中, 有 var1、var2 兩個變數, 還有 get_var1、get_var2 兩個函式, 以及一個名為 initialize 的程序。

```
CREATE PACKAGE mypack AS
  var1 NUMBER;
  var2 VARCHAR(20);
  FUNCTION get_var1 RETURN NUMBER;
  FUNCTION get_var2 RETURN VARCHAR2;
  PROCEDURE initialize;
END;
```

package 中的函式和程序和一般獨立的函式、程序一樣, 可以被呼叫執行。只是必須要用「 package 名稱.函式名稱」的方式來呼叫。

範例 呼叫 mypack 中的 get_var1 。

```
SELECT mypack.get_var1() FROM DUAL
```

使用 package 時, 就會安裝有 DBMS_OUTPUT.PUT_LINE。DBMS_OUTPUT 本身就是個 package, PUT_LINE 則是存在於其中的程序。

物件導向

package 的思考邏輯類似物件導向程式設計。 package 就像類別, package member 就像屬性(property)和方法(method)。此外, 因為也可區分成 public、private, 所以也可進行「封裝化」。這正是物件導向的重要概念之一。

但可惜的是, 在 package 中沒有「實體化」或「繼承」的概念。因此不能進行較進階的物件導向程式設計。但 PL/SQL 的目的是為了擴充資料庫伺服器的功能。需要以進階的物件導向概念來編寫程式的機會應該不多。

• DB2

DB2 中也可使用 CREATE PACKAGE。但只有設定成 Oracle 相容模式的資料庫才可建立 package 。

參照：DROP PACKAGE　P.150

CREATE PACKAGE BODY

定義預存 package

語法

CREATE [OR REPLACE] PACKAGE BODY package_name
{ IS | AS } statement

參數

package_name	預存 package 之名稱
statement	要執行之陳述式

在 Oracle 中, 可以用「CREATE PACKAGE BODY」命令來定義預存 package。在命令中要記述用 CREATE PACKAGE 宣告了的程序或函式的定義, 也就是處理內容。

範例 定義名為 mypack 的 package。定義其中的 get_var1、get_var2 兩個函式, 以及名為 initialize 之程序的處理內容。

```
CREATE PACKAGE BODY mypack AS
  var3 NUMBER;
  FUNCTION get_var1 RETURN NUMBER AS
  BEGIN
    RETURN var1;
  END;
  FUNCTION get_var2 RETURN VARCHAR2 AS
  BEGIN
    RETURN var2;
  END;
  PROCEDURE initialize AS
  BEGIN
    var1 := 0; var2 := ''; var3 := 0;
  END;
END;
```

參照：DROP PACKAGE   P.150

2

命令 (Command)

2.3

資料定義命令 DDL

DROP PACKAGE

刪除預存 package

語法

DROP PACKAGE [BODY] package_name

參數

package_name　　　　　　要刪除之 package 名稱

用「DROP PACKAGE」命令就可以刪除指定的 package。

範例 刪除 mypack package。

```
DROP PACKAGE mypack
```

省略「BODY」時 (如上例), package 的宣告、定義內容都會被刪除。而用「DROP PACKAGE BODY」的話, 只會刪除 package 的內容定義。

範例 只刪除 mypack package 的內容定義。

```
DROP PACKAGE BODY mypack
```

我們無法只刪除 package 中特定的函式或程序, 不過可以用「CREATE OR REPLACE BODY」來重新定義函式或程序內容。

參照：CREATE PACKAGE P.147

2.3 資料定義命令 DDL

CREATE TRIGGER

建立 Trigger

語法

CREATE TRIGGER trigger_name
  timing event **ON** table_name **[FOR EACH { ROW | STATEMENT }]**
  statement

參數

trigger_name	要建立的 Trigger 名稱
timing	執行 Trigger 的時間點 BEFORE/AFTER
event	INSERT/UPDATE/DELETE
table_name	Trigger 所屬之資料表名稱
statement	要執行的陳述式

使用 CREATE TRIGGER 就可建立觸發器（**trigger**）。基本的語法如上，但由於各種資料庫的專屬語法較多，接下來會以各個資料庫的語法和範例來分別説明。

語法

CREATE [OR REPLACE] TRIGGER trigger_name   **Oracle**
  timing event **ON** table_name **[FOR EACH ROW]** statement

參數

trigger_name	要建立的 Trigger 名稱
timing	執行 Trigger 的時間點
event	INSERT/UPDATE/DELETE
table_name	Trigger 所屬之資料表名稱
statement	要執行的陳述式

• Oracle

在 Oracle 中，請接在 CREATE TRIGGER 之後指定要建立之 Trigger 的名稱，再用「timing」指定要在操作之前 (BEFORE) 還是之後 (AFTER) 執行。「event」則是指定觸發動作之事件用的，可以指定的事件包括 INSERT、UPDATE、DELETE 這 3 種。在「ON」之後，要寫上 Trigger 所屬之資料表名稱。最後，再寫上要執行之 SQL 陳述式。也可以和程序一樣，以 PL/SQL 來寫入控制命令。

範例 定義在 INSERT 時會被驅動的 Trigger, 名爲 trg_insert_foo 。在 foo 資料表被 INSERT 資料時, 這個 Trigger 就會被執行, foo_history 資料表中就會插入日期和時間。

```
CREATE OR REPLACE TRIGGER trg_insert_foo
AFTER INSERT ON foo                              Oracle
  --資料表 foo 被插入列資料時，要執行的命令--
  INSERT INTO foo_history VALUES('insert', SYSDATE)
```

在 Trigger 中的陳述式, 可以參照到 Trigger 被呼叫執行時的狀況 (例如若是 INSERT 的話, 是怎樣的列資料被插入)。

在 Oracle 中, 可以用「FOR EACH ROW」來指定把變化狀況逐列處理。 「:new」、「:old」擁有和 Trigger 所在之資料表相同的列資料, 是一種模擬 的物件。以 INSERT 的 Trigger 來說, 它只能參照 :new。DELETE 的 Trigger 來 説, 則只能參照 :old。 UPDATE 的 Trigger 則 :new 和 :old 兩邊都能參照。

範例 針對被 INSERT 的所有列資料進行處理。

```
CREATE OR REPLACE TRIGGER trg_insert_foo
AFTER INSERT ON foo                              Oracle
  FOR EACH ROW
  BEGIN
    INSERT INTO foo_history
    VALUES(:new.a || 'inserted', SYSDATE);
  END;
```

範例 針對被 DELETE 的所有列資料進行處理。

```
CREATE OR REPLACE TRIGGER trg_delete_foo
AFTER DELETE ON foo                              Oracle
  FOR EACH ROW
  BEGIN
    INSERT INTO foo_history
    VALUES(:old.a || 'deleted', SYSDATE);
  END;
```

範例 針對被 UPDATE 的所有列資料進行處理。

```
CREATE OR REPLACE TRIGGER trg_update_foo
AFTER UPDATE ON foo                                          Oracle
  FOR EACH ROW
  BEGIN
    INSERT INTO foo_history
    VALUES(:old.a || '->' || :new.a || 'updated', SYSDATE);
  END;
```

• SQL Server

語法

CREATE TRIGGER trigger_name **ON** table_name   SQLServer
{ **FOR** | timing } event **AS** statement

參數

trigger_name	要建立的 Trigger 名稱
timing	執行 Trigger 的時間點 BEFORE/AFTER/INSTEAD OF
event	INSERT/UPDATE/DELETE
table_name	Trigger 所屬之資料表名稱
statement	要執行的陳述式

在 SQL Server 中, 在 CREATE TRIGGER 之後指定要建立之 Trigger 名稱之後, 繼續用「ON」寫上 Trigger 所屬之資料表名稱,「FOR」之後則續指定「event」。有需要的話, 可以不寫 FOR, 而改成指定 timing 。寫 FOR 時, 預設就是將執行 Trigger 的時間點指定為 AFTER 。最後, 要在「AS」之後寫上要執行的 SQL 陳述式, 而這裡也可以和程序一樣, 寫入控制命令。

範例 定義在 INSERT 時會被驅動的 Trigger, 名為 trg_insert_foo 。在 foo 資料表被 INSERT 資料時, 這個 Trigger 就會被執行, 在 foo_history 資料表中插入日期和時間。

```
CREATE TRIGGER trg_insert_foo ON foo FOR INSERT AS        SQLServer
  --資料表 foo 被插入列資料時, 要執行的命令--
  INSERT INTO foo_history VALUES('insert', GETDATE())
```

在 Trigger 中的陳述式, 可以參照到 Trigger 被呼叫執行時的狀況 (例如若是 INSERT 的話, 是怎樣的列資料被插入)。

在 SQL Server 中, 可以參照到「inserted」、「deleted」這些模擬資料表。在這些模擬資料表中, 可以存入被新增或被刪除的列資料。

範例 針對被 INSERT 的所有列資料進行處理。

```
CREATE TRIGGER trg_insert_foo ON foo FOR INSERT AS        SQLServer
  INSERT INTO foo_history
    SELECT CONVERT(VARCHAR, a) + 'inserted', GETDATE()
    FROM inserted
```

範例 針對被 DELETE 的所有列資料進行處理。

```
CREATE TRIGGER trg_delete_foo ON foo FOR DELETE AS        SQLServer
    INSERT INTO foo_history
      SELECT CONVERT(VARCHAR, a) + 'deleted', GETDATE()
      FROM deleted
```

藉由定義「INSTEAD」Trigger, 就可以建立出能代替一般動作進行資料處理的 Trigger。也就是說, 我們可以建立出取代 INSERT、 UPDATE 等內部處理命令的 Trigger 來。這種做法的應用之一, 就是在處理資料前, 先進行除錯動作, 讓不正確的資料不會直接被 INSERT 或 UPDATE 到資料表中。

範例 用 INSTEAD, 定義出資料值為 NULL 時,
就無法進行 INSERT 動作的 trigger。

```
CREATE TRIGGER trg_insert_check_foo ON foo          SQLServer
INSTEAD OF INSERT AS
BEGIN
  DECLARE @na INTEGER
  DECLARE @nb VARCHAR(20)
  SELECT @na=a, @nb=b FROM inserted
  IF @na IS NOT NULL
     INSERT INTO foo VALUES(@na, @nb)
  ELSE
     RAISERROR('NULL ERROR', 16, 1)
END
```

* INSTEAD Trigger 是 SQL Server 2000 之後才有的功能。

• DB2

語法

CREATE TRIGGER trigger_name timing event **ON** table_name   `DB2`
　　[REFERENCING { NEW | OLD } AS alias ... **]**
　　FOR EACH { ROW | STATEMENT } MODE DB2SQL statement

參數

trigger_name	要建立的 Trigger 名稱
timing	執行 Trigger 的時間點 NO CASCADE BEFORE / AFTER
event	INSERT / UPDATE / DELETE
table_name	Trigger 所屬之資料表名稱
alias	NEW 或 OLD 的別名
statement	要執行的陳述句

　　在 DB2 中, CREATE TRIGGER 之後要指定 Trigger 名稱, 然後用「timing」指定要在操作之前 (NO CASCADE BEFORE) 還是之後 (AFTER) 執行。「event」則是指定觸發動作之事件用的, 可以指定的事件包括 INSERT 、 UPDATE 、 DELETE 這 3 種。在「ON」之後, 要寫上 Trigger 所屬之資料表名稱。而用「FRO EACH」, 還可以指定要逐列 (ROW) 進行處理, 或是一次處理整個命令 (STATEMENT)。最後再寫上要執行的 SQL 陳述式即可。

範例 定義在 INSERT 時會被驅動的 Trigger, 名為 trg_insert_foo。在 foo 資料表被 INSERT 資料時, 這個 Trigger 就會被執行, foo_history 資料表中就會插入日期和時間。

```
CREATE TRIGGER trg_insert_foo AFTER INSERT ON foo        DB2
    FOR EACH STATEMENT MODE DB2SQL
    INSERT INTO foo_history
    VALUES('insert', CURRENT TIMESTAMP)
```

在 Trigger 中的陳述式, 可以參照到 Trigger 被呼叫執行時的狀況 (例如若是 INSERT 的話, 是怎樣的列資料被插入)。

用「FOR EACH ROW」, 可以指定要把變化狀況逐列處理。想知道在 Trigger 中, 怎樣的列資料被 INSERT、DELETE 的話, 可以用「REFERENCING」來指定模擬變數。可以建立的模擬變數有「NEW」和「OLD」兩種。NEW 代表的是含有被 INSERT 之值, 或是 UPDATE 後之值的變數。OLD 代表的是含有被 DELETE 之值, 或是 UPDATE 前之值的變數。實際上使用時, 是不用 NEW、OLD, 而是指定別名來參照。要賦予 NEW 別名為 n 時, 就寫成「REFERENCING NEW AS n」。要賦予 NEW 別名為 n, OLD 別名為 o 時, 就寫成「REFERENCING NEW AS n OLD AS o」。NEW 和 OLD 不能指定同樣的別名。

以 INSERT 的 Trigger 只能參照 NEW, DELETE 的 Trigger 只能參照 OLD, 而 UPDATE 的 Trigger 則 NEW 和 OLD 都可以參照。

範例 針對被 INSERT 的所有列資料進行處理。

```
CREATE TRIGGER trg_insert_foo AFTER INSERT ON foo        DB2
  REFERENCING NEW AS n FOR EACH ROW MODE DB2SQL
  BEGIN ATOMIC
    INSERT INTO foo_history
    VALUES(RTRIM(CHAR(n.a)) || 'inserted',
    CURRENT TIMESTAMP);
  END
```

範例 針對被 DELETE 的所有列資料進行處理。

```
CREATE TRIGGER trg_delete_foo AFTER DELETE ON foo          DB2
  REFERENCING OLD AS o FOR EACH ROW MODE DB2SQL
  BEGIN ATOMIC
    INSERT INTO foo_history
    VALUES(RTRIM(CHAR(o.a)) || 'deleted',
    CURRENT TIMESTAMP);
  END
```

範例 針對被 UPDATE 的所有列資料進行處理。

```
CREATE TRIGGER trg_update_foo AFTER UPDATE ON foo          DB2
  REFERENCING NEW AS n OLD AS o FOR EACH ROW MODE DB2SQL
  BEGIN ATOMIC
    INSERT INTO foo_history
    VALUES(RTRIM(CHAR(o.a)) || '->' || RTRIM(CHAR(n.a))
    || 'updated', CURRENT TIMESTAMP);
  END
```

範例 INSERT 時, 用 BEFORE 型的 Trigger 檢查值是否為 NULL,
並進行轉換。

```
CREATE TRIGGER trg_insert_chk_foo NO CASADE BEFORE INSERT
  ON foo REFERENCING NEW AS n FOR EACH ROW MODE DB2SQL
  BEGIN ATOMIC
    IF n.a IS NULL THEN                                     DB2
      SET n.a = 0; /* INSERT 的值若為 NULL, 則將之轉換成0 */
    END IF;
  END
```

範例 INSERT 時, 用 BEFORE 型的 Trigger 檢查值是否為 NULL, 若是, 就傳回錯誤訊息。

```
CREATE TRIGGER trg_insert_chknull NO CASADE BEFORE INSERT
  ON foo REFERENCING NEW AS n FOR EACH ROW MODE DB2SQL
  BEGIN ATOMIC
    IF n.a IS NULL THEN                                    DB2
      SIGNAL SQLSTATE '70003'
      SET MESSAGE_TEXT = 'NULL error';
    END IF;
  END
```

• PostgreSQL

語法

CREATE TRIGGER trigger_name timing event   PostgreSQL
ON table_name **FOR EACH ROW**
EXECUTE PROCEDURE func (arguments)

參數

trigger_name	要建立的 Trigger 名稱
timing	執行 Trigger 的時間點 BEFORE / AFTER
event	INSERT / UPDATE / DELETE
table_name	Trigger 所屬之資料表名稱
func	事件發生時要執行的函式
arguments	要傳給函式的參數

在 PostgreSQL 中, 請接在 CREATE TRIGGER 之後指定要建立之 Trigger 的名稱, 再用「timing」指定要在操作之前 (BEFORE) 還是之後 (AFTER) 執行。「event」則是指定觸發動作之事件用的, 可以指定的事件包括 INSERT、UPDATE、DELETE 這 3 種。在「ON」之後, 要寫上 Trigger 所屬之資料表名稱。最後, 再寫上要執行之預存函式名稱。在 PostgreSQL 中的 CREATE TRIGGER 命令並不直接記述要執行的命令, 而是指定要執行的函式名稱。

Trigger 所要執行的函式也叫做「Trigger 程序」。 Trigger 程序的傳回值之資料類型為「TRIGGER」,參數則可以自由定義。

範例 定義在 INSERT 時會被驅動的 Trigger, 名為 trg_insert_foo 。在 foo 資料表被 INSERT 資料時, 這個 Trigger 就會被執行, foo_history 資料表中就會插入日期和時間。

```
CREATE FUNCTION f_trg_insert_foo() RETURNS TRIGGER AS $$
BEGIN
  INSERT INTO foo_history VALUES(''insert'',
  CURRENT_TIMESTAMP);
  RETURN NULL;
END$$ LANGUAGE 'plpgsql'

CREATE TRIGGER trg_insert_foo AFTER INSERT ON foo
  FOR EACH ROW EXECUTE PROCEDURE f_trg_insert_foo()
```

PostgreSQL

在 Trigger 程序中, 可以參照到 Trigger 被呼叫執行時的狀況 (例如若是 INSERT 的話, 是怎樣的列資料被插入)。在 PostgreSQL(PL/pgSQL) 中, 在 Trigger 程序內, 有『NEW』和『OLD』可以利用。「NEW」和「OLD」擁有和 Trigger 所在之資料表相同的列資料, 是一種模擬的資料型物件。以 INSERT 的 Trigger 來説, 它只能參照 NEW。DELETE 的 Trigger 來説, 則只能參照 OLD 。 UPDATE 的 Trigger 則 NEW 和 OLD 兩邊都能參照。

傳回值只有在「BEFORE」型的 Trigger 中有意義。我們可以依據 Trigger 程序傳回 NULL 值與否, 來決定是否取消 INSERT 或 UPDATE 的動作。在 AFTER 型的 Trigger 中, 由於資料更新過後, Trigger 程序才被呼叫, 所以即使傳回值為 NULL, 也無法取消已經執行完了的 INSERT 或 UPDATE 動作。

範例 針對被 INSERT 的所有列資料進行處理。

```
CREATE FUNCTION f_trg_insert_foo() RETURNS OPAQUE AS $$    [PostgreSQL]
BEGIN
  INSERT INTO foo_history VALUES(NEW.a || ''inserted'',
    CURRENT_TIMESTAMP);
  RETURN NULL;
END$$ LANGUAGE 'plpgsql'

CREATE TRIGGER trg_insert_foo AFTER INSERT ON foo
  FOR EACH ROW EXECUTE PROCEDURE f_trg_insert_foo()
```

範例 針對被 DELETE 的所有列資料進行處理。

```
CREATE FUNCTION f_trg_delete_foo() RETURNS OPAQUE AS $$    [PostgreSQL]
BEGIN
  INSERT INTO foo_history VALUES(OLD.a || ''deleted'',
    CURRENT_TIMESTAMP);
  RETURN NULL;
END$$ LANGUAGE 'plpgsql'

CREATE TRIGGER trg_delete_foo AFTER DELETE ON foo
  FOR EACH ROW EXECUTE PROCEDURE f_trg_delete_foo()
```

範例 針對被 UPDATE 的所有列資料進行處理。

```
CREATE FUNCTION f_trg_update_foo() RETURNS OPAQUE AS $$    [PostgreSQL]
BEGIN
  INSERT INTO foo_history VALUES(OLD.a || ''->'' ||
   NEW.a || ''updated'', CURRENT_TIMESTAMP);
  RETURN NULL;
END$$ LANGUAGE 'plpgsql'

CREATE TRIGGER trg_update_foo AFTER UPDATE ON foo
  FOR EACH ROW EXECUTE PROCEDURE f_trg_update_foo()
```

範例 INSERT 時, 用 BEFOR 型的 Trigger 進行除錯。

```
CREATE FUNCTION f_trg_insert_chk_foo() RETURNS OPAQUE AS $$
BEGIN                                          PostgreSQL
  IF NEW.a = 0 THEN
    RETURN NULL;
  END IF;
  RETURN NEW;
END$$ LANGUAGE 'plpgsql'

CREATE TRIGGER trg_insert_check_foo BEFORE INSERT ON foo
  FOR EACH ROW EXECUTE PROCEDURE f_trg_insert_chk_foo()
```

• MySQL

語法

CREATE TRIGGER trigger_name   MySQL/
                                                    MariaDB
timing event ON table_name **FOR EACH ROW** statement

參數

trigger_name	要建立的 Trigger 名稱
timing	執行 Trigger 的時間點 BEFORE / AFTER
event	INSERT / UPDATE / DELETE
table_name	Trigger 所屬之資料表名稱
statement	要執行的陳述句

在 MySQL 中, CREATE TRIGGER 後面設定 trigger 的名稱, 藉由「timing」來設定是事件前 (BEFORE) 還是事件後 (AFTER) 執行。「event」則是 trigger 的觸發事件, 包含 INSERT、UPDATE 或 DELETE 三種指令。「ON」後面指定要建立 trigger 的資料表。最後,「FOR EACH ROW」後面則是描述要執行的 SQL 指令。在 MySQL 中不支援「FOR EACH STATEMENT」。

範例 定義在 INSERT 時會被觸發的 trg_insert_foo。每當資料表 foo 被 INSERT 資料時, 這個 trigger 會被觸發並進行在資料表 foo_history 中新增日期時間的動作。

```
CREATE TRIGGER trg_insert_foo AFTER INSERT ON foo      MySQL/
  FOR EACH ROW                                          MariaDB
    INSERT INTO foo_history VALUES('insert', NOW())
```

trigger 中的指令，可依被觸發的情境來使用「NEW」和「OLD」。「NEW」
是一個變數，可包含被 INSERT 的值或是 UPDATE 後的值。「OLD」則是可
包含被 DELETE 的值或是 UPDATE 前的值。

INSERT 型態的 trigger 只能使用 NEW, DELETE 型態的 trigger 只能使用
OLD。UPDATE 型態的 trigger 則是能使用 NEW 和 OLD。

範例 針對被 INSERT 的所有資料進行處理。

```
CREATE TRIGGER trg_insert_foo AFTER INSERT ON foo        MySQL/MariaDB
  FOR EACH ROW
  BEGIN
    INSERT INTO foo_history
      VALUES(CONCAT(NEW.a, 'inserted'), NOW());
  END;
```

範例 針對被 DELETE 的所有資料進行處理。

```
CREATE TRIGGER trg_delete_foo AFTER DELETE ON foo        MySQL/MariaDB
  FOR EACH ROW
  BEGIN
    INSERT INTO foo_history
      VALUES(CONCAT(OLD.a, 'deleted'), NOW());
  END;
```

範例 針對被 UPDATE 的所有資料進行處理。

```
CREATE TRIGGER trg_update_foo AFTER UPDATE ON foo        MySQL/MariaDB
  FOR EACH ROW
  BEGIN
    INSERT INTO foo_history VALUES(
      CONCAT(OLD.a, '->', NEW.a, 'updateed'), NOW());
  END;
```

・ SQLite

語法

CREATE TRIGGER trigger_name　　　　　　　　　　　　SQLite
timing event **ON** table_name **[FOR EACH ROW] [WHEN** expression **]**
BEGIN statement **END**

參數

trigger_name	trigger 的名稱
timing	trigger 的觸發時機 BEFORE/AFTER/INSTEAD OF
event	INSERT/UPDATE/DELETE
table_name	要建立 trigger 的資料表
statement	要執行的指令(使用分號可編寫複數指令)
expression	條件式

在 SQLite 中, timing 、 event 的設定方式也和其他資料庫相同。使用 IN-
STEAD OF 可以替換事件(INSERT/UPDATE/DELETE)原本的功能。INSTEAD
型態的 trigger 也可建立在檢視(view)中。在檢視中建立 trigger 後, 就可對
原本為讀取專用的檢視進行更新。 SQLite 以每筆資料(row)為單位執行
trigger。即使省略 FOR EACH ROW 也不會變成以指令為單位來進行更新。

WHEN 為可選項目。可用來設定執行 trigger 內容的條件。

trigger 的本體內容會描述在 BEGIN 到 END 之間。藉由分號 (;) 作區隔,
可進行複數指令的編寫。

範例　針對被 INSERT 的所有資料進行處理。

```
CREATE TRIGGER trg_insert_foo AFTER INSERT ON foo          SQLite
  FOR EACH ROW BEGIN
      INSERT INTO foo_history VALUES(NEW.a || 'inserted',
       DATETIME(CURRENT_TIMESTAMP, 'localtime'));
END;
```

範例 針對被 DELETE 的所有資料進行處理。

```
CREATE TRIGGER trg_delete_foo AFTER DELETE ON foo          SQLite
   FOR EACH ROW BEGIN
        INSERT INTO foo_history VALUES(OLD.a || 'deleted',
         DATETIME(CURRENT_TIMESTAMP, 'localtime'));
END;
```

範例 針對被 UPDATE 的所有資料進行處理。

```
CREATE TRIGGER trg_update_foo AFTER UPDATE ON foo          SQLite
   FOR EACH ROW BEGIN
      INSERT INTO foo_history VALUES(OLD.a || '->' || NEW.a
      || 'updated',
       DATETIME(CURRENT_TIMESTAMP, 'localtime'));
END;
```

• DDL 觸發器(trigger)

語法

CREATE TRIGGER trigger_name { **BEFORE** | **AFTER** }   Oracle
   event [**OR** event...] **ON SCHEMA** statement
CREATE TRIGGER trigger_name **ON DATABASE**   SQLServer
   { **FOR** | **AFTER** } event [, event...] **AS** statement

參數

trigger_name	trigger 的名稱
event	觸發 trigger 的事件
statement	statement 要執行的指令

Oracle 和 SQL Server 支援 DDL trigger。一般的 trigger 只能以 INSERT、DELETE、UPDATE…等 DML 作為 trigger 的觸發事件。DDL trigger 則可以將 CREATE TABLE…等 DDL（資料定義語言）設定成觸發事件。

• Oracle

DML 以資料表為操作對象, DDL 則是以結構 (schema) 為操作對像。DDL trigger 在 ON 後面設定為 SCHEMA。

在 Oracle 中, DDL trigger 可指定以下項目作為事件 (event)。(僅列出最有代表性的)。

圖 2-16　具有代表性的 DDL trigger event(Oracle)

event	內容
ALTER	將 ALTER XXX 指令設為 trigger 的觸發事件
ANALZE	將 ANALZE 指令設為 trigger 的觸發事件
COMMENT	將 COMMENT 指令設為 trigger 的觸發事件
CREATE	將 CREATE XXX 指令設為 trigger 的觸發事件
DROP	將 DROP XXX 指令設為 trigger 的觸發事件
GRANT	將 GRANT 指令設為 trigger 的觸發事件
RENAME	將 RENAME 指令設為 trigger 的觸發事件
REVOKE	將 REVOKE 指令設為 trigger 的觸發事件
TRUNCATE	將 TRUNCATE 指令設為 trigger 的觸發事件
DDL	將 DDL 指令設為 trigger 的觸發事件

event 可用「OR」來同時指定複數事件。

範例　設定建立資料庫物件 (CREATE) 時會被執行的 DDL trigger。

```
CRATE TRIGGER trg_create AFTER CREATE ON SCHEMA          Oracle
BEGIN
   INSERT INTO foo_history VALUES('create', SYSDATE);
END;
```

• SQL Server

ON 後面設定為 DATABASE。SQL Server 中的 DDL trigger 可指定事件 (event) 或事件群組 (event group) 為觸發條件。以下分別列出可設定成事件和可設定成事件群組的項目。(僅列出最有代表性的)。

圖 2-17　具有代表性的 DDL trigger event（SQL Server）

CREATE_TABLE　ALTER_TABLE　DROP_TABLE
CREATE_INDEX　ALTER_INDEX　DROP_INDEX
CREATE_VIEW　ALTER_VIEW　DROP_VIEW
CREATE_PROCEDURE　ALTER_PROCEDURE　DROP_PROCEDURE
CREATE_FUNCTION　ALTER_FUNCTION　DROP_FUNCTION
CREATE_TRIGGER　ALTER_TRIGGER　DROP_TRIGGER
CREATE_TYPE　DROP_TYPE
CREATE_SYNONYM　DROP_SYNONYM
CREATE_USER　ALTER_USER　DROP_USER
GRANT_DATABASE　DENY_DATABASE

圖 2-18　具有代表性的 DDL trigger event_group（SQL Server）

DDL_TABLE_VIEW_EVENTS　DLL_TABLE_EVENTS　DDL_VIEW_EVENTS
DDL_INDEX_EVENTS　DDLSYNONYM_EVENTS　DDL_PROCEDURE_EVENTS
DDL_FUNCTION_EVENTS　DDL_TRIGGER_EVENTS　DDL_TYPE_EVENTS
DDL_DATABASE_SECURITY_EVENTS　DDL_USER_EVENTS
DDL_GDR_DATABASE_EVENTS

可用「,」來同時指定複數 event。

範例　設定建立資料表時會被執行的 trigger。

```
CREATE TRIGGER trg_create_table ON DATABASE          SQLServer
  AFTER CREATE_TABLE AS
    INSERT INTO foo_history VALUES('create', GETDATE())
```

CREATE EVENT TRIGGER

建立 DDL trigger

語法

CREATE EVENT TRIGGER trigger_name
ON event
[WHEN filter_var **IN (** filter_value ... **)]**
EXECUTE PROCEDURE func **()**

參數

trigger_name	trigger 名稱
event	事件（ddl_command_start/ddl_command_end/sql_drop）
filter_var	篩選器（filter）變數 TAG
filter_value	篩選器的值，例如'DROP FUNCTION'…等
func	事件發生時要執行的函數

在 PostgreSQL 中, 使用 CREATE EVENT TRIGGER 可以建立 DDL trigger。ON 的後面可指定以下事件（event）。

圖 2-19　CREATE EVENT TRIGGER 的 event（PostgreSQL）

event	內容
ddl_command_start	DDL 指令開始執行時
ddl_command_end	DDL 指令執行結束時
sql_drop	刪除資料庫物件時

在 filter_var 設定篩選器變數, 目前只支援設為 TAG。 filter_value 則用來指定篩選器的值。 例如：只要針對刪除的動作進行觸發的話, 可將條件指定為 IN ('DROP FUNCTION')。

func 用來指定 trigger 觸發時要執行的函數。這個函數的回傳值必須為 event_trigger 資料型別。

範例 設定建立資料表時會被執行的 DDL trigger

```
CREATE FUNCTION f_trg_create() RETURNS event_trigger        PostgreSQL
  AS $$
BEGIN
     NISERT INTO foo_history
      VALUES('create', CURRENT_TIMESTAMP);
END;$$ LANGUAGE 'plpgsql
CREATE EVENT TRIGGER trg_'create'_table ON ddl_command_end
  WHEN TAG IN ('CREATE TABLE')
EXECUTE RPOCEDURE(f_trg_create)
```

• 刪除 trigger

可用 DROP EVENT TRIGGER 將建立好的事件觸發器（DDL trigger）刪除。

範例 範例 刪除觸發器 trg_create_table

```
DROP EVENT TRIGGER trg_create_table
```

DROP TRIGGER

Oracle	SQL Server	DB2	Postgre SQL
MySQL/ MariaDB	SQLite	MS Access	SQL 標準

刪除 Trigger

語法

DROP TRIGGER trigger_name   `Oracle` `SQLServer` `DB2` `MySQL/MariaDB` `SQLite`

DROP TRIGGER trigger_name **ON** table_name   `PostgreSQL`

參數

trigger_name   要刪除的 Trigger 名稱

table_name   Trigger 所屬之資料表名稱

用「DROP TRIGGER」命令, 就可以刪除 Trigger。

• Oracle 、 SQL Server 、 DB2 、 MySQL 、 SQLite

在 Oracle、SQL Server、DB2 中, 要在 DROP TRIGGER 之後指定要刪除之 Trigger 名稱。

範例 刪除名爲 trg_insert_foo 的 Trigger。

```
DROP TRIGGER trg_insert_foo
```
`Oracle` `SQLServer` `DB2` `MySQL/MariaDB` `SQLite`

• PostgreSQL

在 PostgreSQL 中, 除了指定要刪除之 Trigger 名稱外, 還要指定 Trigger 所屬 之資料表名稱。

範例 刪除在 foo 資料表中, 名爲 trg_insert_foo 的 Trigger。

```
DROP TRIGGER trg_insert_foo ON foo
```
`PostgreSQL`

• SQL Server

在 SQL Server 要刪除 DDL trigger 時, 必須使用 ON DATABASE。

範例 刪除 DDL trigger（trg_create）

```
DROP TRIGGER trg_create ON DATABASE
```
`SQLServer`

CREATE SEQUENCE

Oracle	SQL Server	DB2	Postgre SQL
MySQL/ MariaDB	SQLite	MS Access	SQL 標準

建立 Sequence

使用「CREATE SEQUENCE」命令, 就可以建立 Sequence。

利用「INCREMENT BY」, 我們可以指定 Sequence 進行 NEXTVAL 時, 要增加的值。預設值為 1。若指定負數, 則 Sequence 進行 NEXTVAL 時, 就會變成遞減。 PostgreSQL 的話, 則不寫 BY。

「MINVALUE」、「MAXVALUE」則可以設定 Sequence 的最小、最大值。

「START WITH」可以設定 Sequence 的初始值, Sequence 就從此初始值開始遞增或遞減。

「CYCLE」、「NOCYCLE」則是二者選一, 預設值為 NOCYCLE。 Sequence 值到達最大或最小值時, 若是指定了 CYCLE 選項, 則 Sequence 會回到 MINVALUE, 再繼續;若是指定了 NOCYCLE 選項, 此時則會出現錯誤訊息。

在 SQL Server、 DB2 中則為「NO CYCLE」(NO 和 CYCLE 中間有空白)。

請注意, Sequence 是不受交易功能 (Transaction) 影響而獨立運作的。

範例 建立名爲 s_foo 的 Sequence 。

```
CREATE SEQUENCE s_foo
```

範例 建立名爲 s_bar 的 Sequence, 且此 Sequence 從 40 開始, 每次遞增 2。

```
CREATE SEQUENCE s_bar INCREMENT BY 2 START WITH 40
```

• Oracle

在 Oracle 中, 爲了從 Sequence 中取得值, 就要利用「Sequence 模擬欄位」。我們可以參照到「CURRVAL」和「NEXTVAL」兩種模擬欄位。

CURRVAL 就是 Sequence 現在的值。

範例 參照 Sequence 的 CURRVAL 。

```
SELECT s_foo.CURRVAL FROM DUAL                                    Oracle
```

NEXTVAL 也是傳回 Sequence 現在的值, 但是在傳回值之前, 會先遞增一次。其實就是, 取得 Sequence 的下一個值。

範例 參照名爲 s_foo 之 Sequence 的 NEXTVAL 。

```
SELECT s_foo.NEXTVAL FROM DUAL                                    Oracle
```

• SQL Server

在 SQL Server 中, 爲了從 sequence (序列) 取得數值, 必須使用「NEXT VALUE FOR」指令。此外, 若沒有使用 START WITH 設定起始值, sequence 會從最小值 (負數) 開始。

範例 建立從零開始的 sequence

```
CREATE SEQUENCE s_foo START WITH 0                                SQLServer
```

• DB2

在 DB2 中, 可以利用「NEXTVAL FOR」和「PREVVAL FOR」來取得 Sequence 的值。在 NEXTVAL FOR 和 PREVVAL FOR 之後, 要接著指定 Sequence 的名稱。

範例 參照名爲 s_foo 之 Sequence 的 NEXTVAL 。

```
SELECT NEXTVAL FOR s_foo FROM DUMMY                               DB2
```

PREVVAL FOR 會傳回 NEXTVAL 值的前一個值。意義和 CURRVAL 是一樣的。

範例 參照名爲 s_foo 之 Sequence 的 PREVVAL。

```
SELECT PREVVAL FOR s_foo FROM DUMMY                          DB2
```

• PostgreSQL

在 PostgreSQL 中, 要利用函式來取得 Sequence, 並使之遞增。

「CURRVAL 函式」能傳回 Sequence 現在的值, 要傳入的參數則是 Sequence 的名稱 (字串形式)。

範例 參照名爲 s_foo 之 Sequence 的 CURRVAL。

```
SELECT CURRVAL('s_foo')                                 PostgreSQL
```

「NEXTVAL 函式」能傳回 Sequence 現在的值, 但傳回值之前會先遞增一次。

範例 參照名爲 s_foo 之 Sequence 的 NEXTVAL。

```
SELECT NEXTVAL ('s_foo')                                PostgreSQL
```

自動遞增欄位

若是每筆資料都需要自動產生一個唯一的序號, 可以使用「自動遞增欄位」。當然也可以使用 sequence, 但自動遞增欄位比較方便使用。

雖然如此, sequence 也不是沒有可用之處。當需要建立可在多個資料表中使用的 ID 時, 或是需要系統全體通用的唯一 ID 時都需使用 sequence。

參照：CREATE TABLE　　P.106

DROP SEQUENCE

刪除 Sequence

語法

DROP SEQUENCE sequence_name   `Oracle` `SQLServer` `PostgreSQL`
DROP SEQUENCE sequence_name **RESTRICT**   `DB2`

參數

sequence_name   要刪除之 Sequence 名稱

用「DROP SEQUENCE」命令就能刪除 Sequence。

• Oracle 、 SQL Server 、 PostgreSQL

在 Oracle、SQL Server、PostgreSQL 中, 在 DROP SEQUENCE 命令之後, 要接著指定想刪除的 Sequence 名稱。

範例 刪除名爲 s_foo 的 Sequence。

```
DROP SEQUENCE s_foo
```
     `Oracle` `SQLServer` `PostgreSQL`

• DB2

在 DB2 中, 還必須加上「RESTRICT」。若所要刪除之 Sequence 有被其他 Trigger 或 SQL Routine 所利用到, 就不能刪除該 Sequence。

範例 刪除名爲 s_foo 的 Sequence。

```
DROP SEQUENCE s_foo RESTRICT
```
     `DB2`

*SQL Server 從 2012 之後開始支援 sequence。

參照：CREATE SEQUENCE   P.170

CREATE SYNONYM

建立別名

語法

CREATE [PUBLIC] SYNONYM synonym_name **FOR** object_name `Oracle`
CREATE SYNONYM synonym_name **FOR** object_name `SQLServer`

參數

synonym_name	要建立之別名
object_name	物件名稱

用「CREATE SYNONYM」命令可以建立別名。而用「CREATE PUBLIC SYNONYM」的話,就可以建立 PUBLIC 的別名。

在 CREATE SYNONYM 之後,接著寫上要建立的別名。 PUBLIC 的別名由於不會被放入到 Schema 名稱空間中,所以其名稱必須是整個資料庫中獨一無二的名稱才行。而非 PUBLIC 的別名,則必須在 Schema 中爲獨一無二的名稱。若 Schema 空間內, 和 PUBLIC 的名稱空間中有重複的別名出現, Schema 中的名稱會優先 (有效)。

在「FOR」之後, 寫上別名所代表的實際物件名稱。物件可以是資料表、 View 、 Sequence 、程序, 甚至是別的別名。幾乎可以指定所有的物件。還可以利用資料庫連結, 針對其他資料庫中的物件來建立其別名。

範例 爲 foo 資料表建立別名 syn_foo 。

```
CREATE SYNONYM syn_foo FOR foo
```

範例 爲 foo 資料表建立 PUBLIC 的別名 syn_foo 。

```
CREATE PUBLIC SYNONYM syn_foo FOR foo
```

要建立出 PUBLIC 的別名的話,必須擁有 CREATE PUBLIC SYNONYM 的權限。

SQL Server 不支援建立公用同義字(public synonym)。此外, SQL Server 2005 之後的版本才支援 CREATE SYNONYM 。

DROP SYNONYM

刪除別名

語法

DROP [PUBLIC] SYNONYM synonym_name   `Oracle`
DROP SYNONYM synonym_name   `SQLServer`

參數

synonym_name   要刪除之別名

用「DROP SYNONYM」命令, 就可以刪除所指定的別名。用「DROP PUB-LIC SYNONYM」則可以刪除 PUBLIC 的別名。

以 DROP SYNONYM 刪除別名後, 對於別名所指稱的物件是沒有影響的。但是, 以所刪除之別名來參照到該物件的 view 或程序, 就會無法運作。

範例 刪除 syn_foo 別名。

```
DROP SYNONYM syn_foo
```

範例 刪除 PUBLIC 的 syn_foo 別名。

```
DROP PUBLIC SYNONYM syn_foo
```

要建刪除 PUBLIC 的別名的話, 必須擁有 DROP PUBLIC SYNONYM 的權限。

SQL Server 不能刪除公用同義字(public synonym)。此外 SQL Server 2005 之後的版本才支援 DROP SYNONYM。

參照：CREATE SYNONYM   P.174

CREATE ALIAS

建立別名

語法

CREATE { ALIAS | SYNONYM } alias_name **FOR** object_name

參數

alias_name	要建立之別名
object_name	物件名稱

在 DB2 中, 可以用「CREATE ALIAS」來建立別名。也可以和 Oracle 一樣, 用「CREATE SYNONYM」命令來做。

接在 CREATE ALIAS 之後, 請寫上要建立之別名。別名必須在 Schema 中為獨一無二之名稱。而 DB2 無法像 Oracle 一樣, 建立 PUBLIC 的別名。

接在「FOR」之後, 要指定別名所代表的實際物件名稱。物件可以是資料表、 view... 等資料庫物件。

範例 爲 foo 資料表建立別名 a_foo 。

```
CREATE ALIAS a_foo FOR foo
```

只要擁有權限, 就可以在任意 Schema 中建立別名。指定 Schema 時, 就以「Schema 名稱.別名」這樣的方式寫就可以了

範例 爲 foo 資料表建立 a_foo 別名, 且此別名定義
在 DB2ADMIN 這個 Schema 上。

```
CREATE ALIAS DB2ADMIN.a_foo FOR foo
```

參照：DROP ALIAS   P.177

DROP ALIAS

刪除別名

> **語法**
>
> **DROP { ALIAS | SYNONYM }** alias_name
>
> **參數**
> alias_name   要刪除之別名

　　在 DB2 中, 可以用「DROP ALIAS」來刪除別名。也可以和 Oracle 一樣, 用「DROP SYNONYM」命令來做。

　　以 DROP ALIAS 刪除別名後, 對於別名所指稱的物件是沒有影響的。但是, 以所刪除之別名來參照到該物件的 view 或程序, 就會無法運作。

範例 刪除 a_foo 別名。

```
DROP ALIAS a_foo
```

範例 刪除 DB2ADMIN 這個 Schema 上的 a_foo 別名。

```
DROP ALIAS DB2ADMIN.a_foo
```

ALIAS vs SYNONYM

ALIAS 和 SYNONYM 在英文上, 一個是「別名」; 一個是「同義字」字義很接近。
兩者在資料庫中也有相同的功能。雖然只是使用上有些小差異, 但還是希望兩者
能統一。所以每當決定 SQL 規範的內容時, 不論是 ALIAS 比較理想, 還是 SYNONYM
使用歷史比較長, 往往是議論的焦點。

參照：CREATE ALIAS　　P.176

CREATE USER

Oracle ・ SQL Server ・ DB2 ・ Postgre SQL ・ MySQL/MariaDB ・ SQLite ・ MS Access ・ SQL 標準

建立使用者

語法

CREATE USER	user_name **IDENTIFIED BY** password	**Oracle** **MySQL/MariaDB**
CREATE USER	user_name [**WITH** [**PASSWORD** 'password']]	**PostgreSQL**
CREATE USER	user_name password personalID	**MS Access**

參數

user_name	使用者名稱
password	密碼
personalID	個人 ID

• Oracle 、 MySQL

在 Oracle 、 MySQL 中, 要在 CREATE USER 之後接著寫上想建立的使用者名稱。再接著用「IDENTIFIED BY」來指定密碼。在 MySQL 中以字串的方式來設定密碼。此外, 使用者名稱也可用「使用者名稱 @ 主機名稱」的方式來設定。

範例 建立使用者 asai 。

```
CREATE USER asai IDENTIFIED BY xxx                          Oracle
CREATE USER asai IDENTIFIED BY 'xxx'                        MySQL/MariaDB
```

• PostgreSQL

在 PostgreSQL 中, 則要接在使用者名稱後, 用「WITH PASSWORD」來指定密碼字串。

範例 建立使用者 asai 。

```
CREATE USER asai WITH PASSWORD 'xxx'                        PostgreSQL
```

• Access

在 Access 中, 則要指定使用者名稱、密碼和個人 ID 。而且建立使用者之前, 還必須先建立「工作群組」。

範例 建立使用者 asai 。

```
CREATE USER asai xxx PIDIOO                                 MS Access
```

DROP USER

刪除使用者

> **語法**
>
> **DROP USER** user_name **[CASCADE]**
>
> **參數**
>
> user_name　　　　　要刪除的使用者名稱

使用「DROP USER」命令可以刪除使用者。

範例 刪除使用者 asai。

```
DROP USER asai
```

• Oracle

接在 DROP USER 之後,指定要刪除之使用者名稱。指定「CASCADE」的話, 則要刪除之使用者所擁有的資料庫物件也會一起被刪除。

• PostgreSQL

接在 DROP USER 之後,指定要刪除之使用者名稱。而 PostgreSQL 中不支援 CASCADE 選項的使用。

• MySQL

在 DROP USER 後面指定想刪除的使用者名稱。也可用「使用者名稱 @ 主機名稱」的方式來指定。 MySQL 不支援 CASCADE 可選項目。

＊SQL Server 的 CREATE USER 使用者管理,請參考後面第三個語法的說明。

• Access

接在 DROP USER 之後,指定要刪除之使用者名稱。而 Access 中也不支援 CASCADE 選項的使用。

sp_addlogin
CREATE LOGIN

| Oracle | SQL Server | DB2 | Postgre SQL |
| MySQL/ MariaDB | SQLite | MS Access | SQL 標準 |

建立可登入使用者

語法

sp_addlogin loginname [, passwd [, defdb [, deflanguage
[, sid [, encryptoopt]]]]]
CREATE LOGIN loginname [**WITH** option_list]

參數

loginname	登入名稱
passwd	密碼
defdb	預設資料庫
deflanguage	預設語言
sid	安全編號
encryptopt	將密碼加密處理之選項
option_list	option_list

在 SQL Server 中, 使用「sp_addlogin」預存程序 (stored procedure), 就可新增登入帳號 (login user)。但必須擁有執行 sp_addlogin 的權限。

範例 建立使用者名稱為 asai, 密碼為 xxx, 預設
資料庫為 pubs 的可登入使用者。

```
sp_addlogin asai, xxx, pubs
```

SQL Server 2005 以後的版本就可使用「CREATE LOGIN」指令來新增登入帳號。 CREATE LOGIN 的 option_list 是以「項目 = 值」的方式來設定, 可使用「,」串連, 一次設定多個項目。

範例 使用 CREATE LOGIN 建立名稱為 asai 、密碼是 xxx 、預設的
資料庫為 pubs 的使用者。

```
CREATE LOGIN asai WITH password='xxx', DEFAULT_DATABASE=pubs
```

必須藉由 sp_grantdbaccess 進行授權後, 新增的使用者才能使用資料庫。

sp_droplogin
DROP LOGIN

刪除可登入使用者

語法

sp_droplogin loginname
DROP LOGIN loginname

參數

loginname   登入名稱

在 SQL Server 中, 刪除使用者要經由系統預存程序來進行。使用
「sp_droplogin」的話, 就可以刪除系統中的使用者。能夠執行 sp_droplogin
的, 只限於擁有管理者權限的使用者 (擁有 sysadmin 或 securityadmin 角色的
使用者)。

範例 刪除名爲 asai 的可登入使用者。

```
sp_droplogin asai
```

SQL Server 2005 以後的版本支援使用「DROP LOGIN」來刪除登入帳號。

範例 刪除使用者名稱爲 asai 的登入帳號

```
DROP LOGIN asai
```

參照：sp_addlogin   P.180

sp_grantdbaccess
CREATE USER

| Oracle | SQL Server | DB2 | Postgre SQL |
| MySQL/ MariaDB | SQLite | MS Access | SQL 標準 |

資料庫使用許可

語法

sp_grantdbaccess loginname
CREATE USER loginname

參數

loginname   登入名稱

使用「sp_grantdbaccess」可以讓可登入使用者, 或是 Windows NT 認證的使用者, 擁有目前所在資料庫之使用權限。而能夠執行 sp_grantdbaccess 的, 只限於擁有管理者權限的使用者。

要賦予使用權限之使用者若是可登入使用者, 就直接指定其登入名稱即可。若是 Windows NT 之使用者的話, 就用「網域名稱 \ 使用者名稱」的方式來寫。舉例來説, 屬於 IT 網域的使用者 ATSUSHI, 就要以「IT\ATSUSHI」的方式來指定。

範例 將目前所在資料庫之使用權限賦予給使用者 asai。

```
sp_grantdbaccess asai
```

範例 將目前所在資料庫之使用權限賦予給 Windows NT 的使用者。

```
sp_grantdbaccess IT\ATSUSHI
```

SQL Server 2005 以後的版本支援使用「CREATE USER」指令將登入帳號 (login user) 設定為資料庫使用者。

範例 給予登入帳號 asai 連接至資料庫的權限。

```
CREATE USER asai
```

參照:sp_addlogin CREATE LOGIN   P.180

sp_revokedbaccess
DROP USER

Oracle | SQL Server | DB2 | Postgre SQL

MySQL/ MariaDB | SQLite | MS Access | SQL 標準

取消資料庫使用許可

語法

sp_revokedbaccess loginname
DROP USER loginname

參數

loginname   登入名稱

　　使用「sp_revokedbaccess」可以取消可登入使用者，或 Windows NT 使用者對於目前所在資料庫的使用權限。一旦取消權限後，該使用者就不能使用此資料庫了。能夠執行 sp_revokedbaccess 的，只限於擁有管理者權限的使用者 (擁有 sysadmin 或 securityadmin 角色的使用者)。

範例 取消使用者 asai 對於目前所在資料庫之使用權限。

```
sp_revokedbaccess asai
```

範例 取消 Windows NT 使用者對目前所在資料庫之使用權限。

```
sp_revokedbaccess IT\ATSUSHI
```

　　SQL Server 2005 以後的版本支援使用「DROP USER」指令刪除登入帳號連接至資料庫的權限。

範例 刪除登入帳號 asai 連接至資料庫的權限。

```
DROP USER asai
```

參照：sp_droplogin DROP LOGIN　　P.181

GRANT

賦予權限

（語法）

GRANT privilege [, privilege ...]
 [**ON** object_name [, object_name ...]]
 TO user_name [, user_name ...]

（參數）

privilege	賦予之權限
object_name	資料表或 view 等物件名稱
user_name	使用者名稱

使用「GRANT」命令, 可以賦予權限給使用者。

　　基本的語法如上, 但由於各種資料庫的專屬語法較多, 接下來會以各個資料庫的語法和範例來分別説明。

• Oracle

　　在 Oracle 中的 GRANT 命令, 大致可分成 2 種語法。一種是賦予「系統權限」, 另一種是賦予「物件權限」。

（語法）

GRANT privilege [, privilege ...] **TO** user_name [, user_name ...]
 [**WITH ADMIN OPTION**]

GRANT privilege [, privilege ...] **ON** object_name [, object_name ...]
 TO user_name [, user_name ...] [**WITH GRANT OPTION**]
 [**WITH HIERARCHY OPTION**]

（參數）

privilege	賦予之權限
object_name	資料表或 view 等物件名稱
user_name	使用者名稱

系統權限系統權限可以指定的權限種類如圖表 2-20 所列。

圖 2-20 Oracle 的系統權限

權限	權限的意義
ALL PRIVILEGES	所有權限
CREATE [ANY] CLUSTER	可建立叢集的權限
ALTER ANY CLUSTER	可修改叢集的權限
DROP ANY CLUSTER	可刪除叢集的權限
CREATE [PUBLIC] DATABASE LINK	可建立資料庫連結的權限
DROP PUBLIC DATABASE LINK	可刪除資料庫連結的權限
CREATE ANY INDEX	可建立索引的權限
ALTER ANY INDEX	可修改索引的權限
DROP ANY INDEX	可刪除索引的權限
CREATE [ANY] PROCEDURE	可建立程序的權限
ALTER ANY PROCEDURE	可修改程序的權限
DROP ANY PROCEDURE	可刪除程序的權限
EXECUTE ANY PROCEDURE	可執行程序的權限
CREATE [ANY] SEQUENCE	可建立 Sequence 的權限
ALTER ANY SEQUENCE	可修改 Sequence 的權限
DROP ANY SEQUENCE	可刪除 Sequence 的權限
SELECT ANY SEQUENCE	可參照 Sequence 的權限
CREATE SESSION	連接資料庫
ALTER SESSION	可以執行 ALTER SESSION 的權限
CREATE [ANY] SYNONYM	建立 PRIVATE 的別名
CREATE PUBLIC SYNONYM	建立 PUBLIC 的別名
DROP ANY SYNONYM	刪除 PRIVATE 的別名
DROP PUBLIC SYNONYM	刪除 PUBLIC 的別名
CREATE [ANY] TABLE	建立資料表的權限
ALTER ANY TABLE	修改資料表的權限
BACKUP ANY TABLE	匯出資料表的權限
DROP ANY TABLE	刪除資料表的權限
LOCK ANY TABLE	鎖定資料表的權限
SELECT ANY TABLE	可進行 SELECT 的權限
INSERT ANY TABLE	可進行 INSERT 的權限
UPDATE ANY TABLE	可進行 UPDATE 的權限
DELETE ANY TABLE	可進行 DELETE 的權限
CREATE [ANY] TRIGGER	可建立 Trigger 的權限
ALTER ANY TRIGGER	可修改 Trigger 的權限
DROP ANY TRIGGER	可刪除 Trigger 的權限
CREATE [ANY] TYPE	可建立類型的權限
ALTER ANY TYPE	可修改類型的權限

權限	權限的意義
DROP ANY TYPE	可刪除類型的權限
EXECUTE ANY TYPE	可執行類型之方法的權限
UNDER ANY TYPE	可建立子類型的權限
CREATE USER	可建立使用者之權限
ALTER USER	可修改使用者之權限
BECOME USER	可成為其他使用者之權限
DROP USER	可刪除使用者之權限
CREATE [ANY] VIEW	可建立 view 之權限
DROP ANY VIEW	可刪除 view 之權限
UNDER ANY VIEW	可建立 sub view 之權限
GRANT ANY PRIVILEGE	可賦予系統權限之權限
SYSDBA	STARTUP、SHUTDOWN、CREATE DATABASE 等管理者權限
SYSOPER	STARTUP、SHUTDOWN 等管理者權限

　　像 CREATE ANY TABLE 這樣，有加上 ANY 的權限，表示可以針對任何 Schema 來建立物件。而除了上表所列之外，還有其他的權限可以指定。

　　系統權限不須指定物件。接在 GRANT 之後，寫上系統權限，再接著寫「TO」後，指定使用者名稱。而要指定系統權限給使用者，本身必須擁有「GRANT ANY PRIVILEGE」的權限才行。若要將權限限定在物件內，就要指定物件權限。

範例 賦予使用者 asai 連接資料庫的權限。

```
GRANT CREATE SESSION TO asai                              Oracle
```

　　將使用者指定為「PUBLIC」，就可以將權限賦予給所有的使用者。此外，「ALL PRIVILEGES」就代表所有的權限。

範例 將所有的系統權限賦予給所有的使用者。

```
GRANT ALL PRIVILEGES TO PUBLIC                            Oracle
```

角色 (Roll)

　　角色是整合後的權限組合。用「CREATE ROLE」命令就可以建立角色。而使用 GRANT 命令，可以指定角色給 privilege 或 user_name。用「GRANT 角色 TO 使用者」的寫法，就能將角色中所有的權限都指定給該使用者。

用「GRANT 權限 TO 角色」的寫法，則可以將權限新增到角色中。還有
「GRANT 角色 1 TO 角色 2」的寫法，這種寫法會角色 1 中的所有權限都追加
到角色 2 中。而此時角色 1 和角色 2 不能是同一個角色。

還有名為 CONNECT 、 DBA 的內建角色存在。

WITH ADMIN OPTION

在 GRANT 命令之後接著寫上「WITH ADMIN OPTION」的話，則此使用者將
擁有可以指定此權限給其他使用者的權限。也就是說，若賦予 A 使用者
CREATE SESSION 權限，且加上 WITH ADMIN OPTION 的話，則使用者 A 除了將
具有 CREATE SESSION 權限外，還會具有指定 CREATE SESSION 權限給其他
使用者的能力。

物件權限

要指定針對資料庫物件的權限時，就要用 GRANT 命令來指定物件權限。
能夠指定物件權限的使用者，除了該物件的擁有者外，還有被擁有者以附
加 GRANT OPTION 的方式指定了權限的使用者。物件權限的種類如圖表 2-
21 所列。

圖 2-21 Oracle 的物件權限

權限	權限的意義
ALL [PRIVILEGES]	所有權限
ALTER	以 ALTER XXX 命令來修改物件
DELETE	以 DELETE 來刪除物件
EXECUTE	執行程序、函式
INDEX	建立索引
INSERT	以 INSERT 來新增列資料
REFERENCES	以外來鍵進行參照
SELECT	以 SELECT 來取得列資料
UNDER	建立子類型、 Sub view
UPDATE	以 UPDATE 進行列資料的更新

INSERT 、 UPDATE 、 REFERENCES 的權限，可以指定欄位。此外，依據
物件種類不同，有的權限是無效的。舉例來說，INDEX 權限對於資料表以外
的物件來說就沒有意義 (無效)。

範例 將針對 foo 資料表的所有權限指定給所有的使用者。

```
GRANT ALL ON foo TO PUBLIC
```
`Oracle`

WITH GRANT OPTION

在 GRANT 命令之後接著寫上「WITH GRANT OPTION」的話，則此使用者
將擁有可以指定此權限給其他使用者的權限。也就是說，若賦予 A 使用者

SELECT 權限, 且加上 WITH GRANT OPTION 的話, 則使用者 A 除了將具有 SELECT 權限外, 還會具有指定 SELECT 權限給其他使用者的能力。

WITH HIERARCHY OPTION

在 GRANT 命令之後接著寫上「WITH HIERARCHY OPTION」的話, 則對於該物件之子物件 (子類型或 Sub view) 也會具有同樣的權限。而這種功能只針對 SELECT 權限有效。

• SQL Server

在 SQL Server 中的 GRANT 命令, 大致可分成 2 種語法。一種是賦予「命令權限」, 另一種是賦予「物件權限」。

> **語法**
>
> **GRANT** privilege [, privilege ...] **TO** user_name [, user_name ...]
>
> **GRANT** privilege [, privilege ...] **ON** object_name [, object_name ...]
> **TO** user_name [, user_name ...] [**WITH GRANT OPTION**]
>
> **參數**
>
> | | |
> |---|---|
> | privilege | 賦予之權限 |
> | object_name | 資料表或 view 等物件名稱 |
> | user_name | 使用者名稱 |

命令權限

在命令權限中, 可以指定的權限種類如圖表 2-22 所列。

圖 2-22 SQL Server 的指令(statement)權限

權限	權限的意義
ALL	所有權限(為了相容性才有此項目, 實際上不是所有權限)
ALTER	屬性的變更、新增、刪除
CONTROL	所有權限
ALTER ANY SCHEMA	變更、新增、刪除任何 schema
ALTER ANY USER	變更、新增、刪除任何使用者
BACKUP DATABASE	備份資料庫
BACKUP LOG	備份 log
CONNECT	連接資料庫
CREATE DATABASE	建立資料庫(僅限於 master)
CREATE FUNCTION	建立函數
CREATE PROCEDURE	建立程序
CREATE ROLE	建立角色(role)
CREATE SCHEMA	建立 schema
CREATE SYNONYM	建立同義字(synonym)
CREATE TABLE	建立資料表
CREATE TYPE	建立型別
CREATE VIEW	建立檢視(view)

命令權限不指定物件。在 GRANT 之後指定命令權限, 再繼續用「TO」指定使用者即可。若想要指定屬於某物件的權限, 則要設定物件權限。

範例 將 CREATE TABLE 權限賦予給 asai 使用者。

```
GRANT CREATE TABLE TO asai                                          SQLServer
```

若將使用者指定爲「PUBLIC」, 則可以將指定的權限賦予給所有使用者。PUBLIC 是一種角色。此外「ALL」可以代表所有的權限。

範例 將所有的命令權限賦予給所有的使用者。

```
GRANT ALL TO PUBLIC                                                 SQLServer
```

角色 (Roll)

在 SQL Server 中, 所謂的角色, 是使用者的集合。在 SQL Server 中, 角色可以用「sp_addrole」來建立。要將使用者新增到角色中時, 可以用「sp_addrolemember」。而在 GRANT 命令中, 可以不指定使用者名稱, 而指定角色名稱。以「GRANT 權限 TO 角色」的寫法來寫的話, 權限就會指定追加到該角色中。也就是該角色中所有的使用者, 都會被賦予該權限。

在 SQL Server 中, 作業系統的使用者也能使用資料庫。因此, Windows NT 的使用者群組也可以被當成角色來處理。

物件權限

以資料庫物件爲單位來指定權限時, 就要用 GRANT 命令來指定物件權限。物件權限的種類如圖表 2-23 所示。

圖 2-23 SQL Server 的物件權限

權限	權限的意義
ALL[PRIVILEGES]	所有權限(爲了相容性才有此項目)
ALTER	屬性的變更、新增、刪除
CONTROL	所有權限
SELECT	藉由 SELECT 取得資料
INSERT	藉由 INSERT 新增資料
UPDATE	藉由 UPDATE 更新資料
DELETE	藉由 DELETE 刪除資料
REFERENCES	設定外部索引鍵
EXECUTE	執行程序、函數
TAKE OWNERSHIP	設定所有權
VIEW DEFINITION	連接中繼資料(metadata)

SELECT 、 UPDATE 權限可以指定欄位。此外, 依物件種類不同, 有的權限是無效的。例如 EXECUTE 權限對於程序、函式以外的物件是無效的。

範例 將 foo 資料表的所有權限, 賦予給所有使用者。

```
GRANT ALL ON foo TO PUBLIC
```
`SQLServer`

WITH GRANT OPTION

在 GRANT 命令之後接著寫上「WITH GRANT OPTION」的話, 則此使用者將擁有可以指定此權限給其他使用者的權限。也就是說, 若賦予 A 使用者 SELECT 權限, 且加上 WITH GRANT OPTION 的話, 則使用者 A 除了將具有 SELECT 權限外, 還會具有指定 SELECT 權限給其他使用者的能力。

• DB2

在 DB2 中, 不僅權限被分成很多種類, 各種權限的指定語法也不同。分為資料庫權限、索引權限、 Schema 權限、 Sequence 權限、資料表 / view 權限。以下我們就分別說明。

語法

GRANT privilege [, privilege ...] **ON DATABASE**
　　TO user_name [, user_name ...]
GRANT privilege [, privilege ...] **ON SCHEMA** schema_name
　　TO user_name [, user_name ...]
GRANT privilege [, privilege ...] **ON PACKAGE** package_name
　　TO user_name [, user_name ...] [**WITH GRANT OPTION**]
GRANT privilege [, privilege ...] **ON [TABLE]** object_name
　　TO user_name [, user_name ...] [**WITH GRANT OPTION**]
GRANT CONTROL ON INDEX index_name
　　TO user_name [, user_name ...]
GRANT privilege [, privilege ...] **ON SEQUENCE** sequence_name
　　TO user_name [, user_name ...] [**WITH GRANT OPTION**]
GRANT EXECUTE ON object_type object_name
　　TO user_name [, user_name ...] [**WITH GRANT OPTION**]

參數

privilege	賦予之權限
index_name	索引名稱
schema_name	Schema 名稱
sequence_name	Sequence 名稱
object_name	資料表或 view 等物件名稱
user_name	使用者名稱
object_typ	PROCEDURE / FUNCTION / METHOD

資料庫權限

依據資料庫權限的設定狀況，使用者將具有與資料庫整體相關的權限設定能力。可指定的資料庫權限種類如圖表 2-24 所示。

圖 2-24 DB2 的資料庫權限

權限	權限的意義
BINDADD	建立 package 的權限
CONNECT	連接資料庫的權限
CREATETAB	建立資料表的權限
CREATE_EXTERNAL_ROUTINE	登錄外部 routine（程式）的權限
CREATE_NOT_FENCED_ROUTINE	將在資料庫管理員進程（database manger's process）中執行的 routine 進行登錄的權限。
IMPLICIT_SCHEMA	以內隱方式建立 schema 的權限
DBADM	管理者權限
LOAD	讀取的權限
QUIESCE_CONNECT	有權限連接靜止狀態的資料庫
SECADM	安全管理者權限

指定資料庫權限時，必須在「ON」之後，寫上「DATABASE」。然後繼續用「TO」指定要賦予權限的使用者名稱。也可以不指定使用者，而用「GROUP」來指定使用者群組。指定「PUBLIC」的話，就是將權限賦予給所有使用者。

在 DB2，基本上會利用 OS 的認證系統，將使用者和使用者群組設定為 OS 所建立的使用者和使用者群組。

範例 將 CREATETAB 權限賦予給 asai 使用者。

```
GRANT CREATETAB ON DATABASE TO asai                          DB2
```

Schema 權限

藉由指定不同的 Schema 權限，我們就可以進行關於 Schema 之權限的設定。要指定 Schema 權限時，在 GRANT 命令中要加上「ON SCHEMA」，並指定 Schema 名稱。而可以指定的 Schema 權限，如圖表 2-25 所列。

圖 2-25 DB2 的 Schema 權限

權限	權限的意義
ALTERIN	更新所有在 Schema 中的物件之權限
CREATEIN	建立所有在 Schema 中的物件之權限
DROPIN	刪除所有在 Schema 中的物件之權限

範例 將名為 s_foo 之 Schema 的 CREATEIN 權限賦予給 asai 使用者。

```
GRANT CREATEIN ON SCHEMA s_foo TO asai                       DB2
```

Package 權限

藉由指定 package 權限, 我們可以設定關於 package 的權限狀況。要指定 package 權限時, 在 GRANT 命令中要加上「ON PACKAGE」, 並指定 package 名稱。而可以指定的 package 權限, 如圖表 2-26 所列。

圖 2-26 DB2 的 package 權限

權限	權限的意義
BIND	連結 package 的的權限
CONTROL	package 的再連結、刪除、將 package 權限賦予給其他使用者的權限
EXECUTE	執行 package 的權限

範例 將名爲 p_foo 之 package 的 BIND 權限賦予給 asai 使用者。

```
GRANT BIND ON PACKAGE p_foo TO asai                        DB2
```

資料表 / view 權限

藉由指定資料表 / view 權限, 我們可以設定關於資料表 / view 的權限狀況。而可以指定的資料表 / view 權限, 如圖表 2-27 所列。

圖 2-27 DB2 的資料表 / view 權限

權限	權限的意義
ALL [PRIVILEGES]	所有的權限
ALTER	以 ALTER 命令修該資料表內容
CONTROL	幾乎所有的權限
DELETE	以 DELETE 命令進行的刪除動作
INDEX	建立索引
INSERT	以 INSERT 命令進行資料追加
REFERENCES	以外來鍵做參照
SELECT	以 SELECT 命令取得列資料
UPDATE	以 UPDATE 命令進行列資料更新

REFERENCES 和 UPDATE 權限可以指定欄位。

範例 將 t_foo 資料表的 SELECT 權限賦予給 asai 使用者。

```
GRANT SELECT ON TABLE t_foo TO asai                        DB2
```

索引權限

藉由指定索引權限, 我們可以設定關於索引權限的狀況。而可以指定的權限種類, 只有「CONTROL」一種。被賦予此權限的使用者, 就可以進行刪除索引的動作。

範例 將名為 i_foo 的索引之 CONTROL 權限, 賦予給 asai 使用者。

```
GRANT CONTROL ON INDEX i_foo TO asai                          DB2
```

Sequence 權限

藉由指定 Sequence 權限, 我們可以設定關於 Sequence 權限的狀況。而可以指定的權限種類, 只有「USAGE」一種。被賦予此權限的使用者, 就可以針對該索引, 呼叫其 NEXTVAL、PREVVAL 值。

範例 將名為 s_foo 的 Sequence 之 USAGE 權限, 賦予給所有使用者。

```
GRANT USAGE ON SEQUENCE s_foo TO PUBLIC                       DB2
```

routine 權限

藉由 routine 權限, 可以設定關於執行程序 (procedure)、函數 (function)、方法 (method) 的權限。routine 權限的 GRANT 可在 ON 後面指定要設定權限的物件類型和名稱。而 GRANT 後的 privilege 只能設為 EXECUTE。

範例 給予使用者 asai 執行程序 p_foo 的權限

```
GRANT EXECUTE ON PROCEDURE p_foo TO asai
```

物件名稱可用「PROCEDURE schema.*」的方式指定。這時會給予執行 schema 內所有程序的權限。若是只有「*」, 則會指定為 CURRENT SCHEMA 中所有的程序。

範例 給予使用者 asai 執行 schema 內所有函數的權限

```
GRANT EXECUTE ON FUNCTION * TO asai
```

• PostgreSQL

PostgreSQL 和 DB2 一樣, 隨著物件不同語法也不盡相同。以下分別進行說明。

語法

GRANT privilege [, privilege ...] **ON DATABASE**
   database_name [, database_name ...]
   TO user_name [, user_name ...] [**WITH GRANT OPTION**]
GRANT privilege [, privilege ...] **ON SCHEMA**
   schema_name [, schema_name ...]
   TO user_name [, user_name ...] [**WITH GRANT OPTION**]
GRANT privilege [, privilege ...] **ON** [**TABLE**]
   object_name [, object_name ...]
   TO user_name [, user_name ...] [**WITH GRANT OPTION**]
GRANT privilege [, privilege ...] **ON SEQUENCE**
   sequence_name [, sequence_name ...]
   TO user_name [, user_name ...] [**WITH GRANT OPTION**]
GRANT privilege [, privilege ...] **ON FUNCTION**
   object_name ([arguments]) [, object_name ([arguments]) ...]
   TO user_name [, user_name ...] [**WITH GRANT OPTION**]

參數

privilege	要給予的權限
database_name	資料庫名稱
schema_name	schema 名稱
object_name	資料表 (table) 或檢視 (view) 的物件名稱
sequence_name	序列名稱
arguments	函數的引數
user_name	使用者名稱

資料庫權限

藉由資料庫權限, 可以設定關於資料庫全體的權限。可設定在 **privilege** 的權限如下。

圖 2-28 PostgreSQL 的資料庫權限

權限	內容
ALL[PRIVILEGES]	所有權限
CREATE	在資料庫建立 schema 的權限
CONNECT	連接資料庫的權限
TEMPORARY	建立暫存資料表（temporary table）的權限

範例 將 dbfoo 的資料庫權限全部授權給使用者 asai。

```
GRANT ALL ON DATABASE dbfoo TO asai                    PostgreSQL
```

schema 權限

藉由 schema 權限, 可設定關於 schema 的權限。可設定在 privilege 的權限如下。

圖 2-29 PostgreSQL 的 schema 權限

權限	內容
ALL[PRIVILEGES]	所有權限
CREATE	在 schema 中建立物件的權限
USAGE	可連接 schema 物件的權限

範例 將 schemafoo 的 schema 權限全部授權給使用者 asai。

```
GRANT ALL ON SCHEMA schemafoo TO asai                  PostgreSQL
```

資料表（table）與檢視（view）之權限

藉由 table、view 權限, 可設定關於資料表、檢視的權限。可設定在 privilege 的權限如下。

圖 2-30 PostgreSQL 的 table、view 權限

權限	內容
ALL[PRIVILEGES]	所有權限
SELECT	藉由 SELECT 取得資料
INSERT	藉由 INSERT 新增資料
UPDATE	藉由 UPDATE 更新資料
DELETE	藉由 DELETE 刪除資料
REFERENCES	設定外部索引鍵
TRIGGER	建立觸發器（trigger）

範例 將資料表 foo 的全部權限授權給使用者 asai。

```
GRANT ALL ON foo TO asai
```
`PostgreSQL`

序列權限

藉由序列權限，可設定關於序列的權限。可設定在 **privilege** 的權限如下。

圖 2-31 PostgreSQL 的序列權限

權限	內容
ALL[PRIVILEGES]	所有權限
USAGE	使用函數 currval、nextval
SELECT	藉由 SELECT 取得資料
UPDATE	使用 currval、nextval

範例 將序列 s_foo 的全部權限授權給使用者 asai。

```
GRANT ALL ON SEQUENCE s_foo TO asai
```
`PostgreSQL`

函數權限

藉由函數權限，可設定關於函數的權限。可設定在 **privilege** 的權限如下。

圖 2-32 PostgreSQL 的函數權限

權限	內容
ALL[PRIVILEGES]	所有權限
EXECUTE	執行函數

範例 將函數 f_foo 的全部權限授權給使用者 asai。

```
GRANT ALL ON FUNCTION f_foo() TO asai
```
`PostgreSQL`

指定函數時，必須有 () 和引數。

• MySQL

在 MySQL 中，可在給予權限的同時新增使用者。此外，雖然一定要指定物件，但所有物件的指定都可使用「*」萬用字元。

GRANT privilege [, privilege ...] **ON** table_name
  TO user_name [**IDENTIFIED BY** 'password']
  [, user_name [**IDENTIFIED BY** 'password'] ...]
  [**WITH GRANT OPTION**]

privilege	賦予之權限
table_name	資料表名稱（可利用 * 符號來指定所有的資料表）
user_name	使用者名稱
password	資料表

MySQL 可以指定的權限種類，如圖表 2-33 所示。

圖 2-33　在 MySQL 中可以設定的權限

權限	內容
ALL [PRIVILEGES]	所有權限
ALTER	使用 ALTER TABLE 的權限
ALTER ROUTINE	可刪除或修改 routine 的權限
CREATE	建立資料表或資料庫的權限
CREATE ROUTINE	建立 routine 的權限
CREATE TEMPORARY TABLES	建立暫存資料表的權限
CREATE USER	管理使用者的權限
CREATE VIEW	建立檢視（view）的權限
DROP	刪除資料庫、資料表、檢視的權限
EXECUTE	執行 routine 的權限
FILE	對伺服器的檔案進行讀取寫入的權限
INDEX	可建立、刪除索引（index）的權限
TRIGGER	可建立、刪除觸發器（trigger）的權限
SELECT	可使用 SELECT 的權限
INSERT	可使用 INSERT 的權限
UPDATE	可使用 UPDATE 的權限
DELETE	可使用 DELETE 的權限
SHUTDOWN	可關閉 MySQL 伺服器的權限
LOCK TABLES	執行 LOCK TABLES 的權限
PROCESS	可使用 SHOW PROCESSLIST 的權限
RELOAD	可執行 reload、refresh、flush-privileges…等的權限
REFERENCES	設定外部索引鍵
USAGE	沒有任何權限。在建立使用者時使用。

　　SELECT、INSERT、UPDATE 等權限，可以指定欄位。例如，寫成「GRANT SELECT(a) ON foo」的話，使用者會被賦予 SELECT 資料表 foo 之 a 欄位資料的權限。我們還可以指定權限所針對的資料表。使用 * 符號來指定的話，就可以指定是針對所有的資料庫，或是所有的資料表。我們可以用如表 2-34 所示的幾種模式來指定。

要授權程序（procedure）的 EXECUTE…等權限時，需指定程序名稱。

圖 2-34　指定資料表名稱的幾種模式

權限	權限之意義
.	全域權限
*	資料庫權限。若沒有設定目前所用資料庫的話，就會成為全域權限
database.*	database(名稱) 資料庫的資料庫權限
table	只限於所指定之資料表名稱

全域權限包含所有資料庫的所有資料表。資料庫權限，則是包含指定資料庫內的所有資料表。

指定使用者名稱時，要以「使用者名稱 @host 名稱」的形式來設定。將 host 名稱以 % 符號來指定的話，就表示是所有的 host。使用者名稱若是留白，就等於是指定所有的使用者。只寫使用者名稱時，就要寫成「使用者名稱 @"%"」。

範例 將所有的權限，以全域權限的模式賦予給 localhost 的使用者 asai。

```
GRANT ALL PRIVILEGES ON *.* TO asai@localhost
FLUSH PRIVILEGES
```
MySQL/
MariaDB

範例 將所有的權限，以全域權限的模式賦予給 localhost 的所有使用者。

```
GRANT ALL PRIVILEGES ON *.* TO ""@localhost
FLUSH PRIVILEGES
```
MySQL/
MariaDB

WITH GRANT OPTION

在 GRANT 命令之後接著寫上「WITH GRANT OPTION」的話，則此使用者將擁有可以指定此權限給其他使用者的權限。也就是說，若賦予 A 使用者 SELECT 權限，且加上 WITH GRANT OPTION 的話，則使用者 A 除了將具有 SELECT 權限外，還會具有指定 SELECT 權限給其他使用者的能力。

FLUSH PRIVILEGES

在 MySQL 中的使用者權限資訊，會被存在 mysql 資料庫中的 user 資料表，或 db、host 資料表。由於這些資料有可能被暫存處理，所以用 GRANT 命令設定權限時，要利用「FLUSH PRIVILEGES」命令來取消暫存。

建立使用者、變更密碼

在 MySQL 中，建立使用者時，是使用 GRANT 命令。建立使用者時，指定權限只要用「USAGE」就可以了。也可以用 CREATE USER 來新增使用者。

範例 建立名爲 asai 的使用者。

```
GRANT USAGE ON *.* TO asai                           MySQL/
FLUSH PRIVILEGES                                      MariaDB
```

變更密碼時也用 GRANT 命令。密碼只要接在「IDENTIFIED BY」之後指定即可。

範例 將名爲 foo 的使用者之密碼改爲 newpasswd。

```
GRANT USAGE ON *.* TO foo IDENTIFIED BY 'newpasswd'  MySQL/
FLUSH PRIVILEGES                                      MariaDB
```

匿名使用者

在 MySQL 中，於安裝完成後的預設狀態下，匿名使用者就會被建立出來。從本機 host 進行操作時，使用者渾然不知，就能直接開始操作，就是因爲有匿名使用者的存在。要刪除匿名使用者的話，可以把 mysql 資料庫中，user 資料表裡，user 欄位爲空白的列資料刪除就行了。而要使用 mysql 資料庫時，則必須以 root 來登入。

範例 刪除匿名使用者。

```
USE mysql                                            MySQL/
DELETE FROM user WHERE user = ''                     MariaDB
FLUSH PRIVILEGES
```

參照：REVOKE   P.200

REVOKE

取消權限

語法

REVOKE privilege [, privilege ...]
 [**ON** object_name [, object_name ...]]
 FROM user_name [, user_name ...]

參數

privilege	要取消之權限
object_name	資料表或 view 等物件名稱
user_name	使用者名稱

用「REVOKE」命令, 就可以取消使用者的權限。

• Oracle

Oracle 中的 REVOKE 命令, 大致可以分成 2 種語法。一種是用來取消「系統權限」的, 另一種是用來取消「物件權限」的。

語法

REVOKE privilege [, privilege ...] **FROM** user_name [, user_name ...]

REVOKE privilege [, privilege ...] **ON** object_name [, object_name ...]
 FROM user_name [, user_name ...] [**CASCADE CONSTRAINTS**]

參數

privilege	要取消之權限
object_name	資料表或 view 等物件名稱
user_name	使用者名稱

系統權限

取消系統權限時不需要指定物件。在 REVOKE 之後接著指定系統權限的種類, 再用「FROM」指定使用者名稱即可。若要指定物件, 就要設定物件權限。而系統權限到底有哪幾種, 請參考 GRANT 命令的說明。

範例 取消使用者 asai 連結資料庫的權限。

```
REVOKE CREATE SESSION FROM asai                                    Oracle
```

若將使用者指定為「PUBLIC」的話, 就可以取消所有使用者的權限。而「ALL PRIVILEGES」則代表所有的權限。

範例 將所有使用者的所有系統權限都取消。

```
REVOKE ALL PRIVILEGES FROM PUBLIC                                  Oracle
```

物件權限要取消針對特定資料庫物件的權限時, 就要用 REVOKE 來指定取消物件權限。而物件權限到底有哪幾種, 請參考 GRANT 命令的說明。

範例 取消所有使用者對 foo 資料表的所有權限。

```
REVOKE ALL ON foo FROM PUBLIC                                      Oracle
```

CASCADE CONSTRAINTS

「CASCADE CONSTRAINTS」是用來取消 REFERENCES 權限時用的選項。為了取消外來鍵參照資料的權限, 從參照來源取消參照能力, 是有缺陷的做法。此時加上 CASCADE CONSTRAINTS 選項, 就能同時刪除參照整合制約, 以避免問題發生。

• SQL Server

SQL Server 中的 REVOKE 命令, 大致可以分成 2 種語法。一種是用來取消「命令權限」的, 另一種是用來取消「物件權限」的。

語法

REVOKE privilege [, privilege ...] **FROM** user_name [, user_name ...]

REVOKE privilege [, privilege ...] **ON** object_name [, object_name ...]
 FROM user_name [, user_name ...] [**CASCADE**]

參數

privilege	要取消之權限
object_name	資料表或 view 等物件名稱
user_name	使用者名稱

命令權限

取消命令權限時不需要指定物件。在 REVOKE 之後接著指定命令權限的種類，再用「FROM」指定使用者名稱即可。若要指定物件，就要設定物件權限。而命令權限到底有哪幾種，請參考 GRANT 命令的說明。

範例 取消使用者 asai CREATE VIEW 的權限。

```
REVOKE CREATE VIEW FROM asai                              SQLServer
```

若將使用者指定為「PUBLIC」的話，就可以取消所有使用者的權限。而「CONTROL」則代表了所有的權限。

範例 將所有使用者的所有命令權限都取消。

```
REVOKE CONTROL FROM PUBLIC                                SQLServer
```

物件權限要取消針對特定資料庫物件的權限時，就要用 REVOKE 來指定取消物件權限。而物件權限到底有哪幾種，請參考 GRANT 命令的說明。

範例 取消所有使用者對 foo 資料表的所有權限。

```
REVOKE CONTROL ON foo FROM PUBLIC                         SQLServer
```

CASCADE

執行 GRANT 命令時，若有加上「WITH GRANT OPTION」選項，則取消權限時就要加上「CASCADE」選項。

- DB2

在 DB2 中, 不僅權限被分成很多種類, 語法也各個不同。

語法

REVOKE privilege [, privilege ...] **ON DATABASE**
　FROM user_name [, user_name ...]
REVOKE privilege [, privilege ...] **ON SCHEMA** schema_name
　FROM user_name [, user_name ...]
REVOKE privilege [, privilege ...] **ON PACKAGE** package_name
　FROM user_name [, user_name ...]
REVOKE privilege [, privilege ...] **ON [TABLE]** object_name
　FROM user_name [, user_name ...]
REVOKE CONTROL ON INDEX index_name
　FROM user_name [, user_name ...]
REVOKE privilege [, privilege ...] **ON SEQUENCE** sequence_name
　FROM user_name [, user_name ...]
REVOKE EXECUTE ON object_type object_name
　FROM user_name [, user_name ...] **RESTRICT**

參數

privilege	要取消之權限
index_name	索引名稱
schema_name	Schema 名稱
sequence_name	Sequence 名稱
object_name	資料表或 view 等物件名稱
user_name	使用者名稱
object_type	PROCEDURE/FUNCTION/METHOD

資料庫權限

　指定取消資料庫權限時, 必須在「ON」之後, 寫上「DATABASE」。然後繼續用「FROM」指定要取消權限的使用者名稱。也可以不指定使用者, 而用「GROUP」來指定使用者群組。指定「PUBLIC」的話, 就是將所有使用者的權限取消。

範例 取消 asai 使用者的 CREATETAB 權限。

```
REVOKE CREATETAB ON DATABASE FROM asai                    DB2
```

Schema 權限

　要取消 Schema 權限時, 要在 ON 之後接著寫「SCHEMA」, 再指定 Schema 名稱。

```
REVOKE CREATEIN ON SCHEMA s_foo FROM asai                          DB2
```

package 權限

要取消 package 權限時, 要在 ON 之後接著寫「PACKAGE」, 並指定 package 名稱。

範例 取消 asai 使用者對於名為 p_foo 之 package 的 BIND 權限。

```
REVOKE BIND ON PACKAGE p_foo FROM asai                             DB2
```

資料表 / View 權限

要取消資料表 / View 權限時, 要在 ON 之後接著寫「TABLE」, 或是省略之, 但一定要指定資料表或 view 的名稱。

REFERENCES 和 UPDATE 權限可以指定欄位。

範例 取消 asai 使用者針對 t_foo 資料表的 SELECT 權限。

```
REVOKE SELECT ON TABLE t_foo FROM asai                             DB2
```

索引權限

要取消索引權限時, 要在 ON 之後接著寫「INDEX」再指定索引名稱。

範例 取消 asai 使用者針對名為 i_foo 的索引之 CONTROL 權限。

```
REVOKE CONTROL ON INDEX i_foo FROM asai                            DB2
```

routine 權限

routine 權限在 ON 的後面指定物件種類和物件名稱。和 GRANT 一樣, 也可用「PROCEDURE schema.*」的形式來指定 schema 內所有的程序。最後面的 RESTRICT 不可省略。

範例 取消使用者 asai 執行 schema 內部所有程序的權限。

```
REVOKE EXECUTE ON PROCEDURE * FROM asai RESTRICT                   DB2
```

• PostgreSQL

在 PostgreSQL 中, 權限被分類成多個類別, 各類語法也不盡相同。

語法

REVOKE privilege [, privilege ...] **ON DATABASE**
  database_name [, database_name ...]
  FROM user_name [, user_name ...] [**CASCADE** | **RESTRICT**]
REVOKE privilege [, privilege ...] **ON SCHEMA**
  schema_name [, schema_name ...]
  FROM user_name [, user_name ...] [**CASCADE** | **RESTRICT**]
REVOKE privilege [, privilege ...] **ON** [**TABLE**]
  object_name [, object_name ...]
  FROM user_name [, user_name ...] [**CASCADE** | **RESTRICT**]
REVOKE privilege [, privilege ...] **ON SEQUENCE**
  sequence_name [, sequence_name ...]
  FROM user_name [, user_name ...] [**CASCADE** | **RESTRICT**]
REVOKE privilege [, privilege ...] **ON FUNCTION**
  object_name ([arguments]) [, object_name ([arguments]) ...]
  FROM user_name [, user_name ...] [**CASCADE** | **RESTRICT**]

參數

privilege	要給予的權限
database_name	資料庫名稱
schema_name	schema 名稱
object_name	table 或 view…等物件的名稱
sequence_name	序列 (sequence) 的名稱
arguments	函數的引數
user_name	使用者名稱

資料庫權限

資料庫權限在「ON DATABASE」後面指定資料庫名稱。在 FROM 後面則是指定要被取消權限的使用者。

範例 取消使用者 asai 全部的資料庫權限。

```
REVOKE ALL ON DATABASE dbfoo FROM asai
```
PostgreSQL

資料表（table）與檢視（view）之權限

table、view 權限在「ON TABLE」後面指定物件名稱，此處可省略關鍵字 TABLE。在 FROM 後面則是指定要被取消權限的使用者。

範例 取消使用者 asai 在資料表 foo 的全部權限。

```
REVOKE ALL ON foo FROM asai                                    PostgreSQL
```

• MySQL

在 MySQL 中，取消權限時一定要指定物件名稱才行。至於 MySQL 有哪些權限可設定、取消，請參考 GRANT 命令的説明。

語法

REVOKE privilege [, privilege ...] **ON** table_name
 FROM user_name [, user_name ...]

參數

privilege	要取消之權限
object_name	資料表或 view 等物件名稱
user_name	使用者名稱

在「ON」之後，接著指定要取消權限的對象物件。關於資料表名稱的部分，和 GRANT 命令中一樣，用 * 符號，就能指定全部的資料表。接著，用「FROM」指定要取消其權限的使用者名稱。使用者名稱的指定也和 GRANT 命令中一樣，要以「使用者名稱 @host 名稱」的方式來寫。

範例 取消 asai 使用者對 foo 資料表的所有權限。

```
REVOKE ALL PRIVILEGES ON foo FROM asai               MySQL/
FLUSH PRIVILEGES                                      MariaDB
```

範例 取消 asai 使用者所有的全域權限。

```
REVOKE ALL PRIVILEGES ON *.* FROM asai               MySQL/
FLUSH PRIVILEGES                                      MariaDB
```

REVOKE 命令無法刪除使用者。要完全刪除使用者的話，必須使用「DROP USER」指令。刪除 mysql 資料庫中，user 資料表裡，對應的該筆使用者資料才行。

2.3 資料定義命令 DDL

RENAME

變更物件名稱

語法

RENAME original **TO** changed `Oracle` `DB2`

RENAME TABLE original **TO** changed `MySQL/ MariaDB`

參數

original   目前名稱

changed   要變更成的名稱

• Oracle

在 Oracle 中，用「RENAME」命令，就可以變更資料庫物件名稱。除了資料表以外，view 和其他物件的名稱也都能變更。在 RENAME 之後接著指定要變更名稱的物件名，再接著用「TO」指定變更後的名稱。

範例 將資料庫物件 foo 改名為 bar。

```
RENAME foo TO bar                                              Oracle
```

• DB2

在 DB2 中，可以用「RENAME」命令來更改名稱的資料庫物件只有一種，就是資料表。此命令無法變更 View 等物件的名稱。要變更索引（index）名稱時，請使用 RENAME INDEX。

範例 將資料表 foo 改名為 bar。

```
RENAME foo TO bar                                                DB2
```

• MySQL

在 MySQL 中，可以利用「RENAME TABLE」命令來變更資料表名稱。RENAME TABLE 命令不能省略 TABLE。另外，我們也可以用 ALTER TABLE 來變更資料表名稱。

範例 將資料表 foo 改名為 bar。

```
RENAME TABLE foo TO bar                                    MySQL/ MariaDB
```

參照：ALTER TABLE   P.122

sp_rename

變更物件名稱

語法

sp_rename original, changed

參數

| original | 目前名稱 |
| changed | 要變更成的名稱 |

在 SQL Server 中, 可以用「sp_rename」來變更資料庫物件的名稱。由於是物件名稱的變更, 所以不只是資料表, view 和其他的物件名稱也都能變更。

「sp_rename」是系統預存程序之一, 它的第 1 個參數, 是指定目前的物件名稱, 第 2 個參數則要指定變更後的名稱。

第一參數的物件名稱可用「schema 名稱.資料表名稱」或「schema 名稱.資料表名稱.欄位名稱」的方式來指定。

範例 將資料庫物件 foo 改名為 bar。

```
sp_rename foo, bar
```

RENAME

SQL 的標準規範中沒有 RENAME、sp_rename。物件名稱被視為物件屬性的一部分, 所以會用 ALTER XXX 指令來變更。實際上, 變更資料表名稱會用 ALTER TABLE foo RENAME TO bar 的方式進行。

RENAME、sp_rename 的方便之處在於不用在意資料表(table)、檢視(view)…等物件的類別。用 ALTER XXX 指令來變更名稱的話, 必須依照物件的類別來使用不同的指令。例如: view 的名稱變更要用 ALTER VIEW, 函數的名稱變更則要用 ALTER FUNCTION。

參照: ALTER TABLE　P.122

CREATE TYPE

宣告使用者定義類型

語法

CREATE [OR REPLACE] TYPE type_name **AS OBJECT**
(member_definition [, member_definition ...]) [[NOT] FINAL] Oracle

CREATE [OR REPLACE] TYPE type_name **UNDER** super_type Oracle
(member_definition [, member_definition ...]) [[NOT] FINAL]

參數

type_name	類型名稱
member_definition	成員定義
super_type	父類型名稱

• Oracle

在 Oracle 中宣告使用者定義類型的語法, 是要在「CREATE TYPE」之後接著指定要建立的使用者定義類型名稱。若是用「CREATE OR REPLACE TYPE」, 則可以將既有類型替換掉。用 CREATE TYPE, 是在進行類型的宣告。要定義其中成員的內容的話, 則要用「CREATE TYPE BODY」。這和 CREATE PACKAGE 與 CREATE PACKAGE BODY 的關係很相似。

定義之成員可以包括變數、程序、函式等。這個部分也和定義 package 時相同。

範例 宣告 mytype 類型。

```
CREATE OR REPLACE TYPE mytype AS OBJECT (                    Oracle
    atr1 NUMBER,
    atr2 VARCHAR2(20),
    MEMBER FUNCTION get_atr1 RETURN NUMBER,
    MEMBER FUNCTION get_atr2 RETURN VARCHAR2
) NOT FINAL
```

請注意, 不要在 CREATE TYPE 中定義程序或函式的內容。類型中的程序或函式稱爲「方法」, 而方法會根據參數的值與類型不同而被「多載 (Overload)」處理。此外, 各成員要以逗號分隔, 而非分號。這個部分和 package 的寫法不一樣, 請注意了。還有, 各方法的前面要寫上「MEMBER」, 而這個部分也是定義 package 時所沒有的。各方法前面都可指定爲 MEMBER 或「STATIC」。

繼承

使用者定義類型, 可以利用繼承的方式來建立子類型。在指定類型名後, 接著寫「AS OBJECT」的話, 則該類型就成爲根類型。用「UNDER 父類型名稱」的方式寫的話, 就可以建立出繼承該父類型名稱的子類型。在這種情況下, 所指定的父類型必須要在其 CREATE TYPE 時, 宣告爲「NOT FINAL」。被宣告成「FINAL」的類型, 無法進行繼承的動作。

範例 宣告從 mytype 衍生 (繼承) 出的 mysubtype 類型。

```
CREATE OR REPLACE TYPE mysubtype UNDER mytype (        Oracle
  atr3 NUMBER,
  MEMBER FUNCTION get_atr3 RETURN NUMBER
) NOT FINAL
```

在 mysubtype 中, 雖然只宣告了一個屬性, atr3。不過還繼承其父類型 (Super Type) mytype 中的 2 個屬性, atr1 、 atr2。繼承時不僅會繼承屬性, 方法也會繼承下來。

STATIC

範例 宣告一含有 STATIC 方法的 mytype2 類型。

```
CREATE OR REPLACE TYPE mytype2 AS OBJECT (        Oracle
  atr1 NUMBER,
  atr2 NUMBER,
  STATIC FUNCTION make_mytype2(atr1 NUMBER, atr2 NUMBER)
    RETURN mytype2
) NOT FINAL
```

STATIC 的方法, 可以在其中用「SELF」來參照自己的實體。此外, 相對於 MEMBER 方法可以從實體來呼叫執行, STATIC 方法則只能從類型中來呼叫執行。

物件資料表

一旦定義了使用者定義類型, 就可以建立「物件資料表」。和使用者定義類型可以繼承一樣, 物件資料表也可以繼承。在 DB2 中, 則稱爲類型附加資料表。

範例 從mytype使用者定義類型, 來建立出名爲mytable的物件資料表。

```
CREATE TABLE mytable OF mytype                          Oracle
OBJECT IDENTIFIER IS SYSTEM GENERATED
```

範例 在 mytable 資料表中插入一筆新資料。

```
INSERT INTO mytable VALUES(10,'abc')                    Oracle
```

這個 mytable 物件資料表中需要有個「OID 欄位」。在上例中, 是以「SYSTEM GENERATED」的形式, 由系統生成。 OID 在物件資料表中, 是各筆資料不同的, 所以我們可以把 OID 設爲主鍵。在 Oracle 中, 可以不建立子資料表, 而直接將子類型的整筆資料新增到物件資料表中。

範例 在 mytable 資料表中新增子類型資料。

```
INSERT INTO mytable VALUES(mysubtype(20,'xyz',900))     Oracle
```

範例 以 SELECT 查詢 mytable 資料表。

```
SELECT * FROM mytable                                   Oracle


atr1    atr2
10      abc
20      xyz
```

在 mytable 資料表中, 也包含了由 mytype 和 mytype 所產生的 mysubtype 之內容。這是因爲資料表經由繼承動作, 而產生出父子關係。想要知道列資料到底是什麼類型時, 可以利用「IS OF TYPE」命令。

範例 從資料表 mytable 中找出, 純爲 mytype 的列資料。

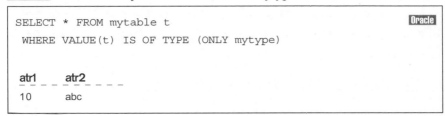

```
SELECT * FROM mytable t                              Oracle
 WHERE VALUE(t) IS OF TYPE (ONLY mytype)


atr1    atr2
10      abc
```

我們必須用「VALUE」來指定資料表的別名。而「IS OF TYPE」的「TYPE」可以省略。使用「ONLY」, 則可以指定只要純粹的 mytype 資料。

爲了參照到 mysubtype 的 atr3, 所以得用「TREAT 函式」來將列資料進行轉換。

範例 用 TREAT 函式, 來參照 mysubtype 中的 atr3。

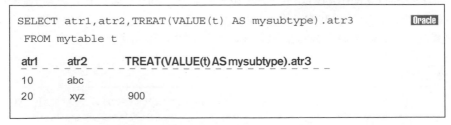

```
SELECT atr1,atr2,TREAT(VALUE(t) AS mysubtype).atr3    Oracle
 FROM mytable t

atr1    atr2    TREAT(VALUE(t) AS mysubtype).atr3
10      abc
20      xyz     900
```

參照

參照具有像 C 語言中 Pointer 一樣的功能。我們可以對物件資料表進行參照的動作。雖然這和外來鍵的參照動作類似, 但是由於同時受到繼承的影響, 所以還是有些不同。首先我們從參照欄位的定義開始看。

範例 定義出名為 reftype 的使用者定義類型, 而此類型
定義出了參照欄位。

```
CREATE TYPE reftype AS OBJECT (          Oracle
  ref_to_mytype REF mytype,
  name VARCHAR(20)
)
```

「REF mytype」就代表了參照 mytype 類型。此使用者定義類型的
ref_to_mytype 屬性中, 可以包含指向 mytype 類型之列資料的參照。

範例 從使用者定義類型 reftype 來定義 reftest 資料表。

```
CREATE TABLE reftest OF reftype (        Oracle
  ref_to_mytype SCOPE IS mytable
)
OBJECT IDENTIFIER IS SYSTEM GENERATED
```

以上就從 reftype 建立出了 reftest 資料表。「SCOPE IS」則指定了可以參
照的資料表。若是從 mytype 建立出的物件資料表, 基本上可以參照所有的
物件資料表, 不過依據 SCOPE IS 所指定的, 可參照的只限於 mytable。實際
上執行 INSERT 命令時, 則如下。

範例 INSERT 值到參照欄位中。

```
INSERT INTO reftest SELECT REF(t),'ref test'    Oracle
  FROM mytable t WHERE atr1=10
```

上例用 INSERT SELECT 的形式來新增了資料列。參照的部分則為 REF
(t)。而在 SELECT 中, 以 WHERE 子句來指定只取得a欄位為 10 的資料。而
該列資料的參照, 則藉由 REF(t) 來達成。反之, 若要從參照欄位來找出參照
目標, 則要用「DEREF 函式」。

範例 SELECT 出參照欄位的參照目標。

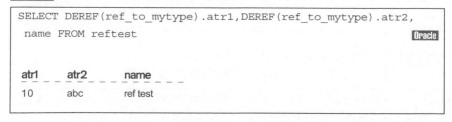

```
SELECT DEREF(ref_to_mytype).atr1,DEREF(ref_to_mytype).atr2,
  name FROM reftest                      Oracle


atr1    atr2    name
10      abc     ref test
```

• DB2

在 DB2 中，可以在「CREATE TYPE」之後接著指定要建立之類型名稱。若要繼承其他類型來建立出類型的話，就用「UNDER」，再接著指定要繼承哪個類型。接著用「AS」，就可以在括弧內逐一定義類型的屬性。而「MODE DB2SQL」一定要寫上。

範例 定義出含有屬性 a 和 b 的使用者定義類型－ mytype。

```
CREATE TYPE mytype AS (                                    DB2
  a INTEGER,
  b VARCHAR(20)
) MODE DB2SQL
```

使用者定義類型可以藉由繼承的方式，定義出子類型。

範例 繼承 mytype，來定義出名爲 mysubtype 的使用者定義類型。

```
CREATE TYPE mysubtype UNDER mytype AS (                    DB2
  c INTEGER
) MODE DB2SQL
```

「REF USING」在定義根類型時可以使用。它是在從使用者定義類型來建立類型附加資料表時，用來決定 OID 欄位要以哪個基本類型來處理用的。預設爲 VARCHAR(16) FOR BIT DATA 類型。

類型附加資料表

定義了使用者定義類型，就可以建立出類型附加資料表。而使用者定義類型可以繼承，類型附加資料表也可以繼承。

範例 從名爲 mytype 的使用者定義類型，
建立出名爲 mytable 的類型附加資料表。

```
CREATE TABLE mytable OF mytype (                           DB2
  REF IS OID USER GENERATED
)
```

範例 從名爲 mysubtype 的使用者定義類型，
建立出名爲 mysubtype 的類型附加資料表。

```
CREATE TABLE mysubtable OF mysubtype UNDER mytable        DB2
  INHERIT SELECT PRIVILEGES
```

範例 在 mytable 資料表中新增列資料。

```
INSERT INTO mytable VALUES(mytype('1'),10,'abc')          DB2
```

mytable 類型資料表中需要有 OID 欄位。而 OID 欄位等於是能分別出各列資料的主鍵。用使用者定義類型, 和同名之函式 (建構式, Constructor) , 就可以轉換出 OID 。

範例 在 mysubtable 資料表中新增整列資料。

```
INSERT INTO mysubtable
VALUES(mysubtype('2'),20,'xyz',900)                       DB2
```

範例 以 SELECT. 查詢 mytable 資料表。

```
SELECT * FROM mytable
                                                          DB2
OID     a      b
1       10     abc
2       20     xyz
```

mytable 資料表中包含了 mysubtable 的內容。這是因為資料表之間因繼承而產生的父子關係。使用「ONLY」, 就可以 SELECT 出只含 mytable 中所含之列資料的資料。

範例 只針對 mytable 資料表做 SELECT 動作。

```
SELECT * FROM ONLY(mytable)

OID     a      b                                          DB2
1       10     abc
```

用「OUTER」, 就可以取得所有子類型中的所有欄位資料。

範例 以 SELECT 來查詢包含子資料表的欄位資料。

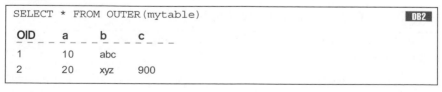

```
SELECT * FROM OUTER(mytable)          DB2
OID     a      b      c
1       10     abc
2       20     xyz    900
```

參照

參照具有像 C 語言中 Pointer 一樣的功能。我們可以對類型附加資料表進行參照的動作。首先我們從參照欄位的定義開始看。

範例 定義出名為 reftype 的使用者定義類型,
而此類型定義出了參照欄位。

```
CREATE TYPE reftype AS (                              DB2
 ref_to_mytype REF(mytype),
 name VARCHAR(20)
) MODE DB2SQL
```

「REF(mytype)」就代表了參照 mytype 類型。此使用者定義類型的
ref_to_mytype 屬性中, 可以包含指向 mytype 類型之列資料的參照。

範例 從使用者定義類型 reftype 來定義 reftest 資料表。

```
CREATE TABLE reftest OF reftype(                      DB2
 REF IS OID USER GENERATED,
 ref_to_mytype WITH OPTIONS SCOPE mytable
)
```

以上就從 reftype 建立出了 reftest 資料表。此時, 我們還設定了從
ref_to_mytype 屬性建立出的欄位, 只能參照到 mytable。實際上執行 INSERT
命令時, 則如下。

範例 INSERT 值到參照欄位中。

```
INSERT INTO reftest VALUES(reftype('1'),             DB2
mytype('1'),'ref test')
```

一開始的 reftype('1'), 會成為 reftest 資料表的 OID。接著的 mytype('1'), 會成
為指向 mytable 的參照。將參照欄位加上「->」運算子, 就可以查出參照目
標的值。這一點和外來鍵參照非常不一樣。

範例 以 SELECT 查詢參照欄位的參照目標。

```
SELECT ref_to_mytype->a, ref_to_mytype->b, name      DB2
FROM reftest

a      b      name
10     abc    ref test
```

• PostgreSQL

語法

CREATE TYPE type_name **AS**   `PostgreSQL`
  (attribute_definition [, attribute_definition …])
CREATE TYPE type_name **AS ENUM(** ('label1' [, 'label2' …])   `PostgreSQL`

參數

type_name   型別名稱
attribute_definition   屬性定義

在 PostgreSQL 中可用 CREATE TYPE 建立使用者自訂型別, 分別有複合型、列舉型、基本型、陣列別, 共四種類型。其中只會針對複合型和列舉型進行說明。

複合型與 Oracle 或 DB2 的自訂型別相似, 都可擁有多個屬性, 但不具有方法 (method) 或繼承、引用等相關功能。

範例 定義複合型的 mytype

```
CREATE TYPE mytype AS (
  atr1 INTEGER,
  atr2 VARCHAR(20)
)
```

建立好的自訂型別可用於資料表的欄位或是函數的引數、回傳值…等。但不能像 Oracle 或 DB2 一樣用於建立物件資料表 (object table)。

範例 使用自訂型別來定義資料表的欄位

```
CREATE TABLE foo(
  a mytype,
  b integer
)
INSERT INTO foo VALUES(ROW(1, 'one'), 0)
SELECT (a).atr1 FROM foo
```

如上例，複合型的值可以使用「ROW」來產生。複合型的各個成員則可以用「.」來取得。請注意，為了依照「資料表名稱.欄位名稱」的形式來使用，欄位名稱必須用括弧來包圍。如果也需要資料表名稱的話，則用(foo.a).atr1。

　　列舉型是取得值被限定的型別。在定義中會列舉實際的值。

範例 定義列舉型別 myenumtype

```
CREATE TYPE myenumtype AS ENUM('green ', 'yellow ', 'red ')  PostgreSQL
```

myenumtype 型別的值被限定為只能是 'green '、'yellow '、 'red ' 三者之一。

• SQL Server

語法

CREATE TYPE type_name **AS TABLE**   SQLServer
(attribute_definition **[,** attribute_definition **...])**

參數

type_name	類別名稱
attribute_definition	屬性定義

　　在 SQL Server 中, 可藉由 CREATE TYPE 來定義別名資料型別（ alias data type ）和使用者定義資料表類型（ user-defined table type ）。但沒有方法、繼承…等物件導向的功能。建立完成的使用者定義型別可用於程序（ procedure ）的引數或變數的型別。本書中只會介紹使用者定義資料表類型。

範例 定義使用者定義資料表類型的 mytype

```
CREATE TYPE mytype AS TABLE (
  atr1 INTEGER,
  atr2 VARCHAR(20)
)
```

使用者定義型別可用於引數和變數，但不能作爲資料表欄位的型別。 要作爲引數使用時，需要使用 READONLY 。

範例 在程序的引數中使用 mytype 型別

```
CREATE PROCEDURE p_mytype ( @p mytype READONLY ) AS
  BEGIN
    INSERT INTO foo SELECT * FROM @p
END
```

範例 在變數中使用 mytype 型別

```
DECLARE @var_mytype mytype
INSERT INTO @var_mytype VALUES(1, 'one')
```

參照：CREATE TYPE BODY　　P.220
　　　DROP TYPE　　　　　　P.226

CREATE TYPE BODY

定義類型內容

語法

CREATE [OR REPLACE] TYPE BODY type_name **AS** statement

參數

type_name	類型名稱
statement	成員定義

在 Oracle 中, 我們可以用「CREATE TYPE BODY」來定義使用者定義類型的內容。類型宣告則是用 CREATE TYPE 來做。要定義類型中的成員時, 則用「CREATE TYPE BODY」。這和 CREATE PACKAGE 與 CREATE PACKAGE BODY 的關係很像。

範例 用 CREATE TYPE 來定義宣告好了的 mytype 類型。

```
CREATE OR REPLACE TYPE BODY mytype AS
  MEMBER FUNCTION get_atr1 RETURN NUMBER IS
  BEGIN
    RETURN atr1;
  END;
  MEMBER FUNCTION get_atr2 RETURN VARCHAR2 IS
  BEGIN
    RETURN SELF.atr2;
  END;
END;
```

在 CREATE TYPE BODY 中的程序或函式, 其定義要用 PL/SQL 來寫。各命令最後要用分號來結尾。在 MEMBER 方法中, 可以用「SELF」來參照到自身實體 (如範例中的 get_atr2)。

宣告後, 定義完成的類型就和內建的 NUMBER 、 VARCHAR2 等類型一樣, 可以任意使用。

範例 在 PL/SQL 中使用 mytype。

```
DECLARE
  o mytype;
BEGIN
  o := mytype(0,'asai');
  DBMS_OUTPUT.PUT_LINE(o.get_atr1());
  DBMS_OUTPUT.PUT_LINE(o.get_atr2());
END;
```

在 DECLARE 的部分, 只單純進行了宣告, 所以變數 o 中只有 NULL 值。以 CREATE TYPE 建立出的類型之變數, 得用「建構式 (Constructor)」來做初始化的動作。而建構式的寫法, 就相當於和該類型同名的函式一樣。

• 繼承

範例 定義從 mytype 類型建立出的 mysubtype 類型。

```
CREATE OR REPLACE TYPE BODY mysubtype AS
  MEMBER FUNCTION get_atr3 RETURN NUMBER IS
  BEGIN
    RETURN atr3;
  END;
END;
```

在 mysubtype 中, 只宣告了 1 個 atr3 屬性, 但其父類型－ mytype 裡, 還含有 atr1 、 atr2 屬性, 所以它也繼承了這兩個屬性。除了屬性外, 它也繼承了方法。關於這些, 讓我們用如下的 PL/SQL 來確認看看。

範例 在 PL/SQL 中, 使用 mytype 之子類型－ mysubtype。

```
DECLARE
  o mysubtype;
BEGIN
  o := mysubtype(0,'asai',999);
  DBMS_OUTPUT.PUT_LINE(o.get_atr1());
  DBMS_OUTPUT.PUT_LINE(o.get_atr2());
  DBMS_OUTPUT.PUT_LINE(o.get_atr3());
END;
```

· STATIC

範例 定義出名爲 mytype2, 且含有 STATIC 方法的類型。

```
CREATE OR REPLACE TYPE BODY mytype2 AS
  STATIC FUNCTION make_mytype2(atr1 NUMBER, atr2 NUMBER)
    RETURN mytype2 IS
  BEGIN
    RETURN mytype2(atr1,atr2);
  END;
END;
```

「STATIC 方法」不能在方法中以 SELF 來參照自身實體。而 MEMBER 方法可以從實體來執行, 但 STATIC 方法要從類型中來執行。

範例 呼叫執行 STATIC 方法。

```
DECLARE
  o mytype2;
BEGIN
  o := mytype2.make_mytype2(10,20);
  DBMS_OUTPUT.PUT_LINE(o.atr1);
  DBMS_OUTPUT.PUT_LINE(o.atr2);
END;
```

· Override

繼承時, 父類型的方法被子類型的方法覆寫掉, 這種情況稱爲「Override」。

範例 從 mytype 類型宣告並定義建立出 mysubtype2 類型。

```
CREATE OR REPLACE TYPE mysubtype2 UNDER mytype (
  atr3 NUMBER,
  OVERRIDING MEMBER FUNCTION get_atr1 RETURN NUMBER
) NOT FINAL;
CREATE OR REPLACE TYPE BODY mysubtype2 AS
  OVERRIDING MEMBER FUNCTION get_atr1 RETURN NUMBER IS
  BEGIN
    RETURN atr3;
  END;
END;
```

由於 mytype 類型中已存在著 get_atr1 方法, 所以子類型 mysubtype2 將之
「OVERRIDING」。

範例 呼叫方法, 並確認之。

```
DECLARE
  o1 mytype;
  o2 mysubtype2;
BEGIN
  o1 := mytype(1,'super');
  o2 := mysubtype2(1,'sub',20);
  DBMS_OUTPUT.PUT_LINE(o1.get_atr1());
  DBMS_OUTPUT.PUT_LINE(o2.get_atr1());
END;
```

o1 的 get_atr1 會傳回 1。這是 atr1 屬性的值。o2 的 get_atr1 則傳回 20。
這是 atr3 屬性的值。也就是說, mysubtype2 類型的實體, 呼叫的是該類型中
的 get_atr1 方法。

參照：CREATE TYPE   P.209
       DROP TYPE   P.226

CREATE METHOD

| Oracle | SQL Server | DB2 | Postgre SQL |
| MySQL/ MariaDB | SQLite | MS Access | SQL 標準 |

建立方法

語法

CREATE METHOD method_name (parameters)
 RETURNS type **FOR** type_name statement

參數

method_name	方法名稱
parameters	參數清單
type	傳回值之類型
type_name	使用者類型名稱
statement	方法的定義

在 DB2 中，針對使用者定義類型，我們可以建立方法。方法要用「CREATE METHOD」來定義。至於方法的宣告，則要在 CREATETYPE 時進行。

範例 定義名爲 mytype，且含有 get_a 和 get_b 方法的使用者定義類型。

```
CREATE TYPE mytype AS (
  a INTEGER,
  b VARCHAR(20)
) MODE DB2SQL
METHOD get_a() RETURNS INTEGER LANGUAGE SQL,
METHOD get_b() RETURNS VARCHAR(20) LANGUAGE SQL
```

範例 定義 mytype 使用者類型中的 get_a 和 get_b 方法。

```
CREATE METHOD get_a() RETURNS INTEGER FOR mytype
  RETURN SELF..a;
CREATE METHOD get_b() RETURNS VARCHAR(20) FOR mytype
  RETURN SELF..b;
```

SELF 是指自身實體，這是個特殊的關鍵字。而 get_a 方法會傳回 mytype 之 a 屬性之值。

要呼叫方法時, 要寫成「實體名稱 .. 方法 ()」這樣, 中間要用兩個點來連接。此外, 方法可以根據參數的數量、資料類型來做多載處理。

範例 建立出含有使用者定義類型－ mytype 類型之欄位的資料表。

```
CREATE TABLE test_mytype (
  a mytype
)
```

範例 在資料表中 INSERT 列資料。

```
INSERT INTO test_mytype VALUES(mytype()..a(0)..b('test'))
```

範例 試著呼叫方法。

```
SELECT a..get_a(), a..get_b() FROM test_mytype
```

a..get_a()	a..get_b()
0	test

執行 CREATE TYPE 的話, 針對各屬性, 會自動生成「mutator」和「observer」這兩個方法。 mutator 是在 INSERT 時使用過的, 含有 1 個參數, 名稱與屬性相同的方法。使用這個方法, 可以設定各屬性之值。而 mutator 會傳回自身實體, 所以可以接在 mutator 之後呼叫。 observer 也是和屬性同名之方法, 但是它不含參數。此方法會傳回實體之屬性值。

屬性（property）與方法（method）

METHOD（方法）是物件導向的用語。物件導向可在類別裡定義屬性與方法。在此可在使用者定義型別中建立方法, 所以某種程度上可把使用者定義型別當成類別。使用者定義型別的各個屬性, 用物件導向的用語來說就是「property」。 mutator（變異示）也是物件導向的用語之一。

參照：CREATE TYPE   P.209

DROP TYPE

刪除使用者定義類型

語法

DROP TYPE type_name [FORCE] [VALIDATE]　　　　　　　　　`Oracle`

DROP TYPE BODY type_name　　　　　　　　　　　　　　　　`Oracle`

DROP TYPE type_name　　　　　　　　　　　　`SQLServer` `DB2`

DROP TYPE [IF EXISTS] type_name [CASCADE | RESTRICT]　`PostgreSQL`

參數

type_name　　　　　　　使用者定義類型名稱

用「DROP TYPE」可以刪除使用者定義類型。

• Oracle

在 Oracle 中, 可以用 DROP TYPE 來刪除使用者定義類型。這樣刪除的話, 整個類型, 包括其本體, 都會被刪除。若為父類型的話, 要指定「FORCE」才能刪除。一旦刪除了父類型, 其所有的子類型也都會被刪除。另外, 使用「VALIDATE」, 則可以檢驗物件資料表中的實體。

只要刪除型別的內容時, 可使用「DROP TYPE BODY」。

範例 刪除名為 mytype 的使用者定義類型。

```
DROP TYPE mytype                                    Oracle
```

• SQL Server 、 DB2

在 DB2 中可以刪除使用者定義類型。但是無法刪除有類型附加資料表, 或是擁有子類型、作為資料表之欄位類型來用的類型。

• PostgreSQL

PostgreSQL 可使用 IF EXISTS 可選項目。使用 CASCADE 可選項目則可自動刪除使用該型別的物件。雖然不刪除物件的 RESTRICT 是預設值, 但當有使用該型別的物件時則會發生錯誤。

CREATE
TABLE OF

建立物件資料表、類型附加資料表

【語法】

CREATE TABLE table_name **OF** type_name `Oracle`
[(column_definition[, column_definition …])]
OBJECT IDENTIFIER IS { PRIMARY KEY | SYSTEM GENERATED }

CREATE TABLE table_name **OF** type_name [**UNDER** super_type] `DB2`
[(column_definition [, column_definition …])]
INHERIT SELECT PRIVILEGES

【參數】

table_name	要建立的資料表名稱
column_definition	欄位定義

　　用「CREATE TABLE OF」，可以從使用者定義類型來建立出資料表。這是物件導向關聯式資料庫的功能。

• Oracle

　　在 Oracle 中，由使用者定義類型建立出的資料表，稱為「物件資料表」。一般的資料表則稱為「關聯式資料表」。可以建立出物件資料表的使用者定義類型，必須是以「AS OBJECT」來定義的類型。

範例 從名為 type_foo 的使用者定義類型建立出 table_foo 資料表。

```
CREATE TABLE table_foo OF type_foo                            Oracle
```

範例 將 OID 作為主鍵，建立出 table_foo 資料表。
　　　而在 type_foo 中，有定義一名為 no 的屬性。

```
CREATE TABLE table_foo OF type_foo (                          Oracle
  no PRIMARY KEY
) OBJECT IDENTIFIER IS PRIMARY KEY
```

範例 以 SCOPE IS 來限制參照欄位。

```
CREATE TABLE table_foo OF type_foo (                    Oracle
  ref_too_bar SCOPE IS ref_table
)
```

• DB2

在 DB2 中, 由使用者定義類型建立出的資料表, 稱為「類型附加資料表」。若該類型繼承了使用者定義類型, 則該類型附加資料表也要進行繼承動作。

範例 從名為 type_foo 的使用者定義類型建立出 table_foo 資料表。

```
CREATE TABLE table_foo OF type_foo (                    DB2
  REF IS OID USER GENERATED
)
```

範例 從名為 type_sub_foo 的使用者定義類型, 建立出繼承了 table_foo 的 table_sub_foo 資料表。

```
CREATE TABLE table_sub_foo OF type_sub_foo UNDER table_foo
  INHERIT SELECT PRIVILEGES                             DB2
```

範例 以 SCOPE IS 來限制參照欄位。

```
CREATE TABLE table_foo OF type_foo (                    DB2
  REF IS OID USER GENERATED,
  ref_to_mytype WITH OPTIONS SCOPE ref_table
)
```

參照：CREATE TYPE   P.209

CREATE TABLE INHERITS

資料表的繼承

> **語法**
>
> **CREATE TABLE** table_name
> **[(** column_definition **[,** column_definition **…])]**
> **INHERITS (** super_table **)**
>
> **參數**
>
> | | |
> |---|---|
> | table_name | 要建立的資料表名稱 |
> | column_definition | 欄位定義 |
> | super_table | 父資料表名稱 |

在 PostgreSQL 中, 可以用「CREATE TABLE INHERITS」來定義出繼承其他資料表的資料表。

範例 建立 mytable 資料表。

```
CREATE TABLE mytable (
  a INTEGER,
  b VARCHAR(20)
)
```

範例 建立出繼承 mytable 資料表的 mysubtable 子資料表。

```
CREATE TABLE mysubtable (
  c INTEGER
) INHERITS (mytable)
```

範例 在各資料表中 INSERT 資料。請注意, 在 mysubtable 資料表中, 需要有 mytable 的欄位資料。

```
INSERT INTO mytable VALUES(10,'abc')
INSERT INTO mysubtable VALUES(20,'xyz',900)
```

兩個 INSERT 指令會在 mytable 和 mysubtable 中新增一筆資料。讓我們來看看 mytable 的內容會如何變化吧。

```
SELECT * FROM mytable


 a _ _ _ _ b _ _ _
 10        abc
 20        xyz
```

mytable 資料表中也包含了 mysubtable 的內容。這是由於資料表因繼承而產生之父子關係而造成的。使用「ONLY」，就可以 SELECT 出只含 mytable 中所含之列資料的資料。

範例 只對名為 mytable 的資料表做 SELECT 動作。 -

```
SELECT * FROM ONLY mytable


 a _ _ _ b _ _ _ _ _
 10      abc
```

在 PostgreSQL 中，名為「TABLEOID」的欄位會由系統自動建立出來。參照此欄位，就可以正確地知道該筆資料是位在哪個資料表中。

範例 以 SELECT 查詢 mytable 資料表中，包含 tableoid 欄位的資料。

```
SELECT tableoid, a, b FROM ONLY mytable


 tableoid _ _ _ a _ _ _ b _ _ _ _
 24889          10      abc
 24991          20      xyz
```

將資料表的繼承和 CHECK 限制、觸發器（trigger）一起使用的話，就可進行資料表的區塊分割（partition table）。

COMMENT ON
sp_addextendedproperty

| Oracle | SQL Server | DB2 | Postgre SQL |
| MySQL/ MariaDB | SQLite | MS Access | SQL 標準 |

為資料表加上註解

語法

COMMENT ON TABLE tablename **IS** 'comment text' `Oracle` `DB2` `PostgreSQL`
COMMENT ON COLUMN tablename.columnname **IS**
'comment text'

sp_addextendedproperty @name = 'Description', `SQLServer`
@value = 'comment text',
@level0type = **'SCHEMA'**, @level0name = 'schema',
@level1type = **'TABLE'**, @level1name = 'tablename',
@level2type = **'COLUMN'**, @level2name = 'columnname'

CREATE TABLE (`MySQL/ MariaDB`
 columnname type **COMMENT** 'comment text'
) COMMENT='comment text'

參數

tablename	資料表名稱
columnname	欄位名稱
'comment text'	註解字串

在 Oracle、DB2、PostgreSQL 使用 COMMENT ON TABLE 可在資料表加上
註解；使用 COMMENT ON COLUMN 可在欄位加上註解。

範例 為資料表 foo 加上註解

```
COMMENT ON TABLE foo IS '資料表的註解'
```

範例 為資料表 foo 的欄位 a 加上註解

```
COMMENT ON COLUMN foo.a IS '欄位 a 的註解'
```

• Oracle

註解可在 USER_TAB_COMMENTS 或 USER_COL_COLUMNS 的欄位 COM-MENTS 中查詢到。資料表以外，也可為實體化檢視加上註解。

• DB2

註解可在 SYSCAT.TABLES、SYSCAT.COLUMNS 目錄檢視(catalog views) 的欄位 REMARK 中查詢到。資料表以外，也可為檢視、函數、 trigger…等 物件設定註解。

• PostgreSQL

註解可用 psql 的 \d+ 指令查詢。

• SQL Server

使用 sp_addextendedproperty 可設定資料庫物件的屬性（ property ）。 sp_addextendedproperty 是系統預存程序，可對引數所指定的資料庫物件設 定擴充屬性。

範例 為資料表 foo 設定註解

```
sp_addextendedproperty @name = 'Description',
  @value = ' 資料表的註解',
  @level0type = 'SCHEMA', @level0name = 'dbo',
  @level1type = 'TABLE', @level1name = 'foo'\
```

範例 為資料表 foo 的欄位 a 設定註解

```
sp_addextendedproperty @name = 'Description', Server SQL
  @value = ' 欄位 a 的註解',
  @level0type = 'SCHEMA', @level0name = 'dbo',
  @level1type = 'TABLE', @level1name = 'foo',
  @level2type = 'COLUMN', @level2name = 'a'
```

*擴充的屬性可在 sys.extended_properties 查詢到。

• MySQL

MySQL 可在 CREATE TABLE 建立資料表的同時, 設定註解。

範例 為資料表 foo 和欄位 a 設定註解

```
CREATE TABLE foo ( MariaDB MySQL/
  a INTEGER COMMENT '欄位 a 的註解'
) COMMENT = '資料表的註解
```

註解可用 SHOW CREATE TABLE、 SHOW FULL COLUMNS 查詢。

BEGIN 和 BEGIN

開始交易 (transcation) 的指令是「BEGIN」。編寫程序 (procedure) 時也會使用「BEGIN」。請注意, 同樣是 BEGIN, 前後含意並不相同。

在 SQL 中, 常常看到將同樣的關鍵字 (單字) 使用在不同的語法中。除了 BEGIN 外, 接下來會介紹其中幾個。

首先是「WHERE」。 WHERE 被用於 SELECT、 UPDATE、 DELETE。「FROM」也是一樣, 被用於 SELECT FROM、 DELETE FROM。「CREATE」則有 CREATE TABLE、CREATE VIEW、 CREATE PROCEDURE…等多種變化。DROP 也是如此。

「ON」或「TO」也被使用於很多地方。此外還有許多這樣的例子, 讀者有興趣的話請試著搜尋看看。

MEMO

第 3 章

運算子

依據運算子的種類不同，有的運算子能針對欄位資料做計算。運算子包括了下列這幾種：

- 進行四則運算的「數學運算子」

- 比較數值的「比較運算子」

- 處理且、或等運算的「邏輯運算子」

- 處理集合運算的「集合運算子」

一般的運算子是將其左右的值做運算後，傳回結果。以「1+2」這樣的算式來看，「+」就是把左邊的 1，和右邊的 2 做「加法運算」處理的運算子。運算子的左側叫「左邊」，右側叫「右邊」。由於是把左邊和右邊的兩個值拿來運算，所以稱為「二元運算子」。「-」運算子有兩種用途，一是用來進行「減法運算」，二是用來將值變成負的。「1-2」的用法就是前者，而「-2」則是後者的用法。在後者的用法中，由於被運算的對象只有一個，所以稱為「單元運算子」。

由於 SQL 是處理列資料之集合的語言，所以除了一般用來進行四則運算的運算子之外，還有能處理多個值的運算子。集合運算子並非一般用來計算數值的運算子，而是為了將集合中各資料進行聯集、交集等處理而存在的運算子。

靠著綜合運用這些各式各樣的運算子，我們就能進行許多複雜的資料處理。

在 Oracle、PostgreSQL 中可藉由 CREATE OPERATOR 來定義「使用者定義運算子」。本章所介紹的運算子是資料庫事先內建的運算子。雖然使用者定義的程序、函數已經很常見，但使用者定義運算子只有特定的資料庫才可使用。

3-1 集合運算子

集合運算子是用來處理集合運算的。集合運算子包括以下這些：

UNION .... 計算出聯集

EXCEPT .... 計算出差集

MINUS .... 計算出差集

INTERSECT .... 計算出交集

這些集合運算子會將 SELECT 命令所獲得的結果看做是集合體，然後將 2 個集合體做聯集、差集或交集的處理。

依據資料庫不同，除了 UNION 之外，有很多運算子是不被支援的。

•文氏圖

可進行集合運算的運算子是 SQL 特有的。C 語言、 java 、 Basic…等程式語言也有許多運算子。但除了 SQL 外，未曾見過其他程式語言在語言層級就定義可進行集合運算的運算子。將集合想像成資料所聚集成的一個圖形會比較容易理解。下面用圖形表示聯集、交集、差集。

圖表 3-1 以圖形表示集合運算

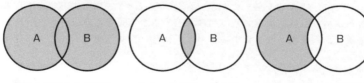

集合 A 和集合 B 的聯集　　　集合 A 和集合 B 的交集　　　集合 A 和集合 B 的差集

UNION 運算子

聯集

語法

SELECT 命令 UNION [ALL] SELECT 命令

利用「UNION」, 我們可以將多個 SELECT 命令結合成 1 個來處理。就如上表所寫的語法, 在 SELECT 命令陳述式之間, 寫上 UNION 就可以了。UNION 還可以連接 3 個以上的 SELECT 命令陳述式。

範例 用 UNION 將兩個 SELECT 命令結果做聯集處理。

```
SELECT * FROM foo UNION SELECT * FROM bar
```

範例 用 UNION 將 3 個 SELECT 命令結果做聯集處理。

```
SELECT * FROM foo UNION SELECT * FROM bar
 UNION SELECT * FROM bar2
```

以 UNION 連接的各 SELECT 命令之結果, 會進行聯集處理, 然後傳回整體的結果資料。而若聯集的結果中有重複的資料列, 則會被統合成 1 筆資料。若想要取得「所有的列資料 (整體集合)」, 則要用「UNION ALL」。

範例 用 UNION ALL 進行整體集合處理。

```
SELECT * FROM foo UNION ALL SELECT * FROM bar
```

以 UNION 來連接命令時, 有一點要特別注意。那就是, 連接起來的 SELECT 命令所查詢的欄位數、資料類型都要一致才行。像以下的寫法就會傳回錯誤訊息。

範例 錯誤的 UNION 用法

```
SELECT a,b FROM foo UNION SELECT c,d,e FROM bar
```

第 1 個 SELECT 查詢中選擇了 a、b 兩欄位, 但第 2 個 SELECT 卻選了 c、d、e 這 3 個欄位, 所以會發生錯誤。此時若適當地指定 NULL, 就可以避免錯誤。

範例 指定 NULL 值, 讓 2 個 SELECT 命令的欄位數一致。

```
SELECT a,b,NULL FROM foo UNION SELECT c,d,e FROM bar
```

• 進行 UNION 運算時的排序動作

我們可以用 ORDER BY 來做排序, 但是 ORDER BY 一定要寫在最後 1 個 SELECT 查詢之後。這樣就會將 UNION 所連接的所有查詢之最終結果來排序。不過這樣, 還是會出現問題。對於多個 SELECT 命令, 且同樣欄位的查詢來說, 用 ORDER BY 指定欄位名稱來排序並無問題, 但碰到多個 SELECT 命令, 但欄位彼此並無關聯時, 就無法用 ORDER BY 指定欄位來排序了。碰到這種情形時, 可以靠 ORDER BY 的指定排序欄位編號的功能來處理。 ORDER BY 不只能指定要排序的欄位名, 還可以用 # 符號來指定要以第幾個欄位 (也就是在 SELECT 命令中, 位在所選取欄位清單的第幾個) 來排序。

範例 指定欄位編號來進行 ORDER BY 。

```
SELECT a,b FROM foo UNION SELECT c,d FROM bar ORDER BY 1
```

* 在 MySQL 中, 從 4.0 版才開始支援 UNION 功能。

• 用 UNION 結合子查詢

在 DB2 、 PostgreSQL 、 MySQL 中可用 UNION 結合子查詢。各個子查詢中也可使用 ORDER BY 。

範例 藉由 UNION 結合使用 ORDER BY 的子查詢。

```
(SELECT a FROM foo ORDER BY a) UNION
(SELECT a FRON bar ORDER BY a)
```

| 參照 : MINUS 運算子 | P.240 |
| INTERSECT 運算子 | P.241 |

EXCEPT 運算子

差集

語法

SELECT 命令 EXCEPT [ALL] SELECT 命令

　　相對於 UNION 是針對 2 個以上的 SELECT 做聯集處理,「EXCEPT」則是進行差集處理。這兩個功能的差異只在聯集和差集, 至於欄位數和資料類型要一致的部分, EXCEPT 和 UNION 的規定是一樣的。

　　差集處理的結果會受到 SELECT 命令的順序影響。對 UNION 來說,「A UNION B」和「B UNION A」的結果是一樣的。但是用 EXCEPT 來進行差集運算時,「A EXCEPT B」和「B EXCEPT A」的結果是不同的。這就和「1+2」和「2+1」的結果都是 3, 而「1-2」和「2-1」的結果卻不同的道理是一樣的。

範例 foo 資料表中有 1 、 2 、 9 這 3 筆 (列) 資料, 而 bar 資料表則有 2 、 4 兩筆資料。從這兩個資料表中分別進行 SELECT 查詢, 並取得差集結果。

```
SELECT a FROM foo EXCEPT SELECT a FROM bar

a
- - - - - -
1
9
```

範例 將 SELECT 命令的順序交換, 則結果如下。

```
SELECT a FROM bar EXCEPT SELECT a FROM foo

a
- - -
4
```

* 在 Oracle 中, 差集要用 MINUS 來進行。

* SQL Server、SQLite 不支援 EXCEPT ALL。

* SQL Server 2005 以後的版本開始支援 EXCEPT 運算子。

| 參照 : UNION 運算子 | P.237 |
| MINUS 運算子 | P.240 |

MINUS 運算子

Oracle	SQL Server	DB2	Postgre SQL
MySQL/MariaDB	SQLite	MS Access	SQL 標準

差集

語法

SELECT 命令 MINUS SELECT 命令

在 Oracle 中, 差集要用「MINUS」運算子來進行。 MINUS 運算子不能寫成 MINUS ALL。也就是說, 在 Oracle 中無法取得含有重複列資料的差集結果。

在 SQL Server、DB2、PostgreSQL、SQLite 中, 則用 EXCEPT 來做差集處理。

範例 foo 資料表中有 1、2、9 這 3 筆 (列) 資料, 而 bar 資料表則有 2、4 兩筆資料。從這兩個資料表中分別進行 SELECT 查詢, 並用 MINUS 取得差集結果。

```
SELECT a FROM foo MINUS SELECT a FROM bar

a
_ _ _ _
1
9
```

範例 將 SELECT 命令的順序交換, 則結果如下。

```
SELECT a FROM bar MINUS SELECT a FROM foo

a
_ _ _
4
```

參照 :	UNION 運算子	P.237
	EXCEPT 運算子	P.239

INTERSECT 運算子

交集

語法

SELECT 命令 INTERSECT [ALL] SELECT 命令

相對於 UNION 是針對 2 個以上的 SELECT 做聯集處理,「INTERSECT」則是進行交集處理。這兩個功能的差異只在聯集和交集,至於欄位數和資料類型要一致的部分, INTERSECT 和 UNION 的規定是一樣的。

交集處理和 UNION 一樣, 其結果不受 SELECT 命令的順序影響。「A IN-TERSECT B」和「B INTERSECT A」的結果是一樣的。這就和「1*2」和「2*1」的結果都是 2 的道理是一樣的。

INTERSECT 和 INTERSECT ALL 的差異在於是否包含重複的資料。用 IN-TERSECT 計算集合「1, 2, 2, 9」和集合「2, 2, 4」的聯集, 結果為「2」。用 INTERSECT ALL 計算的結果為「2, 2」。

範例 foo 資料表中有 1 、 2 、 9 這 3 筆 (列) 資料, 而 bar 資料表則有 2 、 4 兩筆資料。從這兩個資料表中分別進行 SELECT 查詢, 並以 INTERSECT 取得交集結果。

```
SELECT a FROM foo INTERSECT SELECT a FROM bar

a
_ _ _
2
```

* Oracle、SQL Server、SQLite 不支援 INTERSECT ALL。

* SQL Server 2005 以後的版本開始支援 INTERSECT 運算子。

參照 : UNION 運算子   P.237
        EXCEPT 運算子   P.239

3-2 數學運算子

數學運算子是用來計算數值的, 共包括下列這些:

+ .... 加

‐ .... 減

* .... 乘

/ .... 除

% .... 取餘數

數學運算子可以運用在 SQL 中能記述陳述式的地方。像是 SELECT 命令中要選取的欄位清單, 或是 WHERE 子句裡的條件式, 在 INSERT 命令中的 VALUE 裡, 都可以寫上數學運算式。

含有 NULL 值的運算結果一定會變成 NULL。「1+NULL」或「NULL+1」, 都會得到 NULL。

•資料型別

算術運算子都是二元運算子。運算子的左右一定有運算對象。所以運算結果的資料型別受到運算對象的影響。一般的情形, 運算結果會和左右運算對象是同樣的資料型別。大部分的資料庫系統中, 使用運算子的運算式在編寫的方式上, 會將運算子放於在運算對象的中間。例如: 想計算 1+2 時, 以下列方式編寫。

```
1+2
```

＋ 運算子

| Oracle | SQL Server | DB2 | Postgre SQL |
| MySQL/ MariaDB | SQLite | MS Access | SQL 標準 |

加法運算

> **語法**
>
> 數值 ＋ 數值→數值
>
> 字串 ＋ 字串→字串　　　　　　　　　　SQLServer　MS Access
>
> 日期 ＋ 數值→日期

　　數值的加法運算，會將左邊的值加上右邊的值，然後傳回結果。數值、字串、日期這 3 種資料類型可以進行加法運算。

範例 以 SELECT 查詢出欄位 a 和欄位 b 之值相加為 10 的資料。

```
SELECT * FROM foo WHERE a + b = 10
```

　　字串彼此間進行加法運算時，字串會接在一起，然後做為結果傳回。不過，只有 SQL Server 和 Access 能用 ＋ 對字串做加法運算。在 Oracle、DB2、PostgreSQL、SQLite 中，要用「||」。MySQL 則用 CONCAT 函式來進行。

範例 以 SELECT 查詢出欄位 a 和欄位 b 之字串值相加為 'abcdefg' 的資料。

```
SELECT * FROM foo WHERE a + b = 'abcdefg'         SQLServer  MS Access
```

　　日期和時間也可以做加法運算。此時，要加上的期間必須是以日 (天) 為單位的數值。想要以小時為單位來加算時，因為「1 天 =24 小時」，所以只要把 1 小時寫成 1/24 來做計算即可。PostgreSQL、MySQL 中則可以用 INTERVAL 來指定任意單位，以進行運算。

　　要加 1 個月的時候，到底該把 1 個月換成 30 天，還是 31 天來算，實在是很麻煩的事。因為不是每個月都是 31 天，所以「2 月 14 日 +31 日」，是不會得到正確結果的。這種時候，就不用日來算，而直接用 1 個月後的方式來算，也就是利用「ADD_MONTHS」函式，或是「DATEADD」函式來處理。

範例 取得現在日期加上 7 天後的日期 (Oracle)。

```
SELECT SYSDATE + 7 FROM DUAL
```

* 以日期資料類型來使用 ＋ 運算子的功能，是 SQL Server Version 7.0 以後才支援的功能。

| 參照：ADD_MONTHS 函式 | P.349 |
| DATEADD 函式 | P.361 |

- 運算子

減法運算

> **語法**
>
> 數值 - 數值→數值
>
> 日期 - 日期→數值
>
> 日期 - 數值→日期

　　數值的減法運算是將左邊的數值減掉右邊的數值後，傳回結果。字串不能進行減法運算。只有數值和日期資料類型可以進行 - 運算。

範例 只 SELECT 出 a 欄位減去 b 欄位之值為 10 的資料。

```
SELECT * FROM foo WHERE a - b = 10
```

　　將日期類型資料互相做減法運算，就可以取得兩個日期間的日期差。將 1999 年 8 月 1 日減去 1966 年 1 月 25 日，就能算出 1996 年 1 月 25 日到 1999 年 8 月 1 日到底經過了多久。日期的差，也可以用「DATEDIFF」函式來取得。

　　日期也可以減去時間。和加法運算一樣，減法的日期運算也是用日（天）為單位的數值來指定。要計算到小時時，由於「1 天 =24 小時」，所以要計算 1 個小時後的日期值，就加上 1/24 就可以了。依此類推，由於「1 天 =1440 分鐘」，所以用「1 分 =1/1440 天」的方式來算就可以了。

　　碰到減去 1 個月的運算時，由於一個月可能有 30 天，也可能有 31 天，所以算起來會變得很麻煩。不是每個月都有 31 天，所以「3 月 14 日 -31 天」的寫法，也不見得就能獲得正確結果。像這種情況，就要利用「ADD_MONTHS」函數或「DATEADD」函式，並指定負的值來處理。

範例 算出 7 天前的日期。

```
SELECT SYSDATE - 7 FROM DUAL
```

* 日期資料類型的 - 運算子功能，是 SQL Server Version 7.0 版之後才有的功能。
* 在 SQLite 中無法進行日期型別的減法，請使用 DATE…等相關函數。

| 參照： ADD_MONTHS 函式 | P.349 |
| DATEDIFF 函式 | P.363 |

* 運算子

乘法運算

語法

數值 * 數值 → 數值

　只有數值資料可以進行乘法運算。所計算的數值過大的話，可能會發生 overflow 的問題。為了避免 overflow，有時須將資料類型變更為可以容納更大數值的類型。

　注意在 SELECT 命令中，指定選擇欄位清單處的「*」符號，則是萬用字元，用來代表所有的欄位，和乘法無關。

範例 只 SELECT 出 a 欄位乘以 b 欄位之值為 10 的資料。

```
SELECT * FROM foo WHERE a * b = 10
```

優先次序

運算子有優先次序。「1+2*3」的運算結果是 7 不是 9。是從 2*3 開始計算，而不是 1+2。「*」比「+」有更高的優先次序。在 SQL 也一樣有這種優先次序的思考邏輯。

想要改變優先次序時，需使用括號。想先計算 1+2 可依下列的方式。

```
(1+2)*3
```

這個運算式的結果為 9。

參照：/ 運算子　　P.246

/ 運算子

除法運算

(語法)

數值／數值→數值

只有數值資料類型可以進行除法運算。若用 0 來做除數, 則會產生「除以 0 錯誤」的錯誤訊息。

範例 只 SELECT 出欄位 a 之值除以欄位 b 之值的結果爲 10 的列資料。

```
SELECT * FROM foo WHERE a / b = 10
```

• SQL Server

在 SQL Server 中, 可以藉由選項設定, 來避開除以 0 錯誤的問題, 以獲得計算結果。可設定的選項包括以下 3 種。

SET ARITHABORT OFF .... 不因爲運算錯誤而終止程式的執行

SET ARITHIGNORE ON .... 忽略運算錯誤

SET ANSI_WARNINGS OFF .... 不顯示錯誤訊息

此時計算結果值會變成 NULL 。而這些選項只在其設定所在之 SESSION 內有效。這些選項不只能控制除以 0 錯誤, 也能控制其他像 overflow 等運算錯誤。

• DB2

在 DB2 中, 若將「DFT_SQLMATHWARN」設爲 yes, 就可以在運算錯誤發生時, 傳回 NULL 值。

• MySQL

MySQL 可用 SQL 模式中的「ERROR_FOR_DIVISION_BY_ZERO」來設定是否會有警告。

| 參照 : * 運算子 | P.245 |
| % 運算子 | P.247 |

3.2

數學運算子

% 運算子

取餘數

語法

數值 % 數值 → 數值

只有數值能進行取餘數的運算。用 0 來取餘數時,也會產生除以 0 錯誤。

範例 只 SELECT 出欄位 a 除以欄位 b 列之餘數為 10 的列資料。

```
SELECT * FROM foo WHERE a % b = 10
```

在 Oracle 、 DB2 中,則無法使用 % 運算子。要算出餘數時,要用「MOD」函式。在 Access 中則不是用 % 運算子,而是用「MOD」運算子。

計算餘數

雖然在一般的日常生活中使用到四則運算的機會不少,但需要計算餘數的情境卻很少見。不過在程式設計中,常常會需要計算餘數。

餘數是除法計算後無法被除盡的數。餘數的範圍會 0~ 除數 -1 之間。例如:不管 x 的值是多少, x÷3 的餘數會在 0~2 之間,也就是 0、1、2 三者之間。由於餘數在計算上有這樣的特性,所以在各種演算法中都會使用到。

參照 : / 運算子　　　P.246
　　　MOD 函數　　　P.431

3-3 位元運算子

位元運算子, 是將數值以位元為單位來進行處理的運算子。位元運算子包括以下這些:

& .... 位元的且 (AND)

| .... 位元的或 (OR)

^# .... 位元的互斥 (XOR)

~ .... 位元的否定 (NOT)

用 NULL 值進行計算的話, 結果一定是 NULL。「1 & NULL」和「NULL | 1」的結果都是 NULL。

位元的運算, 是將 1 個整數值, 以位元為單位進行處理, 常用來處理多個 Flag 的狀況。8 位元長的整數值, 就會被當成 8 個 Flag 來處理。常用的數值如圖 3-2 所示。

圖 3-2 位元運算中常用的常數

10 進位	16 進位	2 進位
1	1	00000001
2	2	00000010
4	4	00000100
8	8	00001000
16	10	00010000
32	20	00100000
64	40	01000000
128	80	10000000

範例 若要把右邊數來第 4 個位元設為 1 的話, 就以 10 進位的 8 做或運算。

```
b = b | 8
```

`範例` 反之, 要將右邊數來第 4 個位元設為 0 的話,
就用 8 做否定運算後, 再做且運算。

```
b = b & (~ 8)
```

`範例` 同樣地, 要確定右邊算起第 4 個位元是否為 1 時,
只要用 8 做且運算後, 看結果是否為 1 即可。

```
b & 8 <> 0
```

& 運算子

Oracle　SQL Server　DB2　Postgre SQL
MySQL/ MariaDB　SQLite　MS Access　SQL 標準

位元的且運算 (AND)

> **語法**
>
> **數值陳述式 & 數值陳述式→數值**

「&」運算子會以位元爲單位做「且」的運算。位元單位的且運算 (AND) 如圖 3-3 所示。

圖 3-3　且運算

a	b	a & b
1	1	1
1	0	0
0	1	0
0	0	0

實際上使用 & 運算子時，是在運算數值，所以各個位元會依照上表的規則進行運算處理，運算結果就如下。

```
      2 進位      10 進位
      0101        5
  &   0011        3
  - - - - - - - - - - - - - - -
      0001        1

      2 進位      10 進位
      0110        6
  &   0011        3
  - - - - - - - - - - - - - - -
      0010        2
```

範例　只 SELECT 出欄位 a 和欄位 b 之位元且運算結果爲 10 的列資料。

```
SELECT * FROM foo WHERE a & b = 10
```

* Access 中的 & 運算子，功能不是位元運算,，而是結合字串。

* Oracle 、 DB2 中的 & 運算子可以用「BITAND」函式來代替。

參照：	運算子	P.251
	BITAND 函式	P.421

3.3

位元運算子

運算子

位元的或運算 (OR)

語法

數值陳述式 | 數值陳述式→數值

「|」運算子會以位元爲單位做「或」的運算。位元單位的或運算 (OR) 如圖 3-4 所示。

圖 3-4 或運算

a	b	a | b
1	1	1
1	0	1
0	1	1
0	0	0

實際上使用 | 運算子時, 是在運算數值, 所以各個位元會依照上表的規則進行運算處理, 運算結果就如下。

```
   2 進位      10 進位
   0101        5
|  0011        3
- - - - - - - - - - - - -
   0111        7

   2 進位      10 進位
   0110        6
|  0011        3
- - - - - - - - - - - - -
   0111        7
```

範例 只 SELECT 出欄位 a 和欄位 b 之位元或運算結果爲 10 的列資料。

```
SELECT * FROM foo WHERE a | b = 10
```

* 在 DB2 中可用「BITOR」函數來取代運算子「|」。

參照：& 運算子   P.250
      ~ 運算子   P.254

^ 運算子

位元的互斥運算 (XOR)

語法

數值陳述式 ^ 數值陳述式→數值

「^」運算子會以位元為單位做「互斥」的運算。位元單位的互斥運算 (XOR) 如圖 3-5 所示。

圖 3-5 互斥運算

a	b	a ^ b
1	1	0
1	0	1
0	1	1
0	0	0

實際上使用 ^ 運算子時, 是在運算數值, 所以各個位元會依照上表的規則 進行運算處理, 運算結果就如下。

```
    2 進位      10 進位
    0101        5
^   0011        3
- - - - - - - - - - - - - -
    0110        6

    2 進位      10 進位
    0110        6
^   0011        3
- - - - - - - - - - - - - -
    0101        5
```

範例 只SELECT出欄位a和欄位b之位元互斥運算結果為10的列資料。

```
SELECT * FROM foo WHERE a ^ b = 10
```

* 在 PostgreSQL 中, 要用 # 運算子來做互斥 (XOR) 運算。

* PostgreSQL 、 Access 中,「^」運算子用來進行指數運算。

参照 : # 運算子　　　P.253
　　　 ~ 運算子　　　P.254

運算子

位元的互斥運算 (XOR)

語法

數值陳述式 # 數值陳述式→數值

「#」運算子會以位元為單位做「互斥」的運算。位元單位的互斥運算 (XOR) 如圖 3-6 所示。

圖 3-6 互斥運算

a	b	a # b
1	1	0
1	0	1
0	1	1
0	0	0

實際上使用 # 運算子時，是在運算數值，所以各個位元會依照上表的規則進行運算處理，運算結果就如下。

```
    2 進位      10 進位
    0101        5
#   0011        3
- - - - - - - - - - - - - -
    0110        6

    2 進位      10 進位
    0110        6
#   0011        3
- - - - - - - - - - - - - -
    0101        5
```

範例 只 SELECT 出欄位 a 和欄位 b 之位元互斥運算結果為 10 的列資料。

```
SELECT * FROM foo WHERE a # b = 10
```

* 在 SQL Server、MySQL 中，要用 ^ 運算子來做互斥 (XOR) 運算。

* 在 DB2 中可用「BITXOR」函數進行 XOR 運算。

參照：^ 運算子   P.252

　　　~ 運算子   P.254

～ 運算子

Oracle	SQL Server	DB2	Postgre SQL
MySQL/ MariaDB	SQLite	MS Access	SQL 標準

位元的否定運算 (NOT)

語法

～ 數值陳述式→數值

「～」運算子會以位元為單位做否定 (NOT) 的運算。位元單位的否定運算就等於將位元值反轉。

圖 3-7　否定

a	~a
1	0
0	1

實際上使用 ～ 運算子時, 是在運算數值, 所以各個位元會依照上表的規則進行運算處理, 運算結果就如下。

```
      2進位          10 進位
  ~   00000101       5
- - - - - - - - - - - - - - - -
      11111010       250


      2 進位         10 進位
  ~   00000110       6
- - - - - - - - - - - - - - - -
      11111001       249
```

在上例中, 是以數值是「8 位元無符號 (tinyint 資料類型)」為前提而做出的計算結果。依據所計算之資料類型不同 (還有 16 位元或 32 位元等資料類型), 運算結果也會不一樣。此外, 若是包含符號的資料類型, 由於最前面的位元是用來作為符號使用, 所以正數以否定 (NOT) 運算, 就會變成負數。

範例　只 SELECT 出欄位 a 做位元否定運算後, 結果為 10 的列資料。

```
SELECT * FROM foo WHERE ~a = 10
```

* 在 DB2 中可用「BITNOT」函數進行補數運算。

參照：& 運算子　　P.250
　　　| 運算子　　P.251

3-4 比較運算子

比較運算子是用來進行值的比較。比較運算子包括以下這些：

= .... 相 等   >= .... 大於或等於

> .... 大 於   <= .... 小於或等於

< .... 小 於   <> .... 不相等

                                        != .... 不相等

　這邊的比較運算子主要用於 SELECT 指令的 WHERE 子句。比較運算子和算術運子一樣，都是放在運算對象的中間。但是不能像下列的方式連續使用比較運算子。

```
1<x<3
```

・運算結果

　比較運算子會依比較的結果回傳「真」或「偽」。字串的比較會依設定的定序基準進行比較。

・NULL 的運算

　運算式中若含有 NULL 值，就無法獲得確實的結果 (unknown)。像「1=NULL」或「NULL>1」，都沒有正確的結果。要判斷是否為 NULL 值的話，可以用「IS NULL」來進行。

　接著我們會針對各比較運算子做詳細說明，而範例中所用的資料表，就是圖 3-8 的內容，各範例都從此資料表中 SELECT 資料。

圖 3-8 進行 SELECT 動作的通訊錄資料表範例

姓名	地址	年齡	性別
山田太郎	東京都	21	男
鈴木花子	北海道	32	女
佐藤次郎	埼玉縣	17	男
田中花子	大阪府	19	女
山本幸子	鹿兒島縣		女
高橋次郎	東京都	17	男

= 運算子

相等

> **語法**
>
> 數值陳述式 = 數值陳述式→布林值
>
> 字串陳述式 = 字串陳述式→布林值
>
> 日期陳述式 = 日期陳述式→布林值

「=」運算子會比較其左邊和右邊的值是否相等。若相同，就是「眞」，不同，就是「僞」。反之，若要比較是否「不同」，就用 <> 運算子，或是 != 運算子。

NULL 值的比較只能用「IS NULL」，否則就一定會出現「unknown」的不正確結果。

範例 SELECT 出年齡爲 17 的人。

```
SELECT 姓名, 年齡 FROM 通訊錄 WHERE 年齡= 17
```

姓名	年齡
佐藤次郎	17
高橋次郎	17

範例 SELECT 出性別爲「男」的人。

```
SELECT 姓名,性別 FROM 通訊錄 WHERE 性別= '男'
```

氏名	性別
山田太郎	男
佐藤次郎	男
高橋次郎	男

參照 : <> 運算子　　　　P.261
　　　 IS NULL 運算子　 P.284

3.4

比較運算子

> 運算子

大於

> **語法**
>
> **數值陳述式 > 數值陳述式→布林值**
> **字串陳述式 > 字串陳述式→布林值**
> **日期陳述式 > 日期陳述式→布林值**

「>」運算子會比較其左邊和右邊值的大小關係。若左邊比右邊大，就是「真」，其他的狀況都是「偽」。左邊和右邊相等也是偽。要做包含相等值的大於判斷 (大於和等於都為真) 時，可用「>=」運算子。

字串的大小關係，是依據其長度和文字碼來進行。所以 'a' 是比 'b' 小的字串值。'aa' 也比 'aaa' 小。

此外，也會受到定序基準影響。請參考 >= 運算子 的說明。

範例 SELECT 出年齡大於 19 歲的人。

```
SELECT 姓名,年齡 FROM 通訊錄 WHERE 年齡>19
```

姓名	年齡
山田太郎	21
鈴木花子	32

BOOLEAN 型別

在 SQL2003 標準規範中, BOOLEAN 資料型別被納入進來。「TRUE」、「FALSE」是 BOOLEAN 型別可能的字面值(literal)。比較運算子會回傳 TRUE 或 FALSE 其中之一。

PostgreSQL 和 MySQL 可以使用 BOOLEAN 型別或是 TRUE、FALSE。在 SQL Server 則沒有 BOOLEAN 型別, 但可用 BIT(1)來代替或是使用 TRUE、FALSE。

參照 : < 運算子　　P.258
　　　 >= 運算子　　P.259

< 運算子

Oracle	SQL Server	DB2	Postgre SQL
MySQL/ MariaDB	SQLite	MS Access	SQL 標準

小於

> **語法**
>
> **數值陳述式 < 數值陳述式→布林值**
> **字串陳述式 < 字串陳述式→布林值**
> **日期陳述式 < 日期陳述式→布林值**

「<」運算子會比較其左邊和右邊之值的大小關係。左邊比右邊小時, 就是「真」,其他的狀況都是「偽」。左邊和右邊相等也是偽。要做包含相等值的小於判斷 (小於和等於都為真) 時, 可用「<=」運算子。

範例 SELECT 出年齡小於 30 的人。

```
SELECT 姓名, 年齡 FROM 通訊錄 WHERE 年齡 < 30


姓名            年齡
山田太郎         21
佐藤次郎         17
田中花子         19
高橋次郎         17
```

參照 :	> 運算子	P.257
	<= 運算子	P.260

>= 運算子

大於或等於 (以上)

語法

數值陳述式 >= 數值陳述式→布林值

字串陳述式 >= 字串陳述式→布林值

日期陳述式 >= 日期陳述式→布林值

「>=」運算子會比較其左邊和右邊之值的大小關係。左邊比右邊大或者相等時就是「真」,其他的狀況都是「偽」。要做不包含相等值的大於判斷 (只有大於時為真) 時, 可用「>」運算子。

此運算子不能寫成 =>, 等號要寫在右邊。<= 運算子也一樣。

範例 SELECT 出年齡在 19 以上的人。

```
SELECT 姓名, 年齡 FROM 通訊錄 WHERE 年齡>=19

姓名        年齡
山田太郎     21
鈴木花子     32
田中花子     19
```

定序基準

在 SQL Server 和 MySQL、SQLite 可用 COLLATE 指定定序基準, 並用該基準進行比較。 SQL Server 使用「Chinese_Taiwan_Stroke_BIN」定序基準, MySQL 則使用「utf8_bin」定序基準。如此就可在區分大小寫下以位元值 (binary) 進行比較。

```
SELECT * FROM foo WHERE a COLLATE Chinese_Taiwan_Stroke_BIN
= 'abc'
```

因為 SQL Server 預設使用不區分大小寫的定序基準, 所以一般的比較下, 有 ABC 的資料行也會被檢索出來。但若以上述的方法進行查詢, 有大寫 ABC 的資料則不會被檢索出來。

參照 : > 運算子   P.257

     <= 運算子   P.260

<= 運算子

小於或等於 (以下)

【語法】

數值陳述式 <= 數值陳述式→布林值

字串陳述式 <= 字串陳述式→布林值

日期陳述式 <= 日期陳述式→布林值

「<=」運算子會比較其左邊和右邊之值的大小關係。左邊比右邊小或者相等時就是「真」,其他的狀況都是「偽」。要做不包含相等值的小於判斷 (只有小於時為真) 時, 可用「<」運算子。

【範例】 SELECT 出年齡在 21 以下的人。

```
SELECT 姓名, 年齡 FROM 通訊錄 WHERE 年齡 <= 21

姓名          年齡
_ _ _ _ _ _ _ _ _ _ _ _
山田太郎       21
佐藤次郎       17
田中花子       19
高橋次郎       17
```

在 Oracle 的定序基準

在 Oracle, 使用 session 變數 NLS_COMP 和 NLS_SORT 可設定比較時的定序基準。NLS_COMP 是比較時的比較方式。NLS_SORT 則是排序時的定序基準。

將 NLS_COMP 設定為 LINGUISTIC, 就可用 NLS_SORT 指定定序基準。要變更比較時的定序基準, 需在 NLS_SORT 指定想使用的定序基準, 並將 NLS_COMP 設為 LINGUISTIC。

```
ALTER SESSION SET NLS_SORT=JAPANESE_M_CI;
ALTER SESSION SET NLS_COMP=LINGUISTIC;
SELECT * FROM foo WHERE a = 'abc';
```

如上述指令, 大寫 ABC 的資料也會被檢索出來。

參照 : < 運算子　　　P.258
　　　 >= 運算子　　　P.259

<> 運算子

不等於

【語法】

數值陳述式 <> 數值陳述式→布林值

字串陳述式 <> 字串陳述式→布林值

日期陳述式 <> 日期陳述式→布林值

「<>」運算子會比較其左邊和右邊之值是否 「不相等」。相等時, 就是「偽」, 不相等時就是「真」。反之, 要比較是否相等時, 就用 = 運算子。

要找出非 NULL 值的資料時, 必須使用「IS NOT NULL」。

【範例】 SELECT 出地址不在東京都的人。

```
SELECT 姓名,地址 FROM 通訊錄 WHERE 地址<>'東京都'
```

姓名	地址
鈴木花子	北海道
佐藤次郎	埼玉縣
田中花子	大阪府
山本幸子	鹿兒島縣

參照 : = 運算子	P.256
IS NULL 運算子	P.284

!= 運算子

不等於

語法

數值陳述式 != 數值陳述式→布林值

字串陳述式 != 字串陳述式→布林值

日期陳述式 != 日期陳述式→布林值

「!=」運算子會比較其左邊和右邊之值是否「不相等」。相等時, 就是「偽」, 不相等時就是「真」。在很多資料庫中, 用 != 和 <> 運算子所獲得的結果是相同的。

要找出非 NULL 值的資料時, 必須使用「IS NOT NULL」。

範例 SELECT 出地址不在東京都的人。

```
SELECT 姓名,地址 FROM 通訊錄 WHERE 地址 != '東京都'
```

姓名	地址
鈴木花子	北海道
佐藤次郎	埼玉縣
田中花子	大阪府
山本幸子	鹿兒島縣

3.4

比較運算子

參照 ：= 運算子　　　　　P.256

IS NULL 運算子　　P.284

3-5 邏輯運算子

邏輯運算子包括以下這些。

~ .... 依據正規表示式 (Regular Expression) 來進行
比對搜尋 (Pattern Matching)。

ALL .... 表示「全部」的比較運算子之修飾子。

AND .... 且。

ANY .... 表示「任何」的比較運算子之修飾子。

BETWEEN .... 存在於範圍內時, 傳回真 (True)。

EXISTS .... 是否存在。

ILIKE .... 進行比對搜尋時不分大小寫。

IN .... 是否在內。

LIKE .... 比對搜尋

NOT .... 否定 (非)

OR .... 或

REGEXP .... 依據正規表示式來進行比對搜尋

SOME .... 表示「任何」的比較運算子之修飾子。

這些邏輯運算子, 主要用在 SELECT 命令中的 WHERE 子句裡。 ALL、
ANY、 EXISTS、 SOME 則是和子查詢一起使用。

以下就針對各運算子做詳細說明, 而各說明中之範例所使用的資料表, 則
如圖 3-9 和圖 3-10 所示。

圖 3-9 進行 SELECT 動作的通訊錄資料表範例

姓名	地址	年齡	性別
山田太郎	東京都	21	男
鈴木花子	北海道	32	女
佐藤次郎	埼玉縣	17	男
田中花子	大阪府	19	女
山本幸子	鹿兒島縣		女
高橋次郎	東京都	17	男

圖 3-10 進行 SELECT 動作的地址資料表範例

住所
東京都
埼玉縣

～ 運算子

依據正規表示式來進行比對搜尋

語法

陳述式 ～ 字串陳述式

陳述式 ～* 字串陳述式

陳述式 !～ 字串陳述式

陳述式 !～* 字串陳述式

「～」運算子, 可依據所指定之萬用字元, 來進行「比對搜尋」。若只是進行比對搜尋的話, 功能就和 LIKE 相同, 不過 ～ 運算子可以用「正規表示式」的格式, 來進行比對搜尋。

「～*」運算子可以不分文字大小寫, 進行比對搜尋。「!～」運算子和「!～*」運算子則在資料不符合搜尋條件時, 會傳回眞 (True)。

能以「正規表示式」形式運用之萬用字元, 包括圖 3-11 所示。

圖 3-11 正規表示式萬用字元 (PostgreSQL)

字元	意義
.	任意 1 文字
*	接在其前方之樣式重複 0 次以上
+	接在其前方之樣式重複 1 次以上
?	接在其前方之樣重複 0 次或 1 次
^	最前頭
$	最後端
|	寫成 A|B 的話, 就表示「A 或者 B」
()	樣式的群組化
[]	括弧內文字中之任一者
{}	指定重複次數

要指定萬用字元本身時, 要用反斜線 (\) 來做跳脫的動作。

範例 SELECT 出 a 欄位中開頭爲 A 的資料。

```
SELECT a FROM foo WHERE a ~ '^A.*'

a
- - - - -
ABC
```

範例 SELECT 出 a 欄位中開頭為 A 或 a 的資料。

```
SELECT a FROM foo WHERE a ~* '^A.*'

a
_ _ _ _ _
ABC
about
```

範例 SELECT 出 a 欄位中開頭為 A 或 B 的資料。

```
SELECT a FROM foo WHERE a ~ '^A|B.*'

a
_ _ _ _ _
ABC
Bomb
```

範例 SELECT 出 a 欄位中開頭為 A、B、C 或 0 的資料。

```
SELECT a FROM foo WHERE a ~ '^[ABC0].*'

a
_ _ _ _ _ _
ABC
Bomb
Cool
0120-PMC
```

範例 SELECT 出 a 欄位中開頭為數字 (0~9) 的資料。

```
SELECT a FROM foo WHERE a ~ '^[0-9].*'

a
_ _ _ _ _ _ _
0120-PMC
8139too
330
```

請注意, 在 SQL Server 、 PostgreSQL 、 MySQL 、 SQLite 中, 「~」運算子是使用於補數運算。

參照: LIKE 運算子　　P.271

ALL 運算子

表示「全部」的比較運算子之修飾子

> **語法**
> 陳述式 比較運算子 ALL (子查詢)

「ALL」要有比較運算子和子查詢時才成立。要比較子查詢傳回的結果中的所有資料時，就用這個修飾子。

依據修飾子所修飾之比較運算子不同，其動作也會不同。配合「>」運算子使用的話，像「a > ALL(1, 2, 9)」這樣，就會被解釋為，a 的值要比 1、2、9 都大才行。也就是說，a 要比子查詢之結果中，最大之值還大時，才會傳回真 (寫成「ALL(1, 2, 9)」這樣只是為了方便說明，實際上應該是子查詢)。

反之，寫成「a < ALL(1, 2, 9)」的話，a 的值就要比 1、2、9 都小才行。a 要比子查詢之結果中，最小的 1 還小時，才會傳回真。

「a = ALL(1, 2, 9)」這樣則是沒意義的寫法。因為要與 1、2、9 這 3 個值都相同的值是一定不存在的。

寫成「a <> ALL(1, 2, 9)」的話，a 的值要和 1、2、9 中任一個都不一樣時，才會傳回真。這和寫成「a NOT IN (1, 2, 9)」是一樣的。

> **範例** 找出其地址不存在於地址資料表中的人。

```
SELECT 姓名, 地址 FROM 通訊錄
WHERE 地址 <> ALL (SELECT 地址 FROM 地址)
```

姓名	地址
鈴木花子	北海道
田中花子	大阪府
山本幸子	鹿兒島縣

參照：ANY 運算子　　P.268
　　　 IN 運算子　　　P.272

AND 運算子

Oracle	SQL Server	DB2	PostgreSQL
MySQL/MariaDB	SQLite	MS Access	SQL 標準

邏輯的且

語法

陳述式 AND 陳述式

「AND」運算子在其左右兩邊的值都爲眞時 (True)，會傳回眞。其他的情況都傳回「僞」(False)。

圖 3-11 AND 運算子的值

a	b	a AND b
true	true	true
true	false	false
false	true	false
false	false	false

範例 SELECT 出地址在東京都，且年齡爲 17 歲的人。

```
SELECT 姓名, 地址, 年齡 FROM 通訊錄 WHERE 地址 = '東京都' AND 年齡=17


姓名      地址      年齡
--------------------------
高橋次郎  東京都    17
```

參照： OR 運算子　　P.277

ANY 運算子

表示「任何」的比較運算子之修飾子

語法

陳述式 比較運算子 ANY(子查詢)

「ANY」要有比較運算子和子查詢時才成立。要比較子查詢傳回的結果中的任何一個資料時，就用這個修飾子。

依據修飾子所修飾之比較算子不同，其動作也會不同。配合「>」運算子使用的話，像「a > ANY(1, 2, 9)」這樣，就會被解釋為，a 的值只要比 1、2、9 中任一者大就可以了。也就是說，a 只要比子查詢之結果中，最小之值還大時，就會傳回眞 (寫成「ANY(1, 2, 9)」這樣只是爲了方便說明，實際上應該是子查詢)。

反之，寫成「a<ANY(1, 2, 9)」的話，a 只要比 1、2、9 中任一者小就可以了。所以 a 只要比最大的 9 還小時，就會傳回眞。

寫成「a=ANY(1, 2, 9)」這樣的話，只要 a 與 1、2、9 這 3 個值中任一者相同，就會傳回眞。這和寫成「a IN(1, 2, 9)」的結果相同。

寫成「a<>ALL(1, 2, 9)」的話，a 的值只要和 1、2、9 中每一個都不一樣時，就會傳回眞。因此 <> 運算子加上 ANY 的運用是沒有意義的。由於只要和 ANY 之子查詢結果中，任何一個值不一樣，整體就會傳回眞，所以「a<> ANY(1, 2, 9)」的結果就一定是眞。而「a 的值不是 1、2、9 中任一個」這樣的條件，可以寫成「a NOT IN(1, 2, 9)」或「a <> ALL(1, 2, 9)」。

範例 SELECT 出居住地址與地址資料表中任一個地址資料相符的人的資料。

```
SELECT 姓名, 地址 FROM 通訊錄 WHERE 地址 = ANY (SELECT 地址 FROM 地址)
```

姓名	地址
山田太郎	東京都
佐藤次郎	埼玉縣
高橋次郎	東京都

參照：	ALL 運算子	P.266
	SOME 運算子	P.280

3.5

邏輯運算子

BETWEEN 運算子

存在於範圍內時, 傳回真 (True)

語法

陳述式 **BETWEEN** 陳述式 **AND** 陳述式

　　想像一下, 要找出資料值在某個數值範圍內的列資料的情況, 就可以了解這個運算子的功用了。由於 SQL 中提供了一般的比較運算子, 所以 1 到 10 這樣的範圍, 可以寫成「WHERE i >= 1 AND i <=10」。不過由於也有「BETWEEN」這個運算子存在, 所以也可以寫成「WHERE i BETWEEN 1 AND 10」。

　　依據資料庫不同, 有時不用 BETWEEN 資料庫運作效率會比較好。此外, 也有的資料庫會在內部把 BETWEEN 轉換成 >= AND <= 來執行。

範例 SELECT 出年齡在 20 以上, 30 以下的人。

```
SELECT 姓名, 年齡 FROM 通訊錄 WHERE 年齡 BETWEEN 20 AND 30

姓名          年齡
山田太郎       21
```

使用 BETWEEN

也可以使用 BETWEEN 來進行資料表間的結合。想依照測驗的分數在 80~100 之間的評價為 A；測驗的分數在 60~79 之間的評價為 B；測驗的分數在 40~59 之間的評價為 C；測驗的分數在 39 以下的評價為 D 的方式來進行評價。針對不同的評價等級, 分別執行 SELECT 指令就可得到所需的結果。範例如下。

```
SELECT 分數, ' A' FROM 測驗結果 WHERE 分數 BETWEEN 80 AND 100
SELECT 分數, ' B' FROM 測驗結果 WHERE 分數 BETWEEN 60 AND 79
```

若是事前準備好評價值的資料表, 就可和這些查詢結合並進行彙整。

```
SELECT 分數, 評價 FROM 測驗結果 INNER JOIN 評價
ON 分數 BETWEEN 最小值 AND 最大值
```

EXIST 運算子

是否存在

語法

EXISTS (子查詢)

「EXISTS」會在子查詢之結果包含 1 筆以上之資料時, 傳回真。用「NOT EXISTS」的話, 就是在子查詢結果無任何資料時傳回真。

範例 SELECT 出通訊錄中地址欄位資料存在於地址資料表中的資料。

```
SELECT 姓名, 地址 FROM 通訊錄 WHERE EXISTS
  (SELECT * FROM 地址 WHERE 通訊錄.住所 = 地址.地址)
```

姓名	地址
山田太郎	東京都
佐藤次郎	埼玉縣
高橋次郎	東京都

範例 SELECT 出通訊錄中地址欄位資料不存在於地址資料表中的資料。

```
SELECT 姓名, 地址 FROM 通訊錄 WHERE NOT EXISTS
  (SELECT * FROM 地址 WHERE 通訊錄.地址 = 地址.地址)
```

姓名	地址
鈴木花子	北海道
田中花子	大阪府
山本幸子	鹿兒島縣

3.5
邏輯運算子

ILIKE 運算子

進行比對搜尋時不分大小寫

語法

陳述式 **ILIKE** 字串陳述式
陳述式 **ILIKE** 字串陳述式 **ESCAPE** 跳脫文字

「ILIKE」運算子和 LIKE 一樣, 可以用萬用字元進行比對搜尋。但和 LIKE 不同的是, 它會忽略字母的大小寫。其他的部分則和 LIKE 都相同。

請注意, ILIKE 只能在 PostgreSQL 中使用。

範例 SELECT 出以大寫 A 或小寫 a 起頭的資料。

```
SELECT a FROM foo WHERE a ILIKE 'a%'

a _ _ _
abc
ABC
```

不能使用 ILIKE 的資料庫可藉由 UPPER 或 LOWER 將文字統一成大寫或小寫後, 再進行比較。如下例。

範例 轉換成小寫後進行模式比對

```
SELECT a FROM foo WHERE LOWER(a) LIKE 'a%'
```

此外, 有時也會受到定序基準影響, 而不區分大小寫。在 Oracle 指定定序基準的方法, 請參考 前面 <= 運算子單元的「在 Oracle 的定序基準」。

參照: LIKE 運算子　　P.271

IN 運算子

是否在內

語法

陳述式 **IN** (陳述式 [, 陳述式...])
陳述式 **IN** (子查詢)

「IN」會在括弧中任一值與 IN 之前所列的值相同時傳回真。括弧中也可以用陳述式來列舉各種值，還可以寫入子查詢。

若想取出某整數資料類型的欄位中其值為 1、2 和 9 的資料時，可以將各條件用 OR 連接起來。如下：

範例 SELECT i 欄位值為 1、2、9 中任一者的資料。

```
SELECT * FROM foo WHERE i = 1 OR i = 2 OR i = 9
```

同樣的查詢動作，用「IN」來寫可以更簡便。上例中的條件只有 3 個值，若是有 10 個左右的值時，用 IN 寫就簡短易讀多了。利用 IN 的寫法如下：

範例 利用 IN 找出 i 欄位為 1、2、9 中任一值的資料。

```
SELECT * FROM foo WHERE i IN (1,2,9)
```

此外，IN 的括弧內不只可以寫陳述式，也可以寫子查詢，這是很有的一個功能。

範例 在 IN 中指定子查詢。

```
SELECT * FROM foo WHERE i IN (SELECT j FROM bar)
```

反之，要查詢不符合所列之各值時，就用「NOT IN」。此外利用「ANY」運算子，寫上與 IN 一樣的條件，也可以達到與 IN 同樣的效果。

使用 NOT IN 時需注意括弧內的數列（list）中，是否不含 NULL 值。因為執行指令時，若和 NULL 進行比較，結果就會變成 UNKNOWN。

範例 選出通訊錄中地址爲東京都或埼玉縣的人。

```
SELECT 姓名, 地址 FROM 通訊錄 WHERE 地址 IN ('東京都','埼玉縣')
```

姓名	地址
山田太郎	東京都
佐藤次郎	埼玉縣
高橋次郎	東京都

MySQL 和子查詢

MySQL 直到版本 4.1 以後, 才開始支援子查詢 (subquery)。這或許是認爲就算沒有子查詢, 只要用戶端程式好好努力的話, 大部分的功能還是能達成。然而, 大概是受到使用者的要求, MySQL 也加入了子查詢的功能。反過來說, 這代表著使用子查詢的話, 只要用 SQL 就可達成需多功能。雖然子查詢常因爲較困難且複雜而被疏遠, 但難得 MySQL 也支援了, 還是建議好好地使用此功能。

參照 :	ALL 運算子	P.266
	ANY 運算子	P.268

LIKE 運算子

Oracle	SQL Server	DB2	Postgre SQL
MySQL/ MariaDB	SQLite	MS Access	SQL 標準

比對搜尋

> **語法**
>
> **陳述式 LIKE 字串陳述式**
>
> **陳述式 LIKE 字串陳述式 ESCAPE 跳脫文字**

「LIKE」運算子，會依據萬用字元，進行「比對搜尋」。在搜尋檔案時若輸入的是「*.txt」這樣的命令，就可以找出所有副檔名為 txt 的檔案。LIKE 就是這種功能。此時，* 就代表了任何字串。這種文字就稱為「萬用字元」。

範例 LIKE 運算子能使用的萬用字元包括下列這些。

圖 3-13 LIKE 的萬用字元

	Oracle、DB2、PostgreSQL、MySQL、SQLite	SQL Serve	MS Access
任何字串	%	%	%
任何單一字元	_	_	_ 或 ?
指定範圍內的單一字元	無	[a-f]	[a-f]
指定範圍外的單一字元	無	[^a-f]	[!a-f]

* Access97 不能使用 %。

範例 SELECT 出姓名最後為「子」的人。

```
SELECT 姓名 FROM 通訊錄 WHERE 姓名 LIKE '%子'

姓名
－ － － － －
鈴木花子
田中花子
山本幸子
```

LIKE 運算子進行的是字串的比對搜尋，所以只能用在字串資料類型中。不過也可以利用轉換成字串的函式來轉換整數值資料，就可以使用 LIKE 運算子來進行整數值的比對搜尋了。

範例 轉換數值資料，並用 LIKE 進行比對搜尋。

```
SELECT 姓名, 年齡 FROM 通訊錄 WHERE CAST(年齡 AS varchar) LIKE '1_'
```

姓名	年齡
佐藤次郎	17
高橋次郎	17
田中花子	19

用了 LIKE 運算子，就無法使用索引功能，可能會影響資料庫的運作效率，這點請特別注意了。用 LIKE 來檢索前頭接有萬用字元的字串時，索引功能就會變得無法使用。

由於 LIKE 是運算子，所以像「'a%' LIKE s」這樣寫，雖不會出現錯誤訊息，但也無法獲得正確結果。這是因為 LIKE 右邊的字串，必須含有萬用字元的關係。使用 = 運算子時，左邊和右邊交換，其運作效果是一樣的。所以習慣寫成「常數 = 變數」的人，還是要改一下比較好（譯註，因為和程式語言的寫法不同）。

另外，像一開始所舉的例子中，將萬用字元寫在最前頭，並以 LIKE 運算子進行搜尋的話，就會無法使用索引功能。

• 跳脫萬用字元

要檢索 % 或 _ 這些本身就是萬用字元的符號時，要進行「跳脫」的動作。若跳脫文字為 \ 的話，寫成「LIKE '%\%'」的條件，就可以用來查詢出 100% 或 25% 這樣的字串資料。

我們也可以指定跳脫文字。像這樣「LIKE '%e%' ESCAPE 'e'」。就是指定將 e 作為跳脫文字。

請注意，在 PostgreSQL、MySQL 中，由於 \ 被視為特殊字元來處理，所以其本身也要用 \\ 這樣的寫法來做跳脫的動作。

• MySQL BINARY

在 MySQL 中不區分大小寫。需要區分大小寫時，請使用 LIKE BINARY。

NOT 運算子

否定 (非)

語法

NOT 陳述式

「NOT」運算子會在其右邊之值爲眞 (true) 的時候,傳回僞 (false)。反之,若右邊之值爲僞時,就傳回眞。

圖 3-14 NOT 運算子之值

a	NOT a
true	false
false	true

範例 SELECT 出通訊錄資料表中地址不爲東京都的人。

```
SELECT 姓名, 地址 FROM 通訊錄 WHERE NOT 地址='東京都'

姓名          地址
----------   ----------
鈴木花子       北海道
佐藤次郎       埼玉縣
田中花子       大阪府
山本幸子       鹿兒島縣
```

• MySQL

在 MySQL 4.1 版之前, 由於 NOT 運算子的優先度很高, 所以 "地址不爲東京都 " 的這個條件, 要如下例這樣寫在括弧中。另外, 漢字的資料表名稱、欄位名稱, 還要用反單引號包起來才行。

範例 SELECT 出通訊錄資料表中, 地址不爲東京都的人。

```
SELECT `姓名`,`地址` FROM `通訊錄` WHERE NOT (`地址` = '東京都')

姓名          地址
----------   ----------
鈴木花子       北海道
佐藤次郎       埼玉縣
田中花子       大阪府
山本幸子       鹿兒島縣
```

OR 運算子

邏輯的或

語法

陳述式 **OR** 陳述式

在「OR」運算子的左邊或右邊之值，只要有一為眞 (true)，就會傳回眞。兩邊都是僞 (false) 時，才會傳回僞。

圖 3-15 OR 運算子之值

a	b	a OR b
true	true	true
true	false	true
false	true	true
false	false	false

範例 SELECT 出地址爲東京都，或者性別爲女性的人。

```
SELECT 姓名, 地址, 性別 FROM 通訊錄
   WHERE 地址 = '東京都' OR 性別 = '女'


姓名            地址            性別
山田太郎        東京都          男
鈴木花子        北海道          女
田中花子        大阪府          女
山本幸子        鹿兒島縣        女
高橋次郎        東京都          男
```

MySQL 也可使用「||」運算子來進行 OR 邏輯運算。

參照： AND運算子　　P.267

REGEXP 運算子

| Oracle | SQL Server | DB2 | Postgre SQL |
| MySQL/ MariaDB | SQLite | MS Access | SQL 標準 |

依據正規表示式來進行比對搜尋

> **語法**
>
> 陳述式 **REGEXP** 字串陳述式
>
> 陳述式 **RLIKE** 字串陳述式

　「REGEXP」運算子會依據萬用字元, 來進行「比對搜尋」。只是比對搜尋的話, 其功能就和 LIKE 沒什麼不一樣, 不過 REGEXP 運算子能以「正規表示式」的寫法來做比對搜尋。「RLIKE」運算子, 是 REGEXP 的別名。兩種寫法都可以。在 SQLite 中, 必須載入擴充模組才能使用。

　可以用在正規表示式的萬用字元, 如圖 3-16 所示。

圖 3-16　正規表示式萬用字元 (MySQL)

字元	意義
.	任意 1 文字
*	接在其前方之樣式重複 0 次以上
+	接在其前方之樣式重複 1 次以上
?	接在其前方之樣式重複 0 次或 1 次
^	最前頭
$	最後端
|	寫成 A | B 的話, 就表示「A 或者 B」
()	形式的群組化
[]	括弧內文字中之任一者
{}	指定重複次數

　要指定萬用字元本身時, 要先利用反斜線來做跳脫的動作。

> **範例**　選出 a 欄位中以 A 開頭的資料。在 MySQL 中, 會忽略字母大小寫。

```
SELECT a FROM foo WHERE a REGEXP '^A.*'

a
- - - - -
ABC
about
```

> 參照： LIKE 運算子　　P.274

REGEXP_LIKE
運算子

| Oracle | SQL Server | DB2 | Postgre SQL |
| MySQL/ MariaDB | SQLite | MS Access | SQL 標準 |

使用正規表達式進行比對搜尋

語法

REGEXP_LIKE(陳述式, 字串陳述式 [, 可選項目])

雖然「REGEXP_LIKE」的語法如同函數，但在這把它歸類為運算子。藉由正規表達式進行比對搜尋（pattern matching）。

使用上，第一個引數是要進行比對的資料來源（字串陳述式）。第二個引數則是包含萬用字元的正規表達式字串（pattern）。最後則是用字串指定可選項目。可用下表中的文字同時指定多個可選項目。

圖 3-17 REGEXP_LIKE 的可選項目

文字	可選項目
i	不區分大小寫
c	區分大小寫
n	讓萬用字元「.」在比對時可符合換行字元
m	將資料來源字串以多行資料的形式進行處理
x	忽略空白字元

關於可使用的萬用字元請參考前面的 REGEXP 。

範例 SELECT 出欄位 a 內容是由 A 開頭的資料。指定可選項目 i，所以不區分大小寫。

```
a _ _ _ _ _
ABC
about
```

範例 SELECT 出欄位 a 內容是由數字開頭的資料。

```
a _ _ _ _ _
0120-PMC
8139too
```

SOME 運算子

表示「任何」的比較運算子之修飾子

語法

比較運算子 SOME(子查詢)

「SOME」和「ANY」是一樣的, 故其使用方法請參考 ANY 之説明。

找出最多的值找出最多的值

使用 GROUP BY、HAVING 和子查詢就可計算出「眾數」。眾數就是資料中重複最多次的數值。以下例進行説明。

```
SELECT a FROM foo
a _ _ _ _ _ _ _ _ _
1
2
1
3
2
1
```

a 的值是 1、2、3 其中之一, 其中 1 有 3 次、2 有 2 次、3 有 1 次。眾數是 1。要求得此結果可用下面的範例。

```
SELECT a FROM foo GROUP BY a
    HAVING COUNT(*) >= ALL (SELECT COUNT(*) FROM foo
    GROUP BY a)
```

首先使用 GROUP BY a 以欄位 a 的值進行分組。接下來用 HAVING 找出各群組中資料筆數最多群組。各群組的資料筆數可用子查詢「SELECT COUNT(*) FROM foo GROUP BY a」求得。

範例中子查詢的結果應當會是 3、2、1。下一步用 HAVING 設定「大於或等於這個集合（3、2、1）中所有數值」的檢索條件。最後自然可取得 COUNT(*)為 3 的群組而計算出眾數。

參照: ANY 運算子　　P.268

3-6 單元運算子

單元運算子就是運算元只有 1 個的運算子。單元運算子的種類並不多，只有以下這幾種：

+ .... 正 號

- .... 負 號

IS NULL .... 是否為 NULL 值

+ 、 - 運算子要運算的數值要寫在其右方。 - 單元運算子像這樣使用：「-1」，就可以將常數 1 加上負號。此外，用於加法運算、減法運算時，就是二元運算子。

使用 IS NULL 時，要將該運算元寫在左邊。例如查詢欄位 a 是否為 NULL 值時，就寫成「a IS NULL」。

• 謂語

雖然本書中將 IS NULL 歸類為一元運算子，但在 SQL 標準規範中則將之分類成「謂語」。常見的謂語如下。

```
比較運算子的 = 或 <
IN
EXISTS
ALL 、 ANY
LIKE
BETWEEN
IS NULL
```

就結果來看，謂語有回傳 TRUE 或 FALSE 的特徵。

＋ 單元運算子

正號

> **語法**
>
> ＋ 數值陳述式→數值

「＋」運算子作爲單元運算子來使用時, 就表示該數值爲正數。＋ 運算子很少用作單元運算子來使用。因爲實際上, 它不會進行任何處理。本來是負數的值, 加上 ＋ 單元運算子來運算, 結果也還是負的。要將負數轉換成正數時, 要用 ABS 函式, 取得其絕對值, 或是用 - 單元運算子將其符號反轉, 來達成目的。

範例 試試使用 ＋ 單元運算子。

```
SELECT a, +a FROM foo

 a      +a
_ _ _ _ _ _ _ _
 1      1
 2      2
 -3     -3
 -4     -4
```

* 在 MySQL 中, 不能將 + 符號以單元運算子來使用。

> ### ++ 的運算
>
> + 運算子有二元運算子和一元運算子兩種類。在 SQL 中沒有 ++ 運算子。
> 在此若有「1++2」這個運算式, 會是如何計算的呢？答案是會以 1+(+2)的方式計算。一元運算子在此並無作用, 計算結果爲 3。

參照 ： ABS 函式	P.416
SIGN 函式	P.442

- 單元運算子

負號

語法

- 數值陳述式→數值

「-」運算子作爲單元運算子來用的話,可以將數值的符號反轉過來。寫成 -a 的話,就可以將欄位 a 的值設爲負值。若 a 的值本來就爲負數,則 -a 就會變正數。

範例 利用 - 單元運算子反轉數值符號。

```
SELECT a, -a FROM foo

 a     -a
 1    -1
 2    -2
-3     3
-4     4
```

和 NULL 值進行比較

在 P.260「BOOLEAN 型別」中,雖然在描述中說比較運算子只會回傳 TRUE、FALSE 其中之一。但其實這並不完全正確。若是和 NULL 進行比較的話,會回傳「UNKNOWN」。BOOLEAN 型別應有「TRUE」、「FALSE」、「UNKNOWN」三種可能性。

要判對比較結果是否是 UNKNOWN, 可用「IS UNKNOWN」來調查。

```
SELECT * FROM foo WHERE (a = 1) IS UNKNOWN
```

因爲欄位 a 的值爲 NULL 的時候,a=1 的比較結果會回傳 UNKNOWN, 所以可限定只取得欄位 a 的值爲 NULL 的資料。(PostgreSQL 和 MySQL 都可執行)。

參照: ABS 函式　　P.416
　　　　SIGN 函式　　P.442

IS NULL 運算子

是否為 NULL 值

語法

陳述式 **IS NULL**→布林值

資料庫中, 沒有資料存在的情況下, 會用「NULL」這個特殊的常數來表示。要找出值為 NULL 的列資料時, 就可以用「IS NULL」這個有點特殊的運算子。「WHERE a = NULL」這樣是錯誤的寫法, 一定要用 IS NULL 才行。此外, 若要找出非 NULL 值的資料的話, 就用「IS NOT NULL」。

範例 SELECT 出通訊錄資料表中, 年齡欄位為 NULL 的人的姓名。

```
SELECT 姓名 FROM 通訊錄 WHERE 年齡 IS NULL
```

氏名
山本幸子

範例 SELECT 出通訊錄資料表中, 年齡不是 NULL 值的人。

```
SELECT 姓名, 年齡 FROM 通訊錄 WHERE 年齡 IS NOT NULL
```

姓名	年齡
山田太郎	21
鈴木花子	32
佐藤次郎	17
田中花子	19
高橋次郎	17

依據資料庫系統不同, 還有「IS TRUE」或「IS FALSE」、「IS UNKNOWN」等運算子可以使用。像是「a 欄位的值為 100」這樣的條件, 若要嚴謹地寫的話, 要寫成「(a = 100) IS TRUE」。

* 在 SQLite 可使用「ISNULL」或「NOTNULL」。

參照：COALESCE 函式	P.400
NVL 函式	P.407

3-7 其他運算子

在此我們要介紹的是一些無法分類的特別運算子，包括了以下這些：

‖ .... 結合字串

CASE .... 變換值

|| 運算子

| Oracle | SQL Server | DB2 | PostgreSQL |
| MySQL/MariaDB | SQLite | MS Access | SQL 標準 |

文字列結合

語法

字串陳述式 || 字串陳述式→字串

在 Oracle 、 DB2 、 PostgreSQL 、 SQLite 中, 可以用「||」運算子來結合字串。在 SQL Server 、 Access 中結合字串時, 則用 + 運算子。

在 MySQL 中, 要用「CONCAT」函式來結合字串。而在 Oracle 、 DB2 中也有「CONCAT」函式可以使用。

範例 將通訊錄資料表中的姓名欄位值, 與加上括弧的性別欄位值結合起來, 作為結果輸出。

```
SELECT 姓名 || '(' || 性別 || ')' FROM 通訊錄


姓名 || '(' || 性別 || ')'
- - - - - - - - - - - - - - - - - -
山田太郎(男)
鈴木花子(女)
佐藤次郎(男)
田中花子(女)
山本幸子(女)
高橋次郎(男)
```

在 PostgreSQL 7.3 以前的版本並不支援 char 型別和 varchar 型之間進行「||」運算。 char||varchar 會產生錯誤, char||varchar 則沒有問題。所以兩者的型別必須互相配合。在 MySQL 中請注意,「||」運算子和 OR 的功能相同, 並不能串連字串。但是這部份也可用 SQL 模式的「PIPES_AS_CONCAT」來變更。使用 SET sql_mode='PIPES_AS_CONCAT', 就可將「||」運算子的功能變為串連字串。

Oracle 的「||」運算子就算對 NULL 進行運算也不會傳回 NULL 。例如: 'a'||NULL 的計算結果會是 'a' 。

參照 : + 運算子   P.243
        CONCAT 函式   P.312

CASE 運算子

Oracle	SQL Server	DB2	Postgre SQL
MySQL/ MariaDB	SQLite	MS Access	SQL 標準

3

運算子

轉換值

語法

CASE 陳述式 WHEN 陳述式 THEN 陳述式
[WHEN 陳述式 THEN 陳述式...] [ELSE 陳述式] END → 值
CASE WHEN 陳述式 THEN 陳述式
[WHEN 陳述式 THEN 陳述式...] [ELSE 陳述式] END → 值

藉由使用「CASE」運算子, 可以評估陳述式, 並將之轉換成任意值。在 CASE 之後接著寫上作為轉換來源的陳述式。「WHEN」之後則寫上轉換來源實際上的值。當轉換來源之值符合 WHEN 之後所寫的值時,「THEN」之後所記述的值就會作為結果傳回來。而 WHEN 和 THEN 可以一次寫上很多組。

若要指定當轉換來源的值和每一個 WHEN 後之值都不符合時, 所要傳回的結果值, 可以寫在「ELSE」之後。最後再寫上 END, 表示 CASE 的運算結束。

CASE 運算子由 SQL 標準所規定。在 Oracle 中, 從 Oracle8i 的版本開始有支援 CASE 的使用。在該版本之前的 Oracle 是用「DECODE」函式來進行值的變換。

範例 將通訊錄資料表的性別資料轉換成英文表示的 SELECT 查詢。

```
SELECT 姓名, CASE 性別 WHEN '男' THEN 'male'
  WHEN '女' THEN 'female' END FROM 通訊錄


姓名          CASE 性別 WHEN '男' ...
山田太郎       male
鈴木花子       female
佐藤次郎       male
田中花子       female
山本幸子       female
高橋次郎       male
```

在 CASE 中, 也可以省略不寫作為轉換來源的陳述式。在這種情況下, 就會只用 WHEN 之後所寫的陳述式來做判斷。

範例 檢索出年齡在 20 歲以上的, 標爲成人,
不滿 20 歲的標爲未成年。

```
SELECT 姓名, CASE WHEN 年齡>= 20 THEN '成人'
 WHEN 年齡< 20 THEN '未成年' END FROM 通訊錄
```

姓名	CASE WHEN 年齡>= 20 ...
山田太郎	成人
鈴木花子	成人
佐藤次郎	未成年
田中花子	未成年
山本幸子	
高橋次郎	成年

我們也可以利用 CASE 來將 NULL 值變換。不過, 還需要用到 IS NULL 來找出 NULL 值, 這點請注意一下。

範例 變換 NULL 值。

```
SELECT 姓名, CASE WHEN 年齡 IS NULL THEN '不詳'
 ELSE CAST(年齡 AS CHAR(2)) END FROM 通訊錄
```

姓名	CASE WHEN 年?IS NULL ...
山田太郎	21
鈴木花子	32
佐藤次郎	17
田中花子	19
山本幸子	不詳
高橋次郎	17

* CASE 運算子是 Oracle8i 版本之後才有的功能。

參照: DECODE 函式　　　P.404

3-8 運算子的優先順序

運算子本身有優先順序之別。像 1+2*3 這樣的運算式, 2*3 會先進行運算, 其結果為 7。這就是說, * 運算子的優先順序高於 + 運算子。

圖 3-18 在 SQL Server 中的運算子優先順序

運算子 (依優先順序高到低排列)	補充說明
+ - ~	單元運算子
* / %	乘法運算、除法運算、取餘數
+ -	加法運算、減法運算
= > < >= <= <> !=	比較運算
^ & |	位元運算
NOT	
AND	
ALL ANY BETWEEN IN LIKE OR SOME	
=	代入值

上表是 SQL Server 中的運算子優先順序。在其他資料庫系統中, 部分細節會有些不同。

在使用 AND 和 OR 時, 要特別注意優先順序。在很多資料庫中, AND 的優先順序要高於 OR, 使用 AND 和 OR 時, 只要有一點小誤解, 所得到的結果就會差很多。

像 「a=0 或 a=1」且「b=0 或 b=1」這樣兩組以上的條件都要符合才採用的情況下, 可以用 AND 和 OR 來寫, 如下例：

範例 不依預期動作的 AND 和 OR 的範例

```
SELECT * FROM foo WHERE a = 0 OR a = 1 AND b = 0 OR b = 1
```

由於 AND 的優先順序高於 OR, 所以資料庫會把這行程式解釋為「WHERE a=0 OR(a=1 AND b=0) OR b=1」。這就和我們原本期待的「a=0 或是 a=1 且 b=0 或是 b=1」該得到的結果不同。同時用到 AND 、 OR 情況下, 最好利用括弧來寫。「WHERE(a=0 OR a=1) AND(b=0 OR b=1)」這樣寫的話, 就能得到正確答案。

MEMO

第 **4** 章

函式

　　函式擁有參數和傳回值。這和數學課學到的「f(x)」是一樣的。將值賦予 x，某個對應於該值的答案就會傳回來。賦予給 x 的值就叫參數，傳回的答案就叫傳回值。不過，實際上使用的函式，多半擁有多個參數，傳回值也有資料類型的分別，比較複雜一些。

　　函式大致可分為：為了統計資料用的的「統計函式」，處理字串用的「字串函式」，處理日期用的「日期函式」，轉換資料用的「轉換函式」、數學計算用的「數學函式」等 5 大類。

　　其中，只有統計函式中參數的意義與其他函式略有不同。統計函式是將作為參數的陳述式，套用在群組中的每筆資料來進行運算。舉例來說，統計函式之一的「SUM」，會在群組中，將作為參數的陳述式套在每筆資料上，並將所獲得的結果值都合計起來。其他的函式，則是拿被指定的參數值來進行某些運算，然後傳回 1 個運算結果值。

　　最近，某些資料庫中還增加了一種特殊的「分析函式」。分析函式的功能比統計函式更強大。因此，其語法也較複雜，不過用在分析資料方面是非常有幫助的。

　　函式可依回傳值來分類。函式的傳回值像資料表一樣有資料行和資料列的是「資料表函式（table function）」。例如：XMLTABLE。只傳回一筆資料行的是「資料行函式（row function）」。只回傳一個值的是「純量函式（scalar function）」。大部分的函式是純量函式。

　　「使用者定義函式」是由使用者建立的函式。將自己獨特的計算邏輯函式化，好把複雜的查詢簡化。本章所介紹的函式，是資料庫系統本身內建的函式。關於使用者定義函式，請參考「第 5 章 可以用在程序中的命令」的說明。

4-1 統計函式

統計函式是將群組內所有的列資料都當成運算對象，來進行運算的函式。群組是利用 SELECT 命令的 GROUP BY 子句來指定的，若省略此句，整個資料表會被當成一個群組來處理。統計函式包括以下這些：

AVG .... 求平均值

CORR / CORRELATION .... 求相關係數

COUNT .... 算出資料筆數

GROUPING .... 傳回是否為統計資料列

GROUPING_ID ....計算彙總資料行的群組層級

MAX .... 求最大值

MIN .... 求最小值

STDDEV / STDEV .... 求標準差

STDDEV_POP / STDEVP .... 求母集團之標準差

SUM .... 求合計值

VAR / VARIANCE .... 求分散

VAR_POP / VARP .... 求母集團之分散

以下就針對各函式詳細加以說明，而各函式範例中所使用的資料表，則如圖表 4-1 所示。

圖 4-1 範例中所用的通訊錄資料表

氏名	住所	年齡	性別	年收入
山田太郎	東京都	21	男	320
鈴木花子	北海道	32	女	450
佐藤次郎	埼玉縣	17	男	
田中花子	大阪府	19	女	320
山本幸子	鹿兒島縣		女	550
高橋次郎	東京都	17	男	80

AVG 函式

求平均值 Average

語法

AVG（[DISTINCT | ALL] n ）→ 數值

參數

n　　　　　數值陳述式

傳回值

群組內的 n 之平均值

　　針對群組內之「n」，來求平均值。以「DISTINCT」來修飾的話, 就可以將重複之 n 去除, 再求其平均值。指定「ALL」的話, 就會將所有的值都納入來求平均值。沒有指定 DISTINCT 或 ALL 時, 預設會以 ALL 的方式運算。

範例 算出年齡欄位的平均值。

```
SELECT AVG(年齡) FROM 通訊錄
```

AVG(年齡)

21

範例 將重複的年齡欄位值去除, 再算出平均值。

```
SELECT AVG(DISTINCT 年齡) FROM 通訊錄
```

AVG(DISTINCT 年齡)

22

範例 依據性別分組後, 再分別計算平均值。

```
SELECT 性別, AVG(年齡) FROM 通訊錄 GROUP BY 性別
```

性別	AVG(年齡)
女	25
男	18

* 在 Access 中, 無法使用 DISTINCT 修飾子。

CORR/
CORRELATION 函式

求相關係數

語法

CORR (n1, n2) → 數值   `Oracle` `PostgreSQL`

CORRELATION (n1, n2) → 數值   `DB2`

參數

n1	數值陳述式
n2	數值陳述式

傳回值

群組內的 n1 和 n2 的相關係數

　　此函式會算出群組中 n1 和 n2 的「相關係數」。相關係數是 -1 到 1 之間的數值。越接近 1，就表示這兩個數值間的關係越強。

• Oracle、PostgreSQL

　　在 Oracle、PostgreSQL 中，可以用 CORR 函式來求出相關係數。

範例 求出年齡和年收入的相關係數。

```
SELECT CORR(年齡, 年收入) FROM 通訊錄                    Oracle PostgreSQL
```

CORR(年齡,年收入)
0.81442237

• DB2

　　在 DB2 中，可以用 CORRELATION 函式來求出相關係數。

範例 求出年齡和年收入的相關係數。

```
SELECT CORRELATION(年齡, 年收入) FROM 通訊錄             DB2
```

CORRELATION(年齡, 年收入)
0.81442237

COUNT 函式

算出資料筆數

語法

COUNT ([DISTINCT | ALL] e) → 數值

參數

e   陳述式

傳回值

群組內的資料筆數 (列數)

　求出群組內之資料「筆數 (列數)」。只是單純求得筆數時，將參數指定為 * 即可。可以指定特定欄位給參數 e。在這種情況下，所指定之欄位，除了值為 NULL 之外的資料，都會被計算在內。此外，以「COUNT(DISTINCT a)」加上「DISTINCT」來修飾的話，就可以將 a 欄位值相同的資料除去，再行計算。指定 ALL 的話，就會將所有列資料都納入計算。 ALL 是預設的計算方式。

範例 計算通訊錄資料表的資料筆數。

```
SELECT COUNT(*) FROM 通訊錄

COUNT(*)
6
```

範例 計算年齡欄位不為 NULL 值的資料筆數。

```
SELECT COUNT(年齡) FROM 通訊錄

COUNT(年齡)
5
```

範例 將年齡欄位值重複之資料除去, 再計算資料筆數。

```
SELECT COUNT(DISTINCT 年齡) FROM 通訊錄

COUNT(DISTINCT 年齡)
4
```

* 在 Access 中, 無法使用 DISTINCT 修飾子。

GROUPING 函式

傳回是否為統計資料列

> **語法**
>
> **GROUPING (c)** → 數值
>
> **參數**
>
> c   欄位名稱
>
> **傳回值**
>
> 統計資料列時傳回 1，非統計資料列時傳回 0

為 GROUP BY 加上「ROLLUP」或「CUBE」選項的話，就能加上統計資料列。統計資料列中，GROUP BY 所指定之欄位，會傳回 NULL。利用這種方式，就能判斷是否為統計資料列，不過並不準確。使用「GROUPING」函式的話，則可以正確地判斷是否為統計資料列。

範例 用 GROUPING 函式來判斷是否為統計資料列。

```
SELECT 性別 , SUM(年齡), GROUPING(性別)                    Oracle  DB2
  FROM 通訊錄 GROUP BY ROLLUP(性別)
```

性別	SUM(年齡)	GROUPING(性別)
女	51	0
男	55	0
	106	1

範例 用 GROUPING 函式來判斷是否為統計資料列。

```
SELECT 性別, SUM(年齡), GROUPING(性別)                    SQLServer  DB2
  FROM 通訊錄 GROUP BY 性別 WITH ROLLUP
```

性別	SUM(年齡)	GROUPING(性別)
女	51	0
男	55	0
	106	1

* GROUPING 函式是 Oracle8i、SQL Server Version 7.0 以後的版本才具有的功能。

* 在 PostgreSQL、Access 中，不能指定 ROLLUP 和 CUBE。

GROUPING_ID 函式

回傳彙總資料行的群組層級

語法

GROUPING_ID (c1 [, c2 ...]) → 數值

參數

c1	作為分組依據的欄位 1
c2	作為分組依據的欄位 2

在 GROUPING 函式中, 一次只能指定一個分組欄位。在「GROUPING_ID」函式則可同時指定多個分組欄位。若只有設定一個參數的話, 作用會和 GROUPING 函式相同。使用 GROUPING_ID 函式就可知道彙總資料行的群組層級。

範例 使用 GROUPING_ID 計算彙總資料行的群組層級。

```
SELECT 月, 商品, SUM(銷售額), GROUPING_ID(月, 商品)
FROM 實際銷售額 GROUP BY ROLLUP(月, 商品) ORDER BY 月, 商品

月      商品       SUM(銷售額)            GROUPING_ID(月, ...
--------------------------------------------------------------
9       AFC-21          10                    0
9       AFG-20         172                    0
9       HKS-30          48                    0
9                      230                    1
10      AFC-21          42                    0
10      AFG-20         112                    0
10                     154                    1
                       384                    3
```

*上例使用 GROUPING SETS 中的實際銷售額資料表

GROUPING_ID 會用 ON/OFF 來表示各筆資料(資料行)是否為分組欄位的彙總資料行, 並將其結果以二進位的方式產生數值, 最後回傳此數值。

參照:GROUPING SETS 函式　　P.54

MAX 函式

| Oracle | SQL Server | DB2 | Postgre SQL |
| MySQL/ MariaDB | SQLite | MS Access | SQL 標準 |

求最大值 Maximum

> **語法**
>
> **MAX (e)** → 值
>
> **參數**
>
> e　　　　　陳述式
>
> **傳回值**
>
> 群組內 e 的最大值

　　會算出群組內之「最大值」。在沒有指定 GROUP BY 子句的 SELECT 命令中，會把資料整體當成 1 個群組。還可以依據數值資料類型、字串資料類型、日期資料類型不同，來求出最大值。要求出最小值的話，請用 MIN 函式。

範例 算出年齡欄位之最大值。

```
SELECT MAX(年齡) FROM 通訊錄
```

MAX(年齡)
- - - - - - - - - - - - - -
32

範例 算出地址欄位之最大值。

```
SELECT MAX(地址) FROM 通訊錄
```

MAX(地址)
- - - - - - - - - - - - - -
北海道

範例 依性別分組，並分別求出各組之年齡最大值。

```
SELECT 性別, MAX(年齡) FROM 通訊錄 GROUP BY 性別
```

性別	MAX(年齡)
女	32
男	21

* 在 DB2 、 SQLite 中, 若是指定兩個以上的參數時, 會以算術函式的方式進行運算。

參照：MIN 函式　　P.299

MIN 函式

求最小值 Minimum

（語法）

MIN（e）→ 值

（參數）

e　　　　　陳述式

（傳回值）

群組內 e 的最小值

　　會算出群組內之「最小值」。在沒有指定 GROUP BY 子句的 SELECT 命令中，會把資料整體當成 1 個群組。還可以依據數值資料類型、字串資料類型、日期資料類型不同，來求出最小值。要求出最大值的話，請用 MAX 函式。

範例 算出年齡欄位的最小值。

```
SELECT MIN(年齡) FROM 通訊錄
```

MIN(年齡)

17

範例 算出地址欄位的最小值。

```
SELECT MIN(地址) FROM 通訊錄
```

MIN(地址)

埼玉縣

範例 依性別分組，並分別求出各組之年齡最小值。

```
SELECT 性別, MIN(年齡) FROM 通訊錄 GROUP BY 性別
```

性別	MIN(年齡)
女	19
男	17

＊在 DB2 、 SQLite 中，若是指定兩個以上的參數時，會以算術函式的方式進行運算。

參照：MAX 函式　　P.298

STDDEV/ STDEV 函式

求標準差 Standard Deviation

（語法）

STDDEV (n) → 數值　　　　　　　　　　`Oracle` `DB2` `PostgreSQL` `MySQL/MariaDB`

STDEV (n) → 數值　　　　　　　　　　　　`SQLServer` `MS Access`

（參數）

n　　　　　　數值陳述式

（傳回值）

群組內的 n 之標準差

會算出群組內之「標準差」(在 DB2 、 MySQL 中, 則是母集團之標準差)。 沒有用 GROUP BY 子句來指定的 SELECT 命令, 會將資料整體視為 1 個群組。 只有數值資料類型能求出標準差。

在 Oracle 、 DB2 、 PostgreSQL 、 MySQL 中, 要用「STDDEV」, 而在 SQL Server 、 Access 中, 則要用「STDEV」函式來求標準差。

範例 算出年齡欄位的標準差。

```
SELECT STDDEV(年齡) FROM 通訊錄
```
`Oracle` `DB2` `PostgreSQL` `MySQL/MariaDB`

STDDEV(年齡)

6.2609903

範例 依性別分組, 並算出各組的年齡欄位之標準差。

```
SELECT 性別, STDDEV(年齡) FROM 通訊錄 GROUP BY 性別
```
`Oracle` `DB2` `PostgreSQL` `MySQL/MariaDB`

性別	STDDEV(年齡)
女	9.1923882
男	.3094011

＊ 在 DB2、MySQL 中, 求出的是母集團之標準差。 ＊ STDEV 是 SQL Server Version 7.0 版本以後才有的功能。

參照：STDDEV_POP/STDEVP 函式　　P.301

STDDEV_POP/
STDEVP 函式

求母集團之標準差

語法

STDDEV_POP (n) → 數值   `Oracle` `PostgreSQL` `MySQL/MariaDB`
STDEVP (n) → 數值   `SQLServer` `MS Access`

參數

n   數值陳述式

傳回值

群組內 n 的母集團標準差

「STDDEV_POP」、「STDEVP」會算出群組內之「母集團標準差」。在 Oracle、PostgreSQL、MySQL 中, 用「STDDEV_POP」函式, 而在 SQL Server、Access 中, 則用「STDEVP」函式。在 Oracle、 PostgreSQL、 MySQL 中, 還可以用 STDDEV_SAMP 函式來求樣本標準差。

範例 算出年齡欄位的母集團標準差。

```
SELECT STDDEV_POP(年齡) FROM 通訊錄                    Oracle
```

STDDEV_POP(年齡)

5.6

範例 依據性別分組, 並求出各組的年齡欄位之母集團標準差。

```
SELECT 性別, STDDEV_POP(年齡) FROM 通訊錄 GROUP BY 性別    Oracle
```

性別	STDDEV_POP(年齡)
女	6.5
男	1.8856180

* STDEVP 是 SQL Server Version 7.0 以後的版本才有的功能。

參照:STDDEV / STDEV 函式   P.300

SUM 函式

求合計值

語法

SUM ([DISTINCT | ALL] n) → 數值

參數

n　數值陳述式

傳回值

群組內 n 的合計值

　　會算出群組內 n 的「合計」值。 NULL 值會被忽略不算。若用「DISTINCT」來修飾參數 n 的話, 就能除去 n 值相同的重複資料, 再進行合計。若指定「ALL」的話, 則所有值都會納入計算。沒有指定 DISTINCT 或 ALL 時, 預設就是以 ALL 的方式計算。不過, 在 Access 、 MySQL 5.0 之前的版本 中, 無法指定使用 DISTINCT 的計算方式。

範例 算出年齡欄位的合計值。

```
SELECT SUM(年齡) FROM 通訊錄
```

SUM(年齡)
- - - - - - - - - - - - - -
106

範例 除去年齡欄位值相同的資料後, 再算出其合計值。

```
SELECT SUM(DISTINCT 年齡) FROM 通訊錄
```

SUM(DISTINCT 年齡)
- - - - - - - - - - - - -
89

　　資料中年齡欄位的值, 分別是 21 、 32 、 17 、 19 、 17 。全部加總就是 106 。若使用 DISTINCT 的話, 因為 17 重複兩次, 在此會刪除重複的數值。所以會變成以 21 、 32 、 17 、 19 來計算總和, 結果成 89 。

　　使用 GROUP BY 進行分組的話, 就可分別計算每個群組的總和。

範例 依性別做分組，然後分別求出各組的年齡欄位之合計值。

SELECT 性別, SUM(年齡) FROM 通訊錄 GROUP BY 性別

性別	SUM(年齡)
女	51
男	55

* 在 Access 中, 無法使用 DISTINCT 修飾子。

*在 SQLite 也能用 TOTAL 彙總函式計算總合。

在 Oracle、DB2 中, 利用 OVER, 可以用 Window 來進行合計。關於這部分, 請參考 SUM 分析函式的說明。

結合與 GROUP BY

以下為業績資料表和商品資料表。

業績資料表

商品碼	銷售額
1	5640
2	31000
3	6300
4	4800

商品資料表

商品碼	價格	種類	品名
1	120	飲料	可樂
2	250	香煙	香煙
3	100	零食	口香糖
4	100	零食	糖果

在此以商品資料表的種類欄位來進行分組彙總。範例如下

SELECT 商品.種類, SUM(業績.銷售額) FROM 業績 INNER JOIN 商品
　　ON 業績.商品碼= 商品.商品碼 GROUP BY 商品.種類

在業績資料表只有各商品碼的銷售額, 為取得商品的分類資料必須和商品資料表進行結合。接下來加上「GROUP BY 商品.種類」便可依種類進行分組。為了計算各群組的銷售總額, 將「SUM(業績.銷售額)」加入。最後為了在結果中能知道是什麼群組的總和, 也將「商品.種類」加入到 SELECT 中。

VAR/
VARIANCE 函式

| Oracle | SQL Server | DB2 | Postgre SQL |
| MySQL/ MariaDB | SQLite | MS Access | SQL 標準 |

求分散 Variance

「VAR」、「VARIANCE」可以算出群組內 n 的「分散」。在 Oracle、PostgreSQL、MySQL 中，要用「VARIANCE」函式，在 SQL Server、Access 中，則用「VAR」函式。在 DB2 中,「VAR」和「VARIANCE」則是一樣的, 兩者算出的都是母集團的分散, 這一點請特別注意了。

範例 算出年齡欄位的分散。

```
SELECT VARIANCE(年齡) FROM 通訊錄
```
Oracle DB2 PostgreSQL MySQL/MariaDB

VARIANCE(年齡)

39.2

範例 依性別分組, 並分別算出各組的年齡欄位之分散。

```
SELECT 性別, VARIANCE(年齡) FROM 通訊錄 GROUP BY 性別
```
Oracle DB2 PostgreSQL MySQL/MariaDB

性別	VARIANCE(年齡)
女	84.5
男	5.3333333

* VAR 函式是 SQL Server Version 7.0、Access 2000 以後之版本才有的功能。

* 在 DB2、MySQL 用 VARIANCE 函式計算母集團變異數, 用 VAR_SAMP 函式計算樣本變異數。

參照：VAR_POP/VARP 函式　　P.305

VAR_POP/ VARP 函式

| Oracle | SQL Server | DB2 | Postgre SQL |
| MySQL/ MariaDB | SQLite | MS Access | SQL 標準 |

求母集團之分散

語法

VAR_POP (n) → 數值   `Oracle` `PostgreSQL` `MySQL/MariaDB`

VARP (n) → 數值   `SQLServer` `MS Access`

參數

n   數值陳述式

傳回值

群組內 n 的母集團分散

　　「VAR_POP」、「VARP」會算出群組內 n 的母集團分散。在 Oracle 中, 要用「VAR_POP」函式, 在 SQL Server、Access 中, 則用「VARP」函式。在 Oracle、PostgreSQL、MySQL 中, 還有用來計算樣本分散的 VAR_SAMP 函式。

範例 算出年齡欄位之母集團分散。

```
SELECT VAR_POP(年齡) FROM 通訊錄                                      Oracle

VAR_POP(年齡)
- - - - - - - - - - - - -
31.36
```

範例 依性別分組, 並分別算出各組的年齡欄位之母集團分散。

```
SELECT 性別, VAR_POP(年齡) FROM 通訊錄 GROUP BY 性別              Oracle

性別    VAR_POP(年齡)
- - - - - - - - - - - - -
女      42.25
男      3.5555555
```

參照：VAR / VARIANCE 函式   P.304

4-2 字串函式

字串函式是用來處理文字或字串的函式。字串函式包括下列這些：

函式	說明
ASCII	將文字變換爲 ASCII 碼
CHAR / CHR	將 ASCII 碼變換成文字
CHARCTER_LENGTH	取得字串長度
CHARINDEX	檢索字串
CONCAT	結合字串
CONCAT_WS	指定分隔符號來串連字串
INITCAP	將單字最前頭的字母轉換成大寫
INSERT	在字串中間插入字串
INSTR	檢索字串
LEFT	取出字串左邊部分
LEN / LENGTH	取得字串長度
LOCATE	檢索字串
LOWER	轉換成小寫
LPAD	填入文字
LTRIM	從左邊開始刪除空白
NCHAR / NCHR	從 Unicode 變換爲文字
OCTET_LENGTH	取得字串長度的位元組數
POSITION	檢索字串
POSSTR	檢索字串
QUOTE / QUOTE_LITERAL / QUOTENAME	產生字串 literal
REGEXP_COUNT	符合正規表達式的次數
REPEAT / REPLICATE	重複字串
REPEAT / REPLICATE	重複字串
REPLACE	置換字串
REVERSE	反轉字串
RIGHT	取出字串右側部分
RPAD	從字串右側填入文字
RTRIM	從右邊開始刪除空白
SPACE	建立空白字串
STR	將數值轉換成字串
STUFF	取代字串的某部分
SUBSTR	取出字串的某部分
SUBSTRING	取出字串的某部分
TRANSLATE	字串的變換
TRIM	刪除字串中指定的文字
UNICODE	將文字轉換成 Unicode
UPPER	轉換爲大寫

4.2

字串函式

ASCII 函式

將文字變換為 ASCII 碼

語法

ASCII (c) → 數值

參數

c   字串陳述式

傳回值

ASCII 碼

　　將文字轉換成「ASCII 碼」。反之,若要將 ASCII 碼轉換成文字的話,就用「CHR」、「CHAR」函式。我們也可以指定要字串作為參數,但只會傳回字串最前頭一個文字的 ASCII 碼,這點請特別注意了。

範例 將欄位 a 之文字轉換為 ASCII 碼。

```
SELECT a, ASCII(a) FROM foo

A       ASCII(a)
a       97
b       98
A       65
```

* 在 Access 中則使用 ASC 函式。

參照:CHAR / CHR 函式　　P.308

CHAR/
CHR 函式

Oracle | SQL Server | DB2 | Postgre SQL | MySQL/MariaDB | SQLite | MS Access | SQL 標準

將 ASCII 碼變換成文字

語法

CHAR (n) → 文字 `SQLServer`

CHAR (n) [,n...])(n[,n...])(n[,n...]) → 文字 `MySQL/MariaDB`

`SQLite`

CHAR (n) [,n...]) → 文字 `Oracle` `DB2` `PostgreSQL` `MS Access`

CHR (n) → 文字

參數

n   數值陳述式

傳回值

文字

「CHAR」、「CHR」函式, 可以把 ASCII 碼轉換成「文字」。反之, 要把文字轉換成 ASCII 碼的話, 請用「ASCII」函式。

在 SQL Server 、 MySQL 、 SQLLite 中, 要用「CHAR」, 在 Oracle 、 DB2 、 PostgreSQL 、 Access 中, 則用「CHR」函式。

要把 Unicode 轉換成文字時, 則使用「NCHAR」或「NCHR」函式。

範例 將欄位 a 之值以 CHAR 函式轉換成文字。

```
SELECT a, CHAR(a) FROM foo              SQLServer  MySQL/MariaDB

A       CHAR(a)
97      a
98      b
65      A
```

CHAR 和 CHR

在 DB2 使用 CHR 將字碼轉換成文字。請注意, 雖然 DB2 中也有 CHAR 函式, 但這是用來進行型別轉換的函式。

參照 : ASCII 函式   P.307
        NCHAR / NCHR 函式   P.325

CHARACTER_ LENGTH 函式

取得字串長度

語法

CHARACTER_LENGTH (s) → 數值   PostgreSQL MySQL/MariaDB

CHAR_LENGTH (s) → 數值   DB2

參數

s 字串陳述式

傳回值

字串長度

「CHARACTER_LENGTH」會傳回字串的「字數」。「CHAR_LENGTH」就是 CHARACTER_LENGTH 的省略寫法。而 CHARACTER_LENGTH、CHAR_LENGTH 是由 ANSI 所規定的函式。

• PostgreSQL

中文字會被算成 1 個字。在 V7.4 版本前的 PostgreSQL 若字串資料是以固定長度的 CHAR 資料類型建立, 則傳回之文字數會包含右邊接著的空白。也就是說, 資料類型定義為 CHAR(10) 的欄位, 用 CHAR_LENGTH 取其字串長度時, 得到的結果永遠都是 10 。若是可變動長度的字串資料類型, 則 CHAR_LENGTH 只會傳回有效的文字數。

範例 以 CHAR_LENGTH 取得 a 欄位之字串資料長度。

```
SELECT a, CHAR_LENGTH(a) FROM foo
```

a	CHAR_LENGTH(a)
ABCDEFG	7
中文字	2

• MySQL

會傳回字串的位元組數。 1 個中文字會以 2 個位元組來計算。不論字串資料是固定長度的 CHAR 資料類型, 還是可變動長度的字串資料類型, 此函式都只傳回有效字串部分的文字位元組數。要取得以 byte 單位來計算的字串長度時, 請使用 LENGTH 函式。

以 CHAR_LENGTH 函式取得 a 欄位之字串值的位元組數。

```
SELECT a, CHAR_LENGTH(a) FROM foo
```

a	CHAR_LENGTH(a)
ABCDEFG	7
中文字	2

• DB2

在 DB2 中，必須於第二個參數指定字串的單位（string unit）。

圖 4-2 DB2 的字串單位

字串單位	意義
OCTETS	以 byte 單位計算
CODEUNITS16	在 UTF-16 編碼下計算文字
CODEUNITS32	在 UTF-32 編碼下計算文字

設定為 OCTETS 時，字串的長度會以 byte 單位回傳。因為以 UTF-8 編碼的漢字，一個字是 3 byte，所以字串「漢字」的長度會變為 6 byte。

設為 CODEUNITS16 時，會依據 UTF-16 對字串進行編碼，並回傳字數。字串為「漢字」的話，文字數為 2。

設為 CODEUNITS32 時，會依據 UTF-32 進行編碼。只要是不包含擴充文字的情形，CODEUNITS16 和 CODEUNITS32 會回傳相同的文字數。在 UTF-16 中，擴充文字有時會佔據兩個單位。

固定長度字串（CHAR 型別、GRAPHIC 型別）的情形，補上的空白字元也會包含在字串之內。

範例 以 byte 單位計算欄位 a 的字串長度。

```
SELECT a, CHAR_LENGTH(a, OCTETS) FROM foo
```

a	CHAR_LENGTH(a)
ABCDEFG	7
中文字	6

參照：LEN／LENGTH 函式　　P.319
　　　　OCTET_LENGTH 函式　P.326

CHARINDEX
函式

檢索字串

```
語法
CHARINDEX ( s, t [ , n ] ) → 數值

參數
s           要檢索之文字
t           要進行檢索之字串的陳述式
n           數值陳述式

傳回值
字串 s 的檢索結果
```

「CHARINDEX」函式, 會在字串 t 中「檢索」字串 s。若有指定 n 時, 就會從字串 t 的第 n 個文字開始檢索。省略 n 不指定時, 就從 t 字串的最前頭開始檢索。

若找不到一致的字串時, 就會傳回 0。若有找到, 就會把 s 字串在字串 t 中的位置傳回來。

範例 在欄位 b 的字串值中尋找欄位 a 的字串值。

```
SELECT a, b, CHARINDEX(a,b) FROM foo

a       b               CHARINDEX(a,b)
bc      abcdefghi       2
abc     xxxyyyzzz       0
aa      aaaa            1
aa      aa              1
```

```
參照 : INSTR 函式        P.316
       POSITION 函式     P.327
       POSSTR 函式       P.328
```

CONCAT 函式

Oracle | SQL Server | DB2 | Postgre SQL | MySQL/MariaDB | SQLite | MS Access | SQL 標準

結合字串

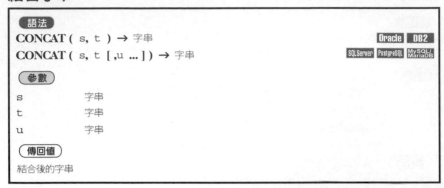

語法
CONCAT (s, t) → 字串   Oracle DB2
CONCAT (s, t [,u ...]) → 字串   SQLServer PostgreSQL MySQL/MariaDB

參數
s   字串
t   字串
u   字串

傳回值
結合後的字串

「CONCAT」會將參數所指定的字串結合在一起，並傳回結果值。

• ORACLE 、 DB2

將字串 s 和字串 t 結合後傳回。這個函式的功能和字串結合運算子「||」的功能相同。

範例 利用 CONCAT 來結合 a 欄位和 b 欄位的字串值。

```
SELECT a, b, CONCAT(a,b) FROM foo                         MySQL

a         b          CONCAT(a,b)
ABC       XYZ        ABCXYZ
```

• SQL Server 、 PostgreSQL 、 MySQL

將字串 s 、 t 、 u 結合後，傳回結果。由於參數個數不拘，所以可以寫成 CONCAT ('a', 'b', 'c', 'd') 這樣，指定多個字串結合。

範例 用 CONCAT 來結合 a 、 b 、 c 各欄位的字串值。

```
SELECT a, b, c, CONCAT(a,b,c) FROM foo

a         b      c        CONCAT(a,b,c)
ABC       xxx    XYZ      ABCxxxXYZ
```

參照：|| 運算子   P.286

CONCAT_WS 函式

指定分隔符號來串連字串

語法

CONCAT_WS (d, s, t [,u ...]) → 字串

參數

d	分隔符號
s	字串
t	字串
u	字串

傳回值

結合後的字串

　　CONCAT 函式會串連所有的字串參數。「CONCAT_WS」則可在串連字串時, 在字串之間插入分隔符號。最初的參數 d 會被當成分隔符號使用。而之後的參數則是設定想要串連的字串。

範例 使用 CONCAT_WS 以「+」為分隔符號串連字串。

```
SELECT CONCAT_WS('+', 'ABC', 'XYZ')

CONCAT_WS...
- - - - - - - - - -
ABC+XYZ
```

　　參數是數字也沒關係, 會自動被轉換成字串。

範例 使用 CONCAT_WS 以「, 」為分隔符號串連字串。

```
SELECT CONCAT_WS(', ', 1, 2, 3, 4, 5)

CONCAT_WS...
- - - - - - - - - -
1, 2, 3, 4, 5
```

INITCAP 函式

將單字最前頭的字母轉換成大寫

語法

INITCAP (s) → 字串

參數

s   要變換的字串

傳回值

變換後的字串

「INITCAP」會將字串 s 中所有英文單字的開頭字母轉爲大寫。

要將所有字母都轉換成大寫的話，請用 UPPER 函式。

範例 將欄位 a 之字串值的最前頭字母轉換成大寫。

```
SELECT a, INITCAP(a) FROM foo

a                    INITCAP(a)
this is sql          This Is Sql
hello world          Hello World
```

單獨執行函式

在 SQL Server、PostgreSQL、MySQL、Access 中, 只要在 SELECT 後面描述想要執行的函式, 就可單獨執行函式。但在 Oracle、DB2 中, 若沒有 FROM 子句的話就會發生錯誤。這種情形下, 可將 FROM 後面設定爲系統資料表「DUAL」、「SYSIBM.SYSDUMMY1」。

```
SELECT CURRENT_TIMESTAMP                              SQLServer PostgreSQL MySQL/MariaDB
SELECT CURRENT_TIMESTAMP FROM DUAL                    Oracle
SELECT CURRENT_TIMESTAMP FROM SYSIBM.SYSDUMMY1        DB2
```

INSERT 函式

在字串中間插入字串

語法

INSERT (s, p, l, n) → 字串

參數

s	任意字串
p	插入的位置
l	要置換的文字數
n	要置換 (插入) 的字串

傳回值

將字串 s 中, p 位置處起算的 l 個文字, 換成 n

「INSERT」函式可以將字串的部分內容「置換」掉, 或者也可說是「插入」。第 1 個參數 s, 指的是原本的字串。 p 和 l 則指定要置換之位置。寫成 **INSERT(s, 1, 3, 'x')** 這樣, 就是要把指定字串第 1 個文字處起算, 共 3 個文字以字串 'x' 來置換。l 指定為 0 時, 就不是置換字串, 而變成插入字串。

範例 用 'abc' 置換掉第 3 個文字處起算的 1 個文字。

```
SELECT a, INSERT(a,3,1,'abc') FROM foo
```

A	INSERT(a,3,1,'abc')
X123456789	X12abc456789

範例 在字串第 5 個位置 (前) 插入 'ins'。

```
SELECT a, INSERT(a,5,0,'ins') FROM foo
```

a	INSERT(a,5,0,'ins')
X123456789	X123ins456789

參照：REPLACE 函式　　P.332

INSTR 函式

檢索字串

語法

INSTR (s, t [, n [, m]] **)** → 數值

INSTR (s, t **)** → 數值

Oracle　DB2　MySQL/ MariaDB　MS Access

參數

s	作爲檢索對象的字串
t	要檢索的字串陳述式
n	開始檢索的位置
m	指定爲第幾個

傳回值

檢索字串 t 的結果

「INSTR」函式, 會在字串 s 中「檢索」字串 t。有指定 n 時, 就會從字串 s 的第 n 個文字開始檢索。將 n 指定爲負數時, 就會從字串最後方算起第 n 個字處開始反向檢索。指定第 4 個參數 m 的話, 就會傳回第 m 次找到所指定字串之位置。若省略 n、m 不指定的話, 這兩個值都會以預設值 1 來運作。

若沒有找到符合字串的話, 結果就會傳回 0。有找到的話, 就會傳回字串 s 中, 所指定檢索之字串的所在位置。

還有一個「INSTRB」函式, 也可用來檢索字串 (Oracle)。其參數與 INSTR 函式相同, 但參數 n 和 m 的單位不是第幾個文字, 而是第幾個位元組。因此, 碰到含有中文字時, 其檢索結果就可能不正確。此外, 在 Oracle 中, 針對不同的字串單位有「INSTRC、INSTR2、INSTR4」等多種變化版本的函式。

範例 在欄位 a 之字串值中搜尋欄位 b 之字串值。

```
SELECT a, b, INSTR(a,b) FROM foo


a              b           INSTR(a,b)
abcdefghi      bc          2
xxxyyyzzz      abc         0
```

範例 從欄位 a 之字串值中的第 1 個文字開始檢索欄位 b 之字串值,
並傳回欄位 b 字串值第 2 次出現之位置。

```
SELECT a, b , INSTR(a,b,1,2) FROM foo                          Oracle

a                       b               INSTR(a,b,1,2)
漢字的檢索的結果          的              6
```

範例 從欄位 a 之字串值中的最後 1 個文字開始檢索欄位 b 之字串值。

```
SELECT a, b, INSTR(a,b,-1) FROM foo                            Oracle

a                       b               INSTR(a,b,-1)
漢字的檢索的結果          的              6
```

在 Oracle 中, 可使用「REGEXP_INSTR」函式。參數 s、n、m 的使用方
式和 INSTR 相同。參數 t 則可指定包含正規表達式的字串。除了以上參數
之外, REGEXP_INSTR 還可設定第 5、6、7 參數。第 5 參數可設為 0 或
1。設為 0, 會直接回傳檢索到字串的位置。設為 1 則會將符合條件之字串
的最後面位置 +1, 再回傳結果。第 6 參數則可設定比較時的可選項目。請
參考前面章節的「REGEXP_LIKE 運算子」。第 7 參數則是設定群組化正
規表達式的編號。

範例 從字串查詢郵遞區號 (999-9999 的格式)。

```
SELECT REGEXP_INSTR(' 〒 359-1234 埼玉縣所澤市',           Oracle
    '[0-9]{3}-[0-9]{4}') FROM DUAL
```

* 在 MySQL、Access 中, 無法指定參數 n 和 m。

LEFT 函式

抽出字串左邊部分

語法

LEFT (s, n) → 字串

參數

| s | 字串陳述式 |
| n | 數值陳述式 |

傳回值

s 字串左邊的部分字串

「LEFT」函式會將指定字串左側起算的 n 個文字「抽出」。在 SQL Server、PostgreSQL、MySQL、Access 中, 中文字也算成 1 個文字。

範例 將欄位 a 之字串值, 從左側起算, 取出相當於欄位 b 之值的字數。

```
SELECT a, b, LEFT(a,b) FROM foo
```
SQLServer PostgreSQL MySQL/MariaDB MS Access

a	b	LEFT(a,b)
ABCDEFG	4	ABCD
ABCD	6	ABCD
中文的文字	2	中文

在 DB2 中, n 的單位是位元組, 而非字數。所以字元 (如中文) 有可能從中間被截斷, 請注意了。

範例 將欄位 a 之字串值, 從左側起算, 抽出相當於欄位 b 之值的位元組數。

```
SELECT a, b, LEFT(a,b) FROM foo
```
DB2

a	b	LEFT(a,b)
ABCDEFG	4	ABCD
漢字的文字	2	漢

| 參照: RIGHT 函式 | P.334 |
| SUBSTRING 函式 | P.341 |

LEN / LENGTH 函式

| Oracle | SQL Server | DB2 | Postgre SQL |
| MySQL/ MariaDB | SQLite | MS Access | SQL 標準 |

取得字串長度

語法

LEN (s) → 數值　　　　　　　　　　　　SQLServer MS Access

LENGTH (s) → 數值　　　　　Oracle DB2 PostgreSQL MySQL/MariaDB SQLite

參數

s　　　　　　字串陳述式

傳回值

字串的長度

「LEN」、「LENGTH」函式可以算出字串的「文字數」,或是字串的「位元組數」。

• SQL Server 、 Access

　當字串資料為固定長度的 CHAR 資料類型時,在 SQL Server 中,LEN 函式會忽略右側多餘的空白數, 只傳回有效文字數。至於可變長度之字串資料類型, 也是只傳回有效部分的文字數。

範例 算出欄位 a 的字串長度。

```
SELECT a, LEN(a) FROM foo                              SQLServer MS Access


a                  LEN(a)
ABCDEFG            7
漢字               2
```

* 在 SQL Server 中想取得 byte 數時, 請用 DATALENGTH。

• Oracle

　中文字會被視為 1 個文字。在 Oracle 中, 還有個 LENGTHB 函式。LENGTHB 函式傳回的不是字串的字數, 而是位元組數。由於 1 個中文字由 2 個位元組構成, 所以若指定要算出包含中文字之字串時, LENGTH 函式與 LENGTHB 函式的結果會不一樣。

　此外, 也有 LENGTHC、LENGTH2、LENGTH4 等變化。分別以 Unicode、UCS2 、 UCS4 等編碼模式來計算字串長度。

• DB2

若字串為 VARCHAR 資料類型, 則會傳回位元組數。若為 CHAR 資料類型, 則會傳回所定義之字串長度。舉例來說, 定義為「CHAR(10)」的欄位資料, 以 LENGTH 函式處理, 則傳回之結果一定就是 10。若為 VARGRAPHIC、GRAPHIC 資料類型, 則會傳回文字數。

在 DB2 中, 還可以對字串以外的資料類型使用 LENGTH 函式。例如, INTEGER 資料類型的長度, 就是 4。第 2 參數可設定字串的單位。

• PostgreSQL

中文字會被視為 1 個字。字串資料若為固定長度的 CHAR 資料類型, 則在 7.4 版以前的 PostgreSQL 中, LENGTH 函式就一定會傳回所定義之字串長度。舉例來說, 定義為「CHAR(10)」的欄位資料, 以 LENGTH 函式處理, 則傳回之結果一定就是 10。若是可變長度的字串資料類型, 就只會傳回字串有效部分的文字數。

範例 算出欄位 a 之字串長度。

```
SELECT a, LENGTH(a) FROM foo                              PostgreSQL

a                LENGTH(a)
ABCDEFG          7
漢字             2
```

• MySQL

在 MySQL 中, LENGTH 函式會傳回字串的位元組數。

範例 算出欄位 a 的字串長度。

```
SELECT a, LENGTH(a) FROM foo                              MySQL/
                                                         MariaDB
a                LENGTH(a)
BCDEFG           7
漢字             4
```

參照 : CHARACTER_LENGTH 函式	P.309
OCTET_LENGTH 函式	P.326

LOCATE 函式

檢索字串

語法

LOCATE (s, t [, p]) → 數值

參數

s	要檢索的字串
t	進行檢索動作的對象字串
p	開始檢索的位置

傳回值

在字串 t 中，最早出現的 s 字串之位置

在 MySQL 中，用「LOCATE」函數可以「檢索」字串，找出其所在位置。p 可以指定開始檢索的位置。若省略該參數，則會從最開頭開始檢索。

若沒有找到與指定字串一致的字串，就會傳回 0。若有找到，就會傳回所找到字串在字串 t 中的位置。

範例 找出欄位 a 之字串值中，是否有欄位 b 之字串值存在，並傳回其位置。

```
SELECT a, b,LOCATE(b,a) FROM foo

a              b          LOCATE(b,a)
abcdefghi      bc         2
xxxyyyzzz      abc        0
```

在 DB2 中，參數為[VAR]CHAR 型別的時候，出現位置會以 byte 單位計算後回傳。參數為[VAR]GRAPHIC 型別的時候，會以文字單位計算後回傳。MySQL 則是以文字單位回傳位置。在 DB2 中，第 4 參數可設定字串單位。

參照：	
CHARINDEX 函式	P.311
POSITION 函式	P.327
POSSTR 函式	P.328

LOWER 函式

轉換成小寫

> **語法**
>
> **LOWER (s)** → 字串
>
> **參數**
>
> s 字串陳述式
>
> **傳回值**
>
> 被轉換成小寫字母的字串

「LOWER」函式,會將字串轉換成「小寫字母」。只有英文字母可以作爲轉換對象。全形文字的英文字母也能轉換成小寫。

反之, 想將小寫文字轉成大寫時, 就要用「UPPER」函式。

範例 將欄位 a 之字串都轉換成小寫。

```
SELECT a, LOWER(a) FROM foo

a                   LOWER(a)
ABCDEFGH            abcdefgh
 A B C D             a b c d
```

* 在 Access 中, 要用 LCASE 函式。

* 在 DB2 、 MySQL 中, 也可以使用 LCASE 函式。

* SQLite 無法對多 byte 的字母進行轉換。

參照:UPPER 函式　　P.347

LPAD 函式

填入文字

語法

LPAD (s, l, t) → 字串   *MySQL/ MariaDB*

LPAD (s, l [, t]) → 字串   **Oracle** | **DB2** | PostgreSQL

參數

s　　　　　字串陳述式

l　　　　　調整後的字串長度

t　　　　　填入之字串

傳回值

從 s 左側填入文字 t, 一直到長度成為 l 為止的字串

「LPAD」函式, 會填入 t 字串到 s 字串中, 直到 s 字串之長度為 l 為止, 然後傳回填入的整個字串。

Oracle 、 DB2 可省略參數 t, 省略時以空白字元進行填補。參數 l 是以 byte 單位來設定。

PostgreSQL 可省略參數 t, 省略時以空白字元進行填補。參數 l 是以文字單位來設定。有漢字的話, 字串長度無法維持一致。

MySQL 不可省略參數 t。參數 l 是以文字單位來設定。有漢字的話, 字串長度無法維持一致。

範例 將欄位 a 之字串值增加到 10 個位元組。
而空的部分, 要填入 * 符號。

```
SELECT a, LPAD(a,10,'*') FROM foo

a            LPAD(a,10,'*')
ABCD         ******ABCD
abc def      ***abc def
```

範例 將欄位 i 之數值資料增加成 8 位數。而空的部分, 要填入 0 符號。

```
SELECT i, LPAD(i,8,'0') FROM foo

i            LPAD(i,8,'0')
123          00000123
2453         00002453
```

LTRIM 函式

Oracle | SQL Server | DB2 | Postgre SQL

MySQL/ MariaDB | SQLite | MS Access | SQL 標準

從左邊開始刪除空白

語法

LTRIM (s) → 字串

LTRIM (s[, t]) → 字串

SQLServer DB2 MySQL/ MariaDB
Oracle SQLServer SQLite

參數

s　　　　　字串陳述式

t　　　　　填入之字串

傳回值

刪除空白後的字串

4.2

字串函式

「LTRIM」函式會把字串最左邊開始的連續「空白」給刪除掉。夾在字串中間或接在右邊的空白不會刪除。要刪除字串右邊的空白時, 請用 RTRIM 函式。另外, 要指定要刪除的文字時, 則用 TRIM 函式。

範例 去除欄位 a 之字串值左側的空白。

```
SELECT a, LTRIM(a) FROM foo


a                    LTRIM(a)
ABCD■EFG■            ABCD■EFG■
■ABCD■               ABCD■                          ■表示空白
```

在 Oracle 、 PostgreSQL 、 SQLite 中, 設定第 2 參數就可刪除字串前端的任意字元。

範例 使用 LTRIM 刪除字串前端的 0 或 $ 。

```
SELECT a, LTRIM(a, '0$') FROM foo          Oracle SQLServer SQLite

a          LTRIM(a, 'O$')
$000123    123
```

參照 : RTRIM 函式　　P.336

　　　　TRIM 函式　　　P.344

NCHAR /
NCHR 函式

| Oracle | SQL Server | DB2 | Postgre SQL |
| MySQL/ MariaDB | SQLite | MS Access | SQL 標準 |

從 Unicode 變換為文字

語法

NCHAR (n) → 字串

NCHR (n) → 字串

SQLServer
Oracle

參數

n   數值陳述式

傳回值

字串

「NCHAR」、「NCHR」函式會把指定給參數 n 的 Unicode 碼轉換成「文字」。在 SQL Server 中, 要用「NCHAR」函式, 在 Oracle 中, 則用「NCHR」函式。

Unicode 碼的有效值在「0 ～ 65535」之間。指定此範圍以外的值給 NCHAR、NCHR 函式的話, 則會傳回 NULL。

範例 將 a 欄位中的 Unicode 碼轉換成文字。

```
SELECT a, NCHAR(a) FROM foo
```
SQLServer

a	NCHAR(a)
28450	漢
23383	字
97	a
98	b

* NCHAR 函式是 SQL Server Version 7.0 以後的版本才有的功能。

* Access 可用 CHRW 將 Unicode 字碼轉換成文字。

* PostgreSQL 可用 CHR 將 Unicode 字碼轉換成文字。

* 在 DB2 中, 可以使用 NCHAR 型別, 但無法使用 NCHR 函式、NCHAR 函式。

| 參照 : CHAR/CHR 函式 | P.308 |
| UNICODE 函式 | P.346 |

OCTET LENGTH 函式

取得字串長度的位元組數

語法

OCTET_LENGTH (s) → 數值

參數

s　　　　　字串陳述式

傳回值

字串的位元組數

「OCTET_LENGTH」函式會將字串的大小以「位元組為單位」傳回。OCTET_LENGTH 是由 SQL 標準所規定的函式。

範例 算出欄位 a 的位元組數。

```
SELECT a, OCTET_LENGTH(a) FROM foo

a               OCTET_LENGTH(a)
ABCDEFG         7
漢字            4
```

• DB2 、 PostgreSQL

若字串資料為固定長度的 CHAR 資料類型時, 此函式所傳回之位元組數將包括右側接著的空白部分。也就是說, 資料類型定義成 CHAR(10) 的欄位, 若用 CHAR_LENGTH 來取其位元組數的話, 傳回的永遠是 10 。對於可變長度之字串資料類型, 則只會傳回字串有效部分的位元組數 (不含右側空白)。

• MySQL

不論字串資料是固定長度的 CHAR 資料類型, 還是可變長度之字串資料類型, 在 MySQL 中, 此函式都只會傳回字串有效部分的位元組數。

參照：CHARACTER_LENGTH函式　　P.309
　　　　LEN/LENGTH 函式　　　　P.319

POSITION 函式

| Oracle | SQL Server | DB2 | Postgre SQL |
| MySQL/ MariaDB | SQLite | MS Access | SQL 標準 |

檢索字串

語法

PostgreSQL MySQL/ MariaDB DB2

POSITION (s **IN** t) → 數值

POSITION (s **IN** t **USING** u) → 數值

參數

s	要檢索的字串
t	進行檢索的對象字串
u	字串的單位 OCTETS/CODEUNITS16/CODEUNITS32

傳回值

在字串 t 中, 最早出現的 s 字串所在位置

在 DB2 、 PostgreSQL 、 MySQL 中, 用「POSITION」函式, 可以在字串中檢索指定字串, 並找出其所在位置。 POSITION 是由 ANSI 所規定的函式。

範例 在欄位 a 之字串值中, 檢索欄位 b 之字串值。

```
SELECT a, b, POSITION(b IN a) FROM foo
```
PostgreSQL MySQL/ MariaDB

a	b	POSITION(b IN a)
abcdefghi	bc	2
xxxyyyzzz	abc	0

在 DB2 中, 使用 USING 指定字串的單位。

範例 以 byte 單位來計算「的」在字串「中文的字串」中的位置。

```
SELECT POSITION('的' IN '中文的字串' USING OCTETS)
    FROM SYSIBM.SYSDUMMY1
```

POSITION

7

參照 : CHARINDEX 函式　　P.311　　INSTR 函式　　P.316
　　　　LOCATE 函式　　　P.321

POSSTR 函式

Oracle SQL Server DB2 Postgre SQL MySQL/MariaDB SQLite MS Access SQL 標準

檢索字串

語法

POSSTR (s, t) → 數值

參數

s	進行檢索的對象字串陳述式
t	要檢索之字串 (常數)

傳回值

在字串 s 中, t 字串最早出現的位置

在 DB2 中, 用「POSSTR」函式, 可以在指定字串中檢索字串, 並找出其所在位置。此函式會從字串 s 的最開頭開始找字串 t, 並傳回第 1 次找到 t 字串時的位置。

若沒有找到一致的字串, 就傳回 0。有找到的話, 就傳回在字串 s 中所找到的位置。請注意, 計算出現位置的單位會受參數的資料型別影響。

參數為 [VAR]CHAR 型別的時候, 出現位置會以 byte 單位計算後回傳。參數為[VAR]GRAPHIC 型別的時候, 會以文字單位計算後回傳。

在 DB2 中, 參數 t 不能用欄位名來指定, 一定要用字串值常數來指定。

範例 在欄位 a 的字串值中, 檢索字串 'bc'。

```
SELECT a, POSSTR(a,'bc') FROM foo


a                POSSTR(a,'bc')
abcdefghi        2
xxxyyyzzz        0
```

參照： CHARINDEX 函式   P.311   INSTR 函式   P.316
        LOCATE 函式   P.321

QUOTE/QUOTE_LITERAL/ QUOTENAME 函式

Oracle	SQL Server	DB2	Postgre SQL
MySQL/ MariaDB	SQLite	MS Access	SQL 標準

產生字串 literal

語法

QUOTE (s) → 字串

QUOTE_LITERAL (s) → 字串

QUOTENAME (s [, t]) → 字串

MySQL/ MariaDB　SQLite
PostgreSQL
SQLServer

參數

s　　　　字串運算式

t　　　　分隔符號

傳回值

被轉換成字串 literal 形式的字串。

「QUOTE」函式會將參數中的字串 s 以「''」包圍,並回傳包圍後的字串 (字串 literal)。主要使用在建立動態 SQL 指令時。字串 s 中有「'」時,會 自動進行跳脫處理(escape)。

範例 使用 QUOTE 函式轉換成字串 literal

```
SELECT QUOTE('asai''s')
```
MySQL/ MariaDB

QUOTE
```
'asai/'s'
```

在 SQL Server 可用第二參數設定要使用的分隔符號。省略時會以「[]」 進行轉換。想作為字串 literal 使用時,請設定為「'」。

範例 使用 QUOTE 函式轉換成字串 literal

```
SELECT QUOTENAME('asai''s', '''')
```
SQLServer

QUOTENAME
```
'asai''s'
```

PostgreSQL 可用「QUOTE_IDENT」函式將字串轉換成識別碼(identifier)。

REGEXP_COUNT
函式

Oracle | SQL Server | DB2 | Postgre SQL | MySQL/ MariaDB | SQLite | MS Access | SQL 標準

傳回符合模式的字串數目

語法

REGEXP_COUNT (s, t, [, pos [, opt]])

參數

s	資料來源字串
t	以正規表達式編寫的模式(pattern)
pos	開始比對的位置
opt	比對的可選項目

傳回值

符合模式的次數

「REGEXP_COUNT」函式會將字串 s 中符合模式 t 的字串檢索出來, 並回傳符合的次數。在 t 中可使用正規表達式的萬用字元。詳細說明請參考 REGEXP 運算子。此外, REGEXP_COUNT 是從 Oracle 11g 開始支援。

pos 和 opt 可省略。若有設定 pos 時, 檢索的開始位置就會從 pos 開始。opt 則是用來設定比對時的可選項目。關於可使用的項目, 請參考 REGEXP_LIKE 運算子。

範例 計算字串中符合模式的次數

```
SELECT REGEXP_COUNT('asai atsushi', '[ai]') FROM DUAL
```

REGEXP_COUNT
- -
5

範例 計算字串的字元數目

```
SELECT REGEXP_COUNT(' 朝井 淳', '.') FROM DUAL
```

REGEXP_COUNT
- -
4

REGEXP_COUNT 會忽略正規表達式中用來進行分組的括弧()。

參照: REGEXP 運算子　P.278　　REGEXP_LIKE 運算子　P.279

4.2

字串函式

REPEAT /
REPLICATE 函式

重複字串

語法

REPEAT (s, n) → 字串   DB2 PostgreSQL MySQL/MariaDB

REPLICATE (s, n) → 字串   SQLServer

參數

s   字串陳述式

n   數值陳述式

傳回值

將 s 字串重複 n 次而形成的字串

「REPEAT」、「REPLICATE」函式, 會將指定給 s 參數的字串重複 n 次後傳回。

在 DB2、PostgreSQL、MySQL 中, 要用「REPEAT」函式, 在 SQL Server中, 則用「REPLICATE」函式。

範例 將欄位 a 的字串值, 重複欄位 b 之值的次數後,
建立出新字串。

```
SELECT a, b, REPEAT(a,b) FROM foo          DB2 PostgreSQL MySQL/MariaDB

a          b          REPEAT(a,b)
ABC        0
ABC        1          ABC
ABC        2          ABCABC
```

參照 : SPACE 函式   P.337

REPLACE 函式

置換字串

語法

REPLACE (s, t, u) → 字串

參數

s	要進行置換的主要字串陳述式
t	置換前要找出的字串陳述式
u	要置換進去的字串陳述式

傳回值

字串

「REPLACE」函式會把字串 s 中含有的字串 t, 通通置換成字串 u, 然後傳回結果字串。

範例 將欄位 a 的字串值裡的欄位 b 之字串值, 都換成字串 c。

```
SELECT a, b, c, REPLACE(a,b,c) FROM foo
```

a	b	c	REPLACE(a,b,c)
漢字的文字	字	化	漢化的文化

在 Oracle、PostgreSQL 可使用「REGEXP_REPLACE」函式。參數 s 的處理方式一樣。參數 t 可設定為包含正規表達式的字串。在參數 u 設定取代後的字串。此字串中, 可藉由「\1」取得符合正規表達式中第一個群組的字串。

範例 將 11 位數字轉換成電話號碼形式的格式

```
SELECT REGEXP_REPLACE('09012345678',          Oracle
'([0-9]{3})([0-9]{4})([0-9]{4})', '(/1) /2-/3')
FROM DUAL
```

REGEXP_REPLACE('090...)

(090) 1234-5678

REVERSE 函式

反轉字串

語法

REVERSE (s) → 字串

參數

s　　　　　　字串陳述式

傳回值

反轉後的字串

「REVERSE」函式會把 s 參數所提供的字串, 左右反轉後, 傳回新產生的字串。

範例 將欄位 a 之字串資料值反轉。

```
SELECT a, REVERSE(a) FROM foo

a                  REVERSE(a)
ABC                CBA
漢字               字漢
```

字元集（character set）

世界各國都在使用電腦。如同「換個國家就要換個語言」, 資料庫的參數會隨著使用的國家不同, 進行調整。參數有包括文字的編碼、排序方式、日期的記錄方法…等。

一般的英文字母, 儲存一個字母只需要 1 byte。而在台灣使用的中文字, 則必須用多個 byte 來儲存一個文字。資料庫中要使用什麼字元集, 可用「CHARACTERSET」參數設定。若設定字元集時不考量多 byte 文字的相關問題, 在使用 REVERSE…等字串操作函式時, 就可能會有錯誤的結果。

RIGHT 函式

取出字串右側部分

> **語法**
>
> **RIGHT (s, n)** → 字串
>
> **RTRIM (s[, t])** → 字串
>
> **參數**
>
> s　　　　　字串陳述式
>
> n　　　　　數值陳述式
>
> **傳回值**
>
> s 字串右側的部分字串

「RIGHT」函式會傳回指定字串右側的 n 個字。在 SQL Server、Access 中, 中文字也會被算成 1 個文字。

範例 將欄位 a 之字串值右側, 相當於欄位 b 之值個數的字取出。

```
SELECT a, b, RIGHT(a,b) FROM foo
```

a	b	RIGHT(a,b)
ABCDEFG	4	DEFG
ABCD	6	ABCD
漢字的文字	2	文字

在 DB2 中, n 參數的單位是位元組, 所以 2 位元組的文字, 有可能從中被切開, 請特別注意了。

範例 從欄位 a 之字串值右側, 取出相當於欄位 b 之值的位元組數之資料, 並傳回。

```
SELECT a, b, RIGHT(a,b) FROM foo
```

a	b	RIGHT(a,b)
ABCDEFG	4	DEFG
漢字的文字	2	字

參照：LEFT 函式　P.318　　SUBSTRING 函式　P.341

RPAD 函式

從字串右側填入文字

語法

MySQL/ MariaDB

RPAD (s, l, t) → 字串

Oracle | DB2 | PostgreSQL

RPAD (s, l[, t]) → 字串

參數

s	字串陳述式
l	調整後的字串長度
t	填入的字串

傳回值

將字串填成長度為 l, 並以 t 所指定之文字從右側填入後所成的字串

「RPAD」函式, 會把字串 t 從字串 s 右側重複填入, 直到字串 s 的長度成為 l 為止, 然後傳回結果字串。

● Oracle、DB2

可省略參數 t, 省略時以空白字元進行填補。參數 l 是以 byte 單位來設定。

● PostgreSQL

可省略參數 t, 省略時以空白字元進行填補。參數 l 是以文字單位來設定。有漢字的話, 字串長度無法維持一致。

● MySQL

不可省略參數 t。參數 l 是以文字單位來設定。有漢字的話, 字串長度無法維持一致。

範例 將欄位 a 之字串值增加到 10 個位元組, 不夠的部分用 * 填入。

```
SELECT a, RPAD(a,10,'*') FROM foo


a           RPAD(a,10,'*')
ABCD        ABCD******
abc def     abc def***
```

RTRIM 函式

從右邊開始刪除空白

> **語法**
>
> `SQLServer` `DB2` `MySQL/MariaDB` `Oracle` `PostgreSQL` `SQLite`
>
> **RTRIM (s)** → 字串
>
> **RTRIM (s[,t])** → 字串
>
> **參數**
>
> s　　　　　字串陳述式
>
> t　　　　　要刪除之字串
>
> **傳回值**
>
> 刪除空白後的字串

4.2

字串函式

　「RTRIM」函式會將指定字串右邊的連續空白刪除。要刪除字串左側空白的話, 要用 LTRIM 函式。另外, 要刪除指定文字的話, 就用 TRIM 函式。

範例 刪除欄位 a 之字串值右側的空白。

```
SELECT a, RTRIM(a) FROM foo


a                     RTRIM(a)
ABCD■EFG              ABCD■EFG
■ABCD■                ■ABCD                          ■表示空白
```

　在 Oracle、 PostgreSQL、 SQLite 中, 設定第 2 參數就可刪除字串末端的任意字元。

範例 使用 RTRIM 刪除字串末端的 0 或 $。

```
SELECT a, RTRIM(a, '0$') FROM foo        Oracle PostgreSQL SQLite


a          RTRIM(a, '0$')
123000$    123
```

参照：LTRIM 函式　　P.324

　　　　TRIM 函式　　P.344

SPACE 函式

| Oracle | SQL Server | DB2 | Postgre SQL |
| MySQL/ MariaDB | SQLite | MS Access | SQL 標準 |

建立空白字串

[語法]

SPACE (n) → 字串

[參數]

n　　　　　數值陳述式

[傳回值]

空白字串

「SPACE」函式會傳回長度為 n 的空白字串。要取得任意文字或字串的重複結果時, 要用「REPLICATE」函式。

範例 取得相當於欄位 a 之值的長度 (字數) 的空白字串。

```
SELECT a, SPACE(a) FROM foo

a               SPACE(a)
2               ■■
5               ■■■■■                              ■表示空白
```

併用 SPACE 函式和 LEN 函式, 以及字串結合的功能, 就能做出與 LPAD 和 RPAD 相同的效果。

範例 以 SPACE 和 LEN 函式來做出 RPAD 函式的效果。

```
SELECT SPACE(10 - LEN(a)) + a FROM foo

SPACE(10 - LEN(a)) + a
■■■■■■■abc
■■■■abcxyz                                         ■表示空白
```

* 在 MySQL 中, 請使用 LENGTH 和 CONCAT 函式。

參照：REPEAT / REPLICATE 函式　　P.331

STR 函式

將數值轉換成字串

語法

$$STR (n [, l [, d]]) \rightarrow 字串$$ `SQLServer`

$$STR (n) \rightarrow 字串$$ `MS Access`

參數

n	要進行轉換的數值陳述式
l	轉換後的字串總長
d	小數點部分的位數

傳回值

字串

「STR」函式會將所指定的數值, n, 轉換成字串。藉由指定 l 參數, 還可以決定轉換後的字串長度。預設轉換後的長度為 10 。指定參數 d, 就可以指定小數點部分的位數。

範例 將欄位 a 之數值轉換成字串。

```
SELECT a, STR(a) FROM foo
```

a	STR(a)
2	■■■■■■■■■2
5.67	■■■■■■■■■6

■表示空白

範例 將欄位 a 之數值轉換為 10 位數的字串, 小數部分則為 2 位。

```
SELECT a, STR(a,10,2) FROM foo S
```

a	STR(a,10,2)
2	■■■■■■■ 2.00
5.67	■■■■■■■ 5.67

■表示空白

* 在 Access 中, STR 函式無法指定參數 l 和 d 。

參照：CONVERT 函式　　P.401

4.2

字串函式

STUFF 函式

取代字串的某部分

語法

STUFF (s, f, l, t) → 字串

參數

s	字串
f	要替換之字串的啟始位置
l	要替換之字串長度
t	要換入的字串

傳回值

替換完成後的字串

「STUFF」函式, 會從字串 s 的第 f 個文字起算, 共 l 個字給刪除, 再插入字串 t, 以取代刪除的內容。

範例 將欄位 a 的字串值中第 3 個字起, 共 2 個字刪除,
再插入 'XXX' 來代替。

```
SELECT a, STUFF(a,3,2,'XXX') FROM foo
```

a	STUFF(a,3,2,'XXX')
漢字的文字	漢字 XXX 字
ABCDEFG	ABXXXEFG

參照：REPLACE 函式　　P.332

SUBSTR 函式

取出字串的某部分

語法

SUBSTR (s, n, m) → 字串

參數

s	字串陳述式
n	要取出之文字的起始位置
m	要取出之文字數

傳回值

取出之字串

「SUBSTR」函式會把字串 s 中, 第 n 個字起算, 共 m 個字給「取出」來。全形文字也算成 1 個字, 所以即使是混有全形文字的字串, 也能正確處理。

在 Oracle 、 DB2 中, 有個「SUBSTRB」函式。此函式的參數和「SUBSTR」函式相同, 但不是以字為單位, 而是以位元組為單位。因此, 中文字有可能從中被截斷。另外, 在 DB2 中, 若指定了 VARCHAR 資料類型的資料作為參數, 則會和 PostgreSQL 不支援多位元組文字一樣, 變成以位元組為單位來處理字串。

在 SQL Server 、 MySQL 中, 要使用「SUBSTRING」函式。

範例 從欄位 a 之字串值中, 相當於欄位 b 之數值的位置開始, 取出相當於欄位 c 之值的文字個數。

```
SELECT a, b, c, SUBSTR(a,b,c) FROM foo
```

a	b	c	SUBSTR(a,b,c)
ABCDEFGH	1	2	AB
ABCDEFGH	2	2	BC
ABCDEFGH	9	2	
A漢字DEF	2	3	漢字D

參照 : LEFT 函式	P.318
RIGHT 函式	P.334

4.2
字串函式

340

SUBSTRING 函式

抽出字串的某部分

語法

SUBSTRING (s, n, m) → 字串	`SQLServer` `PostgreSQL` `MySQL`
SUBSTRING (s FROM n FOR m) → 字串	`PostgreSQL` `MySQL`
SUBSTRING (s, n, m, u) → 字串	`DB2`
SUBSTRING (s FROM n FOR m USING u) → 字串	`DB2`

參數

s	字串陳述式
n	要抽出文字之起始位置
m	要抽出之文字數
u	字串的單位 OCTETS/CODEUNITS16/CODEUNITS32

傳回值

抽出之字串

「SUBSTRING」函式會將字串 s 的第 n 個文字處起算, 共 m 個字的字串「抽出」。在 SQL Server、PostgreSQL 中, 全形文字也被視爲 1 個字來處理。所以混有全形文字的字串也能正確處理。在不支援多位元組的 PostgreSQL、MySQL 資料庫中, n 和 m 則以位元組爲單位。

在 DB2 中使用參數 u 指定字串單位。文字的位置可利用字串單位進行計算。

在 DB2、PostgreSQL、MySQL 中, 可以用「SUBSTRING(s FROM n FOR m)」這樣的語法來寫。此語法遵循的是 SQL92 的規定。

範例 將欄位 a 之字串值中, 相當於欄位 b 之值的位置開始, 抽出相當於欄位 c 之值之個數的文字。

```
SELECT a, b, c, SUBSTRING(a,b,c) FROM foo          SQLServer PostgreSQL MySQL/MariaDB
```

a	b	c	SUBSTRING(a,b,c)
ABCDEFGH	1	2	AB
ABCDEFGH	2	2	BC
ABCDEFGH	9	2	
A 漢字 DEF	2	3	漢字D

TRANSLATE
函式

Oracle | SQL Server | DB2 | Postgre SQL | MySQL/MariaDB | SQLite | MS Access | SQL 標準

字串的變換

語法

TRANSLATE (s, t, u) → 字串   `Oracle` `PostgreSQL`

TRANSLATE (s [, u, t [, v]]) → 字串   `DB2`

參數

s	其部分內容要被置換的字串
t	要被置換的字串
u	要置換進去的字串
v	填滿空白用的字串

傳回值

置換完成的字串

• Oracle、PostgreSQL

　在 Oracle、PostgreSQL 中的「TRANSLATE」函式, 會將字串以文字單位來「置換」, 就是將參數 s 中所含的字串 t, 用字串 u 來取代。從 t 換成 u 的變換, 是以文字為單位來進行的。若把 'Ax' 指定給 t 參數, 把 'By' 指定給 u 參數, 則文字 'A' 會換成 'B', 'x' 會被換成 'y'。也就是說, 會置換相同位置的文字。

範例 將欄位 a 之字串值裡的 a 和 g, 分別換成 A 和 G。

```
SELECT a, TRANSLATE(a,'ag','AG') FROM foo            Oracle


a            TRANSLATE(a,'ag','AG')
abcdefg      AbcdefG
aaabbbccc    AAAbbbccc
```

範例 將數字都換成 9, 文字都換成 X。

```
SELECT TRANSLATE('24GHW85',
 '0123456789ABCDEFGHIJKLMNOPQRSTVUWXYZ',
 '9999999999XXXXXXXXXXXXXXXXXXXXXXXXXX') FROM DUAL    Oracle
```

```
TRANSLATE('24GHW85',...)
99XXX99
```

‧DB2

在 DB2 中, 可以省略參數 u 和 t。此時, 參數 s 之字串值會被轉換成大寫後再傳回。

指定了參數 u 和 t 時, 執行狀況就和 Oracle 、 PostgreSQL 一樣, 但參數的順序不同, 請特別注意了。要被置換的字串要寫在第 3 個參數的位置, 要置換進去的字串則寫在第 2 個參數處。

在 DB2 中, 還可以指定第 4 個參數。這個參數可以指定當置換進去的字串比被置換的字串短時, 要補填的文字。

範例 將欄位 a 之字串值中的 a 和 g, 分別置換為 A 和 G 。

```
SELECT a, TRANSLATE(a,'AG','ag') FROM foo            DB2

a                  TRANSLATE(a,'AG','ag')
abcdefg            AbcdefG
aaabbbccc          AAAbbbccc
```

範例 將欄位 a 之字串值中的 a 和 g, 分別置換為 A 和 G,
而 b 、 c 、 d 、 e 、 f 則用 % 來置換。

```
SELECT a, TRANSLATE(a,'AG','agbcdef','%') FROM foo    DB2

a          TRANSLATE(a,'AG','abcdef','%')
abcdefg    A%%%%%%
aaabbbccc  AAA%%%%%
```

參照 : REPLACE 函式　　P.332

TRIM 函式

刪除字串中指定的文字

語法

TRIM ([c FROM] s) → 文字列

TRIM ([{ LEADING | TRAILING | BOTH } [c] FROM] s) → 文字列

TRIM (s [, c]) → 文字列 **SQLite**

參數

s   原本的字串

c   字串陳述式

傳回值

字串

「TRIM」函式會把參數 s 之字串中指定的文字給「刪除」後再傳回。省略參數 c 時，就相當於刪除空白文字。

在 SQLite 不能使用 FROM 子句，但可使用參數清單（Argument list），來指定 s 和 c。

想從字串最前頭開始刪除時，就指定「LEADING」，這就和 LTRIM 函式效果相同。想從字串最後方開始刪除的話，就指定「TRAILING」，這就和 RTRIM 函式效果相同。指定「BOTH」的話，就會兩頭同時刪除。都不指定時，預設就以 BOTH 的方式來執行。

指定要刪除之文字時，要寫成「c FROM s」這樣。即使是指定了要刪除的文字，「LEADING、TRAILING、BOTH」這些選項都還是有效的。

範例 將欄位 a 之字串值兩端的空白刪除

```
SELECT a, TRIM(a) FROM foo


a                      TRIM(a)
ABCD■EFG■              ABCD■EFG
■ABCD■                 ABCD              ■表示空白
```

範例 從欄位 a 的字串中, 刪除前端的 0

```
SELECT a, TRIM(LEADING ？？ FROM a) FROM foo
```

a	TRIM(LEADING？？ FROM a)
001234	1234

範例 將姓名欄位之字串值兩端的 '田' 字刪除。

```
SELECT 姓名, TRIM('田' FROM 姓名) FROM 通訊錄
```

a	TRIM('田' FROM 氏名)
山田	山
高橋	高橋
田中	中
鈴木	鈴木
中田山	中田山

* TRIM 函式是 Oracle8I 以後的版本才有的。

* 在 Access 中, 無法指定 LEADING、TRAILING、BOTH 選項, 也不能用 FROM 來指定要刪除的文字。

*SQL Server 中沒有 TRIM 函式。但藉由 RTRIM 和 LTRIM 的組合, 也能進行類似的處理。

*在 DB2 使用 STRIP 函式可進行和 TRIM 同樣的處裡。

參照：LTRIM 函式　　P.324

　　　　RTRIM 函式　　P.336

UNICODE 函式

| Oracle | SQL Server | DB2 | Postgre SQL |
| MySQL/ MariaDB | SQLite | MS Access | SQL 標準 |

將文字轉換成 Unicode

語法

UNICODE (c) → 數值

參數

c　　　　　　文字陳述式

傳回值

Unicode

「UNICODE」函式會把指定給參數 c 的值轉換成「Unicode」。若指定給 c 的是一個以上的文字, 則傳回第 1 個字的 Unicode。

範例 將欄位 a 之文字值轉換成對應的 Unicode。

```
SELECT a, UNICODE(a) FROM foo

a               UNICODE(a)
漢              28450
字              23383
a              97
b              98
```

* UNICODE 函式是 SQL Server Version 7.0 以後才有的功能。

Unicode

Unicode 不只一種編碼方式。有 UTF-8、UTF-16、UTF-32…等變化版本。

UTF-8　　　　一個字元用 1~4byte 儲存。

UTF-16　　　一個字元用 2byte (16 次元) 或 4byte 儲存。

UTF-32　　　一個字元用 4byte (32 次元) 儲存。

UPPER 函式

轉換為大寫

語法

UPPER (s) → 字串

參數

s　　　　　　字串陳述式

傳回值

被轉換成大寫字母的字串

「UPPER」函式會將字串轉換成「大寫字母」。只有英文字母能作為轉換對象。全形 (2 位元組的文字) 的英文字母, 也能進行轉換。

反之, 要轉換成小寫字母的話, 就用 LOWER 函式。

範例 將欄位 a 之字串值都轉換成大寫字母。

```
SELECT a, UPPER(a) FROM foo


a                       UPPER(a)

abcdefgh                ABCDEFGH
a b c d                 A B C D
```

* 在 Access 中, 要用 UCASE 函式。
* 在 DB2、My SQL 中, 也能使用 UCASE 函式。

參照：LOWER 函式　　P.332

4-3 日期函式

日期函式是用來處理日期、時間的函式。依各資料庫不同，函式也多有不同，許多資料庫都有自己獨特的函式。日期函式包括以下這些：

ADD_MONTHS 函式

月分的加法運算

【語法】

ADD_MONTHS (d, n) → 日期值

【參數】

d   日期陳述式

n   數值陳述式

【傳回值】

n 個月後的日期

　　「ADD_MONTHS」函式, 可以針對日期資料做「月份的加法運算」。日期的加法運算, 也可以用日期 + 運算子的方式來運算, 但是一旦考慮到 1 個月要算 30 天還是 31 天這種問題, 就會變得很麻煩。由於並非每個月都是 31 天, 所以像「2 月 14 日 +31 日」這樣寫, 就不一定能得到正確結果。這種時候, 不把一個月當成 31 天來算, 而直接指定 1 個月後, 就用「ADD_MONTHS」函式。我們得指定日期值給「d」參數。「n」則為要加算的月數。將負數指定給 n 的話, 就會算出 n 個月前的日期。

【範例】 算出 a 欄位之日期資料的 b 個月後之日期。

```
SELECT a, b, ADD_MONTHS(a,b) FROM foo
```

a	b	ADD_MONTHS(a,b)
02-08-28	1	02-09-28
02-08-28	-1	02-07-28

　　以 INTERVAL '1' MONTH 進行加法運算也可以取得一個月後的日期。但無法使用 02-01-31+INTERVAL '1' MONTH, 因為 2 月 31 日並不存在。若是 ADD_MONTHS 就可以自動調整這種狀態。

＊DB2 從 v9.7 後開始支援 ADD_MONTHS。

參照：MONTHS_BETWEEN 函式   P.384

CURRENT_DATE
函式

| Oracle | SQL Server | DB2 | Postgre SQL |
| MySQL/ MariaDB | SQLite | MS Access | SQL 標準 |

取得現在日期

語法

CURRENT_DATE → 日期值   `Oracle` `DB2` `PostgreSQL` `MySQL/MariaDB` `SQLite`

CURRENT DATE → 日期值   `DB2`

傳回值

現在的日期值

在 Oracle 、 DB2 、 PostgreSQL 、 MySQL 、 SQLite 中, 可以用
「CURRENT_DATE」函式來取得「現在的日期」。 CURRENT_DATE 函式是
由 ANSI 所規定的。雖然是函式, 但由於沒有參數, 所以可以不用寫括弧。

用 CURRENT_DATE 函式, 可以取得日期。而要取得時間的話, 就用
CURRENT_TIME函式。日期和時間都要同時取得的話,則用CURRENT_TIMESTAMP
函式。

範例 取得現在的日期。

```
SELECT CURRENT_DATE

CURRENT_DATE
- - - - - - - - - -
2002-03-10
```

・DB2

在 DB2 中, CURRENT 和 DATE 之間是空白。也可使用 CURRENT_DATE。

・MySQL

在 MySQL 中, 可使用像 CURRENT_DATE()一樣包含括弧的型式。省略形
式的 CURDATE()也可使用。

・SQLite

在 SQLite 會傳回 UTC（世界協調時）的日期。

* Oracle9i、SQLite 以後的版本才有 CURRENT_DATE的功能。

CURRENT_TIME
函式

取得現在時間

語法

CURRENT_TIME → 日期值   `DB2` `PostgreSQL` `MySQL/MariaDB` `SQLite`

CURRENT TIME → 日期值   `DB2`

傳回值

現在時間

在 DB2、PostgreSQL、MySQL、SQLite 中, 我們可以用「CURRENT_TIME」函式來取得「現在時間」。 CURRENT_TIME 是由 SQL 標準所規定的函式。雖然是函式, 但由於不含參數, 所以可以不寫括弧。

CURRENT_TIME 函式只能取得時間。要取得日期的話, 就要用 CURRENT_DATE 函式。要同時取得日期和時間的話, 則用 CURRENT_TIMESTAMP 函式。

範例 取得現在時間。

```
SELECT CURRENT_TIME

CURRENT_TIME
- - - - - - - - - -
12:03:24
```

• DB2

在 DB2 中, CURRENT 和 TIME 之間是以半形空白 (非底線) 相接。也可使用 CURRENT_TIME。

• MySQL

在 MySQL 中, 可使用像 CURRENT_TIME() 一樣包含括弧的型式。省略形式的 CURTIME() 也可使用。

• SQLite

在 SQLite 會傳回當下的 UTC 時間。

CURRENT_
TIMESTAMP 函式

Oracle	SQL Server	DB2	Postgre SQL
MySQL/ MariaDB	SQLite	MS Access	SQL 標準

取得現在日期時間

語法

CURRENT_TIMESTAMP → 日期值   **Oracle** **SQLServer** **DB2** **PostgreSQL** **MySQL/MariaDB** **SQLite**

CURRENT TIMESTAMP → 日期值   **DB2**

傳回值

現在日期時間

　用「CURRENT_TIMESTAMP」函式, 可以取得「現在日期時間」。雖然各資料庫都有獨自的函式可以取得現在日期時間, 不過利用這個由 SQL 標準所規定的 CURRENT_TIMESTAMP 函式, 還是比較好。

　用 CURRENT_TIMESTAMP 可以取得現在日期時間 (日期和時間)。只要取得日期的話, 就用 CURRENT_DATE 函式。只要取得時間的話, 就用 CURRENT_TIME 函式。

範例 取得現在日期時間。

```
SELECT CURRENT_TIMESTAMP

CURRENT_TIMESTAMP
------------------
2002-12-03 12:10:32
```

• DB2

　在 DB2 中, CURRENT 和 TIMESTAMP 之間是以半形空白相接。也可使用 CURRENT_TIMESTAMP。

• MySQL

　在 MySQL 中, 可使用像 CURRENT_ TIMESTAMP ()一樣包含括弧的型式。

• SQLite

　在 SQLite 會傳回當下的 UTC 時間。

* Oracle9i 以後之版本才有 CURRENT_TIMESTAMP 的功能。

DATE_ADD /
ADDDATE 函式

日期的加法運算

語法

DATE_ADD (d, **INTERVAL** n p **)** → 日期值

ADDDATE (d, **INTERVAL** n p **)** → 日期值

參數

d   日期陳述式

n   數值陳述式

p   日期要素

傳回值

n 日期要素後之日期

在 MySQL 中,用「DATE_ADD」函式可以進行任意單位的「日期加法運算」。其原理和使用方式,都和 SQL Server 的「DATEADD」函式很像,但有些細節則不同。另外, DATE_ADD 也可以寫成「ADDDATE」。這兩個函式的功能是一樣的。

日期的單位可以用 p 參數來指定。 p 參數之值就決定了加法運算的單位。 n 參數之值則表示了加法運算要算的數值,不過其實際效果,會受 p 參數的影響。

範例 算出 d 欄位之日期值的 10 天後之日期。

```
DATE_ADD(d, INTERVAL 10 DAY)
```

「DAY」這個參數,指定了 10 這個數值的單位是日 (天)。而關於有哪些單位可以指定,請參考圖表 4-3 。

範例 算出 b 欄位之日期值的 a 日後之日期。

```
SELECT a, b, DATE_ADD(b, INTERVAL a DAY) FROM foo
```

a	b	DATE_ADD(b, INTERVAL a DAY)
1	2002-07-04 22:49:03	2002-07-05 22:49:03
-1	2002-07-04 22:49:03	2002-07-03 22:49:03

範例 算出 b 欄位之日期值的 a 小時後之時間。

```
SELECT a, b, DATE_ADD(b, INTERVAL a HOUR) FROM foo
```

a	b	DATE_ADD(b, INTERVAL a HOUR)
1	2002-07-04 22:49:03	2002-07-04 23:49:03
-1	2002-07-04 22:49:03	2002-07-04 21:49:03

圖 4-3 可指定日期要素一覽表

時間間隔	單位(p)	n 的格式
年	YEAR	數值
年月	YEAR_MONTH	'yy-mm'
季	QUARTER	數值
月	MONTH	數值
週	WEEK	數值
天	DAY	數值
天數小時	DAY_HOUR	'dd hh'
天數小時分鐘	DAY_MINUTE	'dd hh:mm'
天數小時分秒	DAY_SECOND	'dd hh:mm:ss'
天數微秒	DAY_MICROSECOND	'dd.ms'
小時	HOUR	數值
小時分鐘	HOUR_MINUTE	'hh:mm'
小時分秒	HOUR_SECOND	'hh:mm:ss'
小時微秒	HOUR_MICROSECOND	'hh.ms'
分	MINUTE	數值
分秒	MINUTE_SECOND	'mm:ss'
分鐘微秒	MINUTE_MICROSECOND	'mm.ms'
秒	SECOND	數值
秒鐘微秒	SECOND_MICROSECOND	'ss.ms'
微秒	MICROSECOND	數值

要寫出 1 年又 3 個月的值的話, 就寫成「INTERVAL '1-3' YEAR_MONTH」。 而 10 天又 12 小時則寫成「INTERVAL '10 12' DAY_HOUR」。請注意要以字串的方式來寫。

也可不使用 INTERVAL 直接在參數輸入數值, 此時會以「天」為時間的單位。

DATE_FORMAT 函式

| Oracle | SQL Server | DB2 | Postgre SQL |
| MySQL/ MariaDB | SQLite | MS Access | SQL 標準 |

格式化日期資料

語法

DATE_FORMAT (d, f) → 字串

參數

d   日期陳述式

f   指定格式之字串

傳回值

將 d 以 f 的格式進行格式化

在 MySQL 中, 日期資料類型可以用「DATE_FORMAT」函式來做「格式化」的動作。使用時要指定日期資料類型的資料給參數 d 。這個參數 d 的日期資料, 會以 f 參數所指定的格式來格式化, 然後以字串的型態傳回。

用 DATE_FORMAT 可以進行時間的格式化。只要格式化時、分、秒的話, 也可以用 TIME_FORMAT 函式來進行。

而關於指定格式的寫法, 請參考圖 4-4 。

範例 用 DATE_FORMAT, 將日期格式化成「年 / 月 / 日」的型態。

```
SELECT DATE_FORMAT(d,'%Y/%m/%d') FROM foo

DATE_FORMAT(d,'%Y/%m/%d')
- - - - - - - - - - - - - - - -
2001/01/25
2002/09/07
```

圖 4-4　在 MySQL 中, 用 DATE_FORMAT 指定日期時間格式時的寫法

日期要素	指定格式的寫法
4 位數的年	%Y
2 位數的年	%y
4 位數的年份。和 %V 配合使用。	%X
4 位數的年份。和 %v 配合使用。	%x
月 (1~12)	%c
月 (01~12)	%m
月 (Jan、Feb、Mar...)	%b
月 (January、February、...)	%M
1 整年的第幾天 (001~366)	%j
日 (0~31)	%e
日 (00~31)	%d
有順序的日 (1st、2nd、3rd...)	%D
1 整年的第幾週 (0~53), 1 週的開始為星期日	%U
1 整年的第幾週 (0~53), 1 週的開始為星期日	%u
1 整年的第幾週 (1~53), 1 週的開始為星期日	%V
1 整年的第幾週 (1~53), 1 週的開始為星期日	%v
星期 (0~6, 0 表示星期日)	%w
星期 (Mon、Tue、Wed...)	%a
星期 (Monday、Tuesday...)	%W
上午 / 下午	%p
時 (0~23)	%k
時 (00~23)	%H
時 (01~12)	%h %l
分 (00~59)	%i
秒 (0~59)	%s %S
微秒 (000000~999999)	%f
12 小時制的時間 (hh:mm:ss AM/PM)	%r
24 小時制的時間 (hh:mm:ss)	%T
% 符號本身	%%

　　%b %M %a %W 會受到 @@lc_time_names 的地區設定值影響而改變顯示的方式。

參照：TIME_FORMAT函式　　P.392

DATE_PART 函式

取得日期要素的數值資料

語法

DATE_PART (p, d) → 數值

參數

p　　　　　日期要素

d　　　　　日期陳述式

傳回值

日期 d 以日期要秉 p 爲單位所呈現的整數值

在 PostgreSQL 中, 用「DATE_PART」函式可以取出日期值的任意日期要素。要取出日期值「d」的月份之值時, 就寫成「DATE_PART('month', d)」。傳回的會是整數數值。其使用方法和 SQL Server 中的 DATEPART 很像, 但指定參數 p 之值時, 必須用字串形式。

關於日期要素的寫法, 請參考圖表 4-4。

範例 從 a 欄位之日期值中, 取得日 (天) 的資料。

```
SELECT a, DATE_PART('day',a) FROM foo

a                         DATE_PART('day',a)
- - - - - - - - - - - - - - - - - - - - - - - -
2002-01-25 22:49:04       25
2002-09-07 11:56:21       07
```

範例 從 a 欄位之日期值中, 取得星期的資料。

```
SELECT a, DATE_PART('dow',a) FROM foo

a                         DATE_PART('dow',a)
- - - - - - - - - - - - - - - - - - - - - - - -
2002-01-25 22:49:04       5
2002-09-07 11:56:21       6
```

圖 4-5　可在 PostgreSQL 的 DATE_PART 使用的日期元素

日期元素	意義
century	世紀
day	月份中的第幾日（1~31）
decade	10 年。年份部份除以十
dow	星期幾（0~6, 0 是星期日）
doy	一年中的第幾日（1~365 或 366）
epoch	從 1970-01-01 00:00:00 開始，經過的秒數。 interval 型態時會是區間內的總秒數
hour	幾點、小時（0~23）
isodow	ISO 形式的星期幾（1~7, 1 是星期日）
isoyear	ISO 形式的年（計算年初年末的方式不同）
microseconds	微秒，包含小數部份，就是將秒乘以 1000000
millennium	千年
milliseconds	毫秒，包含小數部份，就是將秒乘以 1000。
minute	分（0~59）
month	回傳 timestamp 中的月份（1~12）。 interval 型態時會是回傳區間內的月數。（0~11, 除一以 12 後的餘數）
quarter	季
second	秒（0~59）
timezone	以秒數表示和 UTC 的時間差值（offset）
timezone_hour UTC	時間差值的小時部份。 TST（台灣標準時間）是 9
timezone_minute UTC	時間差值的分鐘部份。 TST（台灣標準時間）是 0
week	一年中的第幾週
year	年

以上這些日期要素，在使用 EXTRACT 函式時也能利用到。

參照：EXTRACT 函式　　P.373

4.3

日期函式

DATE_SUB /
SUBDATE 函式

日期的差

語法

DATE_SUB (d, INTERVAL n p **)** → 日期值

SUBDATE (d, INTERVAL n p **)** → 日期值

參數

d	日期陳述式
n	數值陳述式
p	日期要素

傳回值

以日期要素 p 為單位之 d 和 e 的差

在 MySQL 中, 用「DATE_SUB」函式, 可以進行任意日期、時間單位的「日期減法運算」。就和 DATE_ADD 函式能算出 x 天後或 x 小時後那樣, DATE_SUB 函式則算出 x 天前或 x 小時前的日期時間。此外, DATE_SUB 也可以寫成「SUBDATE」。這兩個函式的功能相同。

日期的單位可以用 p 參數來指定。 p 參數就決定了減法運算的單位。對於 n 參數, 則要指定要減去的數值給它, 而這個值的運算狀況會受 p 參數之影響。

範例 算出 d 欄位之日期值的前 10 天之日期。

```
DATE_SUB(d, INTERVAL 10 DAY)
```

「DAY」這個參數, 指定了 10 這個數值的單位是日 (天)。而關於有哪些單位可以指定, 請參考關於 DATE_ADD 函式說明處的圖。

範例 將 b 欄位之日期值, 往前數到相當於欄位 a 之值的日數的話, 會是何日期。

```
SELECT a, b, DATE_SUB(b, INTERVAL a DAY) FROM foo
```

a	b	DATE_SUB(b, INTERVAL a DAY)
1	2002-07-04 22:49:03	2002-07-03 22:49:03
-1	2002-07-04 22:49:03	2002-07-05 22:49:03

參照：DATE_ADD / ADDDATE 函式　P.353

DATE_TRUNC 函式

捨去部分日期值

語法

DATE_TRUNC (l, d) → 日期值

參數

l   要捨去的日期要素
d   日期陳述式

傳回值

捨去部分要素之後的日期值

在 PostgreSQL 中, 用「DATE_TRUNC」函式, 可以把指定之日期要素, 從日期值中「捨去」。被捨去的部分, 會以 0 或 1 填入。

我們要指定日期要素給參數 l。可指定的日期要素有 microseconds、milliseconds、second、minute、hour、day、month、year、decade、century、millennium 等。這些要素須以字串的形式指定給參數。而關於這些要素的意義, 請參考「DATE_PART」函式說明中, 圖 4-5 的部分。

參數 d 則是用來指定日期值的。指定比參數 l 小的日期要素單位時, 會直接被清除。捨去日期要素時, 除了月、日外, 都會被填上 0。月、日被捨去時, 會填上 1。

範例 只留下到小時為止的要素, 分以下都捨去。

```
SELECT a, DATE_TRUNC('hour',a) FROM foo

a                        DATE_TRUNC('hour',a)
- - - - - - - - - - - - - - - - - - - - - - -
2002-10-25 19:23:24      2002-10-25 19:00:00
2002-01-25 11:05:31      2002-01-25 11:00:00
2002-09-07 02:11:20      2002-09-07 02:00:00
```

參照 : DATE_PART 函式   P.357
         TRUNC 函式   P.446

DATEADD 函式

日期的加法運算

語法

DATEADD (p, n, d) → 日期值

參數

p	日期要素
n	數值陳述式
d	日期陳述式

傳回值

n 個日期要素後的日期

我們可以針對日期資料類型的欄位，使用日期函式或運算子，依據所指定之日期或時間來進行運算。要進行日期值的加法運算時，在 SQL Server、Access 中是用「DATEADD」函式。

範例 將 d 欄位之日期值將上 30 天 (30 天後)，並傳回運算後的日期值。

```
DATEADD(dd,30,d)
```

「dd」這樣的寫法，是指定 30 這個數值的單位，要為日 (天)，所以稱為日期指定要素。關於可指定之日期要素的種類，請參考圖表 4-6。

範例 求出從 b 欄位之日期值起算，加上 a 欄位的天數後之日期。

```
SELECT a, b, DATEADD(day,a,b) FROM foo
```

a	b	DATEADD(day,a,b)
1	2002-07-04 22:49:03	2002-07-05 22:49:03
-1	2002-07-04 22:49:03	2002-07-03 22:49:03

範例 求出從 b 欄位之日期值起算, 加上 a 欄位的小時數後之日期。

```
SELECT a, b, DATEADD(hour,a,b) FROM foo

a       b                         DATEADD(hour,a,b)
- - - - - - - - - - - - - - - - - - - - - - - - - -
1       2002-07-04 22:49:03       2002-07-04 23:49:03
-1      2002-07-04 22:49:03       2002-07-04 21:49:03
```

圖 4-6 日期指定要素一覽

日期要素	SQL Server	SQL Server 簡寫	Access
年	year	yy 或 yyyy	yyyy
季	quarter	qq, q	q
月	month	mm, m	m
一整年中的第幾天	dayofyear	dy, y	y
日	day	dd, d	d
週	week	wk, ww	ww
星期幾	weekday	dw	w
時	hour	hh	h
分	minute	mi, n	n
秒	second	ss	s
百萬分之1秒	millisecond	ms, s	
毫秒	microsecond	mcs	
奈秒	nanosecond	ns	

地區設定（locale）

在英語系國家, 月份的名稱為 January、February、March…等。台灣、日本則
是用 1 月、 2 月、 3 月…。像這樣不同國家的月份和星期名稱都不太一致。而
包含月份和星期名稱、日期時間的格式、貨幣符號…等設定的統合性設定被稱
為「地區設定」（locale）。在台灣使用時, 預設值會是台灣的地區設定。

* 在 Access 中, 日期要素必須以字串的形式, 像 "yyyy", 或 'd' 這樣來指定。

參照：DATEDIFF 函式　　P.363

DATEDIFF 函式

日期的差

語法

DATEDIFF (p, d, e) → 數值　　　　　　　　SQLServer MS Access

DATEDIFF (e, d) → 數值　　　　　　　　　　MySQL/MariaDB

參數

p	日期要素
d	日期陳述式
e	日期陳述式

傳回值

d 和 e 之日期要素, 以 p 為單位所表示的差值

要算出日期的差值時, 在 SQL Server 中, 要用「DATEDIFF」函式。也可以利用日期資料類型的「-」運算子來計算。

範例 求出 d 欄位之日期值, 與現在之日期值的差。

```
DATEDIFF(dd,d,GETDATE())
```

請注意, 日期的差, 傳回時, 並不是日期資料類型的形式。 DATEDIFF 函式的傳回值, 是根據參數所指定之日期要素單位, 直接傳回該單位之整數值。而關於日期要素, 請參考 DATEADD 函式說明處的圖表 4-6 。

範例 以日(天)為單位, 求出欄位a的日期值和欄位 b 之日期值的差。

```
SELECT a, b, DATEDIFF(day,a,b) FROM foo
```

a	b	DATEDIFF(day,a,b)
2002-07-04 22:49:04	2002-07-05 22:49:04	1
2002-07-18 11:56:21	2002-07-17 11:56:21	-1

MySQL 也能用 DATEDIFF 函式以天數為單位來計算日期之間的差。但無法設定參數 p 。此外, 對參數的處理和 SQL Server 剛好相反。

DATENAME函式

取得日期要素的字串值

語法

DATENAME (p, d **)** → 字串

參數

| p | 日期要素 |
| d | 日期陳述式 |

傳回值

從日期值 d 中取出日期要素 p 的字串

使用「DATENAME」函式，可以將指定日期值中，「取出任意日期要素，並以字串形式傳回」。例如，要把日期值「d」中，月份之值取出的話，就寫成「DATENAME(month, d)」，而傳回的值是字串形式。要取得數值形式的資料的話，請用「DATEPART」函式。取得星期值時，DATENAME 和 DATEPART 函式所傳回之值是不一樣的。 DATENAME 會傳回「'星期日'、'星期一'、'星期二'」這樣的字串，而 DATEPART 則會傳回「1、2、3」這樣的數值。關於日期要素的指定，請參考 DATEADD 函式說明處的圖表 4-6。

範例 取得 a 欄位之日期值中的日 (天) 資料。

```
SELECT a, DATENAME(day,a) FROM foo

a                        DATENAME(day,a)
- - - - - - - - - - - - - - - - - - - - - - - - -
2002-01-04 22:49:04      4
2002-07-18 11:56:21      18
```

範例 取得 a 欄位之日期值中的星期字串。

```
SELECT a, DATENAME(weekday,a) FROM foo

a                        DATENAME(weekday,a)
- - - - - - - - - - - - - - - - - - - - - - - - -
2002-01-04 22:49:04      星期五
2002-07-18 11:56:21      星期四
```

參照：DATEADD 函式　　P.361　　　DATEPART 函式　　P.365

DATEPART 函式

取得日期要素的數值資料

> **語法**
>
> **DATEPART (p, d)** → 數值
>
> **參數**
>
> p　　　　　日期要素
> d　　　　　日期陳述式
>
> **傳回值**
>
> 日期 d 中, 日期要素 p 的整數值

　　使用「DATEPART」, 可以「取出指定之日期值中, 任意之日期要素」。例如要取出日期值「d」的月份值時, 就寫成「DATEPART(month, d)」。傳回之值為整數值。要取得字串值的話, 請用「DATENAME」函式。而關於日期要素, 請參考 DATEADD 函式說明處之圖表 4-5。

範例 取得 a 欄位之日期值中的日 (天)。

```
SELECT a, DATEPART(day,a) FROM foo

a                       DATEPART(day,a)
- - - - - - - - - - - - - - - - - - - -
2001-01-04 22:49:04     4
2002-07-18 11:56:21      18
```

範例 取得 a 欄位之日期值中的星期資料 (數值形式)。

```
SELECT a, DATEPART(weekday,a) FROM foo

a                       DATEPART(weekday,a)
- - - - - - - - - - - - - - - - - - - -
2001-01-04 22:49:04     6
2002-07-18 11:56:21     5
```

參照： DATEADD 函式　　P.361
　　　 DATENAME 函式　 P.364

DATE/DATETIME/ TIME 函式

| Oracle | SQL Server | DB2 | Postgre SQL |
| MySQL/ MariaDB | SQLite | MS Access | SQL 標準 |

日期時間的計算與格式化

語法

DATE (d [, modifier1 [, modifier2 [, …]]])→字串   `DB2` `MySQL/ MariaDB` `SQLite`

DATETIME (d [, modifier1 [, modifier2 [, …]]])→字串   `SQLite`

TIME (d [, modifier1 [, modifier2 [, …]]])→字串   `DB2` `SQLite`

參數

| d | 日期時間資料 |
| modifier | 修飾詞 |

在 SQLite 中,可使用「DATE」函式將日期時間資料轉換成「年 - 月 - 日」形式的字串。 DATE 函式的格式被限定為 STRFTIME 函式書寫格式的 '%Y-%m-%d ' 。「DATETIME」函式的格式被設定為 '%Y-%m-%d %H:%M:%s' 。「TIME」函式的格式則是 '%H:%M:%S' 。

不只能像 STRFTIME 函式一樣轉換格式, 也能進行日期時間資料的計算。要進行計算時, 在 modifier 設定計算方法和數值。

範例 從現在的日期時間取得當地日期

```
SELECT DATE('now','localtime')
```

DATE('now','lo

2016-05-04

範例 從前天的日期時間取得當地日期時間

```
SELECT DATETIME('now','localtime','-1 day')
```

DATETIME('now','lo

2016-05-03 16:10:00

DB2 也支援 DATE 函式、 TIME 函式。 MySQL 也支援 DATE 函式。但在 DB2 、 MySQL 都不能指定 modifier (修飾詞) 。

DAY 函式

Oracle	SQL Server	DB2	Postgre SQL
MySQL/ MariaDB	SQLite	MS Access	SQL 標準

取得日期

語法

DAY (d) → 數值

參數

d   日期陳述式

傳回值

日期值的月份之值

使用「DAY」函式, 就可以取得日期值中的「日」資料。要取得年的資料, 就用「YEAR」函式, 要取得月份資料, 就用「MONTH」函式。

範例 用 DAY 函式取得 a 欄位之日期值的日資料。

```
SELECT a, DAY(a) FROM foo

a                        DAY(a)
- - - - - - - - - - - - - - - - - - - - - - - - - - - - - - -
2001-01-04 22:49:04      4
2002-07-18 11:56:2       18
```

* DAY 函式是 SQL Server 7.0 以後才有的功能。

* MySQL 4.1 之後的版本才可使用 DAY 函式。

* MySQL 的 DAY 函式是 DAYOFMONTH 函式的別名。

參照 :	DAYOFMONTH函式	P.369
	MONTH 函式	P.382
	YEAR函式	P.395

DAYNAME 函式

取得星期名稱

語法

DAYNAME (d) → 字串

參數

d　　　　　　日期陳述式

傳回值

日期值中之星期名稱

使用「DAYNAME」函式, 可以取得日期值的「星期」字串資料。要取得星期的數值資料的話, 請用「DAYOFWEEK」函式, 或是「WEEKDAY」函式。DAYNAME 函式會傳回星期的字串名稱, 像是 Monday 、 Tuesday 這樣的字串。

要取得日期值之年資料時, 要用「YEAR」函式, 要取得月資料時, 用「MONTH」函式, 要取得日資料則用「DAY」函式。

範例 取得 a 欄位之日期值的星期資料。

```
SELECT a, DAYNAME(a) FROM foo

a               DAYNAME(a)
----------------------------
2002-01-25      Friday
2002-09-07      Saturday
```

参照 ： MONTH 函式　　　 P.382
　　　　WEEKDAY 函式　　 P.394
　　　　YEAR 函式　　　　 P.395

4.3
日期函式

DAYOFMONTH
函式

| Oracle | SQL Server | DB2 | Postgre SQL |
| MySQL/ MariaDB | SQLite | MS Access | SQL 標準 |

取得日期是該月的第幾日

語法

DAYOFMONTH (d) → 數值

參數

d   日期陳述式

傳回值

日期值中之月份值

使用「DAYOFMONTH」函式, 可以取得日期值中的「日」資料。要取得年資料時, 就用「YEAR」函式, 要取得月份資料則用「MONTH」函式。

在 MySQL 使用「DAYOFWEEK」函式或「DAYOFYEAR」函式也可取得參數中的日期是一週內的第幾天、一年內的第幾天…等資料。

範例 用 DAYOFMONTH 函式, 取得 a 欄位之日期值中的日資料。

```
SELECT a, DAYOFMONTH(a) FROM foo

a                DAYOFMONTH(a)
- - - - - - - - - - - - - - - - - - - - - - - - - - - -
2001-01-04       4
2002-07-18       18
```

參照 : DAY 函式	P.367
MONTH 函式	P.382
YEAR 函式	P.395

DAYOFWEEK
函式

| Oracle | SQL Server | DB2 | Postgre SQL |
| MySQL/ MariaDB | SQLite | MS Access | SQL 標準 |

取得日期是該周的第幾日

語法

DAYOFWEEK (d) → 數值

參數

d　　　　　　日期陳述式

傳回值

日期值中的星期值 (1~7)

　　在 DB2 、 MySQL 中, 使用「DAYOFWEEK」函式, 可以取得日期值的「星期」資料。要取得年資料時, 用「YEAR」函式, 要取得月份資料則用「MONTH」函式, 要取得日資料時就用「DAYOFMONTH」函式。

　　DAYOFWEEK 函式會傳回星期的數值資料, 1~7 。 1 表示星期日。 WEEKDAY 函式也會傳回星期資料, 但傳回的是 0~6 的數值, 請特別注意了。要取得字串形式的星期名稱資料時, 要用 DAYNAME 函式。

範例 取得 a 欄位之日期值中的星期資料。

```
SELECT a, DAYOFWEEK(a) FROM foo

a                DAYOFWEEK(a)
- - - - - - - - - - - - - - - -
2002-01-25       6
2002-09-07       7
```

| 參照： | DAYNAME 函式 | P.368 |
| | WEEKDAY 函式 | P.394 |

DAYOFYEAR
函式

某日期是該年度的第幾天

語法

DAYOFYEAR (d) → 數值

參數

d　　　　　　日期陳述式

傳回值

所指定日期值是一整年中的第幾天

在 DB2 、 MySQL 中, 使用「DAYOFWEEK」函式, 就可以取得一數值, 而此數值代表所指定日期值在該年度中為全年之第幾天。要取得年資料時, 用「YEAR」函式, 要取得月份資料則用「MONTH」函式, 要取得日資料時就用「DAY」函式, 或是「DAYOFMONTH」函式。

範例 求出 a 欄位之日期值, 是一整年中的第幾天。

```
SELECT a, DAYOFYEAR(a) FROM foo

a               DAYOFYEAR(a)
- - - - - - - - - - - - - - - - - -
2002-01-25      25
2002-09-07      250
```

參照 : DAY 函式　　　　　　P.367
　　　 DAYOFMONTH 函式　　P.369

EOMONTH
函式

取得當月的最後一天

語法

EOMONTH(d **[,** month **])** → 日期值

參數

| d | 日期陳述式 |
| month | 月 (時間間隔) |

傳回值

包含 d 之月份的最後一天

在 SQL Server 可用「EOMONTH」函式來計算某個日期所在月份的「最後一天」。

範例 以欄位 a 為基準, 計算月份的最後一天

```
SELECT a, EOMONTH(a) FROM foo

a              EOMONTH(a)
-------------------------
2016-01-25 2016-01-31
2016-09-07 2016-09-30
```

設定第二參數就可計算 month 個月後, 該月份的最後一天。

範例 計算下個月的最後一天

```
SELECT EOMONTH(GETDATE(), 1)

EOMONTH(GETDATE...
------------------
2016/06/30
```

* SQL Server 2012 後開始支援 EOMONTH。

EXTRACT
函式

| Oracle | SQL Server | DB2 | Postgre SQL |
| MySQL/ MariaDB | SQLite | MS Access | SQL 標準 |

從指定之日期值中抽出指定之日期要素

> **語法**
>
> **EXTRACT** (e FROM d) → 數值
>
> **參數**
>
> e   要抽出之日期要素
> d   日期陳述式
>
> **傳回值**
>
> 日期要素的值

用「EXTRACT」函式, 就可以從指定之日期值中, 取出任意「日期要素的值」。其使用方法和觀念, 都與 SQL Server 中的「DATEPART」函式很像。EXTRACT 函式是由標準 SQL 所規定之函式, 所以只要是在有支援此函式的資料庫中, 都推薦你使用此函式。

參數 e 是用來指定日期要素的。依據此參數, 此函式會從日期值中抽出資料。至於有哪些日期要素可以指定, 請參考接下來的各圖表說明。

參數 d 則是用來指定日期值, 或者日期間隔值。

範例 取得 a 欄位之日期值中的日資料。

```
SELECT a, EXTRACT(day FROM a) FROM foo

a                   EXTRACT(day FROM a)
- - - - - - - - - - - - - - - - - - - - - -
2002-01-25          25
2002-09-07          7
```

在 Oracle 、 DB2 、 MySQL 中, 參數 e 設定為像 month 一樣的日期要素。在 PostgreSQL 中, 必須像 'month' 這樣, 用單引號包住的字串形式來指定日期要素給參數 e 。

* DB2 從 V9.7 後開始支援 EXTRACT。

圖 4-7 在 Oracle 中的日期要素一覽

日期要素	參數
年	YEAR
月	MONTH
日	DAY
時	HOUR
分	MINUTE
秒	SECOND
含有時區資料的小時	TIMEZONE_HOUR
含有時區資料的分	TIMEZONE_MINUTE
時區資料	TIMEZONE_REGION
時區資料的簡稱	TIMEZONE_ABBR

要寫成像 EXTRACT(MONTH FROM SYSDATE) 這樣來使用。

圖 4-8 在 PostgreSQL 中的日期要素一覽

日期要素	參數
千年	millennium
世紀	century
10 年	decade
年	year
日	day
季	quarter
timestamp 型的日期值會傳回月份 (1~12) 間隔 (interval) 資料類型的話, 會傳回月之數值 (0~11, 以 12 除算後的餘數)	month
星期 (0~6, 0 為星期日)	dow
ISO 形式的星期幾（1~7, 1 是星期日）	
該年度中的第幾週	week
該年度中的第幾天	doy
從 1970-01-01 00:00:00 起算的秒數	epoch
時	hour
分	minute
秒	second
千分之一秒	milliseconds
百萬分之一秒	microseconds
以秒數表示和 UTC 的時間差（offset）	timezone
UTC 時間差的小時部份。TST（台灣標準時間）是 9	timezone_hour
UTC 時間差的分鐘部份。TST（台灣標準時間）是 0	timezone_minute

要寫成像 EXTRACT('month' FROM CURRENT_TIMESTAMP) 這樣來使用。

圖 4-9 在 MySQL 中的日期要素一覽

日期要素	參數
年	YEAR
年月	YEAR_MONTH
月	MONTH
日	DAY
日時	DAY_HOUR
日時分	DAY_MINUTE
日時分秒	DAY_SECOND
時	HOUR
時分	HOUR_MINUTE
時分秒	HOUR_SECOND
分	MINUTE
分秒	MINUTE_SECOND
秒	SECOND

要寫成像 EXTRACT(MONTH FROM CURRENT_TIMESTAMP) 這樣來使用。

在 MySQL 中的函式參數來說, DATE_ADD 、 DATE_SUB 函式裡可用的日期要素是相同的。也可以指定像年月或日時等, 一個以上的日期要素組合。在這種情況下, EXTRACT 函式依然會傳回數值。假設現在是 2009 年 03 月的話「EXTRACT(YEAR_MONTH FROM CURRENT_TIMESTAMP)」所傳回的值, 就會是 200903 。

参照:DATEPART 函式　P.365

FORMAT 函式

日期時間的格式化

語法

FORMAT(d , f **)** →字串

參數

d	日期時間資料
f	書寫格式字串

傳回值

使用 f 將 d 進行格式化後的字串。

SQL Server 中，可使用「FORMAT」函式進行資料的「格式化」。參數 d 設定日期時間型別的資料。第二參數 f 使用格式指定器（format specifier）建立所需的書寫格式字串（格式指定器項目請參考次頁）。

範例 格式化成「年 / 月 / 日 時:分:秒」的形式

```
SELECT FORMAT(GETDATE(), 'yyyy/MM/dd HH:mm:ss')

FORMAT(GETDATE(),'
-------------------
2016/05/13 10:13:09
```

FORMAT 函式依存於 .NET 的 CLR 且彼此具有相容性。不只是日期時間型別，數值型別的資料也可進行格式化。

範例 將數值資料格式化成每三位數附上一個逗號的型態

```
SELECT FORMAT(14500, '#, ##0')

FORMAT(14...
------------
14,500
```

圖 4-10　在 SQL Server 中 FORMAT 的格式指定器(format specifier)

內容	格式指定器
用 1~2 位數字顯示年份 y（0~99）yy（00~99）	y yy
用 3~4 位數字顯示年份 yyy（001~9999）yyyy（0001~9999）	yyy yyyy
用 1~2 位數字顯示月份 M（1~12）MM（01~12）	M MM
用 1~2 位數字顯示月份中的日 d（1~31）dd（01~31）	d dd
用 2 個字元顯示 AM/PM tt（AM/PM）	tt
用 1~2 位數字顯示 24 小時制時間的小時 H（0～24）HH（00～24）	H HH
用 1~2 位數字顯示 12 小時制時間的小時 H（0～12）hh（00～12）	h hh
用 1~2 位數字顯示分 m（0～59）mm（00～59）	m mm
用 1~2 位數字顯示秒 s（0～59）ss（00～59）	s ss
顯示小數點以下資料, 並用 f 的數量（ 最多 7 個 ）決定精準度。	f ff fff ffff ... fffffff
顯示小數點以下資料, 並用 f 的數量（ 最多 7 個 ）決定精準度。0 的時候不會顯示。	F FF FFF ... FFFFFFF
用簡寫的形式顯示星期。完整表示用 dddd, 簡寫用 ddd。	ddd dddd
格式指定器的跳脫字元	\

GETDATE 函式

取得現在之日期

語法

GETDATE ( ) → 日期值

傳回值

現在的日期值

在 SQL Server 中,使用「GETDATE」函式,可以取得「現在的日期、時間」。

若和 GETDATE 函式所取得的資料來比對的話,就可以算出該日期到現在為止,所經過的時間。此外,若應用在 INSERT 命令中,就可以在資料表中插入現在的日期。

範例 取得現在的日期時間。

```
SELECT GETDATE()
```

GETDATE()
- - - - - - - - - - - - - - -
2003-01-04 22:49:04

範例 將現在的日期時間 INSERT 到資料表中。

```
INSERT INTO foo VALUES(GETDATE())
```

* 在 Access 中,要使用 NOW 函式或 DATE 函式。

在 SQL Server 中可用「GETUTCDATE」函式取得 UTC(世界協調時)的日期時間。 GETDATE 函式會回傳包含時差的當地時間,GETUTCDATE 則是回傳 UTC 。

參照 : CURRENT_TIMESTAMP 函式	P.352
NOW 函式	P.386
SYSDATE 函式	P.391

HOUR 函式

Oracle	SQL Server	DB2	Postgre SQL
MySQL/ MariaDB	SQLite	MS Access	SQL 標準

4

函式

4.3

日期函式

取得小時

語法

HOUR (d **)** → 數值

參數

d　　　　　　日期陳述式

傳回值

日期值的小時值

使用「HOUR」函式，就可以取得日期值中的「時 (小時)」資料。要取得分之資料時，就用「MINUTE」函式，要取得秒之資料時，就用「SECOND」函式。

範例 取得 a 欄位之日期值中的小時資料。

```
SELECT a, HOUR(a) FROM foo

a                     HOUR(a)
- - - - - - - - - - - - - - - -
2001-01-04 22:50:04   22
2002-07-28 11:20:21   11
```

參照：MINUTE 函式　　P.381
　　　SECOND 函式　　P.388

LAST_DAY 函式

Oracle | SQL Server | DB2 | Postgre SQL
MySQL/ MariaDB | SQLite | MS Access | SQL 標準

取得指定月份的最後一日

> **語法**
>
> **LAST_DAY (d)** → 日期值
>
> **參數**
>
> d　　　　　日期陳述式
>
> **傳回值**
>
> 在 d 參數之月份裡，最後一天的日期

　　在 Oracle 、 DB2 、 MySQL 中, 可以用「LAST_DAY」函式算出某指定日期之月份的「最後一天」。我們要指定日期值給參數 d 。則傳回的值, 就是參數 d 中之日期值所指月份的最後一天之日期。

範例 以欄位 a 之日期值爲基準, 找出該月份的最後一天。

```
SELECT a, LAST_DAY(a) FROM foo

a               LAST_DAY(a)
- - - - - - - - - - - - - - - - - -
2002-01-25      2002-01-31
2002-09-07      2002-09-30
```

範例 算出到月底爲止, 還有幾天。

```
SELECT LAST_DAY(SYSDATE) - SYSDATE FROM DUAL

LAST_DAY(SYSDATE) - SYSDATE
- - - - - - - - - - - - - - - - - - - -
26
```

* 在 DB2、MySQL 使用 CURRENT_DATE。

* DB2 從版本 V 9.7 之後開始支援 LAST_DAY。

MINUTE 函式

取得分鐘

語法

MINUTE (d) → 數值

參數

d　　　　　　日期陳述式

傳回值

日期值中的分鐘值

　　使用「MINUTE」函式,就可以取出日期值中的「分」之值。若要取得小時之值,則用「HOUR」函式,要取得秒之值,就用「SECOND」函式。

範例 取得 a 欄位之日期值的分鐘資料。

```
SELECT a, MINUTE(a) FROM foo

a                        MINUTE(a)
- - - - - - - - - - - - - - - - - - - -
2001-01-04 22:50:04      50
2002-07-28 11:20:21      20
```

參照 : HOUR 函式　　　P.379
　　　SECOND 函式　　P.388

MONTH 函式

取得月份

> **語法**
>
> **MONTH (d)** → 數值
>
> **參數**
>
> d   日期陳述式
>
> **傳回值**
>
> 日期值中的月份值

使用「MONTH」函式，就可以取得日期值中「月」的資料。要取得年之資料時，請用「YEAR」函式，要取得日之資料時，則用「DAY」函式。

範例 從 a 欄位之日期值中，取出其月份資料。

```
SELECT a, MONTH(a) FROM foo

a                       MONTH(a)
- - - - - - - - - - - - - - - - - - - - -
2001-01-04 22:49:04     1
2002-07-18 11:56:21     7
```

* SQL Server 7.0 以後才有MONTH 函式的功能。

參照 ：	DAY 函式	P.367
	MONTHNAME函式	P.383
	YEAR 函式	P.395

4.3
日期函式

MONTHNAME
函式

取得月份名稱

語法

MONTHNAME (d) → 字串

參數

d   日期陳述式

傳回值

所指定日期值中之月份名稱

使用「MONTHNAME」函式,就可以取出所指定之日期值中的「月份名稱」。要取得整數形式的月份資料時,請用「MONTH」函式。要取得年的資料時,則用「YEAR」函式,要取得日之資料時,用「DAY」函式。

範例 從 a 欄位之日期值中, 取得其月份名稱。

```
SELECT a, MONTHNAME(a) FROM foo

a                      MONTHNAME(a)
- - - - - - - - - - - - - - - - - - - - - -
2001-01-04 22:49:04    January
2002-07-18 11:56:21    July
```

* DB2 中可用日文顯示月份名稱。

* My SQL 5.0.25 後可透過 lc_time_names 更改國別設定, 顯示中文名稱。

MONTHS_BETWEEN 函式

Oracle | SQL Server | DB2 | Postgre SQL
MySQL/ MariaDB | SQLite | MS Access | SQL 標準

求出兩日期之間差了幾個月

語法

MONTHS_BETWEEN (d, e) → 數值

參數

d　　　　　　日期陳述式
e　　　　　　日期陳述式

傳回值

d 和 e 兩個日期間的差, 以月為單位表示

在 Oracle、 DB2 中,使用「MONTHS_BETWEEN」,可以算出「日期間的差值,並以月份為單位來表示」。日期資料類型的差值,也可以用「-」運算子來計算。日期的差值並不是日期資料類型, 請特別注意。MONTHS_BETWEEN 函式的傳回值,是以月為單位的整數值。所以計算結果不滿 1 個月時,就會傳回小於 1 的小數值。

和日期資料類型的 - 演算子不同,此函式之運算會隨所計算之日期不同,以及各月份所含日數不同,而產生不同的運算。舉例來說,我們指定給參數的兩個日期值為 3 月 1 日和 2 月 1 日的話,兩者相差應為 28 天,但傳回之結果卻會是 1(1 個月,因為 2 月份只有 28 天)。

範例 算出欄位 a 之日期值和欄位 b 之日期值的差, 且以月份為單位表示結果。

```
SELECT a, b, MONTHS_BETWEEN(a,b) FROM foo

a          b           MONTHS_BETWEEN(a,b)
------------------------------------------
02-03-01   02-02-01    1
02-08-28   02-09-28    -1
02-08-28   02-07-28    1
02-08-28   02-08-29    -0.0322581
```

* DB2 從版本 V 9.7 之後開始支援 MONTHS_BETWEEN。

參照:ADD_MONTHS 函式　　P.349

NEXT_DAY 函式

取得下一個指定日 (星期幾) 的日期

語法

NEXT_DAY (d, w) → 日期值

參數

| d | 日期陳述式 |
| w | 表示星期的字串 / 數值 |

傳回值

從 d 日期值起算, 下一個星期 w(w 所指定之日, 如星期一、星期四) 之日期

在 Oracle 、 DB2 中, 使用「NEXT_DAY」函式, 可以算出從指定日期值起算的「下一個星期 w」的日期為何。參數 d 所指定的為日期值。參數 w 所指定的為星期。在中文系統環境中, 可以用 '星期一' 或 '星期二' 來指定 (英文為 'Monday' 、 'Tuesday')。結果就會傳回參數 d 之日期起算, 下一個星期 w 的日期值。

參數 w 也可以用數值來指定。以數值指定時, 1 表示星期日, 2 為星期一。

範例 由欄位 a 之日期值起算, 下一個星期日的日期。

```
SELECT a, NEXT_DAY(a, '星期日') FROM foo

a            NEXT_DAY(a, '星期日')
- - - - - - - - - - - - - - - - - - - - - - - - - - - - -
2002-01-25   2002-01-27
2002-09-07   2002-09-08
```

月份的英文名稱

在 Oracle 中, 可在 NLS_DATE_LANGUAGE 設定和日期有關的地區設定(locale)。
設定為 AMERICAN 的話, 月份名稱、星期幾的名稱…等都會以英文來顯示。

```
ALTER SESSION SET NLS_DATE_LANGUAGE=AMERICAN;
SELECT TO_CHAR(CURRENT_DATE,'YYY MONTH DD DAY')FROM DUAL;
TO_CHAR(CURRENT_DATE,'YYYMONTHDDDAY')
- - - - - - - - - - - - - - - - - - - - - - - - - - - - -
2008 JUNE 26 THURSDAY
```

NOW 函式

Oracle | SQL Server | DB2 | Postgre SQL
MySQL/ MariaDB | SQLite | MS Access | SQL 標準

取得現在的日期

語法

NOW ( ) → 日期值

傳回值

現在的日期值

在 PostgreSQL 、 MySQL 、 Access 中,使用「NOW」函式,就能取得「現在的日期、時間」。

將 NOW 函數所傳回之值拿來和特定日期值做比較的話, 就可以算出該日期到現在爲止所經過的時間。另外, 應用在 INSERT 命令中, 就可以在資料表中插入現在時間資料。

範例 取得現在日期時間。

```
SELECT NOW()

NOW()
- - - - - - - - - - - - -
2003-01-01 10:10:00
```

範例 將現在的日期時間 INSERT 到資料表中。

```
INSERT INTO foo VALUES(NOW())
```

*在 SQLite 中沒有 NOW 函式。但使用 DATETIME('NOW') 一樣可取得現在的日期時間。

參照 ： CURRENT_TIMESTAMP函式　　P.352
　　　　GETDATE 函式　　　　　　P.378
　　　　SYSDATE 函式　　　　　　P.391

4.3

日期函式

QUARTER 函式

求出指定日期為哪一季

語法

QUARTER (d **)** → 數值

參數

d　　　　　日期陳述式

傳回值

所指定之日期值為哪一季

　　使用「QUARTER」函式, 就可以知道所指定的日期位於「該年中的第幾季」。1 ~3 為第 1 季, 4 月~6 月為第 2 季, 7 ~9 月為第 3 季, 10 ~12 月為第 4 季。

　　要取得年資料時, 用「YEAR」函式, 要取得月份資料就用「MONTH」函式, 而取得日資料則用「DAY」函式。

範例 求出 a 欄位之日期值位於第幾季。

```
SELECT a, QUARTER(a) FROM foo

a               QUARTER(a)
- - - - - - - - - - - - - - -
2002-01-04      1
2002-07-18      3
2002-10-01      4
```

參照 : DAY 函式　　　　P.367
　　　 MONTH 函式　　 P.382
　　　 YEAR 函式　　　 P.395

SECOND 函式

取得秒數

語法

SECOND (d) → 數值
SECOND (d [, n]) → 數值   **DB2**

參數

d   日期陳述式
n   小數點以下 n 位數

傳回值

日期值中之秒數值

使用「SECOND」函式, 就可以取得日期值中的「秒」資料。要取得小時之資料時, 就用「HOUR」函式, 要取得分鐘之資料, 就用「MINUTE」函式。

範例 取得 a 欄位日期值中的秒數資料。

```
SELECT a, SECOND(a) FROM foo

a                        SECOND(a)
- - - - - - - - - - - - - - - - - - - - - - - - - - - -
2001-01-04 22:50:04      4
2002-07-28 11:20:21      21
```

DB2 的 SECOND 函式可在第二參數中指定要取得小數點下幾位數。

參照：HOUR 函式   P.379
        MINUTE 函式   P.381

STRFTIME 函式

日期時間的計算與格式化

語法

STRFTIME (f, d) →字串

STRFTIME (f, d [, modifier1 [, modifier2 [, ...]]]) →字串

參數

f	書寫格式字串
d	日期時間資料
modifier	修飾詞

在 SQLite 可用「STRFTIME」進行日期時間資料的格式化。 STRFTIME 函式不只能轉換格式, 也能進行日期時間資料的計算。要進行計算時, 在 modifier 設定計算方法和數值。

圖 4-11 在 SQLite 中 STRFTIME 的格式指定器

日期元素	格式指定器
用 4 位數字顯示年份（0000 ~ 9999）	%Y
用 2 位數字顯示月份（01 ~ 12）	%m
用 2 位數字顯示月份中的日（01 ~ 31）	%d
用 2 位數字顯示時（00 ~ 24）	%H
用 2 位數字顯示分（00 ~ 59）	%M
用 2 位數字顯示秒（00 ~ 59）	%S
顯示秒數到小數點下第三位（SS.SSS）	%f
顯示日期是星期幾（0~6, 0 是星期日）	%w
一年中的第幾天（001 ~ 366）	%j
一年中的第幾週（00 ~ 53）	%W
%（百分比符號）	%%

範例 以 YYYY/MM/DD 形式取得現在的日期時間

```
SELECT STRFTIME('%Y/%m/%d', 'now')


STRFTIME('%Y/%m
---------------
2016/05/04
```

若 STRFTIME 函式不指定 modifie 時, 會變成 UTC 的時間。如果想取得當地時間的話, 要將第 3 參數設定成 'localtime'。

範例 以 HH:MI:SS 形式取得現在的當地時間

```
SELECT STRFTIME('%H:%M:%S', 'now', 'localtime')
```

STRFTIME('%H:%m
```
---------------
15:23:10
```

• 日期時間的計算

在 modifier 中設定 '1 days' 或 ' 30 minute'…等時間間隔, 就能計算一天後或是 30 分鐘後的日期時間。若是設為負值則可以取得一天前的日期時間。

範例 以 YYYY/MM/DD 形式取得一天後的當地時間。

```
SELECT STRFTIME('%Y/%m/%d', 'now', 'localtime', '1 day')
```

STRFTIME('%Y/%m
```
---------------
2016/05/05
```

若是在 modifier 設定 'start of year'、'start of month'、'start of day'…等特殊的時間間隔 literal, 則可計算年初、月初、日初的日期時間。此外, modifier 可以連續使用多個設定。

範例 計算本月月末的日期。

```
SELECT STRFTIME('%Y/%m/%d', 'now', 'localtime',
'start of month', '1 month', '-1 day')
```

STRFTIME('%Y/%m
```
---------------
2016/05/31
```

SYSDATE 函式

取得現在日期

語法

SYSDATE → 日期值　　　　　　　　　　　　　　　　`Oracle` `DB2`

SYSDATE ( ) → 日期值　　　　　　　　　　　　　　`MySQL/ MariaDB`

傳回值

現在的日期值

在 Oracle、DB2、MySQL 中, 要用「SYSDATE」函式來取得「現在的日期、時間」。

由於 SQL 命令是在資料庫伺服器上執行的, 所以 SYSDATE 函式所得到的, 會是該資料庫伺服器所在之機器的系統日期。SYSDATE 函式的傳回值為日期資料類型。沒有參數可指定。由於 SYSDATE 屬於函式, 所以一般會覺得加上括弧也沒關係吧 ? 不過要是真寫成像這樣「SYSDATE()」, 就會出現錯誤訊息, 所以請特別注意了 (在 MySQL 中則要加上括弧)。

範例 取得現在的日期時間。

```
SELECT SYSDATE FROM DUAL

SYSDATE
- - - - - - - - - - - - - - - - - - - - - - - - - - - - - - -
02-08-12
```

範例 假設某資料表中的 t 欄位所記錄的資料, 是插入資料列時的日期時間, 那麼我們要抽出以現在時間為準, 插入後經過了 10 天以上的資料列。

```
SELECT t FROM foo WHERE SYSDATE - t > 10

t
- - - - - - - - - - - - - - - - - - - - - - - - - - - - - - -
02-06-01
02-07-31
```

*DB2 從版本 v9.7 後開始支援 SYSDATE。

TIME_FORMAT 函式

格式化時間資料

語法

TIME_FORMAT (d, f) → 字串

參數

d   日期陳述式

f   指定呈現格式的字串

傳回值

d 將日期值，以 f 所指定的格式所呈現的字串

在 MySQL 中，可以用「TIME_FORMAT」函式來把日期資料類型指定「整形」成想要的形式。參數 d 所指定的是日期資料類型的日期值。而此參數 d 的日期值，會依據參數 f 所指定的格式，再以字串資料類型傳回來。可以指定的格式只限於時、分、秒等時間類的要素。

指定年、月、日等日期類的要素的格式給 TIME_FORMAT 函式的話，則會傳回 NULL。

關於可指定的格式，請參考 DATE_FORMAT 函式的圖 4-4。

範例 用 TIME_FORMAT 函式，將時間資料格式化成「時：分：秒」的形式。

```
SELECT TIME_FORMAT(d, '%H:%i:%s') FROM foo

TIME_FORMAT(d,'%H:%i:%s')
------------------------------------------------
15:55:03
17:39:30
```

在 DB2 有名稱相似的 TIMESTAMP_FORMAT 函式。這個函式的功能是將字串形式的日期時間資料轉換成日期時間型別的資料。請參考 TO_CHAR 函式、TO_DATE 函式的說明。

參照：DATE_FORMAT 函式   P.376

WEEK 函式

某日期在該年度的第幾週

語法

WEEK (d) → 數值   `DB2`

WEEK (d [, m]) → 數值   `MySQL/MariaDB`

參數

d   日期陳述式

傳回值

指定日期值在該年度為全年的第幾週

在 DB2 、 MySQL 中, 使用「WEEK」函式, 就可以算出指定日期值「在該年度的第幾週」。要取得星期資料的話, 就用「DAYOFWEEK」函式, 或是「WEEKDAY」函式。其中, WEEK 函式所取得的, 是指定日期值在該年度為全年的第幾週, 這一點請特別注意了。

此函式可以用來將整年的資料以週為單位做統計, 再加以利用。

範例 求出 a 欄位之日期資料, 在該年度為全年的第幾週。

```
SELECT a, WEEK(a) FROM foo

a               WEEK(a)
- - - - - - - - - - - - - - - - - - - - - - - - - -
2002-01-25      4
2002-01-26      4
2002-09-07      36
```

在 MySQL 中, 可使用第 2 參數來該變更週的計算方式。使用參數 m, 可設定每週是從星期日還是星期一開始計算、傳回值的範圍是 0~53 還是 1~53 、年初時期週的計算方式…等細節。

參照 ： DAYOFWEEK 函式   P.370
        WEEKDAY 函式   P.394

WEEKDAY 函式

取得星期

語法

WEEKDAY (d) → 數值

參數

d　　　　　日期陳述式

傳回值

指定日期值之星期資料

使用「WEEKDAY」函式, 就可以取出日期值中的「星期」資料。傳回之值為數值資料類型。

• MySQL

在 MySQL 中, 傳回值為 0~6, 0 是星期日。

在 MySQL 中, 有個 DAYNAME 函式, 可以取得指定日期值中, Monday 或 Tuesday 這樣的星期名稱資料。另外還有也是用來取得星期資料的 DAYOFWEEK 函式, 其傳回值不太相同, 這點請注意一下。

範例 用 WEEKDAY 函式, 取出 a 欄位之日期值中的星期資料 (在 MySQL 中的結果)。

```
SELECT a, WEEKDAY(a) FROM foo

a              WEEKDAY(a)
- - - - - - - - - - - - - - - - - - - -
2002-01-25     4
2002-09-07     5
```

• ACCESS

在 Access 中, 傳回值為 1~7, 其中 1 為星期日。

參照 :	DAYNAME 函式	P.368
	DAYOFWEEK 函式	P.370

YEAR 函式

| Oracle | SQL Server | DB2 | Postgre SQL |
| MySQL/ MariaDB | SQLite | MS Access | SQL 標準 |

取得年份

語法

YEAR (d) → 數值

參數

d   日期陳述式

傳回值

日期值中的年資料

使用「YEAR」函式,可以取得日期值中的「年」之資料。要取得月之資料時,要用「MONTH」函式,要取得日之資料時,則用「DAY」函式。

範例 取得 a 欄位之日期值中的年資料。

```
SELECT a, YEAR(a) FROM foo

a                       YEAR(a)
- - - - - - - - - - - - - - - - - - - - -
2001-01-04 22:49:04     2001
2002-07-18 11:56:21     2002
```

在 MySQL 也能用可從日期取得是年中第幾週和年份的「YEARWEEK」函式。

參照：DAY 函式   P.367

         MONTH 函式   P.382

4-4 轉換函式

　　轉換函式是用來轉換資料類型或資料時所用的函式。轉換函式包含下列這些。

CAST .... 資料類型的轉換

COALESCE .... 傳回第一個非 NULL 之參數值

CONVERT .... 資料類型的轉換

DECODE .... 轉換值

ISNULL .... 轉換 NULL 值

NULLIF .... 值相等時, 傳回 NULL

NVL .... 轉換 NULL 值

TO_CHAR .... 轉換成字串資料類型

TO_DATE .... 轉換成日期資料類型

TO_NUMBER .... 轉換成數值資料類型

　　資料類型不同的資料, 彼此相互進行運算時, 有時會「偷偷進行資料類型轉換」, 但也有可能就此發生錯誤, 所以, 先使用資料類型轉換函式, 儘量先做好資料類型的變換後, 再做運算, 是比較推薦的做法。

CAST 函式

轉換資料類型

語法

CAST (e **AS** t) → 轉換成了 t 資料類型的資料

參數

e   要轉換的值

t   轉換成的資料類型

傳回值

轉換後的值

「CAST」是由 SQL 標準組織所規定的「資料類型轉換函式」。和一般的函式不同，它可以用「AS」來隔開多個參數。指定給參數「e」想要轉換類型的資料值。然後寫上 AS，再接著指定「t」，也就是要轉換成的資料類型名稱。若指定了無法轉換的值的話，就會出現錯誤訊息。指定給參數 t 的資料類型，與參數 e 本來的資料類型相同也沒問題。這種時候，則可以改變資料的有效長度。

• Oracle、PostgreSQL

CAST 函式之功能，和 Oracle、PostgreSQL 中的「TO_CHAR」、「TO_NUMBER」、「TO_DATE」等函式相同。

範例 將數值資料轉換成字串資料類型。

```
SELECT CAST(0.245 AS VARCHAR2(10)) FROM DUAL                     Oracle

CAST(0.245 AS VARCHAR2(10))
- - - - - - - - - - - - - - - - - - - - - - - - - - - -
.245
```

範例 將字串資料轉換成日期資料類型。

```
SELECT CAST('99/01/25' AS DATE) FROM DUAL                        Oracle

CAST('99/01/25' AS DATE)
- - - - - - - - - - - - - - - - - - - - - - - - - - - -
99-01-25
```

• SQL Server

CAST 函式之功能, 和 SQL Server 中的「CONVERT」函式相同。

範例 將數值資料轉換成字串資料類型。

```
SELECT CAST(0.245 AS varchar)                           SQLServer
```

CAST(0.245 AS varchar)
- - - - - - - - - - - - - - -

0.245

範例 將字串資料轉換成日期資料類型。

```
SELECT CAST('99/01/25' AS datetime)                     SQLServer
```

CAST('99/01/25' AS datetime)
- - - - - - - - - - - - - - - -

1999-01-25 00:00:00.000

* SQL Server 7.0 以後才有CAST 函式的功能。

• DB2

在 DB2 中, 有專門用來進行資料類型轉換的函式。要轉換成 INTEGER 資料類型時, 就用「INTEGER」函式。同樣地, 要轉換成 VARCHAR 資料類型的話, 就用「VARCHAR」函式。而 CAST 函式的功能正和這些資料類型轉換函式相同。

範例 將數值資料轉換成字串資料類型。

```
SELECT CAST(0.245 AS CHAR(10)) FROM SYSIBM.SYSDUMMY1     DB2
```

CAST(0.245 AS CHAR(10))
- - - - - - - - - - - - - - - -

0.245

範例 將字串轉換成日期資料類型。

```
SELECT CAST('999-01-25'AS DATE) FROM SYSIBM.SYSDUMMY1    DB2
```

CAST('1999-01-25' AS DATE)
- - - - - - - - - - - - - - - -

1999-01-25

• MySQL

在 MySQL 可用「CAST」、「CONVERT」函式進行型別轉換。但依所要轉換的型別不同, 有所限制。

圖 4-12 使用於型別轉換的參數

參數	轉換的型別
CHAR 、 BINARY	字元型別
DATE 、 TIME 、 DATETIME	日期時間型別
DECIMAL 、 SIGNED 、 UNSIGNED	數值型別

CHAR 和 BINARY 的差異在於能否使用定序基準。 DECIMAL 、 SIGNED 、 UNSIGNED 的差異在於型別的不同。 DECIMAL 會被轉換成 DECIMAL （NUMERIC）型別。而 SIGNED 、 UNSIGNED 則會被轉換成 INTEGER 型別。 SIGNED 、 UNSIGNED 的差別在於符號的有無。

範例 進行從數值轉換成字串的型別轉換

```
SELECT CAST(0.245 AS CHAR)


CAST(0.245 AS CHAR)
--------------------
0.245
```

範例 進行從字串型別轉換成日期時間型別的轉換

```
SELECT CAST('2008-07-01' AS DATE)


CAST('2008-07-01' AS DATE)
--------------------------
2008-07-01
```

• SQLite

在 SQLite 不會因為型別不一致而產生錯誤。關於 SQLite 資料型別的詳細說明, 請參考「1.3 資料表構造」。

COALESCE 函式

傳回第 1 個非 NULL 之參數值

語法

COALESCE (a1 [, a2 ...] **)** → 值

參數

a1　　　　任意陳述式
a2　　　　任意陳述式

傳回值

參數中，第 1 個值不為 NULL 的參數值

「COALESCE」函式可以有不定個數的參數。 COALESCE 函式會從第 1 個參數開始檢查。一旦找到「非 NULL 值之參數」，就會將該值傳回。也就是說，會把最早出現非 NULL 的參數值給傳回。所有的參數之資料類型必須一致。像 COALESCE(1, 'abc') 這樣寫是不行的。

在 SQL Server 中的「ISNULL」還有 Oracle 中的「NVL」函式的功能，都能用 COALESCE 函式來達成。COALESCE 函式是由 SQL 標準所規定，在 PostgreSQL 和 MySQL 中也能使用。而在 Oracle 中，要從 Oracle9i 以後的版本開始才能使用。

範例 若欄位 a 之值為 NULL 的話，就將它轉換成 -1 。

```
SELECT a, COALESCE(a, -1) FROM foo

a          COALESCE(a,-1)
- - - - - - - - - - - - - - - -
1          1
NULL       -1
```

範例 若欄位 b 之值為 NULL 的話，就將之轉換成 'unknown' 。

```
SELECT b, COALESCE(b, 'unknown') FROM foo

b          COALESCE(b, 'unknown')
- - - - - - - - - - - - - - - - - - - - -
ABCDEFG    ABCDEFG
NULL       unknown
```

參照：ISNULL 函式　　P.405　　　NVL 函式　　P.407

4.4

轉換函式

CONVERT 函式

進行資料類型轉換

語法

CONVERT (t, e [, s]) → 資料類型轉換完成後的值   `SQLServer`

CONVERT (e, t) → 資料類型轉換完成後的值   `MySQL/MariaDB`

參數

t	要轉換成的資料類型
e	要進行轉換之值
s	要轉換的格式

傳回值

轉換後的值

在 SQL Server 中，數值資料類型和字串資料類型，若不先進行資料類型轉換的話，運算時就會產生錯誤，所以一定要先用「CONVERT」函式做資料類型轉換。 CONVERT 函式的用法，就像上述語法說明中所寫的一樣，要指定要轉換成的資料類型、要進行轉換之值，若有需要，還可指定「要轉換的格式」等參數。

參數 t 所指定的是要轉換成的資料類型。轉換後的資料類型必須是系統資料類型。不能指定使用者定義資料類型。必要時，也可以指定資料長度。參數「e」指定的則是要進行轉換之陳述式 (值)。這個陳述式的值會被轉換成「t」資料類型後，被傳回。

要轉換的格式，是指在轉換成日期資料類型時，將格式以整數值來指定。對於日期資料類型以外的值來說，是沒有意義的。

在 MySQL 中，也可用「CONVERT」函式進行型別轉換。參數 t 中可以指定型別，但和 CAST 一樣有各種限制。可使用的型別請參考 CAST。請注意這個函式和 SQL Server 的「CONVERT」在參數的設定上，剛好相反。此外，也不能使用參數 s。

範例 將數值轉換成字串資料類型。

```
SELECT CONVERT(varchar,0.245)                          SQLServer

CONVERT(varchar, 0.245)
- - - - - - - - - - - - - - -
0.245
```

範例 將數值轉換成日期資料類型。

```
SELECT CONVERT(datetime, 36357)                    SQLServer
```

CONVERT(datetime, 36357)
- - - - - - - - - - - - - - - - - -
1999-07-18 00:00:00.000

範例 將字串轉換成數值資料類型。

```
SELECT CONVERT(int, '1234')                        SQLServer
```

CONVERT(int, '1234')
- - - - - - - - - - - - - - - - -
1234

範例 將字串轉換成日期資料類型。

```
SELECT CONVERT(datetime, '99/01/25')               SQLServer
```

CONVERT(datetime, '99/01/25')
- - - - - - - - - - - - - - - - -
1999-01-25 00:00:00.000

範例 將日期值轉換成數值資料類型。

```
SELECT d, CONVERT(int, d) FROM foo                 SQLServer
```

d   **CONVERT(int, d)**
- -
1999-01-25 00:00:00.000   36183

範例 將日期值轉換成字串資料類型。

```
SELECT d, CONVERT(varchar, d, 11) FROM foo
```
SQLServer

d	CONVERT(varchar, d, 11)
1999-01-25 00:00:00.000	99/01/25

* 在 Oracle、PostgreSQL 的 CONVERT 函式是用於字元集的轉換。

* 在 MySQL 使用 CONVERT USING 的話, 也可進行字元集的轉換。

CONVERT 函式所能指定的日期格式如圖表 4-13 所示。

圖 4-13 CONVERT 函式所能指定的日期格式之代表值

西元年 (yy)	西元年 (yyyy)	標準	格式
0	100	預設值	mon dd yyyy hh:miAM(PM)
1	101	USA	mm/dd/yy
2	102	ANSI	yy.mm.dd
3	103	英國、法國	dd/mm/yy
4	104	德國	dd.mm.yy
5	105	義大利	dd-mm-yy
6	106		dd mon yy
7	107		mon dd、yy
8	108		hh:mm:ss
9	109	預設值 + 毫秒	mon dd yyyy hh:mi:ss:mmmAM(PM)
10	110	USA	mm-dd-yy
11	111	日本	yy/mm/dd
12	112	ISO	yymmdd
13	113	預設值 + 毫秒	dd mon yyyy hh:mm:ss:mmm (24 小時制)
14	114		hh:mi:ss:mmm
20	120	ODBC 標準	yyyy-mm-dd hh:mi:ss(24 小時制)
21	121	ODBC 標準 + 毫秒	yyyy-mm-dd hh:mi:ss.mmm(24 小時制)

CONVERT 函式所能指定的日期格式就如上表所示。日期格式之代表值, 就是左側的數值。要呈現像 1999 這樣的 4 位數之西元年時, 就要用 100 以後的代表值。

參照：CAST 函式	P.397	TO_CHAR 函式	P.408
TO_NUMBER 函式	P.414		

DECODE 函式

轉換值

語法

DECODE (e, s, r [, s, r ...] [, d]) → 轉換後的值

參數

e	要進行轉換之陳述式
s	要檢索之值
r	結果值
d	預設值

傳回值

轉換後的值 (結果值或預設值)

使用「DECODE」函式, 就可以依據所指定之值, 來進行各種「值的轉換」動作。 DECODE 函式的參數, 包括了要進行轉換之陳述式 (參數 e), 這是首先要指定的。接著要指定進行轉換時, 作為轉換標準的值 (參數 s), 還有轉換後的值 (參數 r)。像這樣的一整組參數, 可以重複指定多組。而不符合任一組中的轉換標準值時, 就會傳回參數 d 所指定的值。

範例 當 a 欄位值為 1 時, 就傳回字串 'success', 若為其他值時, 就傳回 'error'。

```
SELECT a, DECODE(a,1,'success','error') FROM foo

a        DECODE(a, 1, 'success','error')
--------------------------
1        success
0        error
```

使用 DECODE 函數做轉換時, 並不限於數值到字串的轉換。要把字串轉換成別的字串, 或把字串轉換成數值, 甚至想用條件式來寫都可以。 DECODE 函數可進行各種各樣的轉換。另外, DECODE 函式還可以利用「CASE」來寫。

參照: CASE 運算子   P.287

4.4 轉換函式

ISNULL 函式

| Oracle | SQL Server | DB2 | Postgre SQL |
| MySQL/MariaDB | SQLite | MS Access | SQL 標準 |

轉換 NULL 值

語法

ISNULL (n, e) → 值　　　　　　　　　　　　　　`SQL Server`

ISNULL (n) → 值　　　　　　　　　　`MySQL/MariaDB` `MS Access`

參數

| n | 可能為 NULL 值的陳述式 |
| e | 要轉換成之目標值的陳述式 |

傳回值

n 為 NULL 時，就將之轉換成 e 之值。n 不是 NULL 值時，就維持原來的 n 之值

　　如果遇到結果為 NULL 值的陳述式時，可能會讓整體運作出錯的話，這種時候就要進行「轉換 NULL 值」的處理。在 SQL Server 中，使用的就是「ISNULL」函式。要指定給 n 參數的，是可能為 NULL 值的陳述式。e 參數則是 NULL 值該轉換成的值之陳述式。當 n 不為 NULL 值時，就不進行轉換，直接傳回 n 原本的值；n 若為 NULL 值時，就進行轉換，傳回參數 e 的值。

範例 欄位 a 之值若為 NULL，就將之轉換成 -1。

```
SELECT a, ISNULL(a, -1) FROM foo

a           ISNULL(a,-1)
- - - - - - - - - - - - - - - - - - - -
1           1
NULL        -1
```

範例 欄位 b 之值若為 NULL，就轉換成 'unknown'。

```
SELECT b, ISNULL(b, 'unknown') FROM foo

b               ISNULL(b, 'unknown')
- - - - - - - - - - - - - - - - - - - -
ABCDEFG         ABCDEFG
NULL            unknown
```

* 在 MySQL、Access 中，ISNULL 函式只能判斷指定之陳述式是否為 NULL 值，無法指定要轉換成參數 e 的值。

參照：COALESCE 函式　　P.400　　　NVL 函式　　P.407

NULLIF 函式

值相等時, 就傳回 NULL

語法

NULLIF (a1, a2 **) →** 值

參數

a1   任意陳述式
a2   任意陳述式

傳回值

a1 和 a2 之值相等時, 就傳回 NULL。不相等時, 則傳回 a1 之值。

「NULLIF」函式有 2 個參數。當這 2 個參數「相等時, 就傳回 NULL」。不相等時, 就傳回 a1 之值。這剛好和「COALESCE」函式模擬 ISNULL 的處理動作相反。

NULLIF 函式可以用「CASE」運算子來替代。有的資料庫其內部運作時, 其實就是換成 CASE 運算子來處理的。

範例 欄位 a 和欄位 b 之值相等時, 就轉換成 NULL 值傳回。

```
SELECT a, b, NULLIF(a,b) FROM foo

a       b       NULLIF(a,b)
- - - - - - - - - - - - -
1       1       NULL
2       3       2
```

範例 欄位 a 之值為 'unknwon' 時, 就轉換成 NULL 並傳回。

```
SELECT a, NULLIF(a, 'unknown') FROM foo

a               NULLIF(a, 'unknown')
- - - - - - - - - - - - - - - - -
ABCDEFG         ABCDEFG
unknown         NULL
```

* Oracle9i 以後才有NULLIF 函式的功能。

參照：COALESCE 函式   P.400

4.4
轉換函式

NVL 函式

Oracle	SQL Server	DB2	Postgre SQL
MySQL/ MariaDB	SQLite	MS Access	SQL 標準

轉換 NULL 值

語法

NVL (n, e) → 值

參數

n   可能爲 NULL 值的陳述式
e   要轉換成之目標值的陳述式

傳回值

n 爲 NULL 時, 就將之轉換成 e 之值。n 不是 NULL 值時, 就維持原來的 n 之值

　　如果遇到結果爲 NULL 值的陳述式時, 可能會讓整體運作出錯的話, 這種時候就要進行「轉換 NULL 值」的處理。在 Oracle、DB2 中, 使用的就是「NVL」函式。

　　要指定給 n 參數的, 是可能爲 NULL 值的陳述式。e 參數則是 NULL 值該轉換成的值之陳述式。當 n 不爲 NULL 值時, 就不進行轉換, 直接傳回 n 原本的值；n 若爲 NULL 值時, 就進行轉換, 傳回參數 e 的值。而 n 和 e 的資料類型必須一致。

範例 欄位 a 之值爲 NULL 的話, 就轉換爲 -1 並傳回。

```
SELECT a, NVL(a, -1) FROM foo

a          NVL(a, -1)
- - - - - - - - - - - - -
1          1
NULL       -1
```

範例 欄位 b 之值爲 NULL 時, 就轉換爲 'unknown' 並傳回。

```
SELECT b, NVL(b, 'unknown') FROM foo

b          NVL(b, 'unknown')
- - - - - - - - - - - - -
ABCDEFG    ABCDEFG
NULL       unknown
```

參照：COALESCE 函式　　P.400　　　　ISNULL 函式　　P.405

TO_CHAR 函式

Oracle　SQL Server　DB2　Postgre SQL
MySQL/ MariaDB　SQLite　MS Access　SQL 標準

轉換成字串資料類型

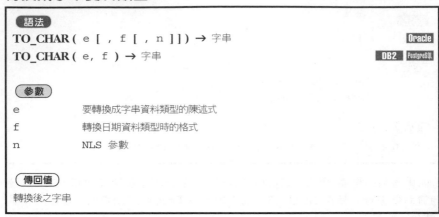

語法

TO_CHAR (e [, f [, n]]) → 字串　　　　　　　　　Oracle
TO_CHAR (e, f) → 字串　　　　　　　　　　　DB2　PostgreSQL

參數

e　　　　　　　要轉換成字串資料類型的陳述式
f　　　　　　　轉換日期資料類型時的格式
n　　　　　　　NLS 參數

傳回值
轉換後之字串

　　使用「TO_CHAR」, 可以將數值資料類型, 或日期資料類型的值「轉換成字串」。

• Oracle

　　在 Oracle 中, TO_CHAR 的參數 f 可以省略不指定。省略不寫時, 就會以預設格式呈現。另外, 若將 'NLS_DATE_LANGUAGE=American' 這樣的字串指定給參數 n 的話, 就可以用美國的月份和星期呈現形式, 來呈現轉換成了字串的日期資料。而關於可用來指定格式的符號有哪些, 請參考圖 4-14 、4-15 。

範例　將數值轉換成字串資料類型。

```
SELECT a, TO_CHAR(a) FROM foo

a          TO_CHAR(a)
- - - - - - - - - - - - - - - -
1          1
123        123
```

範例 將日期值轉換成字串資料類型。

```
SELECT a, TO_CHAR(a) FROM foo

a                      TO_CHAR(a)
- - - - - - - - - - - - - - - - - - - - - -
2002/07/18 10:00:00    02-07-18 10:00:00
2002/07/22 11:00:00    02-07-22 11:00:00
```

範例 將日期值轉換成字串資料類型，並依指定的格式來呈現。

```
SELECT a, TO_CHAR(a, 'YYYY MM/DD') FROM foo

a                      TO_CHAR(a, 'YYYY MM/DD')
- - - - - - - - - - - - - - - - - - - - - -
2002/07/18 10:00:00    2002 07/18
2002/07/22 11:00:00    2002 07/22
```

範例 將日期值轉換成字串資料類型，並依指定的
格式 (指定 TH) 來呈現。

```
SELECT a, TO_CHAR(a, 'YYYY DDTH MON') FROM foo

a                      TO_CHAR(a,'YYYY DDTH MON')
- - - - - - - - - - - - - - - - - - - - - -
2002/07/18 10:00:00    2002 18TH JUL
2002/07/22 11:00:00    2002 22ND JUL
```

· DB2

在 DB2 中, TO_CHAR 和「VARCHAR_FORMAT」相同。在版本 V9.5 之前的 DB2 不能省略參數 f, 參數 e 中也只可設定為日期時間型別的資料。

範例 將日期時間型別的資料依指定格式轉換成字串型別

```
SELECT TO_CHAR(a, 'YYYY/MM/DD HH24:MI:SS') FROM foo
```

a TO_CHAR(a, 'YYYY/MM/DD HH24:MI:SS')

```
2002-07-22-10.00.00.0000 2002/07/22 10:00:00
```

• PostgreSQL

在 PostgreSQL 中, 也可以使用「TO_CHAR」函式。而且一定要指定參數 f。若只單單要轉換資料類型的話, 使用「CAST」函式會比較方便。

範例 將數值轉換成字串資料類型。

```
SELECT a, TO_CHAR(a, '999,999') FROM foo
```

a	TO_CHAR(a, '999,999')
1000	1,000
52000	52,000

範例 將日期值轉換成字串資料類型, 並依指定的格式來呈現。

```
SELECT a, TO_CHAR(a, 'YYYY MM/DD') FROM foo
```

a	TO_CHAR(a, 'YYYY MM/DD')
2002/07/18 10:00:00	2002 07/18
2002/07/22 11:00:00	2002 07/22

圖 4-14 在 Oracle 中的日期格式一覽表

日期要素	格式
世紀	'CC' 'SCC'
年	'Y' 'YY' 'YYY' 'YYYY'
2 位數的西元年 (10 表示 2010 年、90 表示 1990 年)	'RR'
季 (1~4、1 月~3 月為第 1 季)	'Q'
月 (1~12)	'MM'
月 (JAN、FEB、MAR...)	'MON' 'Mon' 'mon'
月 (1 月、2 月、3 月...)	'MONTH' 'Month' 'month'
羅馬數字的月份 (I~XII)	'RM' 'rm'
該年度的第幾天 (1~366)	'DDD'
日 (1~31)	'DD'
該年度的第幾週 (1~53)	'WW'
該月份的第幾週 (1~5)	'W'
星期（1~7, 1 為星期日）	'D'
星期 (星期一、星期二、星期三...)	'DY' 'Dy' 'dy'
星期 (星期一、星期二...)	'DAY' 'Day' 'day'
午前 / 午後	'AM' 'A.M.' 'PM' 'P.M.'
時	'HH'
時 (24 小時制)	'HH24'
時 (12 小時制)	'HH12'
分 (0~59)	'MI'
秒 (0~59)	'SS'
從上午 0 點開始算起,為第幾秒 (0~ 86339)	'SSSS'

圖 4-15 在 Oracle 中的日期格式修飾子

修飾子	意義
FM	縮減字距模式。為了調整字串長度, 去除空白字元。讀入時也忽略空白字元。
FX	嚴謹模式。與所指定之字串格式完全相符。
TH	有順序的編號。指定為 DDTH 的話, 就會呈現像 4TH 這樣的格式。
SP	以完整拼字呈現的英文數字。指定為 DDSP 的話, 就會呈現像 FOUR 這樣的格式
SPTH THSP	以完整拼字呈現, 英文的有順序之編號。指定為 DDSPTH 的話, 就會呈現像 FOURTH 這樣的格式。

圖 4-16 DB2(V9.5 之前)的日期時間書寫格式

日期要素	格式
4 位數的年份	YYYY
2 位數的年份	YY
月(01~12)	MM
日(01~31)	DD
時(00~24)	HH24
時(00~12)	HH HH12
分(00~59)	MI
秒(00~59)	SS

圖 4-17 在 PostgreSQL 中的日期格式一覽表

日期要素	呈現形式
世紀	'CC'
年	'Y' 'YY' 'YYY' 'YYYY'
季 (1~4, 1 月 ~3 月爲第 1 季)	'Q'
月 (1~ 12)	'MM'
月 (JAN 、 FEB 、 MAR...)	'MON' 'Mon' 'mon'
月 (JANUARY 、 FEBRUARY 、 ...)	'MONTH' 'Month' 'month'
羅馬數字的月份 (I~XII)	'RM' 'rm'
該年度的第幾天 (1~366)	'DDD'
日 (1~31)	'DD'
該年度的第幾週 (1~53)	'WW'
該月份的第幾週 (1~5)	'W'
星期 (1~7, 1 爲星期日)	'D'
星期 (MON 、 TUE 、 WED...)	'DY' 'Dy' 'dy'
星期 (MONDAY 、 TUESDAY...)	'DAY' 'Day' 'day'
上午 / 下午	'AM' 'A.M.' 'PM' 'P.M.'
時	'HH'
時 (24 小時制)	'HH24'
時 (12 小時制)	'HH12'
分 (0~59)	'MI'
秒 (0~59)	'SS'
從上午 0 點開始算起, 爲第幾秒 (0~86339)	'SSSS'

圖 4-18 在 PostgreSQL 中的日期格式修飾子

修飾子	意義
FM	縮減字距模式。爲了調整字串長度, 去除空白字元。讀入時也忽略空白字元。
FX	嚴謹模式。與所指定之字串格式完全相符。
TH	有順序的編號。指定爲 DDTH 的話, 就會呈現像 4TH 這樣的格式。

參照 :	CAST 函式	P.397
	CONVERT 函式	P.401

TO_DATE 函式

轉換成日期資料類型

> **語法**
>
> **TO_DATE** (e [, f]) → 日期值   **Oracle**
>
> **TO_DATE** (e, f) → 日期值   **DB2** **PostgreSQL**
>
> **參數**
>
> e   要轉換成日期資料類型的陳述式
> f   轉換前的呈現形式
>
> **傳回值**
>
> 轉換完成的日期值

使用「TO_DATE」，可以將數值資料類型，或字串資料類型的值「轉換成日期資料類型之值」。

範例 將字串轉換成日期資料類型之值。

```
SELECT a, TO_DATE(a, 'RRMMDD') FROM foo          Oracle

a               TO_DATE(a,'RRMMDD')
- - - - - - - - - - - - - - - - - - -
990718          99-07-18
19990722        99-07-22
990313          99-03-13
20000408        00-04-08
```

關於呈現形式的指定，請參考 **TO_CHAR** 函式說明處的圖表。此外，也可使用 TO_TIMESTAMP 函式將資料轉換成 TIMESTAMP 型別。

• Oracle

在 Oracle 中，可以省略呈現形式。

• DB2

在 DB2 中，TO_DATE 和「TIMESTAMP_FORMAT」相同。V9.5 之前的 DB2 不能省略參數 f，參數 e 中也只可設定為字串型別的資料。

• PostgreSQL

在 PostgreSQL 中，不能省略呈現形式 (f 參數)。一定要確實指定才行。

TO_NUMBER 函式

轉換成數值資料類型

語法

TO_NUMBER (e [, f]) → 數值　　　　　　　　　Oracle　DB2

TO_NUMBER (e, f) → 數值　　　　　　　　　　　PostgreSQL

參數

e　　　　　　　　要轉換成數值的陳述式
f　　　　　　　　轉換前的格式

傳回值

轉換後之值

　　使用「TO_NUMBER」, 就可以將字串資料類型之值「轉換成數值資料類型之值」。

範例 將字串轉換成數值資料類型。

```
SELECT a, TO_NUMBER(a, '999,999') FROM foo


a          TO_NUMBER(a, '999,999')
- - - - - - - - - - - - - - - - - - - - - - - - - - - - - - - - - -
123        123
1,000      1000
90,000     90000
```

• DB2

　　在 DB2 中, TO_NUMBER 和「DRCFLOAT_FORMAT」相同。此外, 要 DB2 V9.7 以後版本才可使用。

• PostgreSQL

　　在 PostgreSQL 中, 不能省略格式的部分。一定要確實指定才行。

* 在 Oracle 中, 用於轉換成 BINARY_FLOAT 型別的「TO_BINARY_FLOAT」函式、用於轉換成 BINARY_DOUBLE 型別的「TO_BINARY_DOUBLE」函式, 兩者也可用於此類的型別轉換。

參照 : CONVERT 函式	P.401	TO_CHAR 函式	P.408
TO_DATE 函式	P.413		

4-5 數學函式

數學函式是處理數值用的函式。包含了常見的三角函數，LOG 等計算函式。數學函式包括了以下這些。

4
函
式

4.5
數
學
函
式

ABS .... 求絕對值 Absolute

ACOS .... 反餘弦函數 Arc Cosine

ASIN .... 反正弦函數 Arc Sine

ATAN2 .... 從兩個參數求出反正切值

ATAN .... 反正切函數 Arc Tangent

BITAND .... 位元的 AND

CEIL / CEILING .... 傳回無條件進位後的整數值 Ceiling

COS .... 餘弦函數 Cosine

COT .... 餘切函數 Cotangent

DEGREES .... 弧度轉換成角度

EXP .... 指數值

FLOOR .... 傳回無條件捨去後的整數值

GREATEST .... 傳回參數中值最大者

LEAST .... 傳回參數中值最小者

LN/LOG/LOG10 .... 自然對數, 以及以 10 為基底的對數值

MOD .... 取得餘數

PI .... 取得圓周率

POW / POWER .... 次方 (累乘)

RADIANS .... 角度轉換成弧度

RAND / RANDOM .... 取得亂數值

ROUND .... 四捨五入

SIGN .... 取得數值的正、負符號

SIN .... 正弦函數 Sine

SQRT .... 平方根

SQUARE .... 平方

TAN .... 正切函數 Tangent

TRUNC .... 無條件捨去

ABS 函式

求絕對值 Absolute

語法

ABS (n) → 數值

參數

n   任意數值式

傳回值

參數的絕對值

「ABS」會針對參數 n, 進行「絕對值」的運算後, 傳回結果。參數 n 則可以指定爲整數數值、實數數值的資料類型。傳回的結果會和參數的資料類型相同。在 DB2 中, 還有個「ABSVAL」函式, 其功能和 ABS 函式相同。

範例 算出 a 欄位值之絕對值。

```
SELECT a, ABS(a) FROM foo


a          ABS(a)
- - - - - - - - - -
-6         6
-4         4
0          0
1          1
1245       1245
```

參照：SIGN 函式　　P.441

4.5

數學函式

ACOS 函式

| Oracle | SQL Server | DB2 | Postgre SQL |
| MySQL/MariaDB | SQLite | MS Access | SQL 標準 |

反餘弦函數 Arc Cosine

語法

ACOS (n) → 數值

參數

n   -1 到 1 之間的數值陳述式

傳回值

針對參數算出之反餘弦值。單位為弧度。

「ACOS」會針對參數 n 之值進行「反餘弦值」的計算，並傳回結果。參數 n 可以指定為實數數值資料類型 (-1.0~1.0)。傳回的結果值也是實數數值資料類型，範圍在 0 到 π 之間的弧度值。

範例 算出欄位 a 之值的反餘弦值。

```
SELECT a, ACOS(a) FROM foo


a          ACOS(a)
- - - - - - - - - - -
-1.0       3.1415927
-0.7       2.3461938
-0.4       1.9823132
0.0        1.5707963
0.4        1.1592795
0.7        0.7953988
1.0        0.0
```

參照：COS 函式　　P.423

ASIN 函式

反正弦函數 Arc Sine

語法

ASIN (n) → 數值

參數

n   -1 到 1 之間的數值陳述式

傳回值

針對參數算出之反正弦值。單位為弧度。

「ASIN」會針對參數 n 進行「反正弦值」的運算, 並傳回結果值。參數 n 可以指定為實數數值資料類型 (-1.0~1.0)。傳回的結果值也是實數數值資料類型, 範圍在 - π /2 到 π /2 之間的弧度值。

範例 算出欄位 a 之值的反正弦值。

```
SELECT a, ASIN(a) FROM foo


a           ASIN(a)
- - - - - - - - - - - - -
-1.0        -1.570796
-0.7        -0.775397
-0.4        -0.411516
0.0         0.0
0.4         0.4115168
0.7         0.7753975
1.0         1.5707963
```

參照：SIN 函式   P.442

ATAN2 函式

從兩個參數求出反正切值

語法

ATAN2 (y, x) → 數值   `Oracle` `DB2` `PostgreSQL` `MySQL/MariaDB`

ATN2 (y, x) → 數值   `SQLServer`

參數

y   任意數值陳述式

x   任意數值陳述式

傳回值

針對所指定參數而算出的反正切值。單位為弧度。

「ATAN2」會針對參數 x、y 進行「反正切值」的運算。實際上算的是 y/x 的反正切值。參數 x 和 y 的值可以是任意數值。傳回之結果會是實數數值資料類型,單位則為弧度。

範例 算出欄位 x 和欄位 y 之值的反正切值。

```
SELECT x, y, ATAN2(y,x) FROM foo


x        y          ATAN2(y,x)
-------------------------------------------------------
-1.0     -1.0       -2.3561945
-1.0     1.0        2.35619449
1.0      1.0        0.78539816
1.0      -1.0       -0.7853982
```

* 在 SQL Server 中, 要用 ATN2 函式。

參照:ATAN 函式   P.420

ATAN 函式

反正切函數 Arc Tangent

語法

ATAN (n **)** → 數值

參數

n　　　　　任意數值陳述式

傳回值

所指定之參數的反正切值。單位為弧度。

　　「ATAN」會針對參數 n 進行「反正切值」的運算, 並傳回結果。參數 n 可以是任意數值。傳回的是實數數值資料類型, 數值在 $-\pi/2$ 到 $\pi/2$ 之間的弧度值。

範例 算出欄位 a 之值的反正切值。

```
SELECT a, ATAN(a) FROM foo


a          ATAN(a)
- - - - - - - - - - - -
-1.0       -0.785398
-0.7       -0.610726
-0.4       -0.380506
0.0        0.0
0.4        0.3805063
0.7        0.6107259
1.0        0.7853981
```

* 在 Access 中, 要用 ATN 函式。

參照：TAN 函式　　P.445

BITAND 函式

位元的 AND

語法

BITAND (n1, n2) → 整數值

參數

n1   任意整數值
n2   任意整數值

傳回值

n1 和 n2 之值的每個位元都進行 AND 運算後之結果

「BITAND」會針對參數 n1 和 n2 進行「以位元為單位的 AND 運算」,並傳回結果。由於在 Oracle 中, 沒有能處理位元的運算子, 雖然 OR 運算可用 + 運算子來處理, 但是 AND 運算子則沒有可以代用的運算子。因此, 以位元為單位的 AND 運算, 就得用 BITAND 函式來進行。

範例 進行欄位 a 之值和欄位 b 之值的位元 AND 運算。

```
SELECT a, b, BITAND(a,b) FROM foo


a        b              BITAND(a,b)
- - - - - - - - - - - - - - - - - -
1        1              1
2        1              0
3        1              1
4        1              0
1        2              0
2        2              2
3        2              2
4        2              0
```

參照：& 運算子   P.250

CEIL/CEILING 函式

傳回無條件進位後的整數值 Ceiling

語法

CEIL (n) → 數值 　　　　　　　　　　　　　Oracle　DB2　PostgreSQL　MySQL/MariaDB

CEILING (n) → 數值 　　　　　　　　　　SQLServer　DB2　PostgreSQL　MySQL/MariaDB

參數

n 　　　　　任意數值陳述式

傳回值

將指定參數無條件進位後之值

> 4.5
> 數學函式

「CEIL」、「CEILING」會算出參數 n 無條件進位後之整數值 (大於等於參數 n 之最小整數)。參數 n 可為任意數值。請注意, 處理時為無條件進位, 而非小數點以下四捨五入。四捨五入要用「ROUND」函式來進行。

　　在 Oracle 中, 要用「CEIL」函式。在 SQL Server、MySQL 中, 則用「CEILING」函式。在 DB2、PostgreSQL、MySQL 中,「CEIL」和「CEILING」兩函式的功能是相同的。

範例 算出欄位列 a 之值無條件進位後之整數值。

```
SELECT a, CEIL(a) FROM foo                          Oracle  DB2  PostgreSQL


a        CEIL(a)
- - - - - - - - - -
1.24     2
3.75     4
-2.54    -2
```

參照：FLOOR 函式 　　　P.427
　　　ROUND 函式 　　　P.438

COS 函式

| Oracle | SQL Server | DB2 | Postgre SQL |
| MySQL/ MariaDB | SQLite | MS Access | SQL 標準 |

餘弦函數 Cosine

語法

COS (n) → 數值

參數

n　　　　　　　任意數值陳述式，但單位為弧度

傳回值

指定參數之餘弦值

「COS」會針對參數 n，進行其「餘弦值」的運算，並傳回結果。參數 n 是以弧度為單位的任意數值。傳回的資料會是實數數值資料類型。

範例 算出欄位 a 之值的餘弦值。

```
SELECT a, COS(a) FROM foo


a         COS(a)
- - - - - - - - - - - - - -
-2.0      -0.4161468
-1.0      0.54030231
-0.7      0.76484219
-0.4      0.92106099
0.0       1.00000000
0.4       0.92106099
0.7       0.76484219
1.0       0.54030231
2.0       -0.4161468
```

關於減少計算 error 的方法請參考「/」運算子。

參照：ACOS 函數　　P.417

COT 函式

餘切函數 Cotangent

語法

COT (n) → 數值

參數

n   任意數值陳述式，但單位為弧度

傳回值

指定參數之餘切值

「COT」會針對參數 n 進行其「餘切值」的運算，並傳回結果。參數 n 是以弧度為單位的任意數值，不過 COT(0) 是無法運算的。傳回的資料是實數數值資料類型。

範例 算出欄位 a 之餘切值。

```
SELECT a, COT(a) FROM foo


a          COT(a)
- - - - - - - - - - - -
-2.0       0.457657554
-1.0       -0.64209261
-0.7       -1.18724186
-0.4       -2.36522238
0.0        NULL
0.4        2.365222380
0.7        1.187241860
1.0        0.642092615
2.0        -0.45765755
```

關於減少計算 error 的方法請參考「/」運算子。

4.5 數學函式

DEGREES 函式

Oracle | SQL Server | DB2 | Postgre SQL | MySQL/MariaDB | SQLite | MS Access | SQL 標準

弧度轉換成角度

語法

DEGREES (n) → 數值

參數

n　　　　　　任意數值陳述式，但單位為弧度

傳回值

參數之弧度值轉換成的角度值

「DEGREES」會將以弧度為單位的值轉換成「度」。弧度轉換成角度，可以用「弧度 * 180 / π」的公式來運算。若要將角度轉換成弧度，則用「RADIANS」函式。

範例 將欄位 a 之值轉換成角度。

```
SELECT a, DEGREES(a) FROM foo


a          DEGREES(a)
- - - - - - - - - - - - - - - - -
1.23       70.473808801091252000
```

參照：PI 函數　　　　　P.432
　　　RADIANS 函數　　P.434

EXP 函式

Oracle | SQL Server | DB2 | Postgre SQL

MySQL/MariaDB | SQLite | MS Access | SQL 標準

指數值

語法

EXP (n) → 數值

參數

n   任意數值陳述式

傳回值

所指定參數之指數值

「EXP」會針對參數 n, 算出其「指數值」, 並傳回結果。指數值的計算, 就是算出 e 的 n 次方之值 (e=2.71828183...)。

範例 算出欄位 a 之值的指數值。

```
SELECT a, EXP(a) FROM foo


a          EXP(a)
- - - - - - - - - - - -
-2.0       0.1353352
-1.0       0.3678794
-0.7       0.4965853
-0.4       0.6703200
0.0        1.0
0.4        1.4918247
0.7        2.0137527
1.0        2.7182818
2.0        7.3890561
```

指數與對數

EXP 是指數函式。指數函式的反函式是對數函式（LOG）。以下用方程式呈現這種關聯性。

```
y=EXP(x)
LOG(y)=x
```

FLOOR 函式

傳回無條件捨去後的整數值

語法

FLOOR (n) → 數值

參數

n　　　　　任意數值陳述式

傳回值

將指定參數無條件捨去後之值

「FLOOR」會算出參數 n 無條件捨去後之值 (小於等於參數 n 之最大整數)。參數 n 可為任意數值。請注意，處理時為無條件捨去，而非小數點以下四捨五入。

範例 將欄位 a 之值小數點以下無條件捨去。

```
SELECT a, FLOOR(a) FROM foo


a          FLOOR(a)
- - - - - - - - - - - - -
1.74       1
34.03      34
-3.45      -4
```

參照：CEIL / CEILING 函數　　P.422
　　　 ROUND 函數　　　　　 P.438

GREATEST 函式

Oracle　SQL Server　DB2　Postgre SQL
MySQL/ MariaDB　SQLite　MS Access　SQL 標準

傳回參數中值最大者

【語法】

GREATEST (a1, a2 [, a3 …]) → 值

【參數】

a1	任意值
a2	任意值
a3	任意值

【傳回值】

各參數中值最大者

「GREATEST」會將參數中「值最大者」傳回。也就是說, 若寫成 GREAT-EST(3, 5, 2) 這樣的話, 就會傳回 5 。想要傳回最小值的話, 則用「LEAST」函式。GREATEST 的參數個數不限, 但至少要有 2 個。

範例 找出欄位 a、b、c 之值中, 值最大者。

```
SELECT a, b, c,GREATEST(a,b,c) FROM foo
```

a	b	c	GREATEST(a,b,c)
1	4	3	4
5	2	10	10

GREATEST 的參數值, 也可以是字串或日期資料類型。不過, 各參數值的資料類型必須一致, 不能多種混在一起, 另外, NULL 值會被忽略掉。

範例 找出欄位 a、b、c 之字串值中最大者。

```
SELECT a, b, c,GREATEST(a,b,c) FROM foo
```

a	b	c	GREATEST(a,b,c)
A	B	C	C

* 在 SQLite 可用 MAX 函式代替。

參照：LEAST 函數　　P.429

4.5
數學函式

LEAST 函式

傳回參數中值最小者

語法

LEAST (a1, a2 [, a3 ...]) → 值

參數

a1   任意值
a2   任意值
a3   任意值

傳回值

參數中值最小者

「LEAST」會將各參數中 「值最小者」 傳回。也就是説，若寫成 GREAT-EST(3, 5, 2) 這樣的話，就會傳回 2。想要傳回最大值的話，則用「GREATEST」函式。 LEAST 的參數個數不限，但至少要有 2 個。

範例 找出欄位 a 、 b 、 c 之值中，值最小者。

```
SELECT a, b, c, LEAST(a,b,c) FROM foo
```

a	b	c	LEAST(a,b,c)
1	4	3	1
5	2	10	2

LEAST 的參數值，也可以是字串或日期資料類型。不過，各參數值的資料類型必須一致，不能多種混在一起。另外，NULL 值則會被忽略掉。

範例 找出欄位 a 、 b 、 c 之字串值中最小者。

```
SELECT a, b, c, LEAST(a,b,c) FROM foo
```

a	b	c	LEAST(a,b,c)
A	B	C	A

* 在 SQLite 可用 MIN 函式代替。

參照：GREATEST 函數　　P.428

LN / LOG / LOG10 函式

Oracle　SQL Server　DB2　Postgre SQL　MySQL/MariaDB　SQLite　MS Access　SQL 標準

自然對數, 以及以 10 為基底的對數值

語法

LN (n)	→ 數值	Oracle DB2 PostgreSQL MySQL/MariaDB
LOG (n)	→ 數值	SQLServer DB2 PostgreSQL MySQL/MariaDB MS Access
LOG (e, n)	→ 數值	Oracle PostgreSQL
LOG10 (n)	→ 數值	SQLServer DB2 MySQL/MariaDB

參數

n	任意數值。但 0 會傳回錯誤訊息
e	作為基底之數值

傳回值

自然對數或以 10 為基底之對數值

「LN」、「LOG」會傳回參數 n 之「自然對數」。要指定基底數值時, 則用 LOG 函式。「LOG10」, 則會傳回 n「以 10 為基底之對數值」。

「LN」、「LOG」、「LOG10」之參數 n, 不能是 0。在 Oracle、PostgreSQL 中, 沒有 LOG10 函式, 不過將基底值 10 指定給 LOG 函式, 就可以獲得同樣的結果。在 Oracle 中, 一定要指定基底值給 e 參數。在 PostgreSQL 中, LOG(n) 是以 10 為基底值來運算的, 寫成 LOG(e, n) 這樣的形式時, e 參數之值就為基底。

範例 算出欄位 a 之值的自然對數。

```
SELECT a, LN(a) FROM foo
```
Oracle DB2 PostgreSQL MySQL/MariaDB

a	LN(a)
1.0	0.0
2.0	0.69314718
254.0	5.53733426

4.5

數學函式

MOD 函式

取得餘數

語法

MOD (n, m **)** → 整數值

參數

n   被除數之值

m   除數之值

傳回值

n / m 的餘數

使用「MOD」函式, 可以求出『餘數』。

範例 算出欄位 a / 欄位 b 之餘數。

```
SELECT a, b, MOD(a,b) FROM foo


a    b    MOD(a,b)
- - - - - - - - - - - -
5    1    0
5    2    1
5    3    2
```

* 在 SQL Server、SQLite 中, 沒有 MOD 函式可用。要計算餘數時必須用 % 運算子。

* 在 PostgreSQL、MySQL 中, 也可以用 % 運算子來算出餘數。

* 在 Access 中, 是用 MOD 運算子來算餘數。

參照：% 運算子　　P.247

PI 函式

取得圓周率

語法

PI ( ) → 數值

傳回值

圓周率值

使用「PI」函式，可以取得「圓周率」之值。

範例 取得圓周率之值。

```
SELECT PI()
```

PI()

- - - - - - - - - - -

3.14159265358979

PI 是否正確？

圓周率（π）是圓周對直徑的比率。具體的數值為 3.14159265358979323846264338327950288…。因為 π 是無理數所以無法計算出小數點以下所有位數。也有程式的功能是一直持續地計算 π 的值。這種程式大多是在要評估電腦計算能力的時候使用。

進一步探討，雖然 PI 函式會回傳 π 的值，但因為是使用浮點數的型別回傳，所以計算的位數還是有限制。就這方面來看，所回傳的 π 並不正確。

參照：DEGREES 函式　　P.425
　　　RADIANS 函式　　P.434

4.5
數學函式

POW/POWER 函式

次方 (累乘)

語法

POW (n, m) → 數值   `PostgreSQL` `MySQL/MariaDB`

POWER (n, m) → 數值   `Oracle` `SQLServer` `DB2` `PostgreSQL` `MySQL/MariaDB`

參數

n   任意數值陳述式

m   任意數值陳述式

傳回值

n 的 m 次方之值

「POW」、「POWER」會傳回 n 之 m 次方之值。

在 PostgreSQL、MySQL 中, 要用 POW 函式。在 Oracle、SQL Server、DB2 中, 則用 POWER 函式。在 PostgreSQL、MySQL 中, POW 和 POWER 兩個函式都能使用。

範例 算出欄位 a 之值的欄位 b 值次方數的值。

```
SELECT a, b, POWER(a,b) FROM foo          Oracle SQLServer DB2 MySQL/MariaDB


a         b           POWER(a,b)
- - - - - - - - - - - - - - - - - -
0.0       2.0         0.0
0.4       2.0         0.16
0.7       2.0         0.49
1.0       2.0         1.0
2.0       2.0         4.0
```

PostgreSQL、Access 也可用「^」運算子進行指數運算。

參照:SQUARE 函式   P.444

RADIANS 函式

角度轉換成弧度

語法

RADIANS (n) → 數值

參數

n　　　　　任意數值陳述式，但單位為度

傳回值

指定參數之度數值所轉換成的弧度值

「RADIANS」會將以度為單位的值轉換成「弧度」。將度轉換成弧度時，可以用「度 * π / 180」的公式來進行。若要將弧度轉換成度，則用「DEGREES」函式。

範例 將欄位 a 之度數值轉換成弧度。

```
SELECT a, RADIANS(a) FROM foo


a          RADIANS(a)
- - - - - - - - - - - - - - - - - -
34.2       0.596902604182060720
```

參照：DEGREES 函式　　P.425
　　　PI 函式　　　　　P.432

RAND /
RANDOM 函式

Oracle	SQL Server	DB2	Postgre SQL
MySQL/ MariaDB	SQLite	MS Access	SQL 標準

取得亂數值

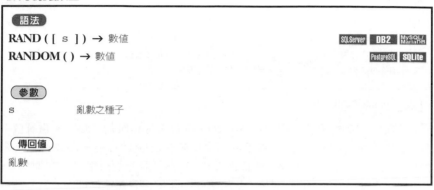

語法

RAND ([s]) → 數值　　　　　　　　　　　　SQLServer　DB2　MySQL/MariaDB

RANDOM ( ) → 數值　　　　　　　　　　　　　　PostgreSQL　SQLite

參數

s　　　　　　　亂數之種子

傳回值

亂數

「RAND」、「RANDOM」會隨機傳回 0~1 之間的任意數值, 也就是「亂數」。

SQL Server

在 SQL Server 中, 可以用「RAND」來取得亂數。參數 s 為亂數之種子, 可以自由指定。指定種子時, 就會產生出針對該種子形成的特定亂數值。省略不指定種子的話, 執行函式時, 就會立即產生亂數。不過, 同一 SELECT 命令中, RAND() 所傳回的亂數值是相同的。

範例 分別執行兩個使用 RAND 取得亂數的 SELECT 命令。

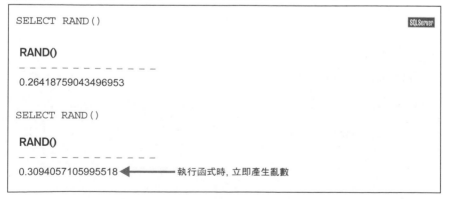

```
SELECT RAND ()                                          SQLServer

RAND()
- - - - - - - - - - - - -
0.26418759043496953

SELECT RAND ()

RAND()
- - - - - - - - - - - - -
0.3094057105995518 ◀──────── 執行函式時, 立即產生亂數
```

範例 在 SELECT 命令中使用 RAND 函式。

```
SELECT RAND() FROM foo                                    SQLServer
RAND()
------------------------------------------
0.31408656732381374  ◀── 在同 1 個 SELECT 命令中傳回之亂數
0.31408656732381374       RAND() 的傳回值是相同的
```

• DB2 、 MySQL

在 DB2 、 MySQL 中, 可以用「RAND」函式來取得亂數。參數 s 為亂數之種子, 可以自由指定。指定種子時, 就會產生出針對該種子形成的特定亂數值。省略不指定種子的話, 執行函式時, 就會立即產生亂數。而在 MySQL 中, 同一 SELECT 命令裡, RAND() 所傳回的亂數值會是不同的。

範例 在 SELECT 命令中, 使用 RAND 函式。

```
SELECT RAND() FROM foo                                   DB2  MySQL/
                                                              MariaDB
RAND()
- - - - - - - - - - -
0.78899680337775
0.32114392455774
```

• PostgreSQL

在 PostgerSQL 中, 可以用「RANDOM」函式來取得亂數。亂數之種子可以用 SEED 變數或 SETSEED 函式來指定。種子之值必須是 0~1 之間的小數。而同一 SELECT 命令裡, RANDOM 所傳回的亂數值會是不同的。

範例 在 SELECT 命令中使用 RANDOM 函式。

```
SELECT RANDOM() FROM foo                                 PostgreSQL
RANDOM()
- - - - - - - - - - -
0.561306733899427
0.747183883910619
```

• SQLite

在 SQLite 中可使用「RANDOM」函式。和其他資料庫不同的是，該函式的回傳值是在 64 位元整數（signed）的範圍之間（-9223372036854775808 ~+9223372036854775807）。

範例 在 SELECT 指令中使用 RANDOM 函式。

```
SELECT RANDOM()                                    SQLite

RANDOM()
----------------------
5918692899985983575
```

* 在 Access 中, 要用 RND 函式。

ROUND 函式

四捨五入

4.5
數學函式

語法

ROUND (n, m [, t])	→ 數值		SQLServer
ROUND (n [, m])	→ 數值	Oracle PostgreSQL MySQL/MariaDB SQLite MS Access	
ROUND (n , m)	→ 數值		DB2
ROUND (d [, f])	→ 日期值		Oracle

參數

n	任意數值陳述式
m	要在小數點以下保留幾位數
t	執行之形式 (四捨五入或無條件捨去)
d	任意日期陳述式 (DATE 資料類型)
f	日期格式

傳回值

四捨五入後之值

「ROUND」會將參數 n 之值「四捨五入」後, 傳回結果值。

SQL Server

在 SQL Server 中, 一定要指定參數 m, 以決定要保留小數點以下幾位數。指定正數時, 表示要保留小數點以下 m 位。指定負值時, 表示的是要保留小數點以上幾位。例如, m 指定為 -2 時, 表示只保留 10 以上之值 (小數點以上第 2 位), 以下則四捨五入。將 m 指定為 0 時, 表示要讓小數點以下之值四捨五入。

參數 t 則是用來指定要四捨五入, 還是無條件捨去用的參數。指定為 0 的話, 表示要四捨五入, 指定 0 以外的值, 就表示無條件捨去。省略不指定時, 就視為 0, 會以四捨五入的方式處理。

範例 把欄位 a 之值小數點以下的部分四捨五入。

```
SELECT a, ROUND(a, 0) FROM foo                          SQLServer

a          ROUND(a, 0)
- - - - - - - - - - - - -
0.223      0.0
2.738      3.0
```

範例 把欄位 a 之值到小數點以下第 2 位四捨五入，
保留到小點以下第 1 位。

```
SELECT a, ROUND(a, 1) FROM foo                    SQLServer

a        ROUND(a, 1)
- - - - - - - - - - - - - - - - - - - - - - -
0.223    0.2
2.738    2.7
```

Oracle

在 Oracle 中，可以用 m 參數指定要保留小數點以下幾位。將 m 指定為 2
時，傳回之值就會保留到小數點以下 2 位數，第 3 位則被四捨五入。省略 m
不指定的話，就會將小數點以下都四捨五入。指定負數值給參數 m 的話，
表示的是要保留小數點以上第幾位。例如指定為 -2 時，表示只保留 10 以
上之值 (小數點以上第 2 位)，以下則四捨五入。

範例 保留欄位 a 之值到小數點以下 2 位，第 3 位以下四捨五入。

```
SELECT a, ROUND(a, 2) FROM foo                    Oracle

a        ROUND(a, 2)
- - - - - - - - - - - - - - - - - - - -
0.223    0.22
2.738    2.74
```

日期資料類型的值也可以四捨五入。日期值之單位預設以日來計算。
1.5 就表示 1 天半。以 ROUND 函式來處理的話，就相當於以中午時分為準
來判斷，以上進位，以下捨去。第 2 個參數 f 就可以日期的格式來指定保留
的日期單位。關於日期的格式，請參考 TO_CHAR 函式的說明。

範例 將欄位 a 之日期值四捨五入。

```
SELECT TO_CHAR(a, 'YY-MM-DD HH24:MI'), ROUND(a) FROM foo
                                                  Oracle

TO_CHAR(a, 'YY...      ROUND(a)
- - - - - - - - - - - - - - - - - - -
02-10-03 11:21        02-10-03
02-10-03 12:00        02-10-04
02-10-03 20:4         02-10-04
```

將欄位 a 之日期值小時以下的部分四捨五入。

```
SELECT TO_CHAR(a, 'YY-MM-DD HH24:MI'),                    Oracle
  TO_CHAR(ROUND(a, 'HH'), 'YY-MM-DD HH24:MI') FROM foo
```

TO_CHAR(a,'YY..　　　　**TO_CHAR(ROUND(a...**
- -
02-10-03 11:21　　　　02-10-03 11:00
02-10-03 12:00　　　　02-10-04 12:00
02-10-03 20:46　　　　02-10-04 21:00

DB2

在 DB2 中, 一定要指定參數 m。而參數 m 之意義和 Oracle、PostgreSQL、MySQL 中的參數 m 是一樣的。

PostgreSQL、MySQL、SQLite

在 PostgreSQL、MySQL、SQLite 中, 要保留小數點以下幾位數, 可以用參數 m 來指定。將 m 指定為 2 時, 傳回之值就會保留到小數點以下 2 位數, 第 3 位則被四捨五入。省略 m 不指定的話, 就會將小數點以下都四捨五入。指定負數值給參數 m 的話, 表示的是要保留小數點以上第幾位。例如指定為 -2 時, 表示只保留 10 以上之值 (小數點以上第 2 位), 以下則四捨五入。

保留欄位 a 之值到小數點以下 2 位, 第 3 位四捨五入。

```
SELECT a, ROUND(a, 2) FROM foo         PostgreSQL MySQL/MariaDB SQLite
```

a　　　　**ROUND(a, 2)**
- - - - - - - - - - - - - -
0.223　　　0.22
2.738　　　2.74

Access

在 Access 中, 可以省略參數 m 不指定。另外, 不能指定負的數值給參數 m, 這點請注意了。

* 在 Access 97 中, 無法使用 ROUND 函式。

參 照 ： CEIL / CEILING 函式　　　P.422

　　　　FLOOR 函式　　　　　　P.427

　　　　TRUNC 函式　　　　　　P.446

4.5
數學函式

SIGN 函式

取得數值的正、負符號

語法

SIGN (n) → 數值

參數

n   任意數值陳述式

傳回值

n 為負值的話, 傳回 -1；為 0 的話傳回 0；為正值時傳回 1

「SIGN」會將參數 n 之值的「正、負符號」傳回。為正值時傳回 1；為負值的話, 傳回 -1；為 0 的話, 則會傳回 0。

範例 找出欄位 a 之值的正負符號。

```
SELECT a, SIGN(a) FROM foo


a          SIGN(a)
- - - - - - - - - - - - - - - - - - - - - - - - - - - - - - - - - - - - - - -
-2343.34   -1
23.34      1
0.00       0
```

* 在 Access 中, 要用 SGN 函式。

固定小數點和浮動小數點

在 Oracle 中有兩種類型的資料型別可以處理包含小數點的資料。分別是定點數（NUMBER 型別）和浮點數（BINARY_FLOAT 型別、BINARY_DOUBLE 型別）。這兩類的差異主要在小數點的位置是否固定。

若設定為 NUMBER(9, 2), 代表在全部 9 位數中有兩位數在小數點以下。浮點數類型的型別, 小數點位置可以移動。

```
NUMBER(9, 2) BINARY_FLOAT
 1234567.89 1234567.89
   12345.67 12345.6789
     123.45 123.456789
```

SIN 函式

正弦函數 Sine

語法

SIN (n) → 數值

參數

n　　　　　任意數值陳述式，但單位為弧度

傳回值

所指定參數之正弦值

「SIN」會針對參數 n 進行「正弦值」的運算，並傳回結果值。參數 n 可以是任意弧度值。傳回的值則會是實數數值資料類型。

範例 算出欄位 a 之值的正弦值。

```
SELECT a, SIN(a) FROM foo


a          SIN(a)
- - - - - - - - - - - -
-2.0       -0.909297
-1.0       -0.841471
-0.7       -0.644217
-0.4       -0.389418
0.0        0.0
0.4        0.3894183
0.7        0.6442176
1.0        0.8414709
2.0        0.9092974
```

參照：ASIN 函式　　P.418

SQRT 函式

平方根

語法

SQRT (n) → 數值

參數

n   任意數值陳述式

傳回值

所指定參數值的平方根

「SQRT」會算出參數 n 的「平方根」後傳回。 n 不能指定為負數。傳回之值會是實數數值資料類型。

範例 算出欄位 a 之值的平方根。

```
SELECT a, SQRT(a) FROM foo


a       SQRT(a)
- - - - - - - - - -
1.0     1.0
2.0     1.4142136
3.0     1.7320508
```

* 在 Access 中要用 SQR 函式。

> ### 誤差
>
> 在 Oracle 中, 浮點數的型別名稱內都有 BINARY。這意味著小數點以後的數值也是用二進位的方式儲存。然而, 就是因為用 2 進位來儲存 10 進位的資料, 所以會產生誤差。這種誤差被稱為「進位誤差」。
>
> 在 Oracle 中建立一個資料表, 其中包含 BINARY_FLOAT 型別的欄位。下一步請試著儲存 0.1 於資料表。接下來使用 SET NUMWIDTH 20 將數值能顯示的位數設定為 20 位。最後使用 SELECT 就可看到誤差。

參照：SQUARE 函式   P.444

SQUARE 函式

Oracle ｜ SQL Server ｜ DB2 ｜ Postgre SQL ｜ MySQL/MariaDB ｜ SQLite ｜ MS Access ｜ SQL 標準

平方

語法

SQUARE (n) → 數值

參數

n　　任意數值陳述式

傳回值

參數值之平方

「SQUARE」會傳回參數 n 的平方值 (即 n*n), 所以「SQUARE(n)」也可以用「POWER(n, 2)」的寫法來替代。

範例 求出欄位 a 之值的平方。

```
SELECT a, SQUARE(a) FROM foo


a           SQUARE(a)
- - - - - - - - - - - -
-2.0        4.0
1.0         1.0
1.5         2.25
2.0         4.0
```

參照：POW / POWER 函式　　P.433
　　　SQRT 函式　　　　　　P.443

4.5

數學函式

444

TAN 函式

正切函數 Tangent

語法

TAN (n) → 數值

參數

n　　　　　　任意數值陳述式，但單位必須是弧度

傳回值

所指定之參數值的正切值

「TAN」會針對參數 n 之值進行「正切值」的運算，並傳回結果值。參數 n 可為任意弧度值。傳回之值會是實數數值資料類型。

範例 算出欄位 a 之正切值。

```
SELECT a, TAN(a) FROM foo


a        TAN(a)
- - - - - - - - - - - - - -
-2.0     2.185039863
-1.0     -1.55740772
-0.7     -0.84228836
-0.4     -0.42279322
0.0      0.0
0.4      0.422793225
0.7      0.842288360
1.0      1.557407724
2.0      -2.18503986
```

參照：ATAN 函式　　P.420

TRUNC 函式

無條件捨去

語法

TRUNC (n [, m]) → 數值　　　　　　　　　　**Oracle** **PostgreSQL**

TRUNC[ATE] (n, m) → 數值　　　　　　　　　　**DB2**

TRUNCATE (n, m) → 數值　　　　　　　　　**MySQL/ MariaDB**

TRUNC (d [, f]) → 日期值　　　　　　　　　**Oracle**

參數

n　　　　　　任意陳述式
m　　　　　　要保留到小數點以下第幾位
d　　　　　　任意日期陳述式 （DATE 資料類型）
f　　　　　　日期格式

傳回值

無條件捨去後之值

「TRUNC」會將小數點以下之值「無條件捨去」。要保留到小數點以下第幾位, 可以用參數 m 來指定。例如將 m 指定為 2 的話, 就表示要保留到小數點以下第 2 位, 第 3 位以下無條件捨去。若省略不指定參數 m 的話, 就會捨去小數點以下之值。若指定負數值給 m, 就表示要保留到小數點以上的第幾位。例如指定為 -2, 就表示要保留 10 以上之值 (小數點以上第 2 位), 以下就無條件捨去。

範例 將欄位 a 之值小數點以下的部分無條件捨去。

```
SELECT a, TRUNC(a) FROM foo

a          TRUNC(a)
- - - - - - - - - - -
0.223      0
2.738      2
```

範例 保留欄位 a 之值到小數點以下第 1 位, 第 2 位以下無條件捨去。

```
SELECT a, TRUNC(a, 1) FROM foo

a          TRUNC(a, 1)
- - - - - - - - - - -
0.223      0.2
2.738      2.7
```

日期資料類型 (DATE 資料類型) 的值也可以無條件捨去。日期值之單位預設以日來計算，1.5 就表示 1 天半，以 TRUNC 函式來處理的話，「.5」的部分，也就是小時開始的部分，就會被無條件捨去。第 2 個參數 f 可以日期的格式指定要保留的日期單位。關於日期的格式，請參考 TO_CHAR 函式的說明。

範例 將欄位 a 之日期值保留到日 (天) 為止，其餘則無條件捨去。

```
SELECT TO_CHAR(a, 'YY-MM-DD HH24:MI'),         Oracle
  TO_CHAR(TRUNC(a), 'YY-MM-DD HH24:MI') FROM foo

TO_CHAR(a,'YY..       TO_CHAR(TRUNC...
- - - - - - - - - - - - - - - - - - - - - -
02-10-03 11:21       02-10-03 00:00
02-10-03 12:00       02-10-03 00:00
```

範例 將欄位 a 之日期值保留到小時為止，其餘則無條件捨去。

```
SELECT TO_CHAR(a, 'YY-MM-DD HH24:MI'),
  TO_CHAR(TRUNC(a), 'HH'), 'YY-MM-DD HH24:MI') FROM foo    Oracle

TO_CHAR(a,'YY...      TO_CHAR(TRUNC...
- - - - - - - - - - - - - - - - - - - - - -
02-10-03 11:21       02-10-03 11:00
02-10-03 12:00       02-10-03 12:00
```

· DB2

在 DB2 中，不可以省略參數 m。

· MySQL

在 MySQL 則是使用 TRUNCATE。不可省略參數 m。

* 在 SQL Server 可用 ROUND 進行四捨五入。

* 在 PostgreSQL 中，要捨去日期型別資料的部份內容時，必須使用專用的 DATE_TRUNC 函式。

* 在 Access 中，則是使用 INT 函式和 FIX 函式。

4-6　分析函式

　　最近的資料庫產品，多半加入了名為 OLAP 的資料分析功能。所謂的分析函式，就是可用來分析資料的函式群。在此，我們將介紹幾個 Oracle 、 SQLServer 、 DB2 與 PostgresSQL 所共通擁有的分析函式。

CUME_DIST .... 取得累積分佈函式的值

DENSE_RANK .... 求出順位

FIRST_VALUE .... 回傳視窗最前端的值

LAG .... 回傳前一筆資料的值

LAST_VALUE .... 回傳視窗最末端的值

LEAD .... 回傳後一筆資料的值

NTILE .... 將資料分配到 bucket （群組） 中

PERCENT_RANK .... 取得百分位數

PERCENTILE_CONT .... 取得特定百分位數的值 （有內插值）

PERCENTILE_DISC .... 取得特定百分位數的值 （無內插值）

RANK .... 求出順位

ROW_NUMBER .... 求出列資料編號

REGR_SLOPE .... 求出回歸線的斜率

REGR_INTERCEPT .... 回歸線的 y 截距

REGR_R2 .... 求出回歸線的的決定係數 (R2)

SUM() OVER() .... 合計視窗

　　接著我們會詳細介紹各函式的內容，而各函式之說明範例中所用的資料表，則為圖表 4-19 所示。

圖 4-19　在範例中所用的員工資料表

姓名	年齡	性別	年收入
員工 A	21	男	320
員工 B	32	女	450
員工 C	20	男	330
員工 D	19	女	320
員工 E	23	女	340
員工 F	35	男	520
員工 G	42	男	720
員工 H	44	女	520

CUME_DIST 函式

取得累積分佈函式的值

語法

CUME_DIST( ) OVER([PARTITION BY p [, p …]]
  ORDER BY o [, o …]) →數值

參數

p　　　　　　決定分組 (partition) 的運算式
o　　　　　　決定順位的運算式

傳回值

0~1.0 之間的累積分佈機率值

　　「 C U M E _ D I S T 」函式會計算「累積分佈函式」的值並回傳。和 DENSE_RANK…等函式一樣, 不用在括弧內設定參數。而視窗 (window) 則是使用 OVER 子句的 ORDER BY…等, 來進行定義。

　　累積分佈函式機率值和用 PERCENT_RANK 計算的百分位數有點類似, 但計算方法有些差異。

```
CUME_DIST          集合的數目/全體的數目
PERCENT_RANK       RANK-1/全體數目-1
```

範例 計算從業人員資料表中年收欄位的累積分佈機率值

```
SELECT 年收, CUME_DIST() OVER(ORDER BY 年收)
  FROM 從業人員 WHERE 性別 = '男'


年收 CUME_DIST() OVER(ORDER BY 年收)
------------------------------------------------
320    0.25
330    0.50
520    0.75
720    1.00
```

關於 PARTITION BY 的説明, 請參考次頁的 DENSE_RANK。

DENSE_RANK 函式

求出順位

語法

DENSE_RANK ( ) OVER ([PARTITION BY p **[,** p **...]]**
ORDER BY o **[,** o **...])** → 數值

參數

p   指定 PARTITION 的陳述式
o   算出順位後, 再進行分析比較的陳述式

傳回值

順位

「DENSE_RANK」函式會算出「順位」並傳回。像 DENSE_RANK 這類的分析函式, 寫法和一般的函式不太一樣。在 DENSE_RANK 之後接著的括弧中, 不需寫入參數, 直接接著寫「OVER」, 然後在 OVER 的括弧中, 指定計算順位用的排序方式, 或 PARTITION。

資料庫會根據在 OVER 的括弧中「ORDER BY」之後所指定的陳述式, 來決定順位。例如, 想將某資料表中的「成績」欄位值, 由大到小排列其順位的話, 就可以如下這樣寫:

範例 將成績欄位之值, 由大到小排列出順位。

```
DENSE_RANK() OVER(ORDER BY 成績 DESC)
```

和一般的 ORDER BY 子句一樣, 這裡也可以指定「DESC」、「ASC」等排序方式。DENSE_RANK 函式不會跳號排序, 即使有兩筆以上的資料順位相同, 也都會確實以同樣的順位排列出來。當有兩筆以上的資料順位相同, 且想要跳號以繼續下一筆資料的順位時, 就要用「RANK」函式。

「PARTITION BY」, 是用來指定要進行順位排序的群組用的。PARTITION BY 可以省略不寫, 省略不寫時, 就會對全體資料進行順位排序。像是想將男性和女性分別進行順位排序時, 就可以用 PARTITION BY 來處理。

「ORDER BY」句中可以使用統計函式。利用這種寫法, 就能依 SUM 函式算出的合計值來進行順位排序。

範例 依員工資料表的年收入欄位之值，從大到小排列順位。

```
SELECT 年收入, DENSE_RANK() OVER(ORDER BY 年收入 DESC) FROM 員工
  ORDER BY 年收入 DESC
```

年收入	DENSE_RANK() OVER(ORDER BY 年收入 DESC)
720	1
520	2
520	2
450	3
…（以下略）	

範例 將男女員工，分別依員工資料表的年收入欄位之值，
從大到小排列順位。

```
SELECT 年收入, 性別, DENSE_RANK() OVER(PARTITION BY 性別
  ORDER BY 年收入 DESC)
  FROM 員工 ORDER BY 性別, 年收入 DESC
```

年收入	性別	DENSE_RANK() OVER(PARTITION BY 性別...
520	女	1
450	女	2
340	女	3
320	女	4
720	男	1
…（以下略）		

範例 依年收入欄位之值的合計結果，來從大到小排列順位。

```
SELECT SUM(年收入), DENSE_RANK() OVER(ORDER BY SUM(年收入) DESC)
  FROM 員工 GROUP BY 性別
```

SUM(年收入)	DENSE_RANK() OVER(ORDER BY SUM(年收入) DESC)
1890	1
1630	2

• Oracle

在 Oracle 中，可以指定要將 NULL 值排在第一順位還是最後。「ORDER
BY a NULLS LAST」就是指定要將 NNULL 值排在最後。反之，要將 NULL 值
排在第一順位時，就寫成「ORDER BY a NULLS FIRST」。

參照：RANK 函式　　P.460

FIRST_VALUE 函式

回傳視窗最前端的值

語法

FIRST_VALUE(e) OVER([PARTITION BY p [, p ...]]
ORDER BY o [, o ...]
[{ **ROWS** rows_spec | **RANGE** range_spec }]) →數值

參數

e	進行彙總的運算式
p	決定分組(partition)的運算式
o	決定順位的運算式
rows_spec	以目前的資料行(current row)為基準指定範圍
range_spec	設定視窗的範圍

傳回值

視窗最前端的值

「FIRST_VALUE」函式是回傳「視窗最前端的值」。而視窗（window）則是使用 OVER 子句的 ORDER BY…等, 來進行定義。

範例 用 FIRST_VALUE 計算從業人員資料表中年收欄位的最小值

```
SELECT 年收, FIRST_VALUE(年收) OVER(ORDER BY 年收)
    FROM 從業人員 ORDER BY 年收 DESC


年收 FIRST_VALUE() OVER(ORDER BY 年收...
-----------------------------------------
720        320
520        320
450        320
 :（以下省略）
```

關於用 ROWS 、 RANGE 指定視窗範圍, 請參考「SUM OVER」函式。

在 Oracle 、 PostgreSQL 中, 可使用能傳回任意位置資料的「NTH_VALUE」函式。

參照：LAST_VALUE 函式　　P.454　　　SUM OVER 函式　　P.465

LAG 函式

4

函式

回傳前一筆資料的值

語法

LAG(e [, offset [, default]]) OVER([PARTITION BY p [, p ...]]

ORDER BY o [, o ...]) →數值

參數

e	進行彙總的運算式
p	決定分組(partition)的運算式
o	決定順位的運算式
offset	設定取得目前資料行之前的第幾筆資料
default	資料不存在時的預設值

傳回值

回傳前一筆資料的值

4 6

分析函式

「LAG」函式是回傳在視窗中「目前資料行的前一筆資料」。而視窗 (window)則是使用 OVER 子句的 ORDER BY…等, 來進行定義。此外, 取得 目前資料行之前的第幾筆資料則可用 offset 來設定, 省略時的預設值為 1。

LAG 函式不能用 ROWS 、 RANGE 指定視窗範圍。

範例 取得前一筆資料的年收

```
SELECT 年收, LAG( 年收) OVER(ORDER BY 年收)
    FROM 從業人員 WHERE 性別='男'
```

年收 LAG(年收) OVER(ORDER BY 年收)
```
------------------------------------
320      NULL
330      320
520      330
720      520
```

參照：LEAD　　P.455

453

LAST_VALUE 函式

回傳視窗最末端的值

語法

LAST_VALUE(e) OVER([PARTITION BY p [, p ...]]
ORDER BY o [, o ...]
[{ **ROWS** rows_spec | **RANGE** range_spec }]) →數值

參數

e	進行彙總的運算式
p	決定分組(partition)的運算式
o	決定順位的運算式
rows_spec	以目前的資料行(current row)為基準指定範圍
range_spec	設定視窗的範圍

傳回值

視窗最末端的值

「LAST_VALUE」函式是回傳「視窗最末端的值」。而視窗(window)則是使用 OVER 子句的 ORDER BY…等, 來進行定義。沒有指定視窗範圍時會回傳目前資料行(current row)的值。

範例 用 LAST_VALUE 計算從業人員資料表中年收欄位的最小值

```
SELECT 年收, LAST_VALUE(年收) OVER(ORDER BY 年收 DESC)
    RANGE BETWEEN UNBOUNDED PRECEDING AND UNBOUNDED FOLLOWING)
    FROM 從業人員 ORDER BY 年收 DESC
```

年收	LAST_VALUE() OVER(ORDER BY 年收...
720	320
520	320
520	320
：(以下省略)	

關於用 ROWS 、 RANGE 指定視窗範圍, 請參考「SUM OVER」函式。

參照：FIRST_VALUE 函式　　P.452　　SUM OVER 函式　　P.465

4.6
分析函式

LEAD 函式

Oracle | SQL Server | DB2 | Postgre SQL | MySQL/ MariaDB | SQLite | MS Access | SQL 標準

回傳後一筆資料的值

語法

LEAD(e [, offset [, default]]) **OVER(** [PARTITION BY p [, p ...]]
ORDER BY o [, o ...]) →數值

參數

e	進行彙總的運算式
p	決定分組(partition)的運算式
o	決定順位的運算式
offset	設定取得目前資料行之前的第幾筆資料
default	資料不存在時的預設值

傳回值

回傳後一筆資料的值

「LEAD」函式是回傳在視窗中「目前資料行的後一筆資料」。而視窗 (window) 則是使用 OVER 子句的 ORDER BY…等,來進行定義。此外,取得目前資料行之後的第幾筆資料則可用 offset 來設定,省略時的預設值為 1。

LEAD 函式不能用 ROWS 、 RANGE 指定視窗範圍。

範例 取得後面第 2 筆資料的年收

```
SELECT 年收, LEAD( 年收, 2) OVER(ORDER BY 年收)
    FROM 從業人員 WHERE 性別='男'


年收 LEAD(年收, 2) OVER(ORDER BY ...
------------------------------------
320         520
330         720
520         NULL
720         NULL
```

NTILE 函式

將資料分配到 bucket 中

> **語法**
>
> **NTILE(n) OVER([PARTITION BY p [, p ...]]**
> **ORDER BY ○ [, ○ ...])** →數值
>
> **參數**
>
> | n | 分割數 |
> | p | 決定分組（partition）的運算式 |
> | ○ | 決定順位的運算式 |
>
> **傳回值**
>
> 1~n 的 bucket 值

「NTILE」函式會回傳「資料所屬 bucket（群組）的編號」。參數 n 用來設定資料要分配至幾個 bucket（群組）中。若是 n 設為 2, 則會將資料分配到兩個 bucket 中, 並回傳資料所屬 bucket 的編號。就算把分割數設成比資料數還大, 資料也不能分割成資料數以上的群組。視窗（window）是使用 OVER 子句的 ORDER BY…等, 來進行定義。

範例 將從業人員資料表分成兩個 bucket, 並取得編號。

```
SELECT 年收, NTILE(2) OVER(ORDER BY 年收)
FROM 從業人員 WHERE 性別 = ' 男'


年收 NTILE(2) OVER (ORDER BY 年收)
-----------------------------------
320       1
330       1
520       2
720       2
```

PERCENT_RANK
函式

取得百分位數

語法

PERCENT_RANK( ) OVER([PARTITION BY p **[,** p **...]]**
ORDER BY o **[,** o **...])** →數值

參數

p	決定分組（partition）的運算式
o	決定順位的運算式

傳回值

0〜1.0 之間的百分位數

　　「PERCENT_RANK」會計算「百分位數」並回傳。和 DENSE_RANK…等函式一樣，在括弧內不用設定參數。而視窗（window）則是使用 OVER 子句的 ORDER BY…等，來進行定義。百分位數（percentile）就是將資料的位置用百分比來呈現。在 SQL 中，值在 0~1.0 之間。百分位數的計算公式如下。

(RANK-1)/(全體數目-1)

範例 計算在從業人員資料表中，年收欄位的百分位數。

```
SELECT 年收, PERCENT_RANK() OVER(ORDER BY 年收)
FROM 從業人員 WHERE 性別 = '男'


年收 PERCENT_RANK() OVER(ORDER BY 年收)
-----------------------------------------
320      0.0000
330      0.3333
520      0.6666
720      1.0000
```

參照 :	DENSE_RANK	P.450
	CUME_DIST	P.449

PERCENTILE_CONT 函式

Oracle | SQL Server | DB2 | Postgre SQL | MySQL/MariaDB | SQLite | MS Access | SQL 標準

取得特定百分位數的值（有內插值）

語法

PERCENTILE_CONT (percentile)
WITHIN GROUP (ORDER BY o [, o ...])
[OVER (PARTITION BY p [, p ...])]

參數

percentile	0~1.0 的百分位數
o	決定順位的運算式
p	決定分組（partition）的運算式

傳回值

百分位數所在位置的資料

「PERCENTILE_CONT」函式是回傳「百分位數所在位置的資料」。百分位數可在參數中設定。和 DENSE_RANK...等分析函式不同，是使用 WITHIN GROUP 來設定資料的排序方式。 OVER 子句中只能使用 PARTITION BY 。

PERCENTILE_CONT 和一般彙總函式相同，都是只回傳一個值的純量函式。若將 PERCENTILE_CONT 的百分位數設為「0.5」就可計算出「中位數」。

範例 計算從業人員資料表中, 年收的中位數

```
SELECT PERCENTILE_CONT(0.5) WITHIN GROUP(ORDER BY 年收)
   FROM 從業人員 WHERE 性別 = '男'
```

PERCENTILE_CONT(0.5) WITHIN...

425

PERCENTILE_CONT 所回傳的資料有可能經過線性內插的處理。

參照： PERCENT_RANK 函式　　P.457
　　　　 PERCENTILE_DISC 函式　　P.459

PERCENTILE_DISC
函式

Oracle | SQL Server | DB2 | Postgre SQL
MySQL/ MariaDB | SQLite | MS Access | SQL 標準

取得特定百分位數的值（無內插值）

語法

PERCENTILE_DISC (percentile)
WITHIN GROUP (ORDER BY o [, o ...])
[**OVER (PARTITION BY** p [, p ...])]

參數

percentile	0~1.0 的百分位數
o	決定順位的運算式
p	決定分組（partition）的運算式

傳回值

百分位數所在位置的資料

「PERCENTILE_DISC」函式是回傳「百分位數所在位置的資料」。雖然大致上和 PERCENTILE_CONT 相同, 但在 PERCENTILE_DISC 不會進行線性內插法的處理。

範例 計算從業人員資料表中, 年收的中位數

```
SELECT PERCENTILE_CONT(0.5) WITHIN GROUP(ORDER BY 年收)
   FROM 從業人員 WHERE 性別 = ' 男'
```

```
PERCENTILE_CONT(0.5) WITHIN...
-------------------------------
330
```

中位數

因為百分位數為 0.5 的資料會剛好在資料的中間, 所以稱為中位數。是一種資料分析上常被使用的數值。在 Oracle 中, 也可用 MEDIAN 彙總函式計算。

參照：PERCENT_RANK 函式　　　　P.457
　　　　PERCENTILE_CONT 函式　　P.458

RANK 函式

求出順位

語法

RANK ( ) OVER ([PARTITION BY p [, p ...]]
    ORDER BY o [, o ...]) → 數值

參數

p   指定 PARTITION 的陳述式
o   算出順位後，再進行分析比較的陳述式

傳回值

順位

「RANK」函式會算出資料的「順位」，並傳回結果。和 DENSE_RANK 同樣屬於分析函式。至於 PARTITION BY 和 ORDER BY 的用法，也和 DENSE_RANK 相同。 DENSE_RANK 與 RANK 的不同處，是當有兩筆以上的資料順位相同時的編號處理方式。

RANK 函式碰到有兩筆以上的資料順位相同時，會跳號處理。例如第 2 順位的資料有 2 筆時，順位就排成 1、2、2、4 這樣。

範例 依員工資料表的年收入欄位之值，從大到小排列順位。

```
SELECT 年收入, RANK() OVER(ORDER BY 年收入 DESC) FROM 員工
  ORDER BY 年收入 DESC


  年收入    RANK() OVER(ORDER BY 年收入 DESC)
- - - - - - - - - - - - - - - - - - - - - - - - - - - - - -
  720      1
  520      2
  520      2
  450      4
  …（以下略）
```

* PostgreSQL 從版本 8.4 之後開始支援 RANK 函式。

參照：DENSE_RANK 函式　　P.450

ROW_NUMBER 函式

求出列資料編號

> **語法**
> **ROW_NUMBER ( ) OVER ([PARTITION BY** p **[,** p **...]]**
> **ORDER BY** o **[,** o **...]) →** 數值
>
> **參數**
> p   指定 PARTITION 的陳述式
> o   算出順位後, 再進行分析比較的陳述式
>
> **傳回值**
> 列編號

「ROW_NUMBER」函式會算出「列編號」 並傳回。 ROW_NUMBER 函式和 RANK 或 DENSE_RANK 函式一樣, 屬於分析函式的一種, 其語法也和這兩個函式相同。資料庫會依據 OVER 之後括弧中的 ORDER BY 子句所指定之內容, 決定出列編號。

範例 依據「成績」欄位之值, 由大到小排出列編號。

```
ROW_NUMBER() OVER(ORDER BY 成績 DESC)
```

和一般的 ORDER BY 子句一樣, 這裡也可以指定用 DESC 、 ASC 等排序方式。

ROW_NUMBER 函式遇到同樣值的欄位時, 會依序編號。不像 RANK 和 DENSE_RANK 函式, 遇到同值的資料時, 會編上同樣的號碼。

「PARTITION BY」是用來指定要進行順位排序的群組用的。 PARTITION BY 可以省略不寫。省略不寫時, 就會對全體資料進行順位排序。像是想將男性和女性分別進行順位排序時, 就可以用 PARTITION BY 來處理。

「ORDER BY」句中可以使用統計函式。利用這種寫法, 就能依 SUM 函式算出的合計值來進行順位排序。關於這種用法的實際範例, 請參考 RANK 函式、 DENSE_RANK 函式的說明。

* PostgreSQL 從版本 8.4 之後開始支援 ROW_NUMBER 函式。

參照:DENSE_RANK 函式　　P.450　　　　RANK 函式　　P.460

REGR_SLOPE 函式

回歸線的斜率

語法

REGR_SLOPE (e1, e2 **)** → 數值

參數

e1	y 之值
e2	x 之值

傳回值

回歸線的斜率

「REGR_SLOPE」函式會依據 x, y 的集合 (e2, e1) 來算出回歸線, 並傳回其「斜率」。由於依據集合所求出的回歸線只會有一條, 所以斜率也只會有一個。由於是從群組中算出一個值, 所以也可以將此函式看成是統計函式。

與 GROUP BY 子句配合使用的話, 就可以算出各群組的回歸線, 並取得各自的斜率。要求出回歸線的 y 截距時, 則要用 REGR_INTERCEPT 函式。

範例 用員工資料表之年收入欄位和年齡欄位, 算出回歸線的斜率。

```
SELECT REGR_SLOPE(年收入, 年齡) FROM 員工

REGR_SLOPE(年收入, 年齡)
- - - - - - - - - - - - - - - - - -
12.6740947
```

範例 將員工資料表依性別欄位分組, 然後依據年收入和年齡, 分別算出各組的回歸線斜率。

```
SELECT 性別, REGR_SLOPE(年收入, 年齡) FROM 員工 GROUP BY 性別

性別      REGR_SLOPE(年收入, 年齡)
- - - - - - - - - - - - - - - - - -
女       8.3875339
男       17.206304
```

參照：REGR_INTERCEPT 函式　　P.463　　　REGR_R2 函式　　P.464

REGR_INTERCEPT 函式

Oracle | SQL Server | DB2 | Postgre SQL | MySQL/MariaDB | SQLite | MS Access | SQL 標準

求出回歸線的 y 截距

語法

REGR_INTERCEPT (e1, e2) → 數值

參數

e1　　　　y 之值
e2　　　　x 之值

傳回值

回歸線的 y 截距

「REGR_INTERCEPT」函式會依據 x, y 的集合 (e2, e1) 來算出回歸線, 並傳回其「y 截距」值。由於依據集合所求出的回歸線只會有一條, 所以 y 截距之值也只會有一個。由於是從群組中算出一個值, 所以也可以將此函式看成是統計函式。

與 GROUP BY 子句配合使用的話, 就可以算出各群組的回歸線, 並取得各自的 y 截距。要求出回歸線的斜率時, 則要用 REGR_SLOPE 函式。

範例 用員工資料表之年收入欄位和年齡欄位, 算出回歸線的 y 截距。

```
SELECT REGR_INTERCEPT(年收入, 年齡) FROM 員工

REGR_INTERCEPT(年收入, 年齡)
- - - - - - - - - - - - - - - - - - -
66.1142061
```

範例 將員工資料表依性別欄位分組, 然後依據年收入和年齡,
分別算出各組的回歸線 y 截距。

```
SELECT 性別, REGR_INTERCEPT(年收入, 年齡) FROM 員工 GROUP BY 性別

性別      REGR_INTERCEPT(年收入, 年齡)
- - - - - - - - - - - - - - - - - - -
女       160.06775
男       -35.08596
```

參照：REGR_SLOPE 函式　　P.462　　　REGR_R2 函式　　P.464

REGR_R2 函式

Oracle | SQL Server | DB2 | Postgre SQL

MySQL/ MariaDB | SQLite | MS Access | SQL 標準

求出回歸線的的決定係數 (R2)

語法

REGR_R2 (e1, e2 **)** → 數值

參數

e1　　　　y 之值
e2　　　　x 之值

傳回值

回歸線的決定係數 (R2)

　　「REGR_R2」函式會依據 x, y 的集合 (e2, e1) 來算出回歸線, 並傳回其「決定係數」。由於依據集合所求出的回歸線只會有一條, 所以決定係數也只會有一個。

範例　用員工資料表之年收入欄位和年齡欄位,
　　　算出回歸線的決定係數。

```
SELECT REGR_R2(年收入, 年齡) FROM 員工


REGR_R2(年收入, 年齡)
- - - - - - - - - - - - - - - - - - - - - - - - - - - -
0.811070758
```

　　關於回歸線的函式,在本書中並未加以詳細介紹的, 還有「REGR_COUNT」、「REGR_AVGX」、「REGR_AVGY」、「REGR_SXX」、「REGR_SYY」、「REGR_SXY」等。這些函式在使用回歸線來分析資料時, 都非常有幫助, 關於其詳細用法, 請參考各資料庫之使用手冊。

參照： REGR_SLOPE 函式　　　P.462
　　　　REGR_INTERCEPT 函式　　P.463

SUM OVER 函式

| Oracle | SQL Server | DB2 | Postgre SQL |
| MySQL/ MariaDB | SQLite | MS Access | SQL 標準 |

用視窗進行合計

語法

SUM(e) OVER ([PARTITION BY p [, p ...]]　　　　`Oracle` `DB2` `PostgreSQL`
　ORDER BY o [, o ...]
　{ ROWS rows_spec | RANGE range_spec }) → 數值

SUM(e) OVER ([PARTITION BY p [, p ...]]) → 數值　　`SQLServer`

參數

e	進行合計之陳述式
p	指定 PARTITION 的陳述式
o	算出順位後，再進行分析比較的陳述式
rows_spec	指定從目前所在列，到何處為止的範圍之陳述式
range_spec	指定範圍

傳回值

合計值

　　SUM 或 AVG 這類統計函式後，接著寫「OVER」的話，就能帶入「視窗」的概念，進行更複雜的統計動作。

　　這裡的「PARTITION BY」與「ORDER BY」句，和 RANK 等分析函式中的相同。它們的單純用法，就如下所示。

範例 使用 OVER。

```
SELECT 年齡, SUM(年齡) OVER(ORDER BY 年齡) FROM 員工 ORDER BY 年齡
```

年齡	SUM(年齡) OVER(ORDER BY 年齡)	
19	19 ◄────	19
20	39 ◄────	19+20
21	60 ◄────	19+20+21
…（以下略）		

　　SUM 屬於統計函式，不過加上 OVER 的話，就能作為「分析函式」來利用，用法就像上述一樣。在上述的例子中，可以看出，我們是依年齡欄位之值，由小到大排序，並累計下去。換句話說，就是將現在所在列以上的列資料合計出來。

合併使用 PARTITION BY, 還可以分別累計出各群組的資料。

範例 使用 PARTITION BY 。

```
SELECT 性別, 年齡,SUM(年齡) OVER(PARTITION BY 性別 ORDER BY 年齡)
   FROM 員工ORDER BY 性別, 年齡
```

性別	年齡	SUM(年齡) OVER(PARTITION BY 性別 ORDER BY 年齡)
女	19	19
女	23	42
女	32	74
女	44	118
男	2	20
男	21	41
男	35	76
男	42	118

看起來很複雜, 不過只要能掌握視窗的概念, 就能理解這樣的分析函式了。所謂的視窗, 指的是在 PARTITION BY 所指定分隔的群組中,進行計算的對象範圍。視窗內的資料被計算好後, 會作為結果傳回。以 SUM 來說, 就是算出合計值, AVG 的話, 就是算出平均值。

• ROWS RANGE

視窗範圍, 可以用「從頭到目前所在列為止」, 或是「與目前所在列距離多遠」 這兩種方式來指定。寫成「SUM(年齡) OVER(ORDER BY 年齡)」這樣, 就是只把到目前所在列為止的資料當成對象來計算。也就是說, 目前所在列之資料, 為本身為止之資料列的合計。若要指定範圍, 用的就是「ROWS」或「RANGE」。省略不指定的話, 就等同於寫成「ROWS UNBOUNDED PRECEDING」,也就是算出從 PARTITION 的開頭起到目前所在列為止的合計值。 PRECEDING 就是指目前所在列以前。

範例 指定 ROWS UNBOUNDED PRECEDING 。

```
SELECT 年齡, SUM(年齡) OVER(ORDER BY 年齡 ROWS UNBOUNDED PRECEDING)
   FROM 員工 ORDER BY 年齡
```

年齡	SUM(年齡) OVER(ORDER BY 年齡 ROWS UNBOUNDED PRECEDING)
19	19
20	39
21	60
…(以下略)	

• 用 RANGE 來指定視窗

利用 RANGE, 就可以將 PARTITION 內的任意範圍指定成視窗。寫成「RANGE BETWEEN CURRENT ROW AND UNBOUNDED FOLLOWING」這樣, 就表示要將目前所在列 (CURRENT ROW) 到 PARTITION 的最後 1 列 (UNBOUNDED FOLLOWING) 當作合計的範圍。

範例 指定 RANGE BETWEEN CURRENT ROW AND UNBOUNDED FOLLOWING。

```
SELECT 年齡, SUM(年齡) OVER(ORDER BY 年齡 RANGE BETWEEN
CURRENT ROW AND UNBOUNDED FOLLOWING) FROM 員工 ORDER BY 年齡
```

年齡	SUM(年齡) OVER(ORDER BY 年齡 RANGE BETWEEN CURRENT...
19	236
20	217
21	197
23	176
…（以下略）	

除了 UNBOUNDED 之外, 還可以用數值來指定要將哪一列資料作為處理對象。寫成「BETWEEN 10 PRECEDING AND 10 FOLLOWING」, 就表示要將比目前所在列之年齡欄位小 10 歲以內, 到大於此列之年齡 10 歲以內的資料當成處理對象 (即目前所在列之年齡欄位上下 10 歲之範圍)。

範例 指定 RANGE BETWEEN 10 PRECEDING AND 10 FOLLOWING。

```
SELECT 年齡, SUM(年齡) OVER(ORDER BY 年齡 RANGE BETWEEN
10 PRECEDING AND 10 FOLLOWING) FROM 員工 ORDER BY 年齡
```

年齡	SUM(年齡) OVER(ORDER BY 年齡 RANGE BETWEEN 1...
19	83
20	83
21	83
23	115
32	132
35	153
42	153
44	121

年齡欄位為 23 的那一列資料，其合計值應為從 13~33 為止的合計，也就是 19+20+21+23+32=115。同樣地年齡欄位為 32 的那一列資料，其合計值則應為從 22~42 為止的合計，也就是 23+32+35+42=132。

· 統計函式的巢狀結構

在分析函式中的 ORDER BY 子句裡，可以指定使用了統計函式之陳述式來作為排序條件。這樣一來，就可以累計 GROUP BY 所產生的統計結果。

範例 將 SUM 寫在巢狀結構中，以算出合計結果的累計資料。

```
SELECT 性別, SUM(年齡),SUM(SUM(年齡)) OVER(ORDER BY SUM(年齡)
 ROWS UNBOUNDED PRECEDING) FROM 員工GROUP BY 性別
 ORDER BY SUM(年齡)


性別    SUM(年齡)    SUM(SUM(年齡)) OVER(ORDER BY SUM(年齡)...
- - - - - - - - - - - - - - - - - - - - - - - - - - - - -
女      118         118
男      118         236
```

看到「SUM(SUM(年齡))」這樣的寫法，就可以知道統計函式存在於巢狀結構中。不過，嚴格來說，外側的 SUM 是分析函式的 SUM，內側的 SUM 則為統計函式的 SUM。所以其實是將 SUM 統計出的，依性別合計出的年齡合計值，交給分析函式的 SUM 來繼續進行累計處理。雖然有點複雜，不過只要能徹底理解各個 SUM 函式的功用，一定就能弄懂整個運作狀況了。

· SQL Server

在 SQL Server 藉由 SUM OVER 進行視窗操作時，只能使用 PARTITION BY，不能使用 ORDER BY。

移動平均

操作視窗就可簡單地計算移動平均。移動平均數在股價圖形…等情境很常見，例如五日移動平均就是將目前資料之前的幾筆資料進行平均計算。如下例所示，可計算過去五天的移動平均。

```
SELECT AVG(值) OVER(ORDER BY 日期 ROWS 4 PRECEDING)
FROM 股價
```

4-7 XML 函式

XML 函式是用來處理 XML 的資料。依資料庫不同，也有不支援 XML 的資料庫。除了 SQLite 、 Access 外，在有支援 XML 的資料庫中，部份函式是共通的。在此會介紹這些共通的部份。此外，也會介紹處理 XML 的基礎，XPath 和 XQuery 。共通的 XML 函式如下所列。

XMLAGG	合併 XML fragment
XMLELEMENT	建立 XML 元素
XMLATTRIBUTES	建立 XML 屬性
XMLFOREST	從資料表建立 XML
XMLQUERY / query	執行 XQuery
XMLEXISTS / exist	判斷 XML 元素是否存在
EXTRACT / nodes	擷取 XML fragment
EXTRACTVALUE / value / XPATH	從 XML 擷取數值
UPDATEXML / modify	元素更新

使用範例 xml_sample 中，XML 資料如下。

```xml
<root>
  <foo attr="1">
    <bar>text1</bar>
    <bar>text2</bar>
  </foo>
  <foo attr="2">
    <bar>text3</bar>
    <bar2>text4</bar2>
  </foo>
</root>
```

通訊錄資料表如下。

圖 4-20 通訊錄資料表

address	type
foo@bar.com	E-Mail
http://www.foo.com	URL

XPath

XPath 語言

語法

location_path := location_step [/ location_step ...]
location_step := [axis ::] node_test [predicate]

參數

location_path	位置路徑
location_step	位置步驟
axis	軸（node 的方向）
node_test	nodetest（元素名、屬性名、node、nodetest…等）
predicate	謂語（為了擷取 node 的運算式）

「XPath」是為了指定出 XML 中的特定元素、屬性、nodetest…等項目的語言。規格由「W3C」所制定。

位置路徑（location path）是以「/」連結位置步驟（location step）的描述。位置步驟則是以「軸::nodetest」的方式描述。在軸（axis）中設定從內容節點（context node）出發的方向。以下為代表性的項目。

圖 4-21 Xpath 的軸

軸	意義	簡寫	軸	意義	簡寫
Self	節點本身（根節點）	.	preceding	祖先節點前面的節點	
child	子節點	無記述	following	祖先節點後面的節點	
parent	父節點	..	decendant	子孫節點	
ancestor	祖先節點		decendant_or_self	子孫節點和根節點	//
preceding_sibling	前面的兄弟節點		ancestor_or_self	祖先節點和根節點	
following_sibling	後面的兄弟節點	attribute	屬性	@	

nodetest 通常用來指定元素名或屬性名…等具體名稱。以下為代表性的項目。

圖 4-22 Xpath 的 nodetest

nodetest	意義
元素名/屬性名	要指定的元素或屬性
*	所有的元素（屬性）
node()	全部的元素、註解、文字節點
text()	全部的文字節點
comment()	註解節點

　　謂語會以「[]」包圍用來擷取特定節點的運算式。也可使用 and 或 or 算運子。以下為代表性的項目。

圖 4-23　XPath 的謂語

謂語	意義
position()=n	第 n 個
@ 屬性名 ="value"	包含屬性值 value 的元素
last()	節點集合中的最後一個
count()	回傳檢索出來的節點數目
n	第 n 個

　　下面範例中, 在 XML 顯示 XPath 所指定的位置。

圖 4-24　使用 XPath 指定節點的範例

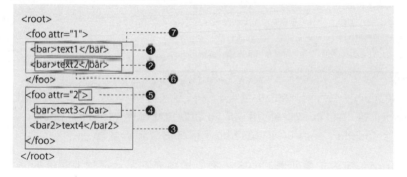

❶ /root[1]/foo[1]/bar[1]

　　/child::root/child::foo[1]/child::bar[1] (不省略的時候)

❷ /root[1]/foo[1]/bar[2]

❸ /root[1]/foo[@attr="2"]

❹ /root[1]/foo[2]/bar[last()]

❺ /root[1]/foo[2]/@attr[1]　❸的 attr 屬性

❻ /root[1]/foo[1]/bar[2]/text()　❷的文字

❼ /root[1]/foo[1]/* 開始的 foo 元素下面, 所有節點。

Xquery

FLWOR 表達式

語法

```
[ let $variable := let_expression ]
for $i in location_path
[ let $variable := let_expression ]
[ where cond_expression ]
[ order by sort_expression ]
return return_expression
```

參數

$i	迴圈處理時的迭代器(iterator)
location_path	作為處理對象的樹狀集合(subtree)
$variable	變數
let_expression	指派給變數的值
cond_expression	where 語句的條件運算式
sort_expression	orderby 語句的排序條件
return_expression	回傳值(結果)

　　使用「XQuery」就可對 XML 的各元素進行迴圈處理。在「for」指定迭代器（ iterator ）後, 在「in」的後面用 XPath 指定位置路徑（ location path ）。會針對符合 location path 的所有節點以迴圈的方式進行處理。

　　在「return」可設定要回傳的內容。要直接將節點原封不動地回傳的話, 也可設定成 return $i。若是設為 return string($i), 則只會回傳文字部份。

　　使用「where」可針對符合 XPath 的節點集合執行更進一步的篩選。例如設成「where $i/@attr=2」, 就可篩選出有 attr 屬性 =2 的節點。

　　「order by」用於指定排序順序。也可用來設定回傳節點的順序。此外請注意, XQuery 區分大小寫。

範例 回傳符合 XPath「/root/foo/bar」的節點

```
for $i in /root/foo/bar return $i
```

範例 回傳符合 XPath「/root/foo」的節點中, 屬性 attr 的值為 2 的節點

```
for $i in /root/foo where $i/@attr=2 return $i
```

XMLAGG 函式

Oracle　SQL Server　DB2　Postgre SQL

MySQL/ MariaDB　SQLite　MS Access　SQL 標準

合併 XML fragment

語法

XMLAGG (x **[ORDER BY** column **])** →XML fragment(片段)

參數

x	XML fragment
column	欄位

傳回值

合併後的 XML fragment

使用「XMLAGG」函式可將多個 XML fragment 合併成一個 XML fragment。

範例 使用 XMLAGG 合併 XML

```
SELECT XMLAGG(XMLELEMENT(NAME addr, address))
  FROM address
```

XMLAGG(XMLELEMENT(NAME addr, address))
```
-------------------------------------------------------
<ADDR>foo@bar.com</ADDR><ADDR>http://www.foo.com</ADDR>
```

XMLAGG 函式有彙總函式的功能。搭配使用 GROUP BY 也可進行分組。

範例 使用 XMLAGG 將 XML 分組後合併內容。

```
SELECT XMLAGG(XMLELEMENT(NAME addr, address))
  FROM address GROUP BY type
```

XMLAGG(XMLELEMENT(NAME addr, address))
```
---------------------------------------
<ADDR>foo@bar.com</ADDR>
<ADDR>http://www.foo.com</ADDR>
```

Oracle、DB2、PostgreSQL 9.0 以後版本都可在 XMLAGG 的參數中使用 ORDER BY。可用 ORDER BY 指定的順序合併 XML fragment。

XMLELEMENT 函式

建立 XML 元素

語法

XMLELEMENT ([NAME] t [, a] , v) →XML 元素　　　　　`Oracle`

XMLELEMENT (NAME t [, a] , v) →XML 元素　　　`DB2` `PostgreSQL`

參數

t	標籤(tag)名稱
a	屬性
v	元素內容

傳回值

XML 元素

「XMLELEMENT」函式可建立 XML 的「元素」。在參數中設定標籤名稱和元素內容。有需要也可在 a 設定屬性。屬性可用「XMLATTRIBUTES」函式建立。

在 DB2、PostgreSQL 中,參數 t 前面必需有「NAME」。Oracle 則可以省略 NAME。

範例 建立標籤名為 addr 的 XML 元素。元素內容為 address 欄位的值。

```
SELECT address, XMLELEMENT(NAME "ADDR", address) FROM foo

address                 XMLELEMENT(NAME "ADDR", address)
------------------------------------------------------------
foo@bar.com             <ADDR>foo@bar.com</ADDR>
http://www.foo.com      <ADDR>http://www.foo.com</ADDR>
```

XMLELEMENT 可將參數 v 設定為使用 XMLELEMENT 的運算式。所以可藉此建立有巢狀結構的 XML 元素。

XMLATTRIBUTES
函式

建立 XML 屬性

語法

XMLATTRIBUTES (a [**AS** name] [**,** a [**AS** name] ...]) →屬性

參數

a 　　　　　　　　屬性值
name 　　　　　　屬性名

傳回值

屬性

　　使用「XMLATTRIBUTES」函式可建立 XML 元素的「屬性」。可變長度的參數能建立任意數量的屬性。XMLATTRIBUTES 不能單獨使用，必須作為 XMLELEMENT 的參數使用。

　　如果設定在 a 的運算式只有欄位名的話，就可省略 AS name。屬性會以欄位名作為屬性名，也就是「欄位名 =" 值 "」的形式建立。如果使用 AS name 的話，屬性就會變成「name=" 值 "」的型態。

範例 使用 XMLATTRIBUTES 新增屬性

```
SELECT type, XMLELEMENT(NAME "ADDR", XMLATTRIBUTES(type),
   address) FROM foo

type        XMLELEMENT(NAME "ADDR", XMLATTRIBUTES(type), address)
-----------------------------------------------------------------
E-Mail      <ADDR TYPE="E-Mail">foo@bar.com</ADDR>
URL         <ADDR TYPE="URL">http://www.foo.com</ADDR>
```

XMLFOREST 函式

從資料表建立 XML

語法

XMLFOREST (e [, e...]) →XML fragment

參數

e   運算式

傳回值

XML fragment

「XMLFOREST 函式可將各參數轉換成 XML 後回傳。當參數設為資料表的欄位時，會轉換成「<欄位名>值</ 欄位名>」形式的 XML 元素。

範例 用 XMLFOREST 轉換成 XML。

```
SELECT XMLFOREST(address, type) FROM foo
```

XMLFOREST(address, type)
```
---------------------------------------------------------
<ADDRESS>foo@bar.com</ADDRESS><TYPE>E-Mail</TYPE>
<ADDRESS>http://www.foo.com</ADDRESS><TYPE>URL</TYPE>
```

參數中也可使用 AS 來設定別名。有設定別名的情形下，會被轉換成「<別名>值</ 別名>」形式的 XML 元素。若是將參數設定為運算式的時候，就一定要設定別名。此外，元素的名稱想要使用小寫時，可像「AS "address"」一樣，使用「"」將別名包圍。

範例 為運算式加上別名。

```
SELECT XMLFOREST(type || address AS "addr") FROM foo
```

XMLFOREST(type || address AS "addr")
```
--------------------------------------
<addr>E-Mailfoo@bar.com</addr>
<addr>URLhttp://www.foo.com</addr>
```

* 雖然 SQL Server 沒有 XMLFOREST 函式，但使用 SELECT FOR XML 也能達到同樣的功能。

4.7

XML 函式

476

XMLQUERY 函式 /
query 方法

Oracle	SQL Server	DB2	Postgre SQL
MySQL/ MariaDB	SQLite	MS Access	SQL 標準

4

函式

執行 XQuery

語法

XMLQUERY (xquery **PASSING** column **AS** alias `Oracle`
  RETURNING CONTENT) →XML fragment

XMLQUERY (xquery **PASSING** column **AS** alias `DB2`
  RETURNING SEQUENCE) →XML fragment

column**.query** (xquery) →XML fragment `SQLServer`

參數

xquery	XQuery 字串
column	XML 資料
alias	別名(在 XQuery 中以$c 的形式使用)

傳回值
XML fragment

　　「XMLQUERY」函式會以 XML 回傳 XQuery(FLWOR)的執行結果。XQuery 以字串形式設定。在 PASSING 後可指定要作為資料來源的 XML 資料和別名。在 XQuery 中以「 $ 別名」的形式來使用。

範例 執行 XQuery 。

```
SELECT XMLQUERY('for $i in $c/root/foo where $i/@attr=2       Oracle
return $i' PASSING c AS "c" RETURNING CONTENT)
FROM xml_sample
```

XMLQUERY('for $i in $c/root/foo where $i/@attr=2 ...

`<foo attr="2"><bar>text3</bar><bar2>text4</bar2></foo>`

＊在 DB2 使用 RETURNING SEQUENCE。

在 SQL Server 中，藉由 xml 型別的 query 方法來執行 XQuery。

範例 執行 XQuery。

```
SELECT c.query('for $i in /root/foo where $i/@attr=2    SQLServer
return $i') FROM xml_sample

c.query('for $i in /root/foo where $i/@attr=2 ...
----------------------------------------------------------
<foo attr="2"><bar>text3</bar><bar2>text4</bar2></foo>
```

XMLEXISTS 函式／
exist 方法

判斷 XML 元素是否存在

語法

XMLEXISTS (xpath **PASSING** column
　[AS alias **])** → 邏輯值　　　　　　　　`Oracle` `DB2` `PostgreSQL`

column.**exist (** xpath **)** → 邏輯值　　　　　　　　`SQLServer`

參數

xpath	XPath 檢索條件
column	提供 XML 資料的欄位
alias	別名(在 XPath 中以$c 的形式使用)

傳回值

存在就是真/1, 不存在就是偽/0。

「XMLEXISTS」函式可判斷在 XML 資料中是否有符合 XPath 的元素, 並將結果回傳。 XPath 以字串型態設定。

範例 取得有元素符合 XPath「/root[1]/foo[1]/bar[1]」的資料。

```
SELECT c FROM xml_sample                         Oracle
WHERE XMLEXISTS('/root[1]/foo[1]/bar[1]' PASSING c)


c
-----------------------------------------
<root><foo attr="1"><bar>text1</bar>...
```

在 DB2 中, 必須用 AS 設定別名。並在 XPath 的前端加上 $ 別名。在 SQLServer 中, 可利用 xml 型別的 exist 方法來調查是否有和 XPath 一致的元素。其中 exist 的傳回值, 有就會是 1, 沒有就會是 0。

範例 取得有元素符合 XPath「/root[1]/foo[1]/bar[1]」的資料。

```
SELECT c FROM xml_sample                         SQLServer
WHERE c.exist('/root[1]/foo[1]/bar[1]')=1


c
-----------------------------------------
<root><foo attr="1"><bar>text1</bar>...
```

EXTRACT 函式 / nodes 方法

| Oracle | SQL Server | DB2 | Postgre SQL |
| MySQL/ MariaDB | SQLite | MS Access | SQL 標準 |

擷取 XML fragment

語法

EXTRACT (xml, xpath **)** →XML fragment   `Oracle`

xml**.nodes(** xpath **)** → rowset(資料集)型態的 XML fragment   `SQLServer`

參數

xml   XML 資料

xpath   XPath 擷取條件

傳回值

XML fragment

「EXTRACT」函式使用於 XML 資料時, 會擷取符合 xpath（第二參數）的 XML 元素並回傳。 XPath 以字串型態設定。

範例 從範例中的 XML 資料擷取符合 XPath「/root/foo/bar」的元素。

```
SELECT EXTRACT(c, '/root/foo/bar')                          Oracle
FROM xml_sample

EXTRACT(c, '/root/foo/bar')
--------------------------------------------------
<bar>text1</bar><bar>text2</bar><bar>text3</bar>
```

在 SQL Serve 可使用 xml 型別的 node 方法來擷取 XML fragment。但是節點會以 rowset（資料集）型態回傳。

範例 從 XML 資料擷取符合 XPath「/root[1]/foo[1]/bar[1]」的節點。

```
SELECT T.c.query('.') FROM xml_sample                      SQLServer
CROSS APPLY c.nodes('/root[1]/foo[1]/bar[1]') AS T(c)

T.c.query('.')
--------------------------------------------------------------
<bar>text1</bar>
```

EXTRACTVALUE 函式/ value 方法/XPATH 函式

Oracle	SQL Server	DB2	Postgre SQL
MySQL/ MariaDB	SQLite	MS Access	SQL 標準

從 XML 擷取數值

語法

EXTRACTVALUE (xml, xpath **)** →字串值   `Oracle` `MySQL/MariaDB`

xml.**value (** xpath, type **)** →值   `SQLServer`

XPATH (xpath, xml **)** →XML 資料的陣列   `PostgreSQL`

參數

xml	XML 資料
xpath	XPath 擷取條件
type	擷取的資料型別

傳回值

擷取的值

「EXTRACTVALUE」函式從 XML 資料檢索出符合 xpath(第二參數)的 XML 元素後, 會擷取該 XML 元素的值並回傳。

在 Oracle 中, 用 XPath 指定的 XML 元素必須是只有一個節點。 MySQL 則可將所有符合 XPath 之節點的值結合後回傳。

範例 擷取符合 XPath「/root[1]/foo[1]/bar[1]」之元素的值

```
SELECT EXTRACTVALUE(c, '/root[1]/foo[1]/bar[1]')          Oracle
FROM xml_sample

EXTRACTVALUE(c, '/root[1]/foo[1]/bar[1]')
------------------------------------------
text1
```

在 SQL Server 中, 可使用 xml 型別的 value 方法來擷取元素的值。在 value 方法中可用字串設定 XPath 和回傳值的型別。

範例 擷取符合 XPath 「/root[1]/foo[1]/bar[1]」之元素的值。

```
SELECT c.value('/root[1]/foo[1]/bar[1]', 'varchar(10)')    SQLServer
FROM xml_sample

c.value('/root[1]/foo[1]/bar[1]', 'varchar(10)')
--------------------------------------------------
text1
```

在 PostgreSQL 可用「XPATH」函式擷取元素的值。傳回的結果是 XML 型別的陣列。

UPDATEXML 函式/ modify 方法

更新元素

語法

UPDATEXML (xml, xpath, new_xml) →XML fragment　　　　　　`Oracle` `MySQL/MariaDB`

xml**.modify** (xml_dml)　　　　　　　　　　　　　　　　　　　`SQLServer`

參數

xml	XML 資料
xpath	XPath 更新條件
new_xml	更新後的值
xml_dml	XMLDML 指令

傳回值

更新後 XML fragment

「UPDATEXML」函式可藉由 XPath 對 XML 資料的一部分進行更新。第一參數可指定作為資料來源的 XML 資料。第二參數則是用 XPath 指定要進行更新的對象。最後的參數則是設定更新後的值。

當多個元素符合 XPath 時, 在 Oracle 會全部更新。在 MySQL 則不會進行更新, 而是將沒有變動的 XML 直接回傳。

範例 更新符合 XPath「/root[1]/foo[1]/bar[1]」之元素的值。

```
SELECT UPDATEXML(c, '/root[1]/foo[1]/bar[1]', 'replace')
  FROM xml_sample                                    Oracle MySQL/MariaDB

UPDATEXML(c, '/root[1]/foo[1]/bar[1]', 'replace')
-------------------------------------------------------
<root><foo attr="1">replace<bar>text2</bar></foo>
```

在 SQL Server 可使用 xml 型別的 modify 方法來更新元素的值。更新時使用 XML DML 指令的「replace value of」。

範例 更新符合 XPath「(/root/foo/bar/text())[1]」之元素的值。

```
UPDATE xml_sample SET c.modify('replace value of          SQLServer
(/root/foo/bar/text())[1] with "replace"')
```

在 XML DML 中可使用「insert」新增元素或是使用「delete」刪除元素。

XML 與 JSON

網站是由多個 HTML 網頁所建構而成的, HTML 也是 XML 的好夥伴。HTML 是 Hyper Text Markup Language, XML 則是 Extensible Markup Language。兩者都是標記（Markup）類的語言。

所謂的標記（Markup）就是藉由標籤（tag）賦予文件意義和架構。標籤是用「<」和「>」來包圍文字後使用。例如：<html>或<xml>。標籤也有開始與結束, 例如：<html>是開始, </html>是結束。

XML 早已是資料交換的重要格式。在更早之前, 資料交換的格式主要是「CSV 格式」。但現在, 不但設定檔以 XML 格式書寫, 連資料都會轉換成 XML 形式進行傳送。

由於以上這些歷程, 所以連 RDBMS 也開始轉變成可以處理 XML 資料了。此外, 利用 JavaScript 建立豐富型用戶端(rich client)也變成目前的主流了。在 JavaScript 中, 也使用所謂的 JSON 資料格式。

第5章

可以用在程序中的命令

在程序或函式中，除了 SQL 命令以外，也可以使用以變數或控制敘述所擴充成的命令。擴充命令，就是在記述程序、函式，甚至是 Trigger 等內部處理時所用的命令。在本章中，我們就要詳細解說這些擴充命令。

Access、SQLite 沒有像 Oracle 的 PL/SQL 或是 SQL Server 的 Transact-SQL 一樣的擴充指令。雖然也是能建立預存程序或觸發器，但處理的內容還是只能使用一般的 SQL 指令。因此，第五章節中不會探討 Access、SQLite 的部份。

最近的資料庫系統變得可藉由多種程式語言來擴充資料庫的功能。在 Oracle 中，因為有內建 JavaVM，所以就出現了大量地使用 Java 進行程式設計的風潮。

在 SQL Server 中，因為是 .NET 架構的一部分，所以也可藉由 CLR（Common Language Runtime）來擴充資料庫功能。在 PostgreSQL 則是可用 Tcl、Perl…等腳本語言編寫程序。在本書中，會針對已被廣泛使用的 SQL 擴充指令來進行說明。而 Java、C…等 SQL 以外的程式語言則不會進行解說。

5-1 可以使用那些語言呢？

在實際介紹控制命令之前，我們要先介紹一下，在各資料庫中，分別可以使用那些語言。最近的資料庫產品，很多都加入了 Java 。另外，也有能把 C 語言所建立的模組作為函式或運算子來嵌入的資料庫。在此，我們會針對一般來說，應該會常用到的語言來加以說明。而關於 C 語言和 Java，在此則無法詳細介紹，不過請你注意一下，在有些資料庫中，是可以使用這些語言的。

• Oracle PL/SQL

在 Oracle 中，可以使用名為「PL /SQL」的擴充模組，來執行變數或控制命令。在 PL/SQL 中，以「BEGIN」和「END」包住的「區塊 (Block)」，會被當成 1 個單位來處理。在預存程序中，一定要定義 1 個 PL/SQL 區塊。此外，也可以在區塊內再定義區塊，以巢狀的方式運用。 PL/SQL 不只能在程序中使用，也可以用在函式中。

PL/SQL 的區塊中，大致可分為「DECLARE 」和「執行」這兩大部分。在 DECLARE 部分，可以定義變數或游標。不使用變數或游標時，就可以省略 DECLARE 部分。執行部份則要寫入命令句，而每個命令句的最後必須要加上「；」(分號)。

• SQL Server Transact-SQL

在 SQL Server 中，執行擴充命令的部分並沒有明確地被分類出來。 SQL 的擴充命令組稱為「Transact-SQL」。這個命令組也能像 Oracle 中，以 BEGIN 、 END 來指定出區塊，而在 SQL Server 中，這個區塊則稱為「命令句區塊 (Statement Block)」。在命令句區塊中，並沒有 DECLARE 部分，變數只要用 DECLARE 命令就能定義。在 Transact-SQL 中，命令句最後可以不用加上分號。

在程序中，我們不能賦予使用者 SELECT 權限或 UPDATE 權限這類關於資料操作的權限，不過，卻可以賦予使用者 EXECUTE 的權限。被賦予了 EXECUTE 權限的使用者，就可以執行該程序。從 SQL Server 2000 以後的版本起，便可以建立函式。而函式裡，也可以使用 Transact-SQL 。

• DB2 PSM (SQL PL)

在 DB2 中也可以建立預存程序或預存函式。程序或函式裡, 可以用 C 語言或 Java 來撰寫。此外, 程序還可以用名為「PSM」的語言來記述簡單的邏輯處理。在此, 我們稍微簡介一下這個 PSM 語言。

DB2 在 V9.7 之後, 只要設定成 Oracle 相容模式就可使用 Oracle 的 PL/SQL 來建立程序（procedure）。因為之後的文章中並不會額外加上「支援 DB2」的標籤, 請注意這點。

• PostgreSQL

在 PostgreSQL 中, 可以建立預存函式。這可以用 C 語言、 Perl、 Tcl 等一般的程式語言來撰寫。此外, 也可以只使用 SQL, 或者利用名為「PL/pgSQL」這種文法類似 Oracle 的 PL/SQL 的擴充語言。要在 PostgreSQL 中使用這些語言時, 必須先設定好資料庫的可用程式語言。在命令列中輸入如下列之命令, 就可以進行設定了。

```
createlang plpgsql template1
```

plpgsql 是語言的名稱, template1 則是資料庫的名稱。在本書中, 我們會針對 PL/pgSQL 語言做解說。

• MySQL PSM

在 MySQL 版本 5.0 之前的版本, 不能使用程序和函式。版本 5.0 之後和 DB2 一樣採用了 PSM。在 PSM 中, 指令會以「;」作為結尾。 Oracle 的工具程式 sqlplus 會自動偵測出 PL/SQL 的區塊, 區塊中也是將「;」辨識為一個指令的結束。 MySQL 的用戶端程式 mysql 也是將「;」視為指令的結束。因此, 編寫 PSM 的控制指令時, 請用分號（;）作為指令的結尾。

• 註解

以「/**/」包圍的註解方式和以「--」開頭的註解方式, 兩種都可使用。

5-2 定義變數

定義了變數之後, 就可以把程序或函式內, 以 SELECT 查詢所得的結果, 或是游標所在處的資料記下來。

• Oracle

在 Oracle 中, 定義變數要在「DECLARE 部分」進行。在定義變數時, 必須指定其資料類型。在 Oracle 中, 可以用「TYPE 屬性」, 從資料表的欄位名稱或游標所在欄位來參照其資料類型, 以作爲變數之資料類型。

範例 用 TYPE 屬性來參照資料類型。

```
DECLARE
  var_a foo.a%TYPE;
  var_b var_a%TYPE;
BEGIN
```

另外, 游標則會把 1 筆資料代入到 1 個變數中。此時, 列資料就決定了資料類型。從資料表或游標來參照到所有的欄位資料, 以作爲資料類型, 也是可行的。要這樣做的話, 只要寫成「資料表名稱 %ROWTYPE」, 或是「游標名稱 %ROWTYPE」這樣的形式即可。

• SQL Server

在 SQL Server 中, 定義變數要用「DECLARE 命令」。變數名稱最前面要加上「@」符號。連續加上 2 個@符號, 就代表了「全域 (Global) 變數」。全域變數並不是用來定義使用者資料, 而是在參照系統資訊時使用。寫成@@FETCH_STATUS、@@VERSION 等, 就是全域變數。

• DB2 、 MySQL(PSM)

在 DB2 、 MySQL 中, 定義變數要用「DECLARE 命令」。

• PostgreSQL(PL/pgSQL)

在 PostgreSQL 中, 和 Oracle 一樣, 要在「DECLARE 部分」裡進行變數宣告。利用 %TYPE 、 %ROWTYPE 這樣的寫法, 就可以參照到欄位或變數之資料類型、資料錄類型這一點, 也和 PL/SQL 相同。

DECLARE

定義變數

語法

variable_name [**CONSTANT**] type [{:= | **DEFAULT** } initial_value] ;

Oracle

variable_name type [:= initial_value] ;

PostgreSQL

DECLARE @variable_name type [, @variable_name type ...] **SQLServer**

DECLARE variable_name type [**DEFAULT** initial_value] ;

DB2 **MySQL/ MariaDB**

參數

variable_name	變數名稱
type	資料類型
initial_value	初始值

利用 DECLARE, 就可以定義變數。在 Oracle、PostgreSQL 中的 DECLARE 命令, 是爲了宣告 DECLARE 部分而存在的。而在 SQL Server 、 DB2 、 MySQL 中, DECLARE 命令則可以直接定義變數。

• Oracle

Oracle 中的變數, 要在「DECLARE 部分」中定義才行。想定義多個變數時, 就在 DECLARE 部分中記述多個變數就可以了。而要代入值到變數中時, 就用「SELECT 值 INTO variable_name」這樣的形式, 以 SELECT 命令來進行, 或是像「variable_name := 值」這樣, 以代入運算子「:=」來做。

範例 定義 i、j 這兩個變數, 並將 1 代入變數 i, 2 代入變數 j。

```
DECLARE                                          Oracle
  i NUMBER;
  j NUMBER;
BEGIN
  i := 1;
  SELECT 2 INTO j FROM DUAL;
END;
```

加上「CONSTANT」的話，無法變更該變數之值，該變數就成為常數。因此，加上了 CONSTANT 時，就一定得用 := 指定值才行。此外，也可以用「DEFAULT」來代替 := 設定初值。

範例 將 pi 設為常數，將 e 定義為變數。

```
DECLARE                                              Oracle
  pi CONSTANT NUMBER := 3.141592;
  e NUMBER DEFAULT 2.71828183;
BEGIN
END;
```

• SQL Server

在 SQL Server 中的變數要用「DECLARE 命令」來定義。定義變數時，一定要在變數名稱最前頭加上「@」符號。

要定義多個變數時，只要像「DECLARE @i int, @j int」這樣，以半形逗號隔開多個變數定義就行了。

要代入值到變數中時，可以寫成「SELECT @variable_name = 值」這樣，以 SELECT 命令來代入，或者用「SET @variable_name = 值」這樣的寫法，利用「SET」命令來代入。

範例 定義 i、j 這兩個變數，並把 1 代入變數 i 中，把 2 代入 j 中。

```
DECLARE @i int        /* 也可以寫成DECLARE @i int, @j int*/   SQLServer
DECLARE @j int
SELECT @i = 1
SET @j = 2
```

• DB2、MySQL(PSM)

DB2、 MySQL(PSM) 中的變數要用「DECLARE 命令」來定義。要定義多個變數時，只要寫上多個 DECLARE 命令就行了。此時，我們還可以用「DEFAULT」來指定初始值給變數。

要將值代入變數時，可以寫成「SELECT 值 INTO variable_name」這樣，利用 SELECT 命令來進行，或者，用「SET variable_name = 值」這樣的寫法，以「SET」命令來進行。在 MySQL 中，@ 開頭的變數被視為全域變數。全域變數不須使用 DECLARE，會被儲存在 session 中。

範例 定義 i、s 這兩個變數, 並把 100 代入到變數 i 中,
把 'teststring' 代入到 s 中。

```
CREATE PROCEDURE test_declare() LANGUAGE SQL        DB2  MySQL/
BEGIN                                                    MariaDB
  DECLARE i INTEGER;
  DECLARE s VARCHAR(20);
  SET i = 100;
  SET s = 'test string';
END
```

• PostgreSQL

PostgreSQL(PL/pgSQL) 的變數要在「DECLARE 部分」裡定義。要定義多
個變數時, 就在 DECLARE 部分中寫上多個變數定義就可以了。此時, 我們
可以用「:=」運算子來指定初始值給變數。

要代入值給變數時, 可以用「SELECT 值 INTO variable_name」這樣的寫
法, 用 SELECT 命令來進行, 或者用「variable_name := 值」這樣的方式, 用代
入演算子「:=」來達成。

範例 定義 i、s 這兩個變數, 並定義一個可以將 100 代入到
變數 i 中, 將 'teststring' 代入到 s 中的函式。

```
CREATE FUNCTION test() RETURNS INTEGER AS '        PostgreSQL
DECLARE
  i INTEGER;
  s VARCHAR;
BEGIN
  i := 100;
  s := ''test string'';
  RAISE NOTICE ''i=% s=%'',i,s;
  RETURN i;
END;
' LANGUAGE 'plpgsql'
```

關於函式的部分, 請注意一下, 函式定義內容必須以字串的形式傳給
CREATE FUNCTION 命令, 因此若函式裡的處理命令中包含有字串的
話, 就要用單引號來做跳脫的動作。如範例所示, 藉由 $$ 來使用文字 literal
是不錯的方法。從版本 8.0 以後開始支援藉由 $$ 來使用文字 literal。

5-3 定義游標

定義了游標的話, 就可以在程序或函式中, 針對 SELECT 之結果, 做逐列 (1 筆 1 筆地) 的處理。

• Oracle

Oracle 中的游標和變數一樣, 要在「DECLARE 部分」裡定義。而變數需要定義資料類型, 游標則需要定義其根本的 SELECT 命令。

爲了執行 SELECT 命令, 好讓游標產生其實體, 所以我們要用「OPEN」命令來開啓游標。游標變數一次只會存入 1 列資料。爲了逐列處理全部的資料, 所以要將所參照之列, 逐一往下一筆移動, 並進行處理。使用「FETCH」命令的話, 就可以移動目前游標所參照到的列。待游標的任務完成後, 用「CLOSE」命令就可以關閉游標。

• SQL Server

在 SQL Server 中, 游標和變數一樣, 要用「DECLARE 命令」來定義。兩者也都必須用到 SELECT 命令。在 SQL Server 中, 也是以 OPEN 開啓游標, 以 FETCH 逐一移動參照列。迴圈處理結束時, 再以 CLOSE 關閉游標。以 SQL Server 來說, 游標即使關閉了, 也不代表就完全被刪除掉, 所以還要用「DEALLOCATE」命令, 來釋放游標所使用的資料。

• DB2、MySQL(PSM)

DB2、MySQL(PSM)中的游標和 SQL Server 中的很類似。也是用「DECLARE 命令」來定義游標。以 OPEN 開啓後, 用 FETCH 來將游標之內容存入變數中以進行處理。結束時則用 CLOSE 來關閉。

• PostgreSQL(PL/pgSQL)

PostgreSQL 的資料游標（cursor）, 要在「DECLARE 區塊」用「CURSOR FOR」宣告。請注意, 雖然和 Oracle 相似, 但宣告是以「資料指標名 CURSOR FOR SELECT 指令」的形式進行。OPEN、CLOSE、FETCH 的使用方式則是和 Oracle 相同。

DECLARE CURSOR

定義游標變數

語法

CURSOR cursor_name **IS** select_statement ;   `Oracle`

cursor_name **CURSOR FOR** select_statement;   `PostgreSQL`

DECLARE cursor_name **CURSOR FOR**   `SQLServer` `DB2` `MySQL/MariaDB`

  select_statement

參數

cursor_name   游標名稱
select_statement   SELECT 命令

用 DECLARE CURSOR, 可以定義出游標變數。

• Oracle

Oracle 中的游標, 要在「DECLARE 部分」中以 CURSOR 命令來定義。在 CURSOR 之後緊接著寫上游標名稱, 再接著用「IS」, 並加上作為游標值的 SELECT 命令。

範例 定義 cursor_name 游標, 並指定「SELECT a FROM foo」命令 為其值。

```
DECLARE                                               Oracle
  CURSOR cursor_name IS SELECT a FROM foo;
BEGIN
END;
```

• SQL Server

在 SQL Server 中的游標, 要以「DECLARE CURSOR」的形式來定義。在 DECLARE 之後接著寫上游標名稱, 再接著用「CURSOR FOR」指定要作為 游標值的 SELECT 命令。

若是定義變數的話, 變數名稱之前一定要加上「@」, 而游標則不用。

範例 定義 cursor_name 游標, 並指定「SELECT a FROM foo」命令 為其值。

```
DECLARE cursor_name CURSOR FOR SELECT a FROM foo         SQLServer
```

• DB2 、 MySQL

在 DB2 、 MySQL 中的游標, 要以「DECLARE CURSOR」的形式來定義。在 DECLARE 之後接著寫上游標名稱, 再接著用「CURSOR FOR」指定要作為游標值的 SELECT 命令。

範例 定義 cursor_name 游標, 並指定「SELECT a FROM foo」命令為其值。

```
CREATE PROCEDURE test_cursor() LANGUAGE SQL          DB2  MySQL/
                                                          MariaDB
BEGIN
   DECLARE cursor_name CURSOR FOR SELECT a FROM foo;
END
```

• PostgreSQL

PostgreSQL 的資料指標 (cursor), 要在「DECLARE 區塊」用「CURSOR FOR」宣告。請注意, 雖然和 Oracle 相似, 但宣告是以「資料指標名 CURSOR FOR SELECT 指令」的形式進行。

範例 伴隨 SQL 指令「SELECT a FROM foo」宣告資料指標 cursor_name

```
CREATE OR REPLACE FUNCTION test_cursor() RETURNS void    PostgreSQL
  AS $$
DECLARE
    cursor_name CURSOR FOR SELECT a FROM foo;
BEGIN
END;
$$ LANGUAGE 'plpgsql';
```

使用「FETCH」指令可從宣告後的資料指標取得結果。也需要使用指標的 OPEN 、 CLOSE 。在 PL/pgSQL 中, 利用「record 變數」和「FOR 迴圈指令」也能達成和資料指標同樣的功能。

參照:FOR　　P.509

FETCH

FETCH 命令

語法

FETCH cursor_name [**INTO** variable_name [, variable_name ...]] ;
                                          `Oracle` `DB2` `MySQL/MariaDB`

FETCH [command] **FROM** cursor_name   `SQLServer`

  [**INTO** @variable_name [, @variable_name ...]]

FETCH [direction { **IN** | **FROM** }] cursor_name   `PostgreSQL`

  INTO variable_name [, variable_name ...] ,

參數

cursor_name	游標名稱
variable_name	變數名稱
command	NEXT、PRIOR、FIRST、LAST、ABSOLUTE n、RELATIVE n
direction	方向。FORWARD、BACKWARD、RELATIVE 中的任一者

使用「FETCH」, 就可以從游標取出 1 整列 (筆) 的資料。

• Oracle

在 Oracle 中的「FETCH」命令裡, 得用「INTO」來指定要用來儲存游標之欄位資料的變數。在此指定變數時, 我們可以依照作為游標值的 SELECT 命令所傳回之欄位個數, 以逗號分隔的方式, 指定同樣個數的變數來存放對應之欄位值。而指定資料錄類型變數時, 單 1 變數則可以接受多個欄位值。

要判斷在游標目前所在位置之後有無資料, 可以參照到「NOTFOUND」這個游標的模擬資料。

範例 開啟定義好的游標, 然後逐一將各筆資料錄之內容代入
變數 i 中, 直到全部的資料都處理過為止。

```
DECLARE                                          Oracle
  CURSOR cursor_name IS SELECT a FROM foo;
  i NUMBER;
BEGIN
  OPEN cursor_name;
  LOOP
    FETCH cursor_name INTO i;
```

```
    EXIT WHEN cursor_name%NOTFOUND;
    DBMS_OUTPUT.PUT_LINE('i=' || i);
  END LOOP;
  CLOSE cursor_name;
END;
```

• SQL Server

SQL Server 中要接在 FETCH 之後, 指定命令。依據此命令, 就可以在游標內自由移動。在「FROM」之後接著指定游標名稱, 在「INTO」之後指定游標之欄位資料要存放到哪個變數中。指定變數時, 我們可以依照作為游標值的 SELECT 命令所傳回之欄位個數, 以逗號分隔的方式, 指定同樣個數的變數來存放對應之欄位值。

要判斷在游標目前所在位置之後有無資料,可以參照到「@@FETCH_STATUS」這個全域變數。

範例 開啟定義好的游標, 然後逐一將各筆資料錄之內容代入變數 i 中, 直到全部的資料都處理過一遍為止。

```
DECLARE cursor_name CURSOR FOR SELECT a FROM foo      SQLServer
DECLARE @i int
OPEN cursor_name
FETCH NEXT FROM cursor_name INTO @i
WHILE @@FETCH_STATUS = 0
BEGIN
  PRINT @i
  FETCH NEXT FROM cursor_name INTO @i
END
CLOSE cursor_name
DEALLOCATE cursor_name
```

• DB2 、 MySQL

在 DB2 、 MySQL 中的「FETCH」命令裡, 得用「INTO」來指定要用來儲存游標欄位資料的變數。指定變數時, 可以依照作為游標值的 SELECT 命令所傳回之欄位個數, 以逗號分隔的方式, 指定同樣個數的變數來存放對應之欄位值。

游標目前所在位置之後若已無資料列, 卻還執行 FETCH 命令的話, 就會產生錯誤。若想要讓迴圈不產生錯誤順利完成的話, 就要先定義好「錯誤處理函式 (Error Handler)」。

範例 開啟定義好的游標, 然後逐一將各筆記錄之內容代入變數 i 中, 直到全部的資料都處理過一遍為止。

```
CREATE PROCEDURE test_fetch() LANGUAGE SQL        DB2  MySQL/
                                                        MariaDB
BEGIN
  DECLARE i INTEGER;
  DECLARE l INTEGER DEFAULT 1;
  DECLARE cursor_name CURSOR FOR SELECT a FROM foo;
  DECLARE CONTINUE HANDLER FOR SQLSTATE '02000' SET l = 0;
  OPEN cursor_name;
  fetch_loop: LOOP
    FETCH cursor_name INTO i;
    IF l = 0 THEN LEAVE fetch_loop; END IF;
  END LOOP;
  CLOSE cursor_name;
END
```

・PostgreSQL

　　PostgreSQL 的「FETCH」指令和 Oracle 很相似。在「INTO」之後設定變數。使用頓號作區隔後就可同時設定多個變數。也都能使用 ROWTYPE 型別。要判斷指標是否結束時, 可用「FOUND 變數」。

範例 開啟定義好的資料指標, 以迴圈的方式一筆一筆讀取全部的資料, 每次讀取都將資料內容儲存到變數 i 中。

```
CREATE OR REPLACE FUNCTION test_fetch() RETURNS void AS $$
DECLARE                                              PostgreSQL
  cursor_name CURSOR FOR SELECT a FROM foo;
  i INTEGER;
BEGIN
  OPEN cursor_name;
  LOOP
    FETCH cursor_name INTO i;
    EXIT WHEN NOT FOUND;
    RAISE NOTICE 'i=%', i;
  END LOOP;
  CLOSE cursor_name;
END;
$$ LANGUAGE 'plpgsql';
```

• 游標參數

在 Oracle 和 PostgreSQL 中, 開啟游標時可以指定參數。若有此需求, 宣告游標時也必需事先定義參數。

範例 宣告有參數 p 的資料指標。 OPEN 時將 p 的值設為 1 。

```
DECLARE                                                    Oracle
  CURSOR cursor_name(p NUMBER) IS SELECT a FROM foo
   WHERE a=p;
  i NUMBER;
BEGIN
  OPEN cursor_name(1);
  LOOP
    FETCH cursor_name INTO i;
    EXIT WHEN cursor_name%NOTFOUND;
    DBMS_OUTPUT.PUT_LINE('i=' || i);
  END LOOP;
  CLOSE cursor_name;
END;
```

＊在 PostgreSQL 以 cursor_name CURSOR(p INTEGER) FOR SELECT⋯的形式宣告資料指標。

游標變數

| Oracle | SQL Server | DB2 | Postgre SQL |
| MySQL/ MariaDB | SQLite | MS Access | SQL 標準 |

以參數形式傳遞游標

語法

```
TYPE cursor_type IS REF CURSOR [ RETURN record_type ] ;        Oracle
cursor_name cursor_type;
OPEN cursor_name FOR select_statement;

DECLARE @cursor_name CURSOR                                    SQLServer
SET @cursor_name = select_statement

cursor_name REFCURSOR;                                         PostgreSQL
OPEN cursor_name FOR select_statement;
```

參數

cursor_type	指標型別
record_type	資料行型別 (資料表名稱%ROWTYPE)
cursor_name	指標變數
select_statement	SELECT 指令

• Oracle

　　Oracle 的游標變數是先在 DECLARE 區塊宣告游標型別, 再用那個游標型別來宣告游標變數。游標型別用「TYPE 型別名稱 IS REF CURSOR」的形式宣告, 游標變數用「游標變數名稱 型別名稱」的形式宣告。

　　游標變數是在 OPEN 時設定 SELECT 指令, 而不是在宣告時設定。游標型別在宣告的 PL/SQL 區塊中有效。

範例 在 PL/SQL 區塊中定義將游標變數設定為參數的程序
（procedure）。

```
DECLARE                                                        Oracle
  TYPE cursor_type IS REF CURSOR;
  cursor_name cursor_type;
  PROCEDURE test_cursor_pc(pc cursor_type) IS
    i NUMBER;
```

```
  BEGIN
    LOOP
      FETCH pc INTO i;
      EXIT WHEN pc%NOTFOUND;
    END LOOP;
  END;
BEGIN
  OPEN cursor_name FOR SELECT a FROM foo;
  test_cursor_pc(cursor_name);
  CLOSE cursor_name;
END;
```

　　一般在獨立的程序中要將游標變數設成參數時, 可使用「SYS_REFCURSOR」型別。

• SQL Server

　　SQL Server 的游標變數和一般的游標一樣, 使用 DECLARE CURSOR 進行宣告。但是游標變數的名稱前面要加上 @ 。

　　宣告時不設定 SELECT 指令。另外以「SET @cur=CURSOR FOR SELECT 指令」的形式在游標變數設定 SELECT 指令。關於 OPEN 、 FETCH 、 CLOSE 方面, 則和一般的游標一樣。將游標變數以參數形式傳遞時, 其資料型別爲「CURSOR VARYING OUTPUT」。

範例 定義將游標變數設定爲參數的程序（procedure）。

```
CREATE PROCEDURE test_cursor_pc(@pc CURSOR VARYING
  OUTPUT) AS
BEGIN                                                    SQLServer
  DECLARE @i int
  FETCH NEXT FROM @pc INTO @i
  WHILE @@FETCH_STATUS = 0
  BEGIN
    FETCH NEXT FROM @pc INTO @i
  END
END
```

```
DECLARE @cur CURSOR
SET @cur=CURSOR FOR SELECT a FROM foo
OPEN @cur
EXECUTE test_cursor_pc @cur
CLOSE @cur
DEALLOCATE @cur
```

• PostgreSQL

　PostgreSQL 的游標變數可用「REFCURSOR」型別宣告。在 OPEN 時設定 SELECT 指令。

範例 定義將游標變數設定為參數的程序（procedure）。

```
CREATE FUNCTION test_cursor_pc(pc REFCURSOR) RETURNS
void AS $$
DECLARE
  i INTEGER;
BEGIN
  LOOP
    FETCH pc INTO i;
    EXIT WHEN NOT FOUND;
  END LOOP;
END;$$ LANGUAGE 'plpgsql';


CREATE FUNCTION test_cursor() RETURNS void AS $$
DECLARE
  cursor_name REFCURSOR;
BEGIN
  OPEN cursor_name FOR SELECT a FROM foo;
  PERFORM test_cursor_pc(cursor_name);
  CLOSE cursor_name;
END;$$ LANGUAGE 'plpgsql';
```

PostgreSQL

5-4 迴圈處理

要處理同樣的重複動作時，就用迴圈處理。迴圈處理包括了「LOOP」命令、「WHILE」命令，還有「FOR」命令。

LOOP 命令是最基本的迴圈命令。 WHILE 命令則是單純的重複迴圈，它會在某條件成立時，就一直重複執行指定的命令句。 FOR 迴圈則可以執行像 1 ~ 10 為止的重複動作。另外，配合游標的使用，也可以重複處理 SELECT 所查詢出的結果。

• Oracle

在 Oracle 中，可以使用的迴圈處理命令包括了 LOOP、WHILE 還有 FOR。使用 FOR 的話，就可以用很簡單的語法，將游標所得之資料全部取出。此外，像是將變數從 10 遞增到 20 這種 C 語言或 Basic 之類程式語言的 for 迴圈，在 Oracle 中也可以做到。要從迴圈中跳出，中斷處理的話，則用 EXIT 命令。

• SQL Server

在 SQL Server 中，可以用 WHILE 來進行迴圈處理。要從迴圈中跳出，中斷處理的話，就用 BREAK 命令。在 SQL Server 中，還可以用 CONTINUE 命令，跳回到迴圈最開頭處直接進行下一輪處理。

• DB2 、 MySQL

在 DB2 、 MySQL 中，LOOP 、 WHILE 、 REPEAT 、 FOR 都可以用來做迴圈處理。使用 FOR 的話，就能簡單地對游標做迴圈處理。要從迴圈中跳出，中斷處理的話，則用 LEAVE 。另外，要跳回到迴圈最開頭處直接進行下一輪處理時，要用 ITERATE 命令。

在 MySQL 可使用 LOOP 、 WHILE 、 REPEAT，不能使用 FOR 。

• PostgreSQL(PL/pgSQL)

可以用 LOOP、WHILE 和 FOR 來做迴圈處理，但在 PostgreSQL 中，要處理游標的迴圈動作，得用 FOR 來做。

5.4
迴圈處理

LOOP

LOOP 控制命令

在「LOOP」命令是最單純的重複執行命令。 LOOP 命令無法直接指定能重複執行處理的條件式,只會將列在 LOOP 和「END LOOP」之間的命令,不斷重複執行。 LOOP 之後不需要接著寫分號。而 ENDLOOP 之後則要接著寫上分號。

在 LOOP 命令中, 若不用「EXIT」命令來指定跳出迴圈, 迴圈就會一直執行, 永不停止。 也就是說, 會變成無限迴圈。 這一點請特別注意了。

• Oracle

要跳出 LOOP, 停止重複執行命令的話, 要用「EXIT」命令。

範例 用 LOOP 命令,將變數 i 從 0 處理到 100,
並利用 PUT_LINE 來輸出 i 之值。

```
DECLARE                                                    Oracle
  i NUMBER;
BEGIN
  i := 0;
  LOOP
    i := i + 1;
    EXIT WHEN i > 100;
    DBMS_OUTPUT.PUT_LINE('i=' || i);
  END LOOP;
END;
```

• DB2、MySQL

在 DB2、MySQL 中，要從 LOOP 迴圈中跳出，中斷處理的話，要用「LEAVE」命令。

範例 用 LOOP 命令，將變數 i 從 0 到 100，做迴圈處理。

```
CREATE PROCEDURE test_loop() LANGUAGE SQL          DB2  MySQL/MariaDB
BEGIN
  DECLARE i INTEGER;
  SET i = 0;
  loop_label: LOOP
    SET i = i + 1;
    IF i > 100 THEN
      LEAVE loop_label;
    END IF;
  END LOOP;
END
```

• PostgreSQL

在 PostgreSQL 中，若要跳出迴圈，終止處理，就用「EXIT」命令。

範例 用 LOOP 命令，將變數 i 從 0 處理到 100，並輸出 i 之值。

```
CREATE FUNCTION test_loop() RETURNS INTEGER AS $$     PostgreSQL
DECLARE
  i INTEGER;
BEGIN
  i := 0;
  LOOP
    i := i + 1;
    EXIT WHEN i > 100;
    RAISE NOTICE ''i=%'',i;
  END LOOP;
  RETURN i;
END;
$$ LANGUAGE 'plpgsql'
```

參照：FOR　　P.509　　EXIT　　P.513

5.4
迴圈處理

WHILE

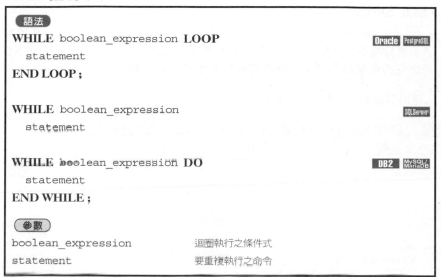

WHILE 控制命令

語法

```
WHILE boolean_expression LOOP          [Oracle] [PostgreSQL]
  statement
END LOOP ;


WHILE boolean_expression                             [SQLServer]
  statement


WHILE boolean_expression DO            [DB2] [MySQL/MariaDB]
  statement
END WHILE ;
```

參數

boolean_expression	迴圈執行之條件式
statement	要重複執行之命令

「WHILE」命令, 會依據所指定條件, 來進行重複處理。

• Oracle

在 Oracle 中的「WHILE」命令, 首先要指定重複執行的條件式 (滿足該條件才會重複執行)。在條件式之後, 接著寫上 LOOP, 再記述想重複執行之命令句。到「END LOOP」處為止所記述的內容都會被重複執行。

WHILE 命令中的 LOOP 之後不需要加上分號。 END 之後接著的 LOOP 後方, 則要接著寫上分號。要跳出迴圈時, 請用「EXIT」命令。

範例 用 WHILE 將變數 i 從 0 到 100 為止, 進行迴圈處理, 並以 PUT_LINE 來輸出 i 之值。

```
DECLARE                                              [Oracle]
  i NUMBER;
BEGIN
  i := 0;
  WHILE i < 100 LOOP
    i := i + 1;
```

```
        DBMS_OUTPUT.PUT_LINE('i=' || i);
    END LOOP;
END;
```

• SQL Server

在 SQL Server 中的「WHILE」命令, 在指定重複執行的條件式之後, 要接著寫上想重複執行之命令句。想重複執行多個命令的話, 要用 BEGIN 、 END 把這些命令句都包起來, 而這個包起來的範圍就叫做「命令句區塊」。

跳出迴圈時, 請用「BREAK」命令。

範例 用 WHILE 將變數 i 從 0 到 100 為止, 進行迴圈處理, 並以 print 來輸出 i 之值。

```
DECLARE @i int                                          SQLServer
SET @i = 0
WHILE @i < 100
BEGIN
  SET @i = @i + 1
  PRINT @i
END
```

• DB2 、 MySQL

在 DB2 、 MySQ 中的「WHILE」命令, 首先要指定重複執行的條件式 (滿足該條件才會進行重複執行)。在條件式之後, 接著寫上「DO」, 再記述想重複執行之命令句。到「END WHILE」處為止所記述的內容都會被重複執行。

WHILE 中的 DO 之後, 不用接著寫上分號。 END WHILE 之後則一定要寫上分號。要跳出迴圈的話, 則用「LEAVE」命令。

範例 用 WHILE, 將變數 i 從 0 到 10 為止, 進行迴圈處理。

```
CREATE PROCEDURE test_while() LANGUAGE SQL        DB2 MySQL/
                                                      MariaDB
BEGIN
  DECLARE i INTEGER;
  SET i = 0;
  WHILE i < 10 DO
    SET i = i + 1;
  END WHILE;
END
```

• PostgreSQL

在 PostgreSQL 中的 WHILE 命令, 和 Oracle 中的 WHILE 命令幾乎完全相同。

範例 用 WHILE, 將變數 i 從 0 到 10 為止, 進行迴圈處理, 並用 RAISE NOTICE, 定義出將 i 之值輸出的函式。

```
CREATE FUNCTION test_while() RETURNS INTEGER AS $$      PostgreSQL
DECLARE
  i INTEGER;
BEGIN
  i := 0;
  WHILE i < 10 LOOP
    i := i + 1;
    RAISE NOTICE ''i=%'',i;
  END LOOP;
  RETURN i;
END;
$$ LANGUAGE 'plpgsql'
```

參照：BREAK   P.515   LEAVE   P.517

REPEAT

DB2 的 REPEAT 控制命令

語法

REPEAT
  statement
  UNTIL boolean_expression
END REPEAT ;

參數

boolean_expression	迴圈結束條件
statement	要重複執行之命令

「REPEAT」命令, 其迴圈執行條件是在最後才進行確認的。相對於 WHILE 命令式在最前頭就進行條件判斷, REPEAT 是在重複執行之命令執行之後, 才進行迴圈執行條件的判斷。寫在「UNTIL」之後的條件式成立的話 (結果爲眞) 迴圈就會結束。

REPEAT 之後不需要寫上分號。「END REPEAT」之後則一定要寫上分號。要跳出迴圈時, 請用「LEAVE」命令。

範例 利用 REPEAT 將變數 i 從 0 到 100 爲止, 進行迴圈處理。

```
CREATE PROCEDURE test_repeat() LANGUAGE SQL
BEGIN
  DECLARE i INTEGER;
  SET i = 0;
  REPEAT
    SET i = i + 1;
    UNTIL i >= 100
  END REPEAT;
END
```

參照：LOOP	P.503	WHILE	P.505
FOR	P.509	LEAVE	P.517

FOR

FOR 迴圈

> **語法**
>
> FOR i IN [REVERSE] from..to LOOP   `Oracle` `PostgreSQL`
>   statement
> END LOOP;
>
> FOR i IN cursor_name LOOP   `Oracle`
>   statement
> END LOOP;
>
> FOR rec AS [cursor_name CURSOR FOR] select_statement DO   `DB2`
>   statement
> END FOR;
>
> FOR rec IN select_statement LOOP   `Oracle` `PostgreSQL`
>   statement
> END LOOP;
>
> **參數**
>
> | | |
> |---|---|
> | i | 計算迴圈處理次數之值 |
> | from | 迴圈之初始值 |
> | to | 迴圈之終了值 |
> | cursor_name | 游標名稱 |
> | statement | 要重複執行之命令 |
> | rec | 資料錄變數 |
> | select_statement | 作為迴圈處理對象之 SELECT 命令 |

　　使用「FOR」命令, 可以進行重複執行命令的迴圈處理。 FOR 可以進行像是從 1 到 10 為止這樣, 指定了開始值與終了值的迴圈處理。此外, 要針對游標內所有之資料列進行重複處理時, 也可以利用 FOR 命令。

・Oracle

　　在 Oracle 中, 可以使用「FOR」來進行迴圈處理。

範例 使用變數 i, 讓它從 0 到 100 為止, 進行迴圈處理。

```
BEGIN                                                    Oracle
  FOR i IN 0..100 LOOP
    DBMS_OUTPUT.PUT_LINE('i=' || i);
  END LOOP;
END;
```

藉由指定「REVERSE」, 可以進行逆向的迴圈處理。

範例 使用變數 i, 讓它從 10 到 0 為止, 進行迴圈處理。

```
BEGIN                                                    Oracle
  FOR i IN REVERSE 0..10 LOOP
    DBMS_OUTPUT.PUT_LINE('i=' || i);
  END LOOP;
END;
```

以 FOR 迴圈處理游標

使用 FOR 命令, 可以針對游標, 將其所有列資料進行迴圈處理。由於在 FOR 命令中, 根據「IN」的內容, 我們可以定義出變數, 所以並不需要用 DECLARE 來宣告。用 IN 指定游標時, 會建立出資料錄類型的變數。

範例 定義出以 SELECT a, b FROM foo 為值之游標, 再用 FOR 來處理。

```
DECLARE                                                  Oracle
  CURSOR cur IS SELECT a,b FROM foo;
BEGIN
  FOR rec IN cur LOOP
    DBMS_OUTPUT.PUT_LINE('a=' || rec.a || ',b=' || rec.b);
  END LOOP;
END;
```

在 Oracle 的 FOR 迴圈中, IN 的後面可設為子查詢。如果是這種方法就不需宣告游標。但是必需要是附上括弧的子查詢。

範例 使用 FOR 迴圈處理子查詢

```
BEGIN
  FOR rec IN (SELECT a, b FROM foo) LOOP
    DBMS_OUTPUT.PUT_LINE('a=' || rec.a || ', b=' || rec.b);
  END LOOP;
END;
```

• DB2

在 DB2 中的「FOR」命令，可以針對游標，將其所有列資料進行迴圈處理。由於在 FOR 命令中，根據「AS」的內容，我們可以定義出變數，所以並不需要用 DECLARE 來宣告游標。此外，因為 FOR 會自動進行 OPEN、CLOSE、FETCH 各動作，所以也不需要我們來指定執行這些動作。

若有需要，我們還可以為進行迴圈處理之游標命名。不過，此名稱在迴圈之外是無法參照到的。

範例 定義出以 SELECT a, b FROM foo 為值之游標，再用 FOR 來處理之。例如，利用迴圈把游標所得之各列資料複製到資料表 bar 中。

```
CREATE PROCEDURE test_for() LANGUAGE SQL          DB2
BEGIN
  FOR rec AS SELECT a,b FROM foo DO
    INSERT INTO bar VALUES(rec.a, rec.b);
  END FOR;
END
```

• PostgreSQL

在 PostgreSQL 中，也有「FOR」命令，使用方法和 Oracle 中的 FOR 命令類似。

範例 定義出變數 i 從 0 到 10 為止的迴圈處理函式。

```
CREATE FUNCTION test_for() RETURNS INTEGER AS $$     PostgreSQL
DECLARE
  i INTEGER;
BEGIN
FOR i IN 1..10 LOOP
```

```
    RAISE NOTICE ''i=%'',i;
    END LOOP;
    RETURN i;
END;
$$ LANGUAGE 'plpgsql'
```

from..to 形式的 FOR 迴圈, 也可以藉由指定「REVERSE」, 來進行逆向的迴圈處理。

在 PostgreSQL(PL/pgSQL) 中, 可以用 FOR 命令, 將 SELECT 命令所得之結果以迴圈來重複處理。 rec 一定要是資料錄類型的變數才可以。在「IN」之後, 可以接著寫上 SELECT 命令。在迴圈處理中, 會把 SELECT 命令執行之結果, 依序逐列存入 rec 裡。要參照欄位值時, 就用「rec.欄位名稱」的寫法, 就可以參照到了。

範例 將針對資料表 foo 進行之 SELECT 命令的結果,
以 FOR 命令做迴圈處理。

```
CREATE FUNCTION test_for_select() RETURNS INTEGER AS $$    PostgreSQL
DECLARE
  rec RECORD;
  n INTEGER := 0;
BEGIN
  FOR rec IN SELECT * FROM foo LOOP
    RAISE NOTICE ''%,%'',rec.a,rec.b;
    n := n + rec.a;
  END LOOP;
  RETURN n;
END;
$$ LANGUAGE 'plpgsql'
```

* MySQL 不支援 FOR。

參照：DECLAR CURSOR   P493

EXIT

EXIT 命令

> **語法**
>
> **EXIT** [label] [**WHEN** expression];
>
> **參數**
>
> label   指定所要跳出之迴圈的標籤
> expression   要跳出迴圈之條件式

在 Oracle、PostgreSQL 中, 只要在迴圈內執行「**EXIT**」命令, 就可以跳出迴圈。若接在「**WHEN**」之後, 指定條件式, 則該條件式為眞的時候, 就能跳出該迴圈。省略該部分不寫的話, 就能無條件地跳出迴圈。

範例 在變數 i 之值爲 10 以上時, 跳出迴圈。

```
DECLARE                                                    Oracle
  i NUMBER;
BEGIN
  i := 0;
  LOOP
    i := i + 1;
    EXIT WHEN i >= 10;
    DBMS_OUTPUT.PUT_LINE('i=' || i);
  END LOOP;
END;
```

使用 **EXIT** 命令時, 可以指定標籤, 就能從該標籤所代表的迴圈中跳出。當迴圈有 2 層, 甚至 3 層, 呈現巢狀迴圈結構時, 就可以使用這個做法。

範例 以「**EXIT** 標籤」的方式, 跳出 2 層迴圈。

```
CREATE FUNCTION test_label() RETURNS VARCHAR AS $$    PostgreSQL
DECLARE
  i INTEGER;
  j INTEGER;
BEGIN
```

```
    <<loop_label>>
      FOR i IN 0..10 LOOP
        FOR j IN 0..5 LOOP
          RAISE NOTICE ''i=% j=%'',i,j;
          IF i > 2 AND j > 3 THEN
            EXIT loop_label;
          END IF;
        END LOOP;
      END LOOP;
      RETURN 0;
    END;
    $$ LANGUAGE 'plpgsql'
```

在 WHILE 、 LOOP 、 FOR 命令中, 可以指定標籤名稱的原因, 就在於此。當然, 若無必要, 就不用指定標籤名。另外, 在 PL/pgSQL 中, 還有 GOTO 命令。但標籤只能用在 EXIT 命令中。

在 Oracle 中, 還可以針對可執行之命令句來賦予標籤。標籤在 GOTO 命令中也能使用。在 EXIT 中可以指定的, 是迴圈命令的標籤, 也就是指定給 WHILE 、 LOOP 、 FOR 中任一者命令上的標籤。而關於標籤的指定方式, 請參照「GOTO 和標籤」處的說明。

＊在 DB2 的 Oracle 相容模式中, 可使用 EXIT 指令。

參 照 : LOOP	P.503
WHILE	P.505
GOTO 與標籤	P.526

BREAK

跳出迴圈

語法

BREAK

在 SQL Server 中, 只要在迴圈內執行「BREAK」命令, 就可以跳出迴圈。

範例 變數 i 之值在 10 以上的話, 就跳出迴圈。

```
DECLARE @i int
SET @i = 0
WHILE @i < 100
BEGIN
  SET @i = @i + 1
  IF (@i >= 10)
    BREAK
  PRINT @i
END
```

參照：WHILE　　　　P.505

　　　CONTINUE　　P.516

CONTINUE

Oracle	SQL Server	DB2	Postgre SQL
MySQL/ MariaDB	SQLite	MS Access	SQL 標準

返回到迴圈開頭

語法

CONTINUE　　　　　　　　　　　　　　　　　　　　SQLServer

CONTINUE [label] [**WHEN** expression];　　　Oracle　PostgreSQL

參數

label　　　　　　　指定回到特定迴圈開頭的標籤

expression　　　　回到迴圈開頭的條件式

使用「CONTINUE」命令，可以跳到迴圈最開頭處繼續執行。

範例 當變數 i 可以用 10 整除時, 就回到迴圈最開頭處；
當變數 i 大於或等於 100 時, 就跳出迴圈。

```
DECLARE @i int                              SQLServer
SET @i = 0
WHILE @i < 200
BEGIN
  SET @i = @i + 1
  IF (@i % 10 = 0)
    CONTINUE
  IF (@i >= 100)
    BREAK
  PRINT @i
END
```

Oracle、PostgreSQL 的 CONTINUTE 可使用「WHEN」設定返回的條件。
WHEN 也可省略, 此時會無條件地回到迴圈開頭。

範例 執行變數 i 從 0 到 100 的迴圈, 當 i 能被 10 整除時執行
CONTINUTE 。

```
DECLARE                                     Oracle
  i NUMBER;
BEGIN
  FOR i IN 0..100 LOOP
CONTINUE WHEN i MOD 10 = 0;
    DBMS_OUTPUT.PUT_LINE(  =? || i);
  END LOOP;
END;
```

5.4
迴圈處理

516

LEAVE

離開迴圈

語法

LEAVE label ;

參數

label　　　指定所要跳出之迴圈的標籤

　　在 DB2(PSM) 中, 只要在迴圈內執行「LEAVE」命令, 就可以跳出迴圈。LEAVE 命令中可以指定標籤, 這樣就會跳出所指定之標籤所代表的迴圈。在 DB2 、 MySQL 中, 命名標籤時要以「標籤名 :」的形式來寫。

範例 當變數 i 之值在 10 以上時, 就跳出迴圈。

```
CREATE PROCEDURE test_leave() LANGUAGE SQL
BEGIN
  DECLARE i INTEGER;
  SET i = 0;
  loop_label: LOOP
    SET i = i + 1;
    IF i >= 10 THEN
      LEAVE loop_label;
    END IF;
  END LOOP;
END
```

　　標籤也可以指定給可執行之命令句 (寫在命令句前面)。當然, 若無需要, 就不用賦予標籤名稱。另外, DB2 、 MySQL 中還有 GOTO 命令, 標籤可以用在 LEAVE 命令、ITERATE 命令和 GOTO 命令中。

＊在 MySQL 不支援 GOTO 指令。

參照：ITERATE　　P.518

ITERATE

返回到迴圈開頭

語法

ITERATE label;

DB2　MySQL/ MariaDB

參數

label　　　指定要跳到那個迴圈 (標籤名稱) 的開頭處

在 DB2 、 MySQL 中, 使用了「ITERATE」命令的話, 就可以跳到迴圈的開頭處繼續執行。

範例 當變數 i 之值可以被 10 整除時, 就回到迴圈開頭處; 當變數 i 之值大於或等於 100 時, 就跳出迴圈。

```
CREATE PROCEDURE test_iterate() LANGUAGE SQL
BEGIN
  DECLARE i INTEGER;
  SET i = 0;
  loop_label: WHILE i < 200 DO
    SET i = i + 1;
    IF MOD(i, 10) = 0 THEN
      ITERATE loop_label;
    END IF;
    IF i >= 100 THEN
      LEAVE loop_label;
    END IF;
  END WHILE;
END
```

ITERATE 相當於在 Oracle、SQL Server 的 CONTINUTE 指令。

參照:LOOP　　P.503

5.4

迴圈處理

5-5 條件判斷

　若想要在某變數值剛好等於特定值時, 就進行與一般不同的處理的話, 就可以用「IF」命令。而將 IF 命令巢狀結構化的話, 就能依據多個條件來分別進行不同的處理。

• Oracle

　在 Oracle 中, else if 要寫成「ELSIF」, 如果用 C 語言的寫法, 就會出現錯誤。Oracle9i 以後之版本, 可以用「CASE」命令。在很多情況下, 與其使用容易讓程式變得很長的 IF ELSIF, 還不如用 CASE 比較好。

• SQL Server

　在 SQL Server 中, 可以用 else if 這樣的寫法。不過, 要在 THEN 的部分寫進多個命令句時, 要用 BEGIN 、 END 把命令句包起來, 建立出命令句區塊才行。

• DB2 、 MySQL

　在 DB2 、 MySQL 中, 可以使用「IF」、「ELSEIF」。也可以使用 CASE 命令。

• PostgreSQL(PL/pgSQL)

　在 PostgreSQL 可使用「IF」、「ELSIF」。「ELSIF」寫成「ELSEIF」也一樣可使用。版本 8.4 之後, 也可使用 CASE 。

　在 Oracle 、 SQL Server 、 DB2 中, 可以定義標籤, 然後用「GOTO」跳到指定的標籤處。雖然也沒什麼理由, 但就被許多人討厭的這個 GOTO 要是好好加以利用, 倒還挺方便的。不過, 用太多卻不太好。 GOTO 用太多的話, 整個程式容易變得很難看懂。若要使用的話, 則 1 個程序內的標籤最好只有 1 到 2 個為佳。

　在 Oracle 中, 由於例外可以用在錯誤處理中, , 所以與其在錯誤處理中使用 GOTO, 還不如使用例外比較簡潔。

IF

IF 命令

語法

```
IF boolean_expression THEN then_statement                    Oracle PostgreSQL
  [ELSIF boolean_expression2 THEN elsif_statement ]
  [ELSE else_statement ]
END IF;

IF boolean_expression then_statement                         SQLServer
  [ELSE else_statement ]

IF boolean_expression THEN then_statement            DB2 PostgreSQL MySQL/ MariaDB
  [ELSEIF boolean_expression2 THEN elseif_statement ]
  [ELSE else_statement ]
END IF;
```

參數

boolean_expression	條件式
then_statement	條件式為真時，要執行的命令
boolean_expression2	第 2 條件式
elsif_statement	第 2 條件式為真時，要執行的命令
else_statement	條件式為偽時、要執行的命令

利用「IF」命令，就可以依據不同條件來進行不同的處理。

• Oracle

在「IF」之後，接著寫上想要判斷的條件式。當條件式為真，寫在「THEN」以下的命令就會被執行。當條件式為偽的時，寫在「ELSE」以下的命令就會被執行。當條件式為偽時，若不需要做任何處理的話，就可以省略不寫 ELSE。在最後還要記得加上「END IF」。

IF 命令到 END IF 為止，算成 1 個命令句，所以 END IF 後面要接著寫上分號才行。

範例 選取與 bar 資料表中, a 欄位之值和變數 val 之值相同的列資料, 並將該列資料存入 result 中。當 result 之值不為 NULL 時, 就輸出 'Found' 字串, 為 NULL 值時, 就輸出 'Not Found' 字串。

```
DECLARE                                                    Oracle
  result NUMBER;
  val NUMBER := 1;
BEGIN
  SELECT a INTO result FROM bar WHERE a = val;
  IF result IS NOT NULL THEN
    DBMS_OUTPUT.PUT_LINE('Found');
  ELSE
    DBMS_OUTPUT.PUT_LINE('Not Found');
  END IF;
END;
```

在 Oracle 中, 可以使用「ELSIF」來分歧多個條件。請注意, 要寫成 ELSIF, 而不是 ELSEIF。

範例 定義一函式, 讓此函式在參數 a 等於 0 時, 傳回 'zero', 等於 1 時, 傳回 'one'。而在任何其他之狀況下, 都傳回 'not zero and one'。

```
CREATE FUNCTION test_ifthen_elseif(a IN INTEGER)          Oracle
  RETURN VARCHAR2 IS
BEGIN
  IF a = 0 THEN
    RETURN 'zero';
  ELSIF a = 1 THEN
    RETURN 'one';
  ELSE
    RETURN 'not zero and one';
  END IF;
END;
```

• SQL Server

在 SQL Server 中的「IF」命令, 要在條件式之後, 接著寫上當條件式結果為真時所要執行的命令。當條件式結果為偽時, 則會執行「ELSE」以下所記述之命令。若不需要指定 ELSE 的部分, 就可以省略不寫。 THEN 和 END IF 都不用寫。

要執行多個命令句時, 則必須要以 BEGIN 、 END 來建立出命令句區間。

選取與 bar 資料表中, a 欄位之值和變數 val 之值相同的列資
料, 並將該列資料存入 result 中。當 result 之值不爲 NULL 時,
就輸出 'Found' 字串, 爲 NULL 値時, 就輸出 'Not Found' 字串。

```
DECLARE @result int                                    SQLServer
DECLARE @val int
SET @val = 1
SELECT @result = a FROM bar WHERE a = @val
IF @result IS NOT NULL
  print('Found')
ELSE
  print('Not Found')
```

• DB2、MySQL

在「IF」之後, 接著寫上想要判斷的條件式。當條件式爲眞的話, 寫在
「THEN」以下的命令就會被執行。有指定「ELSEIF」的話, 就會依序進行
這些條件式的條件判斷。當所有條件式的結果都爲僞時, 寫在「ELSE」以
下的命令就會被執行。不需要做 ELSEIF 或 ELSE 的處理的話, 就可以省略
不寫。最後記得還要加上「END IF」。

IF 命令到 END IF 爲止, 算成 1 個命令句, 所以 END IF 後面要接著寫上分號
才行。

範例 選取與 bar 資料表中, a 欄位之值和變數 val 之值相同的列資
料, 並將該列資料存入 res 中。當 res 之值不爲 NULL 時, 就把
'Found' 字串 INSERT 到 result 資料表中, res 之值爲 NULL 値時,
就把 'Not Found' 字串 INSERT 到 result 資料表中。

```
CREATE PROCEDURE test_ifthen() LANGUAGE SQL     DB2  MySQL/
BEGIN                                                MariaDB
  DECLARE res INTEGER;
  DECLARE val INTEGER DEFAULT 1;
  SELECT a INTO res FROM bar WHERE a = val;
  IF res IS NOT NULL THEN
    INSERT INTO result VALUES('Found');
  ELSE
    INSERT INTO result VALUES('Not Found');
  END IF;
END
```

在 DB2 、 MySQL 中, 使用 ELSEIF, 便可以進行多個條件的分歧處理。
ELSE 和 IF 之間不需要空格。只要寫成 ELSEIF 這樣, 接在一起就行了。

範例 定義一程序, 讓此程序在參數等於 0 時, 傳回 'zero', 等於 1 時,
傳回 'one'。而在任何其他之狀況下, 都傳回 'not zero and one'。

```
CREATE PROCEDURE test_ifthen_elseif(IN a INTEGER)        DB2  MySQL/MariaDB
  LANGUAGE SQL
BEGIN
  IF a = 0 THEN
    INSERT INTO result VALUES('zero');
  ELSEIF a = 1 THEN
    INSERT INTO result VALUES('one');
  ELSE
    INSERT INTO result VALUES('not zero and one');
  END IF;
END
```

• PostgreSQL

在「IF」後面描述要進行評估的條件式。條件式為真時, 執行「THEN」以
後的指令。有使用「ELSIF」的時候, 會依序評估各個條件式。當所有條件
式都為偽時, 會執行「ELSE」後面的指令。不需要的時候也可省略 ELSIF
或 ELSE。最後要「END IF」結尾。

IF 命令到 END IF 為止, 算成 1 個命令句, 所以 END IF 後面要接著寫上分號
才行。

範例 定義一函式, 讓此函式在其參數等於 0 時, 傳回 'zero', 而在任
何其他之狀況下, 都傳回 'not zero' 字串。

```
CREATE FUNCTION test_ifthen(INTEGER) RETURNS VARCHAR AS $$
BEGIN                                                    PostgreSQL
  IF $1 = 0 THEN
    RETURN 'zero';
  ELSE
    RETURN 'not zero';
  END IF;
END;
$$ LANGUAGE 'plpgsql'
```

PostgreSQL 也可使用 ELSIF, 可利用多個條件式進行分岐的處理。但是請注意, 版本 7.2 之前的 PostgreSQL 不能使用 ELSIF。

範例 定義一函式, 讓此函式在參數等於 0 時, 傳回 'zero', 等於 1 時, 傳回 'one'。而在任何其他之狀況下, 都傳回 'not zero and one' 字串。

```
CREATE FUNCTION test_ifthen_elseif(INTEGER)                    PostgreSQL
  RETURNS VARCHAR AS $$
BEGIN
  IF $1 = 0 THEN
    RETURN ''zero'';
  ELSE
    IF $1 = 1 THEN
      RETURN ''one'';
    ELSE
      RETURN ''not zero and one'';
    END IF;
  END IF;
END;
$$ LANGUAGE 'plpgsql'
```

* 雖然 PostgreSQL 也允許使用 ELSEIF, 但正式的指令是 ELSIF。

CASE

條件句

語法

CASE expression **WHEN** expression **THEN** statement
[**WHEN** expression **THEN** statement] [**ELSE** statement] **END CASE** ;

CASE WHEN expression **THEN** statement
[**WHEN** expression **THEN** statement] [**ELSE** statement] **END CASE** ;

參數

expression	任意陳述式
statement	任意命令

　在 Oracle、DB2 中、PostgreSQL、MySQL, 於程序中也可以使用「CASE」命令。藉著利用 CASE 來取代 IF ELSIF 的做法, 就可以讓程式碼更精簡。而 Oracle、DB2 中的 CASE 和 SQL 中的 CASE 之不同處, 在於必須用「END CASE」來結束此命令。

　關於 CASE 之詳細語法, 請參考第 3 章, 關於 CASE 運算子部分的說明。

範例 以 CASE 來進行條件分歧處理。

```
DECLARE                                              Oracle
  result NUMBER;
BEGIN
  SELECT MAX(a) INTO result FROM foo;
  CASE result
    WHEN 1 THEN
      DBMS_OUTPUT.PUT_LINE('MAX is 1');
    WHEN 2 THEN
      DBMS_OUTPUT.PUT_LINE('MAX is 2');
    ELSE
      DBMS_OUTPUT.PUT_LINE('MAX is big');
  END CASE;
END;
```

* CASE 是 Oracle9i 以後之版本才有的功能。

*PostgreSQL 從版本 8.4 之後開始支援 CASE。

GOTO 與標籤

無條件地跳轉

語法

```
GOTO label_name ;
```
`Oracle` `SQLServer` `DB2`

```
<<label_name>>
label_name :
```
`Oracle`
`SQLServer` `DB2` `MySQL/ MariaDB`

參數

label_name   標籤名稱

使用「GOTO」命令，就可以跳到任意標籤處。

• Oracle

在 Oracle 的 PL/SQL 中的標籤，定義時要用「<<」和「>>」把標籤名稱包起來。標籤可以貼在任何可以執行的命令句之前。 BEGIN 到 END 為止的區塊會被當成一個命令句。標籤可以貼在 BEGIN(或是 DECLARE) 之前，但是不能貼在 END 之前。

範例 當變數 i 之值在 20 以上時，就跳到名為 end_loop 之標籤處。

```
DECLARE                                    Oracle
  i NUMBER := 0;
BEGIN
  LOOP
    i := i + 1;
    IF i >= 20 THEN
    GOTO end_loop;
    END IF;
  END LOOP;
 <<end_loop>>
  NULL;
END;
```

在上例中，我們什麼命令都沒執行，只指定了「NULL」。NULL 雖然什麼命令都沒有執行，但是本身屬於可執行之命令，所以可以貼上標籤。在 END 之前則不可以貼標籤。此外，在 IF 的 THEN 或 ELSE 中的標籤，是不能用 GOTO 跳進去的。

• SQL Server

使用「GOTO」命令，就可以跳到任意標籤處去。在 SQL Server 中的標籤，要在標籤名稱之後加上「:」(冒號)。

範例 當變數 i 之值在 20 以上時，就跳到 end_loop 標籤處。

```
DECLARE @i int                                        SQL Server
SET @i = 0
WHILE @i < 100
BEGIN
  SET @i = @i + 1
  IF (@i >= 20)
    GOTO end_loop
  PRINT @i
END
end_loop:
PRINT 'Exit Loop'
```

• DB2、MySQL

在 DB2、MySQL 中，標籤就是代表標籤名稱的字串，加上冒號所構成的。而標籤可以貼在任何可執行之命令句前。BEGIN 到 END 之間的部分，會被視為 1 個命令。在 BEGIN 之前可以貼上標籤，但在 END 之前則不能貼。此外，DECLARE 並非可執行的命令，所以不能貼上標籤。

在 MySQL 中不支援 GOTO 指令。雖然可以附加標籤（label），但不可用 GOTO 進行跳轉。標籤可附加在 LOOP 、 WHILE 、 REPEAT 、 BEGIN…等指令前, 並在 LEAVE 、 ITERATE 指令中使用。

範例 當變數 i 的值在 20 以上時, 跳轉至標籤 end_loop 。（for DB2）

```
CREATE PROCEDURE test_goto() LANGUAGE SQL          DB2
BEGIN
  DECLARE i INTEGER DEFAULT 0;
  LOOP
    SET i = i + 1;
    IF i >= 20 THEN
      GOTO end_loop;
    END IF;
  END LOOP;
end_loop:
  SET i = 0; / * 因為無法將標籤設在 END 上*/
END
```

參照：EXIT   P.513   IF   P.520

5-6 使用參數

我們可以為程序和函式定義出執行時需要的參數。參數必須在用 CREATE PROCEDURE 建立程序時, 或以 CREATE FUNCTION 建立函式時就加以定義才行。

• 程序的參數

依據參數的有無, 程序的應用範圍可以變得很廣。資料庫系統中內建的系統預存程序, 很多也都具有參數。從程序被呼叫執行, 一直到執行完畢期間的行為來分析, 參數共可分為以下 3 種:

- 單純只是將值指定給程序的「輸入參數 (IN 參數)」
- 從程序取得傳回值的「輸出參數 (OUT 參數)」
- 指定值, 也同時取得傳回值的「輸出入參數 (INOUT 參數)」

參數共分成以上這 3 種。輸出參數和輸出入參數, 必須在呼叫前準備好存放傳回值的變數。

• 函式的參數

在 Oracle 、 PostgreSQL 中, 可將函式的參數設定為輸出(IN)、輸入(OUT)、輸出與輸入(INOUT)。在 SQL Server 、 DB2 、 MySQL 中, 函式的參數都是輸入(IN)型態的。

• 多載 (Overload)

在 Oracle 、 DB2 、 PostgreSQL 中, 程序和函式都有「多載 (Overload)」功能。多載功能的功用是, 即使有同名的程序或函式, 若其參數的個數和資料類型不同的話, 就會被當成不同的程序或函式。

Oracle 的多載功能

從以下的程式碼中可以看出 Oracle 的多載功能。

```
DECLARE                                              Oracle
  PROCEDURE foo(a IN NUMBER) IS
  BEGIN
    DBMS_OUTPUT.PUT_LINE('foo(NUMBER)');
  END;
  PROCEDURE foo(a IN VARCHAR2, b NUMBER) IS
  BEGIN
    DBMS_OUTPUT.PUT_LINE('foo(VARCHAR2,NUMBER)');
  END;
BEGIN
  foo(1); --呼叫的是第 1 個 foo 程序
  foo('abc',2); --呼叫的是第 2 個 foo 程序
END;
```

名稱同為 foo, 但卻不會被當成重複定義程序。兩個程序都是有效的程序。

系統會依據狀況, 自動判別出該呼叫的程序。若呼叫 foo 程序時, 加上了 VARCHAR2 資料類型和 INTEGER 資料類型的參數, 系統就會自動判別該呼叫第二個 foo 程序。

在 Oracle 中, 區域性副程式、package 副程式可以成為多載功能的對象。獨立副程式 (一般以 CREATE PROCEDURE 建立出的程序) 則沒有多載功能。在上例中, 我們建立出的是屬於區域性副程式的 foo 程序。要注意的是, 同一系列的資料類型, 不能成為多載功能的判別對象。以 Oracle 來說, REAL 和 INTEGER 這兩種資料類型屬於同一系列, 因此, 下例中的 2 個程序, 就不適用於多載功能。

範例 定義出含有REAL值之參數的foo程序, 和含有INTEGER值之參數的 foo 程序。呼叫 foo 程序時, 就會出現錯誤, 無法執行。

```
DECLARE                                              Oracle
  PROCEDURE foo(a IN REAL) IS
  BEGIN
    DBMS_OUTPUT.PUT_LINE('foo(REAL)');
  END;
  PROCEDURE foo(a IN INTEGER) IS
```

```
  BEGIN
    DBMS_OUTPUT.PUT_LINE('foo(INTEGER)');
  END;
BEGIN
  foo(1);
END;
```

此外, 只靠參數種類為 IN 和 OUT 的不同, 也無法使用多載功能。

範例 分別定義出含有 IN 參數的 foo 程序, 和含有 OUT 參數的 foo 程序。呼叫 foo 程序時, 就會出現錯誤, 無法執行。

```
DECLARE                                                           Oracle
  PROCEDURE foo(a IN INTEGER) IS
  BEGIN
    DBMS_OUTPUT.PUT_LINE('foo(IN INTEGER)');
  END;
  PROCEDURE foo(a OUT INTEGER) IS
  BEGIN
    DBMS_OUTPUT.PUT_LINE('foo(OUT INTEGER)');
  END;
BEGIN
  foo(1);
END;
```

多載功能, 對函式也能發揮功用。函式具有傳回值, 不過只靠傳回值之資料類型不同, 是無法適用多載功能的。參數的個數和資料類型不同, 才能適用多載功能。

DB2 的多載功能

在 DB2 中, 預存程序、函式依據其參數之個數、資料類型不同, 可以適用多載功能。如下例中的 2 個程序, 因適用於多載功能, 所以可以同時存在。

範例 同名但是參數不同的程序

```
CREATE PROCEDURE foo(IN a INTEGER, IN b INTEGER)            DB2
  LANGUAGE SQL
BEGIN
END
```

```
CREATE PROCEDURE foo(IN a VARCHAR(20)) LANGUAGE SQL
BEGIN
END
```

CALL foo(1, 2) 會呼叫到的是第 1 個 foo 程序 ; CALL foo('abc') 會呼叫到的
則是第 2 個 foo 程序。在 DB2 中，除了程序外，函式也適用於多載功能。不
過，只有傳回值之資料類型不同時，是不適用於多載功能的。

DB2 中的多載功能對於資料類型的判別採取較嚴謹的方式，像 CHAR 和
VARCHAR，會被看成不同的資料類型。因此，以下的兩個函式，就適用於多
載功能了。

範例 同名但是參數不同的函式

```
CREATE FUNCTION foo(a CHAR(20)) RETURNS VARCHAR(30)
LANGUAGE SQL
RETURN a || 'char';

CREATE FUNCTION foo(a VARCHAR(20)) RETURNS VARCHAR(30)
LANGUAGE SQL
RETURN a || 'varchar';
```

PostgreSQL 的多載功能

在 PostgreSQL 中，函式會根據參數之個數、資料類型不同，而適用於多
載功能。下例中的 2 個函式，就適用於多載功能，所以可以同時存在。

範例 同名但是參數不同的函式

```
CREATE FUNCTION foo(INTEGER, INTEGER) RETURNS INTEGER AS $$
BEGIN
  RAISE NOTICE ''foo(INTEGER,INTEGER)'';
  RETURN $1;
END;$$ LANGUAGE 'plpgsql'

CREATE FUNCTION foo(VARCHAR) RETURNS VARCHAR AS $$
BEGIN
  RAISE NOTICE ''foo(VARCHAR)'';
  RETURN $1;
END;$$ LANGUAGE 'plpgsql'
```

5.6
使
用
參
數

DB2

PostgreSQL

SELECT foo(1, 2) 會呼叫執行的是第 1 個 foo 函式；SELECT foo('abc') 會呼叫的則是第 2 個 foo 函式。

在 PostgreSQL 中，只有傳回值之資料類型不同時，是不適用於多載功能的。如下例中的 2 個 foo 函式，就無法成功定義出來。

範例 同名但是傳回值之資料類型不同的函式。

```
CREATE FUNCTION foo(INTEGER) RETURNS INTEGER AS $$         PostgreSQL
BEGIN ... END;$$ LANGUAGE 'plpgsql'

CREATE FUNCTION foo(INTEGER) RETURNS VARCHAR AS $$
BEGIN ... END;$$ LANGUAGE 'plpgsql'
```

在 PostgreSQL 中的多載功能，對於資料類型的判別採取較嚴謹的方式。像 CHAR 和 VARCHAR，會被看成不同的資料類型。因此，以下的兩個函式，就適用於多載功能了。

範例 同名但是參數不同之函式

```
CREATE FUNCTION foo(CHAR(20)) RETURNS VARCHAR AS $$       PostgreSQL
BEGIN ... END;$$ LANGUAGE 'plpgsql'

CREATE FUNCTION foo(VARCHAR(20)) RETURNS VARCHAR AS $$
BEGIN ... END;$$ LANGUAGE 'plpgsql'
```

不過，當我們以常數值作為參數值來呼叫這些函式時，系統就無法決定該呼叫哪個函式。因為像是 'ABC' 這樣的字串值常數值，既符合 CHAR 資料類型，也符合 VARCHAR 資料類型，所以就變得無法區別。在這種情況下，可以利用 CAST 來轉換常數值，以呼叫想執行的函式。

範例 分別呼叫含有 VARCHAR 、 CHAR 資料類型之參數的 foo 函式。

```
SELECT foo(VARCHAR 'abc');                                PostgreSQL
SELECT foo(CAST('abc' AS CHAR(20)));
```

含有參數的程序

含有參數的程序

語法

CREATE [OR REPLACE] PROCEDURE　　　　　　　　　　　Oracle
procedure_name (parameters) { **IS** | **AS** } statement

CREATE PROC [EDURE] procedure_name parameters　　SQLServer
[**WITH** option] **AS**
BEGIN
　statement
END

CREATE PROCEDURE procedure_name (parameters)　DB2　MySQL/ MariaDB
LANGUAGE lang statement

參數

procedure_name	程序名稱
parameters	參數清單
statement	要執行的命令
option	選項
lang	命令的語言

　語法和一般的 CREATE PROCEDURE 幾乎完全相同，不過程序名稱之後要接著定義出「參數清單」。

• Oracle

　在 Oracle 中，於程序名稱之後，要定義參數，而參數必須定義在括弧裡。在括弧中，需寫上參數名稱、資料類型。參數名稱不需要加上 @ 符號。定義多個參數的話，要用逗號將它們分隔開。

> **範例**　建立一名為 p_foo 的程序，接收 a 和 b 兩個參數之值，當參數 a 之值為 1 時，就將參數 b 之值 INSERT 到資料表 foo 中；若 a 之值為 1 以外的其他值，就將 a 之值 INSERT 到資料表 foo 中。

```
CREATE PROCEDURE p_foo(a IN NUMBER,b IN NUMBER) IS          Oracle
BEGIN
  IF a = 1 THEN
    INSERT INTO foo VALUES(b);
  ELSE
    INSERT INTO foo VALUES(a);
  END IF;
END;
```

IN 參數、 OUT 參數

我們也可以在程序內呼叫其他的程序。此時, 也可以利用參數, 來接收值或傳遞值。我們可以在程序 foo 中呼叫並傳遞參數 a 給程序 proc, 進行某種檢索動作, 然後把結果代入參數 b 中, 再傳回給程序 foo。參數可以指定成只用於傳遞值、或是也可以變更其值的形態。

除了參數名稱和資料類型之外, 還可以爲參數指定其型態該爲「IN」、「OUT」還是「IN OUT」型態。 IN 是只傳遞值, OUT 的話, 是只在程序內存入值, 而 IN OUT 都指定的話, 就是既可傳值, 也可存入值。

範例 程序 p_foo 含有 2 個參數。 a 參數是輸入專用, 而 b 參數是輸出專用。

```
CREATE PROCEDURE p_foo(a IN NUMBER,b OUT NUMBER) IS        Oracle
BEGIN
  b := a * 2;
END;
```

呼叫含有參數的程序

只要寫上程序名稱, 就可以執行該程序。不過, 必需要寫在「PL/SQL 的命令中」才可以。因此, 呼叫程序時, 必須寫在「BEGIN」和「END」之間的 PL/SQL 區塊才行。由於呼叫程序本身也屬於 PL/SQL 的命令之一, 所以最後必須要接著寫上分號。

範例 呼叫 p_foo 程序。

```
BEGIN                                                          Oracle
  p_foo;
END;
```

　執行含有參數的程序時，必須要同時指定參數值。參數值本身可以用陳述式來代替，所以寫成像「proc(1, 1+2)」這樣也沒問題。不過，若該參數在程序建立時，是被指定成 OUT 型態的話，則指定給該參數的值就必須是變數才行。

範例 呼叫 p_foo 程序，同時指定參數值。對應給 OUT 參數的值必須是變數才行。

```
DECLARE                                                        Oracle
  result NUMBER;
BEGIN
  p_foo(1,result);
END;
```

呼叫有指定參數名稱的程序

　在 Oracle 中，程序可以接受指定了參數名稱的參數值。一般來說，參數是依照順序來傳遞的，不過配合上參數名稱的使用，我們也能以不同的順序來傳遞參數值給程序。

範例 以使用參數名稱的方式來呼叫 p_foo 程序。

```
DECLARE                                                        Oracle
  result NUMBER;
BEGIN
  p_foo(b=>result, a=>1);
END;
```

省略不指定參數時，就用預設值

　我們可以指定預設值給 IN 參數。在用 CREATE PROCEDURE 建立程序時，使用「DEFAULT」這個關鍵字，就可以為參數定義出預設值。至於 OUT 參數則無法設定預設值，這一點請特別注意了。

範例 將參數 a 之預設值設為 0。

```
CREATE PROCEDURE p_foo(a IN NUMBER DEFAULT 0,b OUT NUMBER)
IS                                                          Oracle
BEGIN
  b := a * 2;
END;
```

對於設有預設值的參數, 在呼叫程序時可以省略不指定其值。

範例 呼叫程序時, 省略不指定參數 a 之值。

```
DECLARE                                                     Oracle
  result NUMBER;
BEGIN
  p_foo(b=>result);
END;
```

• SQL Server

在 SQL Server 中, 各參數的參數名稱都要加上 @ 符號, 還要指定其資料類型。有多個參數時, 要以逗號將各參數分隔開。

包住參數清單全體的括弧可以隨意指定。也可以省略不寫括弧。不過加上括弧的寫法, 比較像在指定參數, 較為明白易懂。

範例 定義出含有 2 個參數的 p_foo 程序。

```
CREATE PROCEDURE p_foo(@a int,@b int) AS           SQLServer
BEGIN
  IF @a = 1
    INSERT INTO foo VALUES(@b)
  ELSE
    INSERT INTO foo VALUES(@a)
END
```

呼叫含有參數的程序

在 SQL Server 中, 我們也可以在程序內呼叫別的程序。例如我們可以從 foo 程序中呼叫 proc 程序, 並指定參數 a 之值, 以進行某種檢索動作, 再將檢

索結果代入參數 a, 並傳回給 foo 程序。參數可以指定成只用於傳遞值、或是也可以變更其值的形態。在指定參數之資料類型後， 接著寫上「OUTPUT」，就可將該參數設定成可以變更其值的參數。

範例 將 a 參數設為輸入型態、b 參數則設為輸出型態。

```
CREATE PROCEDURE p_foo(@a int,@b int OUTPUT) AS          SQLServer
BEGIN
  SELECT @b = MAX(i) FROM foo WHERE j = @a
END
```

要執行預存程序時，得用「EXECUTE」命令來做。在 EXECUTE 之後接著指定要執行的程序名稱即可。要一直到程序執行完畢以後，控制權才會回到呼叫程序處。

範例 呼叫 p_foo 程序。

```
EXECUTE p_foo 1,2                                         SQLServer
```

要執行含有參數的程序時，必須指定參數值。和呼叫不含參數之程序時一樣，要用 EXECUTE 來實行。此時，得指定必要個數的參數值。由於參數值也可以用陳述式來指定，所以寫成「proc 1, 1+2」這樣也是可以的。不過，若參數已被指定為 OUTPUT 型態的話，就一定得指定變數做為該參數之值。在定義程序時，在參數之後接著寫上 OUTPUT，就可以把參數明確地定義成 OUTPUT 型態。

範例 呼叫 p_foo 程序並傳遞參數給該程序。此時 OUTPUT 參數之值必須指定為某變數。

```
DECLARE @result int                                      SQLServer
EXECUTE p_foo 1,@result OUTPUT
```

省略參數的話，就使用預設值

若參數設有預設值的話，則呼叫該程序的時候，可以省略參數值不寫。而預設值的設定要在以 CREATE PROCEDURE 建立程序時就定義好。

範例 當參數 b 之預設值為 0 的情況下。

```SQLServer
CREATE PROCEDURE p_foo(@a int,@b int = 0) AS
BEGIN
  INSERT INTO foo VALUES(@a, @b);
END
```

呼叫程序時，可以省略不指定參數值。不過只有定義有預設值之參數才可以省略。

範例 呼叫程序 p_foo, 但省略參數 b 之值。

```SQLServer
EXECUTE p_foo 1
```

任何參數都能指定預設值。

範例 將參數 a 之預設值設為 0。

```SQLServer
CREATE PROCEDURE p_foo(@a int = 0,@b int) AS
BEGIN
  INSERT INTO foo VALUES(@a, @b),
END
```

呼叫程序時，也可以用「DEFAULT」這個關鍵字，來省略參數值。利用這個寫法，就能將任意位置的參數省略掉。

範例 呼叫程序 p_foo, 但省略其參數 a。

```SQLServer
EXECUTE p_foo DEFAULT,1
```

呼叫程序時，利用參數名稱

我們還可以用指定參數名稱的方式來傳遞參數值。寫法就像「@ 參數名 = 值」這樣。

範例 呼叫程序 p_foo, 但只指定參數 b 之值。

```SQLServer
EXECUTE p_foo @b = 1
```

‧ DB2、MySQL

在 DB2、MySQL 中, 各參數一開始可以被指定為 IN、INOUT 或 OUT 型態。接在參數名稱之後, 要指定該參數之資料類型。指定多個參數時, 要用逗號來分隔開。

範例 定義出帶有兩個參數的 p_foo 程序。

```
CREATE PROCEDURE p_foo(IN a INTEGER,IN b INTEGER)
LANGUAGE SQL                                      DB2  MySQL/
                                                       MariaDB
BEGIN
  IF a = 1 THEN
    INSERT INTO foo VALUES(b);
  ELSE
    INSERT INTO foo VALUES(a);
  END IF;
END
```

在 DB2、MySQL 中, 也可以在程序中呼叫其他的程序。例如, 我們可以在程序 foo 中呼叫並傳遞參數 a 給程序 proc, 進行某種檢索動作, 然後再把結果代入參數 a 中, 傳回給程序 foo。

我們可以把參數指定為只傳遞值的型態, 也可以指定為能變更值的型態。在 DB2、MySQL 中, 定義程序中的各參數時, 最先要指定的就是該參數是 IN、INOUT 或 OUT 型態。IN 參數之值無法在程序內被變更。INOUT、OUT 參數之值則可以變更。

範例 將 a 參數定義成輸入型態 (IN 參數), 將 b 參數定義成輸出型態 (OUT 參數)。

```
CREATE PROCEDURE p_foo(IN a INTEGER,OUT b INTEGER)   DB2  MySQL/
                                                          MariaDB
LANGUAGE SQL
BEGIN
  SELECT MAX(i) INTO b FROM foo WHERE j = a;
END
```

執行預存程序時, 要用「CALL」命令。在 CALL 之後接著寫想執行之程序名稱。要一直到程序執行完畢以後, 控制權才會回到呼叫程序處。

5.6

使用參數

呼叫含有參數的程序

要執行帶有參數的程序時，必須指定參數值給該程序。而呼叫時，和呼叫無參數的程序一樣，要用 CALL。呼叫時，就得指定必要個數 (依程序所定義的參數個數而定) 的參數值。

在 DB2 的 V7 版本中，以 CALL 呼叫時，所指定的參數一定要為變數。即使是 IN 參數，也必須以變數來指定其值。這個規則是 SQL 專用之內建 CALL 命令本身的設計。在 DB2 V8 以後的版本中，對於 IN 參數，就可以指定常數值或陳述式作為其值了。

範例 呼叫 p_foo 程序，並指定參數值。

```
CREATE PROCEDURE call_p_foo() LANGUAGE SQL           DB2  MySQL/
                                                          MariaDB
BEGIN
  DECLARE a INTEGER;
  DECLARE b INTEGER;
  SET a = 1;
  SET b = 2;
  CALL p_foo(a,b);
END
```

*在 DB2 的 Oracle 相容模式中，基本上變成和 Oracle 相同的動作模式。

參照：CREATE PROCEDURE   P.139

含有參數的函式

含有參數的函式

語法

```
CREATE [ OR REPLACE ] FUNCTION function_name [ ( parameters ) ]
RETURN type IS statement                                    Oracle

CREATE FUNCTION function_name ( parameters )                SQLServer
RETURNS type [ WITH option ] AS
BEGIN
  statement
END

CREATE FUNCTION function_name ( parameters )         DB2  MySQL/ MariaDB
RETURNS type LANGUAGE lang statement

CREATE [ OR REPLACE ] FUNCTION function_name ( [ parameters ] )
[ RETURNS type ] AS 'statement' LANGUAGE 'lang'             PostgreSQL
```

參數

function_name	函式名稱
type	傳回值的資料類型
parameters	參數清單
statement	要執行的命令
option	選項
lang	命令所用之程式言語

函式幾乎都帶有參數。和程序一樣, 在定義函式時, 在函式名稱之後可以接著定義「參數清單」。

• Oracle

在 Oracle 中, 函式的參數和程序的參數一樣, 有 IN 、 INOUT 、 OUT 等 3 種型態可以指定。不含參數的函式就不需要寫上括弧。含有參數的函式則一定要寫上括弧。這一點請特別注意了。

範例 建立一名為 f_foo 的函式, 會接收 a 和 b 兩個參數, 並傳回 a*b 的結果。

```
CREATE FUNCTION f_foo(a IN NUMBER,b IN NUMBER)
RETURN NUMBER IS                                      Oracle
BEGIN
  RETURN a * b;
END;
```

呼叫含有參數的函式

呼叫函式時, 和呼叫程序時一樣, 可以用寫上函式名稱的方式。只要是定義好了的函式, 就可以呼叫。

範例 呼叫 f_foo 函式。

```
DECLARE                                               Oracle
  r NUMBER := 0;
BEGIN
  r := f_foo(2,3);
  DBMS_OUTPUT.PUT_LINE('r=' || r);
END;
```

IN 參數、 OUT 參數

函式的參數也可以指定為 OUT 型態。

範例 建立含有 3 個參數的函式,並將最後 1 個參數設定為 OUT 型態。

```
CREATE FUNCTION f_foo(a IN NUMBER,b IN NUMBER,c OUT NUMBER)
RETURN NUMBER IS                                      Oracle
BEGIN
  c := a * b;
  RETURN c;
END;
```

像上例這樣的函式, 無法用 SELECT 命令來呼叫之。這是因為 SELECT 命令中不能使用變數的關係。不過, 向下例這樣, 以 PL/SQL 來呼叫則是可行的。

範例 呼叫含有 OUT 參數的 f_foo 函式。

```
DECLARE                                                    Oracle
  r NUMBER := 0;
  c NUMBER := 0;
BEGIN
  r := f_foo(2,3,c);
  DBMS_OUTPUT.PUT_LINE('c=' || c);
END;
```

• SQL Server

SQL Server 從 2000 的版本開始, 可以建立預存函式。預存函式也可以帶有參數。和程序一樣, 定義時要在函式名稱的後面接著定義參數清單。定義參數時要寫成像「@ 參數名稱　資料類型」這樣的形式。

範例 建立名為 f_foo 的函式, 此函式會接受 a 和 b 兩個參數,
並傳回 a*b 的結果。

```
CREATE FUNCTION f_foo(@a int,@b int) RETURNS int AS    SQLServer
BEGIN
  RETURN @a * @b
END
```

程序要用 EXECUTE 命令來呼叫, 但是呼叫函式時, 只要寫上函式名稱就可以了。在 SELECT 命令或 INSERT 命令中, 也可以呼叫函式。不過, 必須指定函式的所有人。

範例 呼叫 dbo 所擁有的 f_foo 函式。

```
SELECT dbo.f_foo(1,2)                                     SQLServer
```

在 SQL Server 中, 我們無法將函式的參數指定成 OUTPUT 類型。函式的所有參數都屬於 IN 參數型態。

省略參數與參數之預設值

我們可以為參數定義省略時的預設值。在呼叫函式時被省略掉值的參數, 就會使用這個值。這個預設值要寫在指定參數的資料類型之後, 用加上 = 的方式來寫。

範例 將 a、b 參數的預設值都設爲 0。

```
CREATE FUNCTION f_foo(@a int = 0,@b int = 0) RETURNS int AS
BEGIN                                                        SQLServer
  RETURN @a * @b
END
```

呼叫函式時若要省略某些參數，可以用 DEFAULT 這個關鍵字來做。此時不是完全不寫參數值，而是用 DEFAULT 來代替參數值，請特別注意了。利用這種寫法，就能省略任何一個參數值。

範例 呼叫 f_foo 函式，並指定其第 1 參數要使用預設值。

```
SELECT dbo.f_foo(DEFAULT,2)                                  SQLServer
```

・DB2、MySQL

在 DB2、MySQL 中，也可以建立預存函式。預存函式也可以帶有參數。和程序一樣，在函式名稱之後也可以接著定義參數清單。定義參數時，要用「參數名稱 資料類型」的形式來寫。不過函式之參數不能像程序那樣，指定爲 IN 或 OUT 型態。所有的參數都一定是 IN 參數型態。

用 LANGUAGE 可以指定所用的程式言語。以 SQL 命令來寫函式中的處理動作時，就寫成「LANGUAGE SQL」。

範例 建立名爲 f_foo 的函式，此函式會接收 a 和 b 兩個參數，然後傳回 a*b 的結果。

```
CREATE FUNCTION f_foo(a INTEGER,b INTEGER) RETURNS INTEGER
LANGUAGE SQL RETURN a * b;                                   DB2
```

程序要用 CALL 命令來呼叫，但呼叫函式時，只要在命令中寫上函式名稱就可以了。而在 SELECT 命令或 INSERT 命令中，也可以呼叫函式。

範例 呼叫 f_foo 函式。

```
SELECT f_foo(1,2) FROM DUMMY                                 DB2
```

• PostgreSQL

在 PostgreSQL 中，對於括弧內的參數清單，可以只設定參數的資料型別。
此時，函式中以 $1 、 $2 的方式來指稱參數。

範例 用 $1 、 $2 代表參數。

```
CREATE FUNCTION f_foo(INTEGER, INTEGER) RETURNS INTEGER     PostgreSQL
  AS $$
BEGIN
    RAISE NOTICE 'arg1=% arg2=%', $1, $2;
    RETURN $1;
END;$$ LANGUAGE 'plpgsql';
```

也可以明確地以「參數名稱 資料型別」的方式來設定參數名稱。

範例 設定參數名稱

```
CREATE FUNCTION f_foo(arg1 INTEGER, arg2 INTEGER)
  RETURNS INTEGER AS $$                                     PostgreSQL
BEGIN
  RAISE NOTICE 'arg1=% arg2=%', arg1, arg2;
  RETURN $1;
END;$$ LANGUAGE 'plpgsql';
```

設定 IN 、 OUT 時用「參數名稱 IN 資料型別」或是「IN 參數名稱 資料型別」的方式設定。在 PostgreSQL 中，擁有 OUT 參數的函式不能以 **RETURN**
回傳值。此外，雖可以在 **SELECT** 的 **FROM** 子句中使用。但使用時，只設定
OUT 參數以外的參數，OUT 參數的值會回傳至 SELECT 的結果。

範例 定義擁有 OUT 參數的函式，在 SELECT 的 FROM 中子句使用。

```
CREATE FUNCTION f_foo(arg1 INTEGER, arg2 OUT INTEGER)
  AS $$                                                     PostgreSQL
BEGIN
    arg2 := arg1;
END;
$$ LANGUAGE 'plpgsql';

SELECT * FROM f_foo(1);
arg2
-----
1
```

＊PostgreSQL 8.1 以後開始支援 OUT 參數。

回傳資料表的函式

回傳資料表

Oracle、SQL Server、DB2 的函式可以回傳資料表。將可以回傳資料表的函式設定在 SELECT 的 FROM 子句,就可從函式動態產生的資料表中取得結果。

• Oracle

在 Oracle 要建立回傳資料表的函式,必須先定義回傳值的資料型別。分別有資料行用和資料表用,共兩種型別必須定義。首先定義資料行用的型別。在此設定為 table_func_rec 型別,共有兩個欄位,分別是 NUMBER 型別的 a 欄位和 VARCHAR2 型別的 b 欄位。下一步,因為資料表是資料行的集合,所以可用 table_func_rec 的巢狀表來定義資料表用的 **table_func_type** 型別。

範例 定義 table_func_rec 和 table_func_type。

```
CREATE TYPE table_func_rec IS OBJECT                    Oracle
( a NUMBER, b VARCHAR2(20) )
CREATE TYPE table_func_type IS TABLE OF table_func_rec
```

定義以 **table_func_type** 資料型別為回傳值型別的函式。這樣便可建立回傳資料表的函式。

範例 定義回傳 table_func_type 資料的函式 table_func。

```
CREATE FUNCTION table_func ( n NUMBER )                 Oracle
 RETURN table_func_type IS
  return_value table_func_type; -- 回傳用變數
BEGIN
  return_value := table_func_type(
   table_func_rec(NULL, NULL));
  return_value.EXTEND(n - 1); -- 初始化
  FOR i IN 1..n LOOP
    return_value(i) := table_func_rec(i, 'i=' || i);
  END LOOP;
  RETURN return_value; -- 回傳 table_func_type 型別的值
END;
```

回傳資料表的函式也可在 SELECT 的 FROM 子句中呼叫。但是, 是以資料表的形式進行呼叫。也能設定函式的參數。

範例 在 FROM 子句使用 table_func

```
SELECT * FROM TABLE(table_func(2))                    Oracle
a b
----------
1 i=1
2 i=2
```

PIPELINED

在 Oracle 使用「PIPE」指令, 可以一筆一筆地傳回結果。使用 PIPE 指令時, 必須在 CREATE FUNCTION 的 RETURN 中設定 PIPELINED 可選項目。此外, 就不需以 RETURN 指令設定回傳值。

範例 使用 PIPE 一筆一筆地傳回結果。

```
CREATE FUNCTION table_func_pipe (n NUMBER)
 RETURN table_func_type PIPELINED IS
BEGIN
  FOR i IN 1..n LOOP
    PIPE ROW(table_func_rec(i, 'i=' || i));
  END LOOP;
  RETURN;
END;
```

• SQL Server

在 SQL Server 有兩種方法。首先是行內函式 (inline function) 的方法。將函式以 RETURNS TABLE 定義後, 將 RETURN 設定成傳回 SELECT 指令。

範例 以行內函式的形式定義回傳資料表的函式。

```
CREATE FUNCTION table_func (@argment int) RETURNS    SQLServer
 TABLE AS
 RETURN (SELECT * FROM foo WHERE a=@argment)
```

要進行更複雜的處理, 可設定成回傳資料表變數。資料表變數雖然要附上 @, 但可以像資料表一樣進行處理。

範例 定義回傳資料表變數的函式

```
CREATE FUNCTION table_func (@argment int)          SQLServer
 RETURNS @ret TABLE (a int, b varchar(20)) AS
BEGIN
  INSERT @ret SELECT * FROM foo WHERE a=@argment
  INSERT @ret SELECT * FROM bar WHERE a=@argment
  RETURN
END
```

回傳資料表的函式也可在 SELECT 指令的 FROM 子句中使用。

範例 使用 table_func

```
SELECT * FROM table_func(1)                        SQLServer

a    b
----------
1    one
1    uno
```

想在參數中使用資料表的資料時，可使用 CROSS APPLY 進行結合。

• DB2

在 DB2 使用 RETURNS 定義函式，使用 RETURN 回傳 SELECT 指令。

範例 定義回傳資料表變數的函式

```
CREATE FUNCTION table_func(argment INTEGER)        DB2
 RETURNS TABLE (a INTEGER, b VARCHAR(20))
LANGUAGE SQL
RETURN SELECT a, b FROM foo WHERE a = argment
```

回傳資料表的函式也可在 SELECT 指令的 FROM 子句中使用。。但是，是以資料表的形式進行呼叫。也能設定函式的參數。

範例 在 FROM 句使用 table_func

```
SELECT * FROM TABLE(table_func(1))                 DB2

a    b
----------
1    one
```

＊在 PostgreSQL 中，有 OUT 參數的函式可轉換成回傳資料表的函式。詳細請參考「有參數的函式」章節。

有些時候若能在程序或函式中建立 SQL 指令會十分便利。例如：在資料表中存入欲刪除的資料表名稱後，想要建立使用 DROP TABLE 刪除資料表之程序的時候。

雖然只要知道資料表名稱的話，用「DROP TABLE drop_table_name」的方式刪除就好。但還是希望 drop_table_name 的部份能從資料表讀取。可利用游標，將資料表內所有資料在迴圈中依序處理。從游標讀取資料表名稱後，與「DROP TABLE」組合，以字串資料的形式建立 SQL 指令。將字串資料視為 SQL 指令來執行的這種方法，就是「動態 SQL」。將字串資料視為 SQL 指令來執行時，使用「EXCUTE」指令。

在 Oracle、SQL Server、PostgreSQL 中支援動態 SQL。

範例 使用動態 SQL 刪除 drop_table 內容中的資料表。

```
CREATE OR REPLACE PROCEDURE p_drop_table IS          Oracle
  CURSOR cursor_name IS SELECT table_name FROM drop_table;
  table_name VARCHAR2(128);
  dynamic_sql VARCHAR2(128);
BEGIN
  OPEN cursor_name;
  LOOP
    FETCH cursor_name INTO table_name;
    EXIT WHEN cursor_name%NOTFOUND;
    dynamic_sql := 'DROP TABLE ' || table_name;
    EXECUTE IMMEDIATE dynamic_sql;
  END LOOP;
  CLOSE cursor_name;
END;
```

＊DB2 的 Oracle 相容模式中、可使用 EXECUTE IMMEDIATE。

EXECUTE

動態執行 SQL 指令

語法

EXECUTE IMMEDIATE statement **[USING p [** , p... **]]** `Oracle`
EXEC[UTE] (statement) `SQLServer`
EXECUTE statement **[INTO v [** , v... **]]** `MySQL/ MariaDB`

參數

statement	字串形式的 SQL 指令
p	傳值給 bind 變數的參數
v	接收執行結果的變數

使用「EXECUTE」可執行字串形式的 SQL 指令。在 Oracle 的 EXCUTE 指令是在「EXECUTE IMMEDIATE」後面設定要執行的 SQL 指令。在 USING 後面則是設定要傳值給 bind 變數的參數。 bind 變數是在 SQL 指令中像「:1」一樣的字串。

範例 定義使用參數所傳遞之資料表名稱建立資料表的程序 p_create_table

```
CREATE PROCEDURE p_create_table(table_name VARCHAR2) IS    Oracle
BEGIN
  EXECUTE IMMEDIATE 'CREATE TABLE ' || table_name
  || '(a INTEGER)';
END;
```

在 SQL Server 的 EXCUTE 指令可省略為 EXEC。請注意, 動態執行 SQL 時, 必需要有括弧。

範例 定義使用參數所傳遞之資料表名稱建立資料表的程序 p_create_table

```
CREATE PROCEDURE p_create_table(@table_name VARCHAR(128))    SQLServer
BEGIN
  EXEC ('CREATE TABLE ' + @table_name + '(a INT)')
END
```

在 PostgreSQL 的 EXCUTE 指令，在「EXECUTE」後面設定想執行的 SQL 指令。有需要的話，可在「INTO」後面設定用來儲存執行結果的變數。

範例 定義使用參數所傳遞之資料表名稱建立資料表的函式
f_create_table

```
CREATE FUNCTION f_create_table(table_name VARCHAR)          PostgreSQL
  RETURNS void AS $$
BEGIN
    EXECUTE 'CREATE TABLE ' || table_name || '(a INTEGER)';
END;
$$ LANGUAGE 'plpgsql';
```

使用字串建立 SQL 指令時，為了避免 SQL 隱碼攻擊（SQL injection），使用 QUOTENAME…等函式會比較理想。

5-8 例外處理

所謂的例外處理, 是指在程式進行處理時, 對於發生的例外事項 (錯誤等) 做中斷, 或插入優先處理的功能。像 Visual Basic 的 **ON ERROR**, 或 Java 的 Exception, 都可以稱做是例外處理。

• Oracle

在 Oracle 中的 PL/SQL, 可以進行例外處理。從 PL/SQL 的區塊中的 **EXCEPTION** 到 **END** 間建立出「例外部分」, 並在其中以 **WHEN** 來指定例外。

在有巢狀區塊的狀況下, 若發生例外, 則會以最靠近的一層區塊之例外部分來進行處理。若該區塊並無定義例外處理的話, 就會用上一層區塊的例外處理。

例外可分成系統所發生的「系統例外」, 和使用者定義的「使用者定義例外」2 種。

• SQL Server

在 SQL Server 中, 可用「RAISERROR」來促使錯誤發生。不過 RAISERROR 並不會造成程式執行中斷, 或交易功能 (transaction) ROLLBACK 。有需要的話, 要由程式設計者來執行。此外, 在 SQL Server 中不能建立例外處理函式來捕捉例外。

• DB2

在 DB2 中, 可以用「SIGNAL」命令來促使例外發生。另外, 還可以用 DECLARE 命令來定義「例外處理函式」。

• PostgreSQL

在 PostgreSQL (PL/pgSQL) 可藉由「RAISE」指令來產生錯誤。版本 8.0 以後和 Oracle 一樣可在例外處理區塊捕捉系統錯誤和 RAISERROR 所產生的錯誤。

• MySQL

MySQL 可用 DECLARE 宣告「HANDLER」來進行例外處理。不支援 SIGNAL 指令。

系統例外

系統預設的錯誤訊息

> **語法**
>
> **EXCEPTION WHEN** exception **THEN** statement
> [**WHEN** exception **THEN** statement ...]
>
> **EXCEPTION WHEN** exception **OR** exception **THEN** statement
>
> **參數**
>
> | exception | 例外 |
> | statement | 要執行的命令 |

5.8
例外處理

「系統例外」是資料庫系統內建的例外。在程序內所執行的命令一旦發生錯誤, 例外就產生了。而針對錯誤所做的補救動作, 則要用「EXCEPTION」來做。

EXCEPTION 命令通常會寫在 PL/SQL 命令的最後面。在「WHEN」之後則要指定想要捕捉的例外。再接著用「THEN」, 寫上例外發生時, 要執行的命令。 WHEN 和 THEN 為一組的這個部分, 可以有多組。另外, 當有多個例外共用同樣的處理動作時, 可以在 WHEN 之後以 OR 來連接例外。

範例 處理「除以 0」的錯誤算式。

```
DECLARE                                              Oracle
  ab NUMBER;
BEGIN
  SELECT MAX(a / b) INTO ab FROM foo;
EXCEPTION
  WHEN ZERO_DIVIDE THEN
    DBMS_OUTPUT.PUT_LINE('0 divide');
END;
```

不是假設錯誤不會發生, 而是事前進行各種準備。特別是 NO_DATA_FOUND, 這錯誤常常發生。執行 SELECT 後, 對象資料不存在時會產生這個錯誤。若要針對資料行的有無進行分岐處理的話, 就有需要建立捕抓 NO_DATA_FOUND 的例外處理。 Oracle 的常見錯誤統整在圖 5-1 。

圖 5-1 例外一覽

例外	發生的理由
COLLECTION_IS_NULL	COLLECTION 為 NULL
CURSOR_ALREADY_OPEN	重覆開啟游標
DUP_VAL_ON_INDEX	重複的值
INVALID_CURSOR	不合法的游標
INVALID_NUMBER	不合法的數值
LOGIN_DENIED	登入失敗
NO_DATA_FOUND	無資料
NOT_LOGGED_ON	未登入
ROWTYPE_MISMATCH	列類型不一致
SYS_INVALID_ROWID	不合法的 ROWID
TOO_MANY_ROWS	列資料過多
VALUE_ERROR	代入時的值不合法
ZERO_DIVIDE	「除以 0」的錯誤算式

　　要捕捉多個例外時，就寫上多組 WHEN 、 THEN 就可以了。在執行 INSERT 命令時可能發生的例外中，要捕捉到 INVALID_NUMBER 和 DUP_VAL_ON_INDEX 兩種例外的話，就要如下例這樣寫。此外，在例外中指定 OTHERS 的話，就可以補捉到所有的例外狀況。

範例 進行多個例外處理。

```
CREATE PROCEDURE p_foo(a IN VARCHAR2,b IN NUMBER) IS        Oracle
BEGIN
   INSERT INTO foo VALUES(a,b);
EXCEPTION
   WHEN INVALID_NUMBER THEN
     DBMS_OUTPUT.PUT_LINE('invalid number');
   WHEN DUP_VAL_ON_INDEX THEN
     DBMS_OUTPUT.PUT_LINE('duplicate value on index');
   WHEN OTHERS THEN
     DBMS_OUTPUT.PUT_LINE('other exception raised');
END;
```

＊ DB2 的 Oracle 相容模式中，可使用系統錯誤訊息。

PostgreSQL 的 PL/pgSQL 也可在例外處理區塊捕捉錯誤訊息。常見的錯誤統整在圖 5-2。

圖 5-2 PostgreSQL 的錯誤

錯誤	產生的原因
division_by_zero	除以零
floating_point_exception	浮點數錯誤
string_data_right_truncation	字串資料在右端截斷
datatype_mismatch	資料型別不一致
not_null_violation	不允許 NULL 值
foreign_key_violation	違反外部索引鍵限制
unique_violation	違反唯一性限制
check_violation	違反檢查
raise_exception	用 RAISE 產生的使用者自訂錯誤

語法上和 Oracle 相同。在例外處理區塊 EXCEPTION 中, 用 WHEN 設定想要捕捉的錯誤。 THEN 之後則設定錯誤發生後想執行的內容。雖然可用 RAISE 產生使用者自訂錯誤, 但此時的錯誤名稱會是「raise_exception」。

範例 在 EXCEPTION 中捕捉 INSERT 時所發生的錯誤。

```
CREATE FUNCTION test_exception(INTEGER) RETURNS void AS $$
DECLARE
BEGIN
  INSERT INTO foo VALUES($1);
EXCEPTION
  WHEN raise_exception THEN
    RAISE NOTICE '錯誤發生';
WHEN foreign_key_violation OR not_null_violation THEN
    RAISE NOTICE '違反限制';
WHEN OTHERS THEN
    RAISE NOTICE   QLSTATE:% %? SQLSTATE,SQLERR;
END;
$$ LANGUAGE   lpgsql?
```

使用者定義例外

Oracle 的使用者定義例外

(語法)

```
exception_name EXCEPTION;
RAISE exception_name ;
```

(參數)

exception_name　　　例外名稱

「使用者定義例外」是由使用者所定義的例外。藉由使用者定義例外，我們就可以主動地讓例外發生。定義例外時，要在 DECLARE 部分裡進行。定義好的例外，可以用「RAISE」來讓它發生。

和系統例外一樣，我們可以在 EXCEPTION 命令的 WHEN 處，指定使用者定義例外，以捕捉發生的例外狀況。

範例 使用者定義例外與捕捉該例外的做法。

```
CREATE FUNCTION f_foo(av IN NUMBER) RETURN VARCHAR2 AS
  result VARCHAR2(10);
  exp_null EXCEPTION;
BEGIN
  SELECT b INTO result FROM foo WHERE foo.a = av;
  IF result IS NULL THEN
  RAISE exp_null;
  END IF;
  RETURN 'found';
EXCEPTION
  WHEN NO_DATA_FOUND THEN
    RETURN 'not found';
  WHEN exp_null THEN
    RETURN 'null value';
END;
```

＊在 DB2 的 Oracle 相容模式可使用 RAISE 或使用者自訂錯誤。

RAISE

引發例外

語法

RAISE level 'format' expression [, expression ...] ;

參數

level	例外的標籤。DEBUG、LOG_INFO、NOTICE、WARNING、EXCEPTION 中任一者
format	例外發生時要傳送的訊息
expression	要取代例外訊息中 % 符號的陳述式

在 PostgreSQL 中，可以利用「RAISE」來讓例外發生。而 Level 參數指定為「DEBUG」、「NOTICE」時，則不會被當成例外，而單純只進行傳送訊息的動作。指定為「EXCEPTION」時，才會引發例外。

PostgreSQL 也和 Oracle 一樣，可在例外處理區塊捕捉錯誤。控制權會轉移至離錯誤發生位置最近的例外處理區塊。

使用 RAISE EXCEPTION 產生的錯誤，全部都會變成「raise_exception」。會跳轉至記述著 WHEN raise_exception 的例外處理區塊。

範例 當參數為 0 時，產生錯誤。

```
CREATE FUNCTION f_foo(INTEGER) RETURNS INTEGER AS $$
BEGIN
  IF $1 = 0 THEN
    RAISE EXCEPTION ' 參數是% 。', $1;
  END IF;
  RETURN 100/$1;
EXCEPTION
  WHEN raise_exception THEN
    RAISE NOTICE ' 錯誤發生 %', SQLERRM;
  RETURN 0;
END;$$ LANGUAGE   lpgsql？
```

關於 Oracle 的 RAISE，請參考前頁的「使用者定義錯誤」。

RAISERROR

產生錯誤

語法

RAISERROR (msg, severity, state, argument [, argument ...])

參數

msg	訊息字串或訊息 ID
severity	重要度
state	狀態（1 ~ 127）
argument	要取代 % 符號的值

在 SQL Server 中，可以用「RAISERROR」來讓錯誤發生。 msg 參數指定的是錯誤訊息。此字串值和 C 語言的 printf 一樣，可以用 %d 或 %s 這樣的寫法，來指定字串值實際的呈現格式。這裡的 %，會被所指定對應的 argument 給替換掉。

我們還可以針對 msg 來賦予訊息編號 ID。而此處的訊息編號必須是用 sp_addmessage 登錄過的編號。

severity 參數是用來指定重要度的。從 0 ~ 18 為止的重要度，表示任何使用者都可以使用之。 19 ~ 25 的重要度，則要屬於 sysadmin 群組的使用者才能使用。 state 參數則可以用 1 ~ 127 的任意整數值來表示叫出錯誤時之狀態資訊。

RAISERROR 與其說是例外，還不如說是讓錯誤發生的命令。不過在 SQLServer 2005 版之前此命令無法讓執行動作中斷，也無法讓交易功能 (transaction) ROLLBACK，請注意了。

範例 當參數值為 0 時，會使錯誤發生，並讓交易功能 (transaction) ROLLBACK。

```
CREATE PROCEDURE p_foo(@a int) AS
BEGIN
  BEGIN TRANSACTION
    INSERT INTO result VALUES(@a)
    IF @a = 0
    BEGIN
      RAISERROR('參數%d錯誤。',18,1,@a)
      ROLLBACK TRANSACTION
    END
    ELSE
      COMMIT TRANSACTION
END
```

DECLARE HANDLER

例外事件處理函式的定義

【語法】

DECLARE type **HANDLER FOR** condition statement ;

【參數】

type	處理函式的類型。CONTINUE、EXIT、UNDO 中的任一者
condition	例外
statement	例外發生時要執行的命令

　　在 DB2 、 MySQL 中, 用「DECLARE HANDLER」命令, 可以定義出會在例外發生時執行的例外事件處理函式。 type 參數可以指定為「CONTINUE」、「EXIT」、「UNDO」中的任一者。指定為 CONTINUE 的話, 呼叫例外事件處理函式之後, 會從發生例外的命令之後, 接著繼續進行其他處理。指定為 UNDO 的話, 會在例外事件處理函式被呼叫前, 先做 ROLLBACK 的動作。而包含此命令的區塊, 必須指定為 ATOMIC 才行。

　　condition 　　參數是用來指定例外事件處理函式的條件的。像是指定成 SQLSTATE '02000' 這樣, 表示發生 SQLSTATE 的值為 '02000' 的例外時, 就要呼叫這個例外事件處理函式。除此之外, 還有 SQLEXCEPTION 或 SQLWARNING 、 NOT FOUND 等可以指定。另外, 也可以指定一開始就用 DECLARE 定義好的條件名稱。 MySQL 不支援 UNDO 。

　　SQLSTATE 的值必須是 5 位數的數字, 或是英文字母構成的字串。由於 '00000' 是在執行正常結束時所用的, 所以這個字串值就不能用在例外上。

圖 5-3 SQLSTATE 值

SQLSTATE	值
執行正常結束	00000
SQLWARNING	從 01 開始的字串
NOT FOUND	從 02 開始的字串
SQLEXCEPTION	以 00 、 01 、 02 以外之數字開始的字串

範例 當游標所在處無資料時執行 FETCH 的話，就會發生 SQL-STATE '02000' 的例外。以例外事件處理函式來捕捉這個例外，然後控制迴圈所使用的旗標(flg 變數)。

```
CREATE PROCEDURE test_handler() LANGUAGE SQL                DB2 MySQL/MariaDB
BEGIN
  DECLARE i INTEGER;
  DECLARE flg INTEGER DEFAULT 1;
  DECLARE cur CURSOR FOR SELECT a FROM foo;
  DECLARE CONTINUE HANDLER FOR SQLSTATE '02000' SET flg = 0;
  OPEN cur;
  fetch_loop: LOOP
    FETCH cur INTO i;
    IF flg = 0 THEN LEAVE fetch_loop; END IF;
  END LOOP;
  CLOSE cur;
END
```

範例 捕捉游標所在處無資料時的例外事件，然後控制迴圈所使用的旗標(flg 變數)。以事件處理函式定義了名爲 not_found 的條件名稱。此外，還讓游標所在處之值爲 NULL 時，終止迴圈處理。而這個部分則利用 '70002' 例外發生的事件來控制。

```
CREATE PROCEDURE test_handler2() LANGUAGE SQL                DB2
BEGIN
  DECLARE i INTEGER;
  DECLARE flg INTEGER DEFAULT 1;
  DECLARE not_found CONDITION FOR SQLSTATE '02000';
  DECLARE is_null CONDITION FOR SQLSTATE '70002';
  DECLARE cur CURSOR FOR SELECT a FROM foo;
  DECLARE CONTINUE HANDLER FOR not_found SET flg = 0;
  DECLARE CONTINUE HANDLER FOR is_null SET flg = 0;
  OPEN cur;
  fetch_loop: LOOP
    FETCH cur INTO i;
    IF i IS NULL THEN SIGNAL SQLSTATE '70002'; END IF;
    IF flg = 0 THEN LEAVE fetch_loop; END IF;
  END LOOP;
  CLOSE cur;
END
```

SIGNAL

引發例外

語法

SIGNAL condition **[SET MESSAGE_TEXT** = 'message' **]** ;

參數

condition	例外
message	例外發生時要傳送的訊息

在 DB2 中, 可以用「SIGNAL」來使例外發生。 Condition 參數指定的是要使之發生的例外, 寫成像 SQLSTATE '70001' 這樣的話, SQLSTATE 之值為 '70001' 的例外就會發生。 若是先有定義好對應到 70001 例外的例外事件處理函式的話, 該例外事件處理函式就會被呼叫。 另外, 我們還可以用 condition 參數來指定一開始就定義好的條件名稱。

用「SET MESSAGE_TEXT」, 可以附加上訊息。 這個訊息字串將在例外發生時, 作為錯誤訊息, 傳遞回遠端。

範例 當參數值為 0 時, 就讓例外發生。

```
CREATE PROCEDURE p_foo(IN a INTEGER) LANGUAGE SQL
BEGIN
  IF a = 0 THEN
    SIGNAL SQLSTATE '70001'
    SET MESSAGE_TEXT = '參數值為0。';
  END IF;
END
```

MySQL 從版本 5.5 之後開始支援 SIGNAL。

TRY CATCH

使用 TRY CATCH 的例外處理

語法

```
BEGIN TRY
statement
END TRY
BEGIN CATCH
statement
END CATCH
```

參數

statement   任意指令

在 SQL Server 中, 可藉由「TRY CATCH」的構造文進行例外處理。 TRY CATCH 是從 SQL Server 2005 後開始支援。

在 TRY 區塊發生錯誤, 控制權會轉移到 CATCH 區塊。若沒有發生錯誤的話, 會執行到 END CATCH。在 TRY 區塊後面, 必須要配置 CATCH 區塊。TRY 區塊中還可以再置入 TRY、CATCH 區塊, 形成巢狀結構。發生錯誤時, 控制權會轉移到最近的 CATCH 區塊。

嚴重性 10 以上的錯誤發生時, 控制權會轉移到 CATCH 區塊。 10 以下的錯誤只會被當成警告訊息處理。想要知道 CATCH 區塊中發生什麼錯誤, 可利用以下函式。

圖 5-4 關於例外處理的系統函式

函式	可取得的資訊
ERROR_NUMBER()	錯誤碼
ERROR_MESSAGE()	錯誤訊息文字
ERROR_SEVERITY()	嚴重性
ERROR_STATE()	狀態碼
ERROR_LINE()	錯誤發生位置的行號
ERROR_PROCEDURE()	發生錯誤的程序名稱

範例 藉由 TRY CATCH 進行例外處理

```
BEGIN TRY
   SELECT 1/0
END TRY
BEGIN CATCH
   PRINT ' 錯誤發生:' + ERROR_MESSAGE()
END CATCH
```

第 **6** 章

程式設計介面
(Programming Interface)

本章介紹的是程式設計介面 (Programming Interface)。

　　SQL 是為了參照、使用資料庫而存在的語言，所以並不含呈現出視窗或按鈕的命令。使用者介面的部分，就是使用一般的程式語言來建立出程式。所以，想從 C 語言或 Basic 對資料庫發出 SQL 命令，並取得結果時，就會需要中介的程式 (軟體)。

　　這類軟體叫做「中介軟體 (Middleware)」。最近則以能藉由屬性和方法進行操作的物件集合 (物件庫 (Object library)) 形式為主流。

　　資料庫應用程式的開發型態可以分為 2 大類。其一是將 SQL 命令作為單純的字串資料，然後在程式執行時，把動態產生的 SQL 命令加以執行的方式。另一種是一開始就在程式中嵌入 SQL 命令，以 Pre Compile 的方式來進行。前者稱為「動態式 SQL」、後者則稱為「嵌入式 SQL」。

6-1 ADO

ADO 是 ActiveX Database Object 的縮寫, 和 DAO 一樣, 都是由 Microsoft 公司所開發的物件庫。不過 ADO 和 DAO 不同的是, 它是以連結資料庫為主要目的而設計的 (也能連結 Jet 引擎)。此外, 由於是 ActiveX, 所以 IIS 之類的 Web 程式也可以利用。

ADO 和 DAO 比較起來物件數較少, 構造較為簡單。

• 在 Visual Basic 中的使用方法

在使用 ADO 之前, 必須先進行「參照設定」。勾選「Microsoft ActiveX Data Objects *.* Library」項目 (*.* 表示版本。一般來說選擇越新的版本越好)。

ADO 中最高等級的物件是「Connection」物件。由於物件名稱和 DAO 的物件名稱重複, 所以寫成「ADODB.Connection」比較安全。

建立出新的 Connection 物件後, 利用它來與資料庫連結, 這樣就能操作資料庫了。與資料庫連結要用 Connection 物件的「Open」方法來進行。 Open 方法需要「連接字串」作為參數。根據這個連接字串的指示, 就能連接到資料庫。省略參數的話, 預設就會利用 Connection 物件的「ConnectionString」屬性 ❶ (以下, 都以圓圈之編號數字對應到範例程式中的編號)。

要發出 SQL 命令時, 要用 Connection 物件的「Execute」方法來進行。碰到會傳回結果資料的 SQL 命令時, 由於會產生「Recordset」物件, 可以用 Set 來將結果資料儲存到任意變數中 ❷。

遇到不傳回結果資料的 SQL 命令, 像是 INSERT 之類, 也可以用 Execute 來執行。在這種情況下, 不會產生 Recordset 物件 ❼。交易功能 (transaction) 會從 Connection 的「BeginTrans」開始 ❻。COMMIT 則用 Connection 的「CommitTrans」來進行 ❽。想 ROLLBACK 時, 就用「Rollback」方法。

雖然 Recordset 物件中含有查詢所得的所有結果, 不過 1 次只能參照 1 筆資料錄。而現在所參照到的資料錄, 就稱為「current record」。為了參照到所有的資料錄, 就需要用迴圈將「current record」從資料最前頭移動到

最後。關於 current record 的移動，可以用 Recordset 物件的「MoveFirst」、「MoveLast」、「MoveNext」、「MovePrevious」等方法 ❺。而為了判斷 current record 有沒有超過資料最前頭或最末尾，則可以利用「BOF」、「EOF」等屬性 ❸。

要參照 current record 的欄位值的話，就將 Recordset 物件加上括弧，並把要參照之欄位名或編號當成參數值即可 ❹。

建立好的 Recordset 、 Connection 物件，若不用了，就要用「Close」方法把它結束掉才行 ❾。

範例 ADO 的範例 (Visual Basic)

```
Sub Main()
  Dim Cn As New ADODB.Connection
  Dim Rs As ADODB.Recordset
  Dim name As String
  Dim age As Integer
  Dim telephone As String
  Cn.Open "Provider=MSDAORA.1;Password=tiger;" & _
    "User ID=scott;Data Source=peta" ......................... ❶
  Set Rs = Cn.Execute("SELECT * FROM foo") ................. ❷
  While Rs.EOF = False ....................................... ❸
    name = Rs(0)
    age = Rs(1) ............................................ ❹
    telephone = Rs(2)
    Rs.MoveNext ........................................... ❺
  Wend
  Rs.Close
  Cn.BeginTrans ............................................. ❻
  Cn.Execute _
    "INSERT INTO foo VALUES('asai',33,'03-555-XXXX')" ....... ❼
  Cn.CommitTrans ............................................ ❽
  Db.Close ................................................. ❾
End Sub
```

連結字串

ADO 的資料庫連結字串中, 必須指定使用者、密碼、資料來源以及 Provider。本章範例中是連接 Oracle 資料庫, 所以要指定 Oracle 用的 Provider。

下表統整各資料庫的連線字串。

圖 6-1 ADO 連線字串

連線對象	Provider=	Data Source=
ODBC	MSDASQL	ODBC 資料來源
Oracle	OraOLEDB.Oracle.1	TNS 服務名稱
SQLServer	SQLOLEDB.1	電腦名稱
DB2 IBMDA	DB2.DB2COPY1	資料庫別名(catalog)
PostgreSQL	PostgreSQL	主機名 /IP 位置
Access2000	Microsoft.Jet.OLEDB.4.0	MDB 檔案
Access2007	Microsoft.ACE.OLEDB.12.0	ACEDB 檔案

參數

使用 **Command** 物件的話, 就可以在查詢 (QUERY) 命令內加上「參數」。查詢 (QUERY) 命令有「?」符號時, 該部分就會被當成參數來處理 ❷。以下都以圓圈數字對應到範例程式中編號。

先單獨建立出 Command 物件。再將 Command 物件的 ActiveConnection 屬性, 設定成有效的 Connection ❶。

執行 Command 物件的 Execute 時, 需要依查詢命令內的「?」個數, 準備好對應的 Parameter 物件。建立 Parameter 物件, 設定好適當的屬性, 然後必須將之追加到 Command 物件的「Parameters」集合裡 ❸。

執行時, 查詢命令內的「?」會被對應的 Parameter 物件之 Value 屬性給替換掉。不過, 保留字、資料表名稱等資料庫物件名稱的部分, 不可以用「?」。

範例 ADO 的範例 (Visual Basic 、參數的使用範例)

```
Dim Cn As New ADODB.Connection
Dim Cmd As New ADODB.Command
Dim Pm1 As New ADODB.Parameter
Dim Pm2 As New ADODB.Parameter
Dim Rs As ADODB.Recordset
Cn.Open "Provider=MSDAORA.1;Password=tiger;" & _
  "User ID=scott;Data Source=peta"
Set Cmd.ActiveConnection = Cn .............................. ❶
Cmd.CommandType = adCmdText
Cmd.CommandText = "SELECT name,age,telephone FROM foo" & _
  "WHERE telephone LIKE ? AND age>=?" ...................... ❷
Pm1.name = "telephone"
Pm1.Type = adBSTR
Pm1.Value = "03%"
Cmd.Parameters.Append Pm1 ................................... ❸
Pm2.name = "age"
Pm2.Type = adInteger
Pm2.Value = 30
Cmd.Parameters.Append Pm2
Set Rs = Cmd.Execute
```

呼叫程序

Command 物件也可以進行「呼叫程序」的動作。程序的參數就用 Parameter 物件來傳遞即可。

利用 Command 物件的「CommandType」屬性,將物件設定為呼叫程序 狀態 ❶。以下都以圓圈數字對應到範例程式中編號。

呼叫程序時,要將「CommandText」指定為要呼叫之程序名稱 ❷。要傳 給程序的參數,就用「Parameter」物件來傳遞。程序定義中所定義的參數 有幾個, Parameter 物件就得有幾個。

作為要傳給程序參數的 Parameter, 必須依據參數為輸入、輸出還是輸出 入之型態,用「Direction」屬性 ❸ 針對要呼叫之程序的參數型態來一一設 定 ❹。從 Command 附加 (Append) 的 Parameter 物件之順序,就是實際呼叫 之程序的參數順序。

Parameter 的設定完成後，就可以用 Execute 方法來執行了 ❺。呼叫程序成功的話，Parameter 物件的 Value 屬性就會被存入結果值 ❻。

範例 ADO 的範例 (Visual Basic、呼叫程序之範例)

```
Dim Cn As New ADODB.Connection
Dim Cmd As New ADODB.Command
Dim Pm1 As New ADODB.Parameter
Dim Pm2 As New ADODB.Parameter
Cn.Open "Provider=MSDAORA.1;Password=tiger;" & _
   "User ID=scott;Data Source=peta"
Set Cmd.ActiveConnection = Cn
Cmd.CommandType = adCmdStoredProc ........................... ❶
Cmd.CommandText = "pfoo" ................................... ❷
Pm1.name = "inparam"
Pm1.Type = adInteger
Pm1.Value = 1
Pm1.Direction = adParamInput ................................ ❸
Cmd.Parameters.Append Pm1
Pm2.name = "result"
Pm2.Direction = adParamOutput .............................. ❹
Pm2.Type = adBSTR
Pm2.Value = ""
Cmd.Parameters.Append Pm2
Cmd.Execute ................................................ ❺
Debug.Print "result=" & Pm2.Value .......................... ❻
Cn.Close
```

伺服器游標和遠端游標

在 ADO 中，可以指定要讓伺服器持有游標，還是讓遠端持有游標。

預設狀態下，是由伺服器端持有游標。伺服器游標的優點是，遠端只需消耗少量資源，就能運作。指定用遠端游標的話，查詢的結果全部由遠端持有，所以可以進行複雜的游標操作，但是記憶體和資源的消耗就比較多。

使用伺服器游標時，以 OpenRecordset 建立出的游標，會位在伺服端。因此，遠端就不需要消耗資源來儲存全部的查詢結果。只要將需要的部分，在需要的時候由伺服器端傳送給遠端即可。對於資料集的操作，雖然依據驅

動程式而各有不同，但是基本上只限於 MoveNext 。而資料集總共有幾筆資料，必須要讀取到最後一筆時，才會知道。

使用遠端游標時，以 OpenRecordset 建立出的游標，會全部傳給遠端。因此，查詢結果資料眾多時，就需要消耗大量的儲存資源。而游標的操作則不限於 MoveNext, MovePrevious 或 MoveLast 等都可以使用，所以能自由自在地移動游標。此外，由於保有全部的查詢結果，所以可以知道資料集的資料總筆數。

6-2 ODBC

ODBC 是 Open DataBase Connectivity 的縮寫，是由 Microsoft 公司所定義的規格，同時表示了它也是一種 API 。它被稱為中介軟體，在遠端和資料庫伺服器之間擔任中介角色的程式，且經由 ODBC 規格化處理過。而為了連結資料庫，還需要專用的 ODBC 驅動程式才行。

• ODBC API 的使用方法 (以 C 語言來使用時)

ODBC API 是呼叫函式形式的 API。以 C 語言來使用時，首先要納入 (include) 標頭檔案－「sql.h」 ❶ (以下，都以圓圈之編號數字對應到範例程式中的編號)。

一開始要建立 ODBC API 的環境。這要用「SQLAllocEnv」來做。建立成功的話，處理函式就會傳回代碼給 henv ❷。接著，要確保連結資料庫用的資源。所以要呼叫「SQLAllocConnect」。至於其參數，則要指定為環境資源的處理函式。此動作若成功，處理函式就會傳回代碼給 hdbc ❸。

要連結資料庫時，則用「SQLDriverConnect」或是「SQLConnect」 ❹。這樣就能連結到資料庫了。

要執行 SQL 命令的話，需要有給命令用的資源。這可以用「SQLAllocStmt」來確保 ❺。

實際要執行的 SQL 命令, 可以用「SQLExecute」或「SQLExecDirect」來執行。 SQLExecDirect 不會呼叫 SQL 命令中用來處理參數的「SQLPrepare」。所以對於不用指定參數的 SQL 命令, 用 SQLExecDirect 可以稍微加快執行速度 ❻。

用 SQLExecDirect 時, 要將 SQL 命令之字串, 以及其長度, 作為參數值來指定。 由於長度指的是字串的長度, 所以可以用 strlen 來寫, 不過若用的是 C 語言, 由於字串最後會接著 NULL, 所以藉著指定 SQL_NTS, 也可以省略這個長度參數。

結果資料會存在 hstmt 處理函式所指到的資源內部。 要參照結果值時, 就是由此參照。 不過一次只能參照到 1 筆資料錄。 在執行 SQLExecDirect 之後, 由於 current 資料錄還沒設定, 所以要用「SQLFetch」將游標移到第 1 筆紀錄處。 接著再用迴圈, 再次執行 SQLFetch, 就可以將 current 紀錄移動到下一筆處 ❼。

當 SQLFetch 的傳回值為「SQL_NO_DATA」時, 就表示已經沒有紀錄資料了。 傳回值為「SQL_ERROR」時, 表示有錯誤發生 ❽。

想從紀錄資料中參照出欄位值時, 要用「SQLGetData」。 在 hstmt 處理函式之後, 將欄位的編號、欄位之資料類型、取出資料後要存放在哪個變數中、變數之最大資料量、存放資料庫中的資料的有效長度之變數, 作為參數值來指定 ❾。

不會傳回結果資料的 INSERT 命令, 也可以用 SQLExecute 或 SQLExecDirect 來執行 ❿。 交易功能 (transaction) 可以藉著把「SQL_ COMMIT」指定給「SQLEndTran」作為參數值, 來做 COMMIT 的動作。 而指定「SQL_ROLLBACK」作為參數值的話, 則可以進行 ROLLBACK 的動作 ⓫。

程式執行結束後, 必須將執行時配置的資源重新釋放出來。 利用「SQLFreeStmnt」就可以將用於命令之資源釋出 ⓬。 用「SQLDisconnect」可以切斷與資料庫之間的連結 ⓭。「SQLFreeConnect」可以釋放連結用的資源 ⓮。「SQLFreeEnv」則可以釋放環境資源 ⓯。

範例 ODBC 的範例 (Visual C++)

```cpp
#include <windows.h>
#include <sql.h> ................................................. ❶
#include <sqlext.h>
#include <string.h>
#include <iostream.h>
#define NAME_LEN 30
#define TELEPHONE_LEN 20
int main(int argc,char* argv[])
{
  HENV henv;
  HDBC hdbc;
  HSTMT hstmt;
  RETCODE rc;
  SQLCHAR CompliteConnect[255];
  SWORD len;
  rc = SQLAllocEnv(&henv); ................................... ❷
  rc = SQLAllocConnect(henv,&hdbc); ......................... ❸
  rc = SQLDriverConnect(hdbc,NULL,(unsigned
    char*)"DSN=peta;UID=scott;PWD=tiger",SQL_NTS,
    CompliteConnect,255,&len,SQL_DRIVER_NOPROMPT); .......... ❹
  rc = SQLAllocStmt(hdbc,&hstmt); ........................... ❺
  SQLCHAR name[NAME_LEN],telephone[TELEPHONE_LEN];
  SQLINTEGER age,cbName,cbAge,cbPhone;
  rc = SQLExecDirect(hstmt,
    (unsigned char*)"SELECT * FROM foo",SQL_NTS); ........... ❻
  while (TRUE){
    rc = SQLFetch(hstmt); ................................... ❼
    if ( rc == SQL_NO_DATA ) ................................ ❽
      break;
    if ( rc == SQL_ERROR )
      break;
    SQLGetData(hstmt,1,SQL_C_CHAR,name,NAME_LEN,&cbName);
    SQLGetData(hstmt,2,SQL_C_ULONG,&age,0,&cbAge);
    SQLGetData(hstmt,3,SQL_C_CHAR,telephone, ............... ❾
```

```
      TELEPHONE_LEN, &cbPhone);
   cerr << name << "(" << cbName << "),"
        << age << "(" << cbAge << "),"
        << telephone << "(" << cbPhone << ")" << endl;
   }
   rc = SQLExecDirect(hstmt, ............................... ❿
     (unsigned char*)
     "INSERT INTO foo VALUES('asai',33,'03-555-xxxx')",
     SQL_NTS);
   rc = SQLEndTran(SQL_HANDLE_ENV,henv,SQL_COMMIT); ......... ⓫
   rc = SQLFreeStmt(hstmt,SQL_DROP); ....................... ⓬
   rc = SQLDisconnect(hdbc); ............................... ⓭
   rc = SQLFreeConnect(hdbc); .............................. ⓮
   rc = SQLFreeEnv(henv); .................................. ⓯
   return 0;
}
```

連結變數 (BIND)

在上一個範例中, 要從資料錄中參照欄位值時, 用 SQLGetData, 就可以在
資料錄的迴圈動作時, 每次取得欄位值, 不過在 ODBC API 中, 若一開始就把
變數和欄位「連結」起來, 則只要執行 SQLFetch, 就可以自動更新連結的
變數值。

執行 SQLExecDirect 之後, 用「SQLBindCol」, 把欄位和變數欄位連結起來 ❶。
這樣一來, 只要一執行 SQLFetch, 變數 name 、 age 、 telephone 的值就會逐一
自動更新為紀錄資料之欄位值 ❷。

範例 ODBC 的範例 2(Visual C++)

```
rc = SQLAllocEnv(&henv);
rc = SQLAllocConnect(henv,&hdbc);
rc = SQLDriverConnect(hdbc,NULL,
  (unsigned char*)"DSN=peta;UID=scott;PWD=tiger",SQL_NTS,
  CompliteConnect,255,&len,SQL_DRIVER_NOPROMPT);
rc = SQLAllocStmt(hdbc,&hstmt);
SQLCHAR name[NAME_LEN],telephone[TELEPHONE_LEN];
SQLINTEGER age,cbName,cbAge,cbPhone;
rc = SQLExecDirect(hstmt,
  (unsigned char*)"SELECT * FROM foo",SQL_NTS);
SQLBindCol(hstmt,1,SQL_C_CHAR,name,NAME_LEN,&cbName);
SQLBindCol(hstmt,2,SQL_C_ULONG,&age,0,&cbAge);
SQLBindCol(hstmt,3,SQL_C_CHAR,telephone, .................❶
  TELEPHONE_LEN,&cbPhone);
while (TRUE){
  rc = SQLFetch(hstmt);
  if ( rc == SQL_NO_DATA )
    break;
  if ( rc == SQL_ERROR )
    break;
  cerr << name << "(" << cbName << ")," ..................❷
      << age << "(" << cbAge << "),"
      << telephone << "(" << cbPhone << ")" << endl;
}
```

「JDBC」是以 ODBC 為基礎, 可以從 Java 環境對資料庫進行參照、操作的東西。和 ODBC 一樣, JDBC 也需要驅動程式。若已經裝有 ODBC 驅動程式的話也可以經由「JDBC->ODBC」這樣的路徑來使用資料庫。 Java 本身具有參照、操作網路的基本功能, 還進一步具備了與資料庫伺服器連接的基本功能。但是, 實際上要和資料庫連接時, 還需要安裝對應於該資料庫伺服器的驅動程式。

為了連接資料庫的基本功能都包在「java.sql」中了。此外, 將驅動程式的封包也匯入 ❶(以下, 都以圓圈之編號數字對應到範例程式中的編號)。

在實際連結之前, 得先載入驅動程式。利用「DriverManager」的「registerDriver」方法, 就可以將要使用的驅動程式登錄起來 ❷。

經由 DriverManager 的「getConnection」方法, 可以確認連結資料庫是否成功。若成功了, 就會建立「Connection」物件 ❸。接著, 用這個 Connection 物件的「createStatement」方法, 建立出「Statement」物件。 SQL 命令就由這個 Statement 物件來執行 ❹。

對於會傳回結果資料的 SELECT 命令, 就用「executeQuery」方法來建立「ResultSet」物件 ❺。

對於不傳回結果資料的 INSERT 等命令, 就用「execute」或「executeUpdate」方法 ❿。

ResultSet 的功能和 ADO 的 Recordset 一樣, 1 次只能參照到 1 筆資料錄。想移動讀取不同筆資料錄時, 要用 ResultSet 的「next」方法。當 ResultSet 中沒有資料錄, 無法移動時, next 方法就會傳回 false ❻。

要取出 ResultSet 內的欄位值時, 可以利用「getString」或「getInt」這些指定不同資料類型的方法, 將欄位名指定為其參數的方式來做 ❼。

將不再使用的 ResultSet、 Statement、 Connection 物件「close」掉, 以釋放資源 ❽。

在 Java 中, 新建立的物件不需要刪除, 這種功能就叫做「垃圾收集 (Garbage Collection)」, 也就是它具備了把記憶體中的垃圾自動收集起來, 清除乾淨的功能。為了方便垃圾收集功能, 我們會將 null 代入到使用完畢的物件之參照處, 表示該物件不再使用, 這樣有時可以獲得很好的效果 ❾。

Java 中也有例外 (Exception) 這種錯誤處理機制。 java.sql 套件中的物件, 隱含著「SQLException」這種例外發生的可能性。 在 Java 中, 若呼叫了可能發生例外的方法時, 就應該加上 catch。 以下面的範例來說, 我們在 try 區塊裡呼叫了 executeQuery 等方法, 所以使用 catch 區塊, 來捕捉 SQLException 例外 ⑪。

範例 JDBC 之範例

```
import java.sql.*;
import oracle.jdbc.driver.*; ................................ ❶

public class jdbcTest {
  jdbcTest(){
  }
  public static void main(String args[]){
    try{
      DriverManager.registerDriver(
        new OracleDriver()); ........................... ❷
      Connection connection =
        DriverManager.getConnection("jdbc:oracle:thin:",
          "scott","tiger"); ........................... ❸
      Statement statement =
        connection.createStatement(); .................. ❹
      ResultSet result =
        statement.executeQuery("SELECT * FROM foo"); ........ ❺
      String name;
      int age;
      String telephone;
      while( result.next() != false ){ ..................... ❻
        name = result.getString("name");
        age = result.getInt("age"); ..................... ❼
        telephone = result.getString("telephone");
      }
      result.close(); ................................ ❽
      result = null; ................................ ❾
      statement.execute( ................................ ❿
        "INSERT INTO foo VALUES('asai',33,'03-555-XXXX')");
      statement.close();
      statement = null;
      connection.close();
```

```
      connection = null;
    }
    catch(SQLException ex){ ............................... ⑪
      System.out.println(ex.toString());
    }
  }
}
```

• 連接字串

使用 DriverManager 的 getConnection 可以連結資料庫。此時，必須指定連結的位置和使用者、密碼。關於連結的位置，依據驅動程式不同，指定的方法也不同。

下表統整各資料庫的連線字串和 driver。

圖 6-2 JDBC 連線字串

連線對象	連線字串
Oracle(OCI)	jdbc:oracle:oci:@TNS 服務名稱
Oracle(thin)	jdbc:oracle:thin:@ 主機名稱 : port 號碼 :SID
DB2	jdbc:db2:資料庫別名
PostgreSQL	jdbc:postgresql:// 主機名稱 / 資料庫名稱
MySQL	jdbc:mysql:// 主機名稱 / 資料庫名稱
ODBC	jdbc:odbc: 資料來源名稱

＊主機名稱用 IP 位置也沒問題。

＊在 Oracle 的預設 port 是 1521。

圖 6-3 JDBC driver

連線對象	driver
Oracle	oracle.jdbc.driver.OracleDriver
DB2	COM.ibm.db2.jdbc.app.DB2Driver
PostgreSQL	org.postgresql.Driver
MySQL	org.gjt.mm.mysql.Driver

• 交易功能 (transaction)

在 JDBC 中，預設就為自動 COMMIT 模式。若不解除此模式，就不能使用交易功能。要解除自動 COMMIT 模式，要用 Connection 的「setAutoCommit」方法。將 false 值指定給 setAutoCommit 參數，就能解除自動 COMMIT 模式 ❶。

在 JDBC 中, 並沒有交易功能的開始命令。只要不處在自動 COMMIT 模式中, 交易功能就一直在啓動狀態。要將交易功能 COMMIT 時, 要呼叫 Connection 的 「commit」方法 ❷。要 ROLLBACK 時, 就呼叫「rollback」方法 ❸。也可以設定 交易功能的分離等級。設定時要用 Connection 的「setTransactionIsolation」來 進行。要指定給 setTransactionIsolation 的參數值, 則可以是圖表 6-4 中所列的 任意一個常數。

圖 6-4 分離等級

分離等級
TRANSACTION_READ_UNCOMMITTED
TRANSACTION_READ_COMMITTED
TRANSACTION_REPEATABLE_READ
TRANSACTION_SERIALIZABLE

這些常數由 Connection 類別所定義。所支援的分離等級依據所連結之 資料庫不同而異。

範例 JDBC 的交易功能使用範例

```java
import java.sql.*;
import oracle.jdbc.driver.*;

public class jdbcTest {
  jdbcTest(){
  }
  public static void main(String args[]){
    try{
      DriverManager.registerDriver(
      new OracleDriver());
      Connection connection =
      DriverManager.getConnection("jdbc:oracle:thin:",
        "scott","tiger");
      connection.setAutoCommit(false); ...................... ❶
      Statement statement =
        connection.createStatement();
      try {
        statement.execute(
          "INSERT INTO foo VALUES('asai',33,'03-555-XXXX')");
        statement.execute(
```

```
      "INSERT INTO foo VALUES('asai',36,'03-666-XXXX')");
      connection.commit(); ................................. ❷
    }
    catch(SQLException ex){
      System.out.println(ex.toString());
      connection.rollback(); ............................. ❸
    }
    statement.close();
    connection.close();
  }
  catch(SQLException ex){
    System.out.println(ex.toString());
  }
  }
}
```

• 參數

在 JDBC 中使用參數時, 用的不是 Statement 物件, 而是「PreparedStatement」物件。PreparedStatement 物件可經由 Connection 的「prepareStatement」方法來建立。PreparedStatement 是繼承 Statement 而來的, 所以像 executeQuery 或 executeUpdate 這些方法, 都可以使用。

prepareStatement 方法的參數就是 SQL 命令, 可利用在 SQL 命令中寫上「?」的方式來建立 SQL 命令的參數 ❶。參數所對應的實際值, 可用 PreparedStatement 的「setInt」或「setString」方法來設定。 setXXX 方法有兩個參數, 第 1 個參數用來指定 SQL 命令中的「?」之位置。若要將第 1 個參數設為 100 的話, 就寫成「setInt(1, 100)」 ❷。

範例 JDBC 的參數使用範例

```
Connection connection = DriverManager.getConnection(
  "jdbc:oracle:thin:","scott","tiger");
PreparedStatement statement = connection.prepareStatement(
  "SELECT * FROM foo WHERE name=?"); ........................ ❶
statement.setString(1,"asai"); ............................. ❷
ResultSet result = statement.executeQuery();
```

• 呼叫程序

　藉由使用「CallableStatement」物件, 就可以呼叫預存程序。呼叫程序時, 要發出「{call procedure_name(?, ?)}」這樣的 SQL 命令 ❶。CallableStatement 可藉由 Connection 的「prepareCall」方法來建立, 而參數值就是 call 所用的 SQL 命令之字串。

　程序之參數可以用「?」符號來指定。設定參數值時, 要用 CallableStatement 的「setInt」或「setString」方法來做。 setXXX 方法有 2 個參數, 第 1 個參數 用來指定 SQL 命令中的「?」之位置。若要將第 1 個參數設為 100 的話, 就 寫成「setInt(1, 100)」 ❷。

範例 JDBC 的呼叫程序之範例

```
Connection connection = DriverManager.getConnection(
  "jdbc:oracle:thin:","scott","tiger");
PreparedStatement statement = connection.prepareCall(
  "{call p_foo(?,?,?)}");  .......................................❶
statement.setString(1,"asai");  .............................❷
statement.setInt(2,22);
statement.setString(3,"042-951-XXXX");
statement.executeUpdate();
```

6-4 oo4o(Oracle Objects for OLE)

Oracle Objects for OLE 可以縮寫為 oo4o，以下都使用縮寫 oo4o 來表示。它是以 Windows 的 OLE 為基礎的 Oracle 專用物件庫，只要是 OLE 所能使用的環境，就可以利用它。

• 在 Visual Basic 中的使用方法

oo4o 在使用之前，和 ADO 一樣，需要先進行「參照設定」。勾選「Oracle InProc Server x.x Type Library」項目。由於是 OLE 物件，所以可以用 CreateObject 來建立物件，藉由對類型庫進行參照設定，就可以參照到 OraSession、OraDatabase 等具體的類型名稱。此外，還會啟動屬性或方法的 auto-complete (譯註：一種輸入輔助功能) 功能，相當便利。

在 oo4o 中，一開始先建立「OraSession」物件 ❶ (以下，都以圓圈之編號數字對應到範例程式中的編號)。OraSession 物件是藉由把「"OracleInProcServer. XOraSession"」這個參數值傳給 VB 的 CreateObject 函式而建立出來的。

OraSession 建立完成時，還不會連結到資料庫せ，只不過是已經載入好 OLE 物件而已。實際上要連結資料庫的話，就得執行「OpenDatabase」方法。執行 OpenDatabase 方法時需指定資料庫名稱、使用者名稱和密碼這 3 個選項。一旦連結成功，就會建立「OraDatabase」物件 ❷。

對於會傳回結果資料的 SELECT 命令，可以藉由建立「OraDynaset」來參照結果資料。而 OraDynaset 是以 OraDatabase 物件的「CreateDynaset」方法來建立的 ❸。

對於不會傳回結果資料的 INSERT 等 SQL 命令，可用「ExecuteSQL」來執行。此時，不會建立 OraDynaset 物件 ❽。交易功能可用 OraDatabase 或 OraSession 的「BeginTrans」來啟動 ❼。COMIT 則用「CommitTrans」方法來進行 ❾。要 ROLLBACK 的話，就用「Rollback」方法。

OraDynaset 物件中會含有所有的查詢結果，但是 1 次只能參照到一筆資料。目前所參照到的資料錄，就稱為「current record」。為了參照到所有的資料錄，就需要用迴圈將「current record」從資料最前頭移動到最後。關於 current record 的移動，可以用 OraDynaset 物件的「MoveFirst」、「MoveLast」、「MoveNext」、「MovePrevious」等方法 ❻。

　　而為了判斷 current record 有沒有超過資料最前頭或最末尾，則可以利用「BOF」、「EOF」等屬性 ❹。

　　要參照 current record 的欄位值的話，就參照 OraDynaset 物件的「Fields」集合。將 Fields 的參數指定為想參照之欄位名稱，就會傳回對應於該欄位的 OraField 物件 ❺。

　　建立好的 OraDynaset 、 OraDatabase 、 OraSession 物件, 若不用了, 就要用「Close」方法把它結束掉才行 ❿。

範例 oo4o 的範例 (Visal Basic)

```
Sub Main()
  Dim OSession As OraSession
  Dim ODatabase As OraDatabase
  Dim ODynaset As OraDynaset
  Dim name As String
  Dim age As Integer
  Dim telephone As String

  Set OSession = _
    CreateObject("OracleInProcServer.XOraSession") .........❶
  Set ODatabase = _
    OSession.OpenDatabase("Db","scott/tiger",0&) ..........❷
  Set ODynaset = _
    ODatabase.CreateDynaset("SELECT * FROM foo",0&) ........❸
  While ODynaset.EOF <> True ..............................❹
    name = ODynaset.Fields("name").Value
    age = ODynaset.Fields("age").Value .....................❺
    telephone = ODynaset.Fields("telephone").Value
    ODynaset.MoveNext ....................................❻
  WEnd
  ODatabase.BeginTrans .....................................❼
  ODatabase.ExecuteSQL( _
    "INSERT INTO foo VALUES('asai',33,'03-555-XXXX')") ......❽
  ODatabase.CommitTrans ....................................❾
  ODynaset.Close
  ODatabase.Close ..........................................❿
End Sub
```

BIND 變數

BIND 變數的功能和 ADO 的參數一樣。在查詢中,以分號 (:) 起頭的字串,就會被視爲是「BIND 變數」❸。

BIND 變數可以用 OraDatabase 物件的「Parameters」集合的「Add」方法來追加。追加時,要指定參數之名稱、起始值,以及 IO 類型 ❶。IO 類型在呼叫程序時扮演了重要的角色。當 BIND 變數以一般的查詢命令來使用時,要用「ORAPARAM_INPUT(1)」這樣的寫法。

執行 OpenDynaset 時,必須具備查詢命令中,與「:變數名」相對應的 OraParameter 物件。使用 Add 時所填入的參數名稱作爲 Prameters 之索引值的話,就可以參照到 OraParameter 物件,並設定資料類型與值 ❷。

執行時,查詢命令中的「:變數名」會被對應的 OraParameter 的「Value」屬性值給取代掉。

範例 oo4o 之範例 (使用 BIND 變數之範例)

```
Set OSession = _
  CreateObject("OracleInProcServer.XOraSession")
Set ODatabase = _
  OSession.OpenDatabase("peta", "scott/tiger", 0&)
ODatabase.Parameters.Add "age", "1", 1 'ORAPARAM_INPUT ...... ❶
ODatabase.Parameters("age").serverType = 2 'ORATYPE_NUMBER
ODatabase.Parameters("age").Value = 30 ...................... ❷
Set ODynaset = ODatabase.CreateDynaset( _
  "SELECT * FROM foo WHERE age>=:age", 0&) .................. ❸
```

圖 6-5 具代表性的幾個資料類型

常數	值	Oracle 中的資料類型
ORATYPE_VARCHAR2	1	VARCHAR2
ORATYPE_NUMBER	2	NUMBER
ORATYPE_FLOAT	4	FLOAT
ORATYPE_LONG	8	LONG
ORATYPE_VARCHAR	9	VARCHAR
ORATYPE_DATE	12	DATE
ORATYPE_CHAR	96	CHAR

呼叫程序

利用 BIND 變數, 可以在呼叫程序時指定參數值, 也可以接收值。

程序是以 PL/SQL 來執行的。此時, 要將 BIND 變數指定為程序的參數值。將程序之參數 OraParameter 以 Add 方法來追加時, 必須指定參數要為輸入、輸出或輸出等 3 種型態中的哪一種 ❶ (以下, 都以圓圈之編號數字對應到範例程式中的編號), 請指定為和所呼叫之程序相符的型態 ❷。

OraParameter 之設定完成後, 就可以用 ExecuteSQL 方法執行了 ❸。呼叫成功的話, 結果資料就會被存入 OraParameter 物件的 Value 屬性 ❹。

範例 oo4o 之範例 (呼叫程序的範例)

```
Set OSession = _
  CreateObject("OracleInProcServer.XOraSession")
Set ODatabase = _
  OSession.OpenDatabase("peta", "scott/tiger", 0&)
ODatabase.Parameters.Add _
  "inparam", "", 1 'ORAPARAM_INPUT ..........................❶
ODatabase.Parameters("arg").serverType = 2
ODatabase.Parameters("arg").Value = Text1.Text
ODatabase.Parameters.Add _
  "result", "", 2 'ORAPARAM_OUTPUT ........................❷
ODatabase.Parameters("result").serverType = 1
ODatabase.Parameters("result").Value = ""
ODatabase.ExecuteSQL ( _
  "BEGIN pfoo(:arg,:result); END;") ........................❸
Debug.Print ODatabase.Parameters("result").Value ...........❹
```

圖 6-6 IO 類型

常數	值	類型的意義
ORAPARM_INPUT	1	輸入參數
ORAPARM_OUTPUT	2	輸出參數
ORAPARM_BOTH	3	輸出入參數

6-5 Pro*c

Pro*C 是給 C 語言使用的 Oracle 專用介面。

ADO 或 oo4o, 都是在遠端程式中, 把 SQL 命令以字串形式寫成, 然後將該字串傳給資料庫伺服器, 藉以操作資料庫。 Pro*C 則使用「嵌入式 SQL」的方式。這種方式是直接在程式的原始碼裡, 直接寫入 SQL 命令。

一般的 C 語言並不支援 SQL, 所以在 Pro*C 中, 要進行所謂的「Pre Compile」的動作。做了 Pre Compile 動作後, 嵌入的 SQL 命令就會轉成 C 語言可以理解的型態。

圖 6-7 Pre Compile

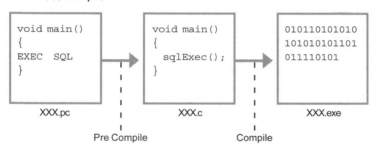

利用「EXEC SQL CONNECT」, 可以建立與資料庫間的連結。若是還沒連結到資料庫, 就不能發出 SQL 命令 ❺。

Pro*C 的開發環境是由 Pre Compile 的編譯器和標頭檔、程式庫所構成的。雖說是將 SQL 命令嵌入到 C 語言的原始檔中, 但是還必須將標頭檔案「sqlca.h」先匯入才行 ❶ (以下, 都以圓圈之編號數字對應到範例程式中的編號)。

以「EXEC SQL」起頭的列, 表示是要經由 Pre Compile 的編譯器處理的程式。其中「BEGIN DECLARE SECTION」是用來宣告出可用來定義 SQL 所使用的變數或結構 (Structure) 之區塊 ❷。利用在此區塊中所定義的變數、結構, 來進行與 SQL 命令以及 C 語言間的溝通。區塊結束處, 要寫上「END DECLARE SECTION」❸。

「WHENEVER SQLERROR」是用來定義錯誤發生時的優先處理動作。在「DO」之後, 接著寫上要優先執行的函式或命令 ❹。

利用「EXEC SQL CONNECT」, 可以建立與資料庫間的連結。若是還沒連結到資料庫, 就不能發出 SQL 命令 ❺。

對於會傳回結果資料的 SELECT 命令，可以用「EXEC SQL DECLARE cursor_name CURSOR FOR」來定義游標位置 ❻，然後將建立出的游標開啟 ❼。藉開啟游標的動作，針對資料庫所寫的命令就會送出。接著用「FETCH」命令，可以將游標所在處的 1 筆結果資料錄代入到變數中。而代入資料的變數，是在 DECLARE SECTION 中定義好了的結構變數 ❾。

執行 FETCH 時，current record 會依序往下一筆資料處移動，不過一直到超過最後 1 筆資料時，再也找不到資料，就會出現「NOT FOUND」的錯誤。此時，利用 C 語言的 break 命令來做優先處理的話，就可以在發現 EOF 時，趕快跳出迴圈 ❽。當不再需要使用游標時，就用「CLOSE」將之關閉 ❿。

對於不傳回結果資料的 INSERT 等 SQL 命令，在「EXEC SQL」後，接著寫上 SQL 命令就行了 ⓫。

範例 Pro*C 之範例

```
#include <stdio.h>
#include <sqlca.h> .................................... ❶

EXEC SQL BEGIN DECLARE SECTION; ....................... ❷
char connection[40];

struct foo_record {
  char name[20];
  float age;
  char telephone[12];
};

EXEC SQL END DECLARE SECTION; ......................... ❸

void sql_error(char* msg)
{
  EXEC SQL WHENEVER SQLERROR CONTINUE;
  printf("%s",msg);
  EXEC SQL ROLLBACK RELEASE;
  exit(1);
}
```

```
int main(int argc,char* argv[])
{
  EXEC SQL BEGIN DECLARE SECTION;
  struct foo_record record;
  char name[20], telephone[13];
  int age;
  EXEC SQL END DECLARE SECTION;
  EXEC SQL WHENEVER SQLERROR
  DO sql_error("ORACLE error--\n"); ........................ ❹
  strcpy(connection,"scott/tiger@peta");
  EXEC SQL CONNECT :connection; ........................... ❺
  EXEC SQL DECLARE cfoo CURSOR FOR
    SELECT name, age, telephone FROM foo; ................... ❻
  EXEC SQL OPEN cfoo; ...................................... ❼
  EXEC SQL WHENEVER NOT FOUND DO break; .................... ❽
  for (;;) {
    EXEC SQL FETCH cfoo INTO :record; ...................... ❾
    printf("%s %f %s\n",record.name,record.age,
    record.telephone);
  }
  EXEC SQL CLOSE cfoo; ..................................... ❿
  EXEC SQL WHENEVER NOT FOUND
    DO sql_error("ORACLE error--\n");
  strcpy(name,"asai");
  age = 33;
  strcpy(telephone,"03-5555-xxxx");
  EXEC SQL
    INSERT INTO foo VALUES(:name,:age,:telephone); ......... ⓫
  EXEC SQL COMMIT WORK RELEASE;
}
```

以 Pro*C 所寫的原始碼檔案,要存成副檔名為「.PC」的檔案。這種原始檔要經由 Pre Compile 的編譯器「PROC.EXE」來進行編譯,做法如下。

```
proc sample.pc
```

Pre Compile 成功的話，就能建立出副檔名為「.C」的檔案。這種檔案是內容轉換成了 C 語言的檔案。建立出的 C 語言原始程式碼檔案，還要再經過 C 的編譯器編譯。

```
cl /c sample.c
```

連結時，還得連到 Pro*C 用的程式庫－「orasql8.lib」才行。

```
cl sample.obj orasql8.lib
```

6-6 ESQL/C(Embedded SQL for C)

ESQL 是 SQL Serve 專用的介面。

ESQL/C 和 Pro*C 一樣，用的是「嵌入式 SQL」的方式。這種方式是直接將 SQL 命令寫在程式的原始碼裡。

一般的 C 語言並不支援 SQL，所以 ESQL/C 必須先進行所謂的「Pre Compile」動作。做了 Pre Compile 動作後，嵌入的 SQL 命令就會轉成 C 語言可以理解的型態。

圖 6-8 Pre Compile

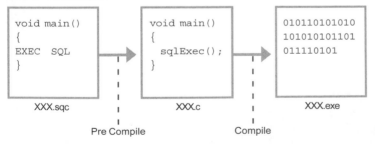

以「EXEC SQL」起頭的列，表示是要由 Pre Compile 的編譯器處理的程式。其中「BEGIN DECLARE SECTION」，可以宣告出用來定義 SQL 所使用的變數或結構 (Structure) 之區塊 ❶ (以下，都以圓圈之編號數字對應到範例程

式中的編號)。利用在此區塊中所定義的變數、結構, 來進行與 SQL 命令以及 C 語言間的溝通。區塊結束處, 要寫上「END DECLARE SECTION」**❷**。

「WHENEVER SQLERROR」是用來定義錯誤發生時的優先處理動作。在「CALL」之後, 接著寫上要優先執行的函式或命令 **❸**。

利用「EXEC SQL CONNECT」, 可以建立與資料庫間的連結。若是還沒連結到資料庫, 就不能發出 SQL 命令 **❹**。

對於會傳回結果資料的 SELECT 命令, 可以用「EXEC SQL DECLARE cursor_name CURSOR FOR」來定義游標位置 **❺**, 然後將建立出的游標開啓 **❻**。藉開啓游標的動作, 針對資料庫所寫的命令, 就會送出。用「FETCH」命令, 可以將游標所在處的 1 筆結果資料錄代入到變數中 **❼**。而代入資料的變數, 是在 DECLARE SECTION 中定義好了的結構變數。

執行 FETCH 時, current record 會依序往下一筆資料處移動, 不過一直到超過最後 1 筆資料時, 再也找不到資料, 錯誤代碼就會代入到「SQLCODE」中。利用這個特性, 就可以在發現 EOF 時, 趕快跳出迴圈 **❽**。當不再需要使用游標時, 就用「CLOSE」將之關閉 **❾**。

對於不傳回結果資料的 INSERT 等 SQL 命令, 在「EXEC SQL」後接著寫上 SQL 命令就行了 **❿**。

範例 ESQL/C 之範例

```
#include <stdio.h>

EXEC SQL BEGIN DECLARE SECTION; ............................. ❶
char serverDatabase[40];
char userPassword[40];

struct foo_record {
  char name[20];
  int age;
  char telephone[13];
};
EXEC SQL END DECLARE SECTION; ............................. ❷

void sql_error()
{
```

```
  EXEC SQL WHENEVER SQLERROR CONTINUE;
  printf("SQL Code = %li\n", SQLCODE);
  printf("SQL Server Message %li: '%Fs'\n", SQLERRD1,
  SQLERRMC);
  EXEC SQL ROLLBACK TRANSACTION;
  exit(1);
}

int main(int argc,char* argv[])
{
  EXEC SQL BEGIN DECLARE SECTION;

  struct foo_record record;
  char name[20], telephone[13];
  int age;
  EXEC SQL END DECLARE SECTION;
  EXEC SQL WHENEVER SQLERROR CALL sql_error(); ............. ❸
  strcpy(serverDatabase,"peta.pubs");
  strcpy(userPassword,"sa.");
  EXEC SQL CONNECT TO :serverDatabase
    USER :userPassword; ................................... ❹
  EXEC SQL DECLARE cfoo CURSOR FOR
    SELECT name,age,telephone FROM foo; ................... ❺
  EXEC SQL OPEN cfoo; ..................................... ❻
  while(1){
    EXEC SQL FETCH cfoo INTO :record; .................... ❼
    if ( SQLCODE != 0 ) ................................. ❽
      break;
    printf("%s %d %s\n",
      record.name,record.age,record.telephone);
  }
  EXEC SQL CLOSE cfoo; ................................... ❾
  EXEC SQL BEGIN TRANSACTION;
  strcpy(name,"asai");
  age = 33;
  strcpy(telephone,"03-5555-xxxx");
  EXEC SQL
```

```
    INSERT INTO foo VALUES(:name,:age,:telephone);.........❿
  EXEC SQL COMMIT TRANSACTION;
  EXEC SQL DISCONNECT ALL;
}
```

以 ESQL/C 所寫的原始碼檔案, 要存成副檔名爲「.SQC」的檔案。這種原始檔要經由 Pre Compile 的編譯器「NSQLPREP.EXE」來進行編譯, 做法如下。

```
nsqlprep sample.sqc
```

Pre Compile 成功的話, 就能建立出副檔名爲「.C」的檔案。這種檔案是內容轉換成了 C 語言的檔案。建立出的 C 語言原始程式碼檔案, 還要再經過 C 的編譯器編譯。

```
cl /c sample.c
```

連結時, 還得連到 ESQL/C 用的程式庫—「sqlakw32.lib」或「caw32.lib」才行。

```
cl sample.obj sqlakw32.lib caw32.lib
```

6-7 SQLJ

SQLJ 可以說成就是 Java 用的 Pro*C, 它是將 SQL 命令嵌入到 Java 原始程式碼裡之形態的介面。

和 Pro*C 一樣, SQLJ 也需要 Pre Compile 的編譯動作。程式碼中, 以 #sql 起始的列, 就會被當成 Pre Compile 編譯的對象。內嵌有 SQLJ 的檔案副檔名爲 .sqlj, 將 sqlj 檔進行 Pre Compile 的編譯後, 就會產生副檔名爲 .java 的 Java 原始程式碼檔案。

圖 6-9 Pre Compile

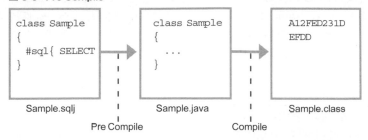

```
class Sample          class Sample          A12FED231D
{                     {                     EFDD
  #sql{ SELECT          ...
}                     }
```

Sample.sqlj   Sample.java   Sample.class

Pre Compile   Compile

Pre Compile 的編譯動作, 會進行 SQL 的語法檢查、語意檢查。因此, 若寫了錯誤的 SQL 命令, 則在 Pre Compile 的編譯階段, 就會找出錯誤來了。像 ADO 或 oo4o, 它們不屬於嵌入型, 而是以動態方式呼叫 SQL 命令, 所以一直要到執行時為止, 才能確認該 SQL 命令是否正確。關於這方面, 需要進行 Pre Compile 編譯的嵌入式的做法就比較有利。

Java 也可以使用 JDBC 介面, 不過, 這種就屬於動態呼叫 SQL 的方式。所以, 若想事先進行錯誤檢查的話, 還是得採用 SQLJ。此外, 以同樣的處理命令來說, SQLJ 的寫法比 JDBC 要簡潔, 不僅可讓原始程式碼乾淨漂亮, 開發效率也會比較好。

要使用 SQLJ 時, 首先要匯入 SQLJ 的套件 ❶ (以下, 都以圈圈之編號數字對應到範例程式中的編號)。

為了參照到結果資料集, 就得用到「iterator」。由於 Iterator 會被轉換成 Java 的類別, 所以要寫在 class 定義之外 ❷。

連結則要利用匯入的套件中之 Oracle 類別來進行。而「connect. properties」是用在連結上的設定檔 ❸。

定義參照到 FooRecord 的 iterator。SELECT 命令的結果資料將代入到這個 iterator 裡 ❹。

Iterator 在概念上, 和紀錄資料集是一樣的東西。1 次只能參照到 1 筆資料錄。要從 iterator 取得欄位之值時, 要利用定義 iterator 時所指定的名稱來做 ❻。移動讀取資料錄時要用「next」方法。遇到 EOF 時, 就會傳回 false ❺。另外, 不再需要利用它的話, 請用「close」, 把佔有的資源釋放出來 ❼。

對於不傳回結果資料的 INSERT 等 SQL 命令來說, 直接在「#sql」後接著寫上 SQL 命令就可以了 ❽。

由於 SQLJ 是以 JDBC 為基礎做成的,所以潛藏著發生「SQLException」這樣的例外的可能性。在 Java 中,若呼叫了可能發生例外的方法時,就應該加上 catch。以下面的範例來說,我們在 try 區塊裡,使用了 catch 區塊,來捕捉可能發生的 SQLException 例外 ❾。

範例 SQLJ 的範例

```
import java.sql.SQLException;
import oracle.sqlj.runtime.Oracle; ........................... ❶
import sqlj.runtime.ref.DefaultContext;

#sql iterator FooRecord(String name,Integer age,
  String telephone); ....................................... ❷

public class SQLJSample {
  SQLJSample(){
  }
  static public void main(String args[]){
    try{
      Oracle.connect(SQLJSample.class,
        "connect.properties"); ............................. ❸
      FooRecord iter = null;
      #sql iter = {
        SELECT name,age,telephone FROM foo .................. ❹
      };
      String name, telephone;
      int age;
      while (iter.next()) { ................................ ❺
        name = iter.name();
        age = iter.age(); .................................. ❻
        telephone = iter.telephone();
      }
      iter.close(); ...................................... ❼
      name = "asai";
      age = new Integer(33);
      telephone = "03-4444-xxxx";
      #sql {
```

```
       INSERT INTO foo VALUES(:name,:age,:telephone) ....... ⑧
     };
     #sql { COMMIT };
   }
   catch(java.sql.SQLException ex){ ....................... ⑨
     System.out.println(ex.toString());
   }
 }
};
```

以 SQLJ 所寫的原始碼檔案，要存成副檔名為「.SQLJ」的檔案。這種原始檔要經由 Pre Compile 的編譯器「SQLJ.EXE」來進行編譯，做法如下。

```
sqlj SQLJSample.sqlj
```

Pre Compile 成功的話，就能建立出副檔名為「.java」的檔案。這種檔案是內容轉換成了 Java 的檔案。建立出的 Java 原始程式碼檔案，還要再經過 Java 的編譯器編譯。

```
javac SQLJSample.java
```

Java 不需要做連結，不過必須將 sqlj 之執行類別的位置設定給 CLASSPATH。

範例 CLASSPATH 的範例

```
CLASSPATH=C:\Jdk1.1.8\lib\classes.zip;
   C:\orant\jdbc\lib\classes111.zip;
   C:\orant\sqlj\lib\Translator.zip;.
```

* 不需換行。

程式執行時，會使用「connection.properties」檔案中所紀錄的資料來連結資料庫。以下顯示的就是範例中所用的檔案。

```
sqlj.url=jdbc:oracle:oci8:@peta
# User name and password
sqlj.user=scott
sqlj.password=tiger
```

6-8 ADO.NET

「ADO.NET」屬於「.NET Framework」的一部分, 是使用關連式資料庫時所用的組件 (component)。它雖然和 ADO 很像, 但其物件的構成和方法等則不太一樣。

.NET Framework 可以自由選擇開發用的程式語言。在使用 ADO.NET 時, 程式語言的不同並不是那麼重要。本書則以 Visual Basic .NET 的範例來做説明。另外, ADO.NET 中, 含有 SQL Server 專用的 Data Provider, 和使用 OLE DB 的 Data Provider。在本書中, 則使用普及性較高的 OLE DB 作爲範例來進行説明。這些 Data Provider 的物件名稱雖有不同, 但是基本觀念是相通的, 所以稍微憑感覺也能理解通用。

連結資料庫與發出 SQL 命令

ADO.NET 位在「System.Data」以下的名稱空間中。使用 SQL Server 的專用 Data Provider 時, 要匯入「System.Data.SqlClient」。使用 OLE DB 的 Data Provider 的話, 要匯入「System.Data.OleDb」❶ (以下, 都以圓圈之編號數字對應到範例程式中的編號)。

ADO.NET 的最高級物件是「OleDbConnection」物件 (若爲 SQL Server 的專用 Data Provider, 則爲「SqlConnection」物件)。以 new 建立出 OleDbConnection 物件, 然後連結資料庫, 就能操作資料庫了。連結要用「Open」方法來進行 ❷。 Open 方法會使用「ConnectionString」屬性的「連結字串」值, 來與資料庫連結。 OLE DB 的 Data Provider 和 ADO 使用的是相同的連結字串。

要發出 SQL 命令時, 要使用 OleDbCommand 物件的「ExecuteNonQuery」❹。對於會傳回結果資料的 SQL 命令來説, 不能用 ExecuteNonQuery 方法來執行。發出的 SQL 命令要設定成「CommandText」屬性值。另外, OleDbCommand 物件還需要連結了資料庫的 OleDbConnection 物件來配合, 並將此物件指定給「Connection」屬性值 ❸。

在 ADO.NET 中, 是以「OleDbException」例外來進行錯誤處理。我們將此例外以 Catch 來捕捉 ❺。

OleDbConnection 物件可以藉由「Close」方法來切斷與資料庫的連結。用完後的連結, 記得要用 Close 來關閉掉 ❻。

範例 ADO.NET 的範例

```
Imports System.Data.OleDb ................................. ❶

Sub Main()
  Dim Cn As New OleDbConnection()
  Dim Cm As New OleDbCommand()
  Try
    Cn.ConnectionString = "Provider=SQLOLEDB.1;" & _
      "DSN=LocalServer;User ID=sa;Password=;"
    Cn.Open() ............................................. ❷
    Cm.CommandText = _
      "INSERT INTO foo VALUES('test3',10,'03-555-XXXX')"
    Cm.Connection = Cn .................................... ❸
    Cm.ExecuteNonQuery() ................................. ❹
  Catch ex As OleDbException............................... ❺
    System.Console.WriteLine(ex.Message)
    Finally
    Cn.Close() ........................................... ❻
  End Try
End Sub
```

• 執行 SELECT 命令

ExecuteNonQuery 方法是為了執行 SELECT 以外之 SQL 命令而存在的。要執行 SELECT 命令的話, 得用 OleDbCommand 物件的「ExecuteReader」方法。用 ExecuteReader 方法的話, 會傳回「OleDbDataReader」物件。利用此物件, 就能參照到 SELECT 命令之執行結果 ❶。

OleDbDataReader 就相當於 ADO 中資料集的地位。不過, 此物件建立之後, 其中的結果資料會停在第 1 筆資料之前的位置。也就是說, 是處於 current record 不存在的狀態。要讓 current record 移動到資料錄, 得用「Read」方法。藉由這種方式, 就能一筆一筆地讀取資料錄。Read 碰到資料超過最後 1 筆的情況時, 會傳回 false。現在讓我們再整理一下重新說明一次。執行 ExecuteReader 之後生成的 OleDbDataReader 物件, 在執行 Read 方法之前, 都無法指向有效的結果資料。必須利用 Read 方法逐筆讀取, 超過最後一筆資料錄時, 會傳回 false 值。因此實際上, 參照到所有結果資料的迴圈, 寫起來是很簡潔單純的 ❷。

要以 OleDbDataReader 物件來參照欄位之值時，得用「GetInt32」或「GetString」方法。而我們得將從 0 開始計算的欄位編號，指定給這些方法，作為參數值 ❸。

OleDbDataReader 物件可以用「Close」方法，釋放所使用的資源 ❹。

範例 以 ADO.NET 發出 SELECT 命令的範例

```vb
Dim Cn As New OleDbConnection()
Dim Cm As New OleDbCommand()
Dim Rd As OleDbDataReader
Dim name As String
Dim age As Long
Dim telephone As String
Try
  Cn.ConnectionString = "Provider=SQLOLEDB.1;" & _
  "DSN=LocalServer;User ID=sa;Password=;"
  Cn.Open()
  Cm.CommandText = "SELECT * FROM foo"
  Cm.Connection = Cn
  Rd = Cm.ExecuteReader() .....................................❶
  While Rd.Read ...............................................❷
    name = Rd.GetString(0) ....................................❸
    age = Rd.GetInt32(1)
    telephone = Rd.GetString(2)
    System.Console.WriteLine(name & " " & age & " " _
      & telephone)
  End While
  Rd.Close() .................................................❹
Catch ex As OleDbException
  System.Console.WriteLine(ex.Message)
Finally
  Cn.Close()
End Try
```

- 交易功能 (transaction)

交易功能可以用 OleDbConnection 的「BeginTransaction」方法來啟動。此時要指定分離等級給該方法作為其參數值。而 BeginTransaction 方法會傳回 OleDbTransaction 物件 ❶。使用此物件,就能執行交易功能的 COMMIT、ROLLBACK 動作。另外, 還必須把交易功能指定給 OleDbCommand ❷。COMMIT 要用 OleDbTransaction 的「Commit」方法來進行 ❸。想進行 ROLLBACK 動作時, 則用「Rollback」方法 ❹。

範例 ADO.NET 的交易功能範例

```
Dim Cn As New OleDbConnection()
Dim Cm As OleDbCommand
Dim Tr As OleDbTransaction
Try
  Cn.ConnectionString = "Provider=SQLOLEDB.1;" & _
    "DSN=LocalServer;User ID=sa;Password=;"
  Cn.Open()
  Tr = Cn.BeginTransaction(IsolationLevel.ReadCommitted) .... ❶
  Cm = New OleDbCommand( _
    "INSERT INTO foo VALUES('test1',10,'03-555-XXXX')",Cn)
  Cm.Transaction = Tr ....................................... ❷
  Cm.ExecuteNonQuery()
  Cm.CommandText = _
    "INSERT INTO foo VALUES('test2',10,'03-555-XXXX')"
  Cm.ExecuteNonQuery()
  Tr.Commit() ............................................... ❸
Catch ex As OleDbException
  System.Console.WriteLine(ex.Message)
  If Not IsNothing(Tr) Then
    Tr.Rollback() ........................................... ❹
  End If
Finally
  Cn.Close()
End Try
```

• 呼叫程序

OleDbCommand 也可以用來呼叫程序。要呼叫程序時, 要先把 CommandType 屬性設為「CommandType.StoredProcedure」❷。而 CommandText 屬性之值則只要設定為程序名稱即可 ❶。

範例 以 ADO.NET 呼叫程序的範例

```
Dim Cn As New OleDbConnection()
Dim Cm As OleDbCommand
Try
  Cn.ConnectionString = "Provider=SQLOLEDB.1;" & _
  "DSN=LocalServer;User ID=sa;Password=;"
  Cn.Open()
  Cm = New OleDbCommand("p_foo",Cn) ....................... ❶
  Cm.CommandType = CommandType.StoredProcedure ............. ❷
  Cm.ExecuteNonQuery()
Catch ex As OleDbException
  System.Console.WriteLine(ex.Message)
Finally
  Cn.Close()
End Try
```

• 呼叫含有參數之程序

要呼叫含有參數之程序時, 要用 OleDbCommand 的「Parameters」集合之「Add」方法, 以追加「OleDbParameter」物件的方式來進行設定。設定時要指定參數名稱和資料類型給 Add 方法 ❶。參數值則指定給 OleDbParameter 的「Value」屬性, 作為其值 ❷。

範例 以 ADO.NET 呼叫程序並傳送參數之範例

```
Dim Cn As New OleDbConnection()
Dim Cm As OleDbCommand
Dim Pm As OleDbParameter
Try
  Cn.ConnectionString = "Provider=SQLOLEDB.1;" & _
  "DSN=LocalServer;User ID=sa;Password=;"
  Cn.Open()
  Cm = New OleDbCommand("p_foo",Cn)
  Cm.CommandType = CommandType.StoredProcedure
  Pm = Cm.Parameters.Add("@name", OleDbType.VarChar, 20) .... ❶
  Pm.Value = "asai" ........................................ ❷
  Pm = Cm.Parameters.Add("@age", OleDbType,Integer)
  Pm.Value = 36
  Pm = Cm.Parameters.Add("@telephone", _
  OleDbType.VarChar, 20)
  Pm.Value = "042-951-XXXX"
  Cm.ExecuteNonQuery()
Catch ex As OleDbException
  System.Console.WriteLine(ex.Message)
Finally
  Cn.Close()
End Try
```

· 連接字串

在 ADO.NET 中, 各資料庫使用的類別和連接字串統整在下表。

圖 6-10 ADO.NET 類別

類別	Oracle	SQL Server
設定引用項目	Oracle.DataAccess	
imports	Oracle.DataAccess.Client	System.Data.SqlClient
Connection	OracleConnection	SqlConnection
Command	OracleCommand	SqlCommand
DataReader	OracleDataReader	SqlDataReader
Transaction	OracleTransaction	SqlTransaction
Parameter	OracleParameter	SqlParameter
Type	OracleDbType	SqlDbType
Exception	OracleException	SqlException

類別	DB2	PostgreSQL
設定引用項目	IBM.Data.DB2	Npgsql
imports	IBM.Data.DB2	Npgsql NpgsqlTypes
Connection	DB2Connection	NpgsqlConnection
Command	DB2Command	NpgsqlCommand
DataReader	DB2DataReader	NpgsqlDataReader
Transaction	DB2Transaction	NpgsqlTransaction
Parameter	DB2Parameter	NpgsqlParameter
Type	DB2Type	NpgsqlDbType
Exception	DB2Exception	NpgsqlException

類別	MySQL	OLEDB
設定引用項目	MySql.Data	
imports	MySql.Data.MySqlClient	System.Data.OleDb
Connection	MySqlConnection	OleDbConnection
Command	MySqlCommand	OleDbCommand
DataReader	MySqlDataReader	OleDbDataReader
Transaction	MySqlTransaction	OleDbTransaction
Parameter	MySqlParameter	OleDbParameter
Type	MySqlDbType	OleDbType
Exception	MySqlException	OleDbException

圖 6-11 ADO.NET 連線字串

資料庫	連線字串
Oracle Data	Source=TNS 服務名稱
SQL Server	Data Source= 電腦名稱
DB2	Database=資料庫別名 或 Server=主機名稱﹏ Database=資料庫名稱
PostgreSQL	Server=主機名稱 Database=資料庫名稱
MySQL	Data Source= 主機名稱 Database= 資料庫名稱
OLEDB	和 ADO 的連線字串相同

附錄

在附錄中，我們將介紹關於 SQL 的各種使用技巧，以及資料的匯入、匯出功能。

SQL 是為了控制資料庫的語言。以一般的程式語言來看，主流是有 WHEN 或 IF 等流程控制指令的程序性程式語言（procedural programming language）。雖然 SQL 也可使用流程控制指令來進行程式設計，但大多還是比較常使用 SELECT、INSERT…等 DML 來操作資料。

特別是 SELECT 指令，十分深奧。雖說只是取得資料的指令，但光只有 SELECT 指令就可達成許多功能。在 Appendix-A 將介紹 SQL 專屬的技巧。

在 Appendix-B 則會介紹關於資料匯出與匯入的指令。

附錄 A　SQL 的使用技巧

在此，我們要介紹的是實際開發系統時很有用的各種使用技巧。

❖ 要取得欄位之最大值、最小值的話該怎麼做？

統計查詢 MAX 、 MIN 的使用方法

要找出某資料表中，某欄位的最大值和最小值時，就要使用「MAX」和「MIN」這兩個統計函式。 MAX 和 MIN 函式也能找出最大和最小的字串值。字串的大小，是以文字碼為基準而計算的。 NULL 值會被忽略不算。

```
SELECT MAX(a) FROM foo
SELECT MIN(a) FROM foo
```

統計函式可以不加上 GROUP BY 句，一樣可以使用。在這種情況下，整個資料表就會被看成是一個群組。統計函式傳回的結果會是群組個數的資料組。所以不指定 GROUP BY 時，就只會得到 1 筆資料。正因為有這樣的規則，所以統計函式不能和一般的陳述式混在一起。

❖ 要取得欄位的合計值、平均值的話該怎麼做？

統計查詢 SUM 、 AVG 的使用方法

要找出某資料表中，某欄位的合計值和平均值時，就要使用「SUM」和「AVG」這兩個統計函式。 SUM 和 AVG 函式只能處理數值資料類型的資料。無法計算字串的合計值和平均值。 NULL 值會被忽略不算。

```
SELECT SUM(i) FROM foo
SELECT AVG(i) FROM foo
```

SUM 和 AVG 都可以配合指定「DISTINCT」。指定了 DISTINCT 的話，就能把重複的資料視為 1 筆，再算出合計和平均值。請參考下例中的用法。

圖 A-1 SUM、AVG 之範例

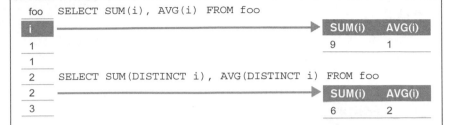

在 SQL Server 中的 AVG 函式,會以所獲得的參數資料類型來傳回結果值。由於上例中,欄位 i 為整數,所以結果也會是整數。想獲得實數的正確計算結果的話,所指定的參數之資料類型也必須轉換成實數才行。

```
SELECT AVG(CONVERT(float, i)) FROM foo
```
`SQLServer`

❖ 省略結合條件的話會變成怎麼樣?

交叉結合

```
SELECT * FROM foo, bar
```

上例中的 SELECT 命令並不會發生錯誤,伺服器會把 foo 和 bar 當成不相干的兩個資料表來進行查詢。針對 foo 的每 1 筆資料,將 bar 的全部資料結合後,作為結果傳回,所以 foo 若有 1,000 筆資料,而 bar 有 50 筆資料時,傳回的結果就有 1,000 × 50=50,000 筆。像這種結合方法,就叫做「交叉結合」。交叉結合也可以用「CROSS JOIN」來進行。

使用交叉結合時,若對象資料表的資料筆數本來就很多,查詢結果的資料量就會變得很大,有時甚至可能造成伺服器當機。就算不當機,也一定會造成伺服器相當大的負擔。查詢條件越複雜,就越容易出錯。當執行某個查詢動作時,執行速度變慢很多的話,最好檢查一下該查詢中是否沒指定結合條件。

反之,利用此性質,還可以建立出以徒手輸入所難以達成的大量資料。例如用來測試用的測試資料表等,就可以用這個方法來建立,這樣一來,不論多大的資料表都能建立出來。

❖ 要把同一個資料表當成不同的資料表來處理的話，該怎麼做？

自身結合

　　自身結合，是指定別名給資料表，然後把同一個資料表當成不同資料表來處理的技巧。具體來說，以山手線的車站爲例的話。我們試著處理像圖 A-2 這個簡化的山手線車站資料。

圖A-2　山手線資料表

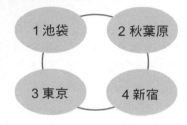

車站編號	站名	下一站
1	池袋	2
2	秋葉原	3
3	東京	4
4	新宿	1

　　資料表中含有車站編號和站名，以及下一站的車站編號。讓我們想想，要怎麼用一個查詢命令來從山手線資料表中，同時取得站名和下一站之站名。「下一站」欄位中的資料是車站編號，所以只要和山手線資料表結合的話，應該就可以取得下一站的「站名」。但是，若直接在 FROM 句之後連寫兩次山手線資料表名稱，由於是相同的名稱，所以無法判斷結合條件中的欄位名稱。

```
SELECT * FROM 山手線, 山手線
  WHERE 山手線.下一站 = 山手線.車站編號
```

　　此時，就要賦予其中一個別名，以區別之。只要加上別名，則即使是同一個資料表，也可以被當成是不同的資料表來處理。

```
SELECT 山手線.站名, N.站名 FROM 山手線, 山手線 N
  WHERE 山手線.下一站 = N.車站編號
```

圖A-3　自身結合的結果

山手線.站名	N.站名
池袋	秋葉原
秋葉原	東京
東京	新宿
新宿	池袋

自身結合就是利用資料表的別名，把同一個資料表當成不同資料表來處理的技巧。只要指定了別名，不止是將同一個資料表當成 2 個，甚至是 3 個、4 個不同的資料表來處理都可行。以範例中的山手線資料表來說，也可以將它分成 3 個不同的資料表來做自身結合，以獲得下一站和下下一站的站名資料。當然，也可以用 JOIN 來做自身結合。用 JOIN 的結合方法則如下所示。

```
SELECT 山手線.站名, N.站名 FROM 山手線 INNER JOIN 山手線 N
  ON 山手線.下一站 = N.車站編號
```

❖ 怎麼做外結合？

外結合

　　一般的結合，碰到其中一個資料表有不符合條件的列資料存在的話，該筆資料就會被排除在外。此時，若改用外結合，則即使資料表中某筆資料不符合條件，也可以取得另一資料表的整列資料。

　　使用外結合的話，除了被指定要「留下」的資料表之外，不符合結合條件的列資料，都會被填入 NULL。舉例來說，我們以 foo 和 bar 兩個資料表的外結合來看。兩個資料表是依據 a 欄位來進行結合的。要把 foo 資料表所有的資料與 bar 資料表的任意列資料做外結合的話，寫法就如下所示。

```
SELECT * FROM foo, bar WHERE foo.a = bar.a(+)        Oracle
SELECT * FROM foo, bar WHERE foo.a *= bar.a          SQLServer
SELECT * FROM foo LEFT JOIN bar ON foo.a = bar.a     SQL標準
```

　　如果資料表的結合關係是「a 欄位和 b 欄位都相同」的話，就需要分別寫上各欄位相同的條件式了。像這樣的結合，可以如下這樣寫。

```
SELECT * FROM foo, bar WHERE foo.a = bar.a(+)        Oracle
  AND foo.b = bar.b(+)
SELECT * FROM foo, bar WHERE foo.a *= bar.a          SQLServer
  AND foo.b *= bar.b
SELECT * FROM foo LEFT JOIN bar ON foo.a = bar.a     SQL標準
  AND foo.b = bar.b
```

　　請注意，在 Oracle 中，結合中含有函式時，必須要加上(+)。(+)要寫在欄位後。不能寫在函式全體處。舉例來說，使用 SUBSTR 來把字串部分結合起來時，要寫成如下。

```
SELECT * FROM foo, bar WHERE foo.a = SUBSTR(bar.a(+), 1, 2)
```
`Oracle`

在此, 若要再結合 1 個「more 資料表」的話, 還需要注意一些事。由於 bar 資料表中有可能有 NULL 值, 所以, 賦予結合條件給 bar 資料表的欄位和 more 資料表欄位時, 就會出現預期外的結果。

```
SELECT * FROM foo, bar, more WHERE foo.a = bar.a(+)     Oracle
  AND bar.b = more.b
SELECT * FROM foo, bar, more WHERE foo.a *= bar.a       SQLServer
  AND bar.b = more.b
```

以上例中的查詢來說, 在 Oracle 中, 不會傳回任何資料。在 SQL Server 中, 則會傳回錯誤訊息。將 more 資料表設為任意結合的話, 結果就會有些不同了。

```
SELECT * FROM foo, bar, more WHERE foo.a = bar.a(+)     Oracle
  AND bar.b = more.b(+)
SELECT * FROM foo, bar, more WHERE foo.a *= bar.a       SQLServer
  AND bar.b *= more.b
```

以上例中的查詢來說, 在 Oracle 中, 就會傳回我們想要的結果。 SQL Server 的話, 則還是出現錯誤訊息。另外, 對於指定了要保留其所有資料的 foo 資料表來說, 可以賦予它自由結合的結合條件。

```
SELECT * FROM foo, bar, more WHERE foo.a = bar.a(+)     Oracle
  AND foo.b = more.b(+)
SELECT * FROM foo, bar, more WHERE foo.a *= bar.a       SQLServer
  AND foo.b *= more.b
```

這樣看來, 利用進行過外結合的資料表之欄位來進行結合的話, 就會招來預想之外的結果, 因此, 以資料被完全保留的資料表 (在本例中就是 foo) 為中心來寫結合條件, 是比較妥當的。

*使用 (+) 或 *= 進行外部結合是已不被推薦使用的早期方法。請使用 SQL 標準規範的 LEFT/RIGHT JOIN。

❖ 要如何使用子查詢？

子查詢

子查詢是將 SELECT 命令巢狀構成的查詢。可以寫在 SELECT 的欄位選擇清單中，或是 WHERE 的條件式中。在此，我們將業務員的業績做成資料表，當成範例來説明。業績資料表中包含業務員的姓名、所屬營業所、接單數這 3 個欄位。

圖 A-4　業績資料表

姓名	營業所	接單數
山田	所澤	32
高橋	所澤	28
田中	所澤	26
鈴木	所澤	19
山本	川越	47
佐藤	川越	38

我們來檢索看看接單數比平均多的業務員吧。平均值可以用 AVG 函式來計算，所以用以下的 SELECT 命令來查詢。

```
SELECT AVG(接單數) FROM 業績
```

將上述的 SELECT 命令寫在 WHERE 予句中的話，就是子查詢了。下例中，以括弧包起來的部分，就是子查詢。

```
SELECT * FROM 業績
  WHERE 接單數 > ( SELECT AVG(接單數) FROM 業績)
```

算出的平均接單數爲 31，所以我們可以獲得以下的結果。

圖 A-5　由子查詢查詢出的結果

姓名	營業所	接單數
山田	所澤	32
鈴木	川越	47
山本	川越	38

在這個查詢中，由於計算出的平均值每次都相同，所以沒什麼討論的價值。那麼，我們改為 SELECT 出各營業所之接單數在平均值以上的人來試試。只要在子查詢中，改把主查詢的 SELECT 之營業所必須為同一營業所的條件，當成 WHERE 條件來寫，再與算出的平均值做比較。由於是同一資料表，所以要賦予別名，好將主查詢的 SELECT 命令所用的資料表，和子查詢所用的資料表區隔開來。

```
SELECT * FROM 業績
  WHERE 接單數 > ( SELECT AVG(S.接單數) FROM 業績 S
    WHERE S.營業所 = 業績.營業所)
```

圖 A-6　利用相關子查詢所獲得的結果

姓名	營業所	接單數
山田	所澤	32
高橋	所澤	28
山本	川越	47

所澤營業所的平均接單數是 26，川越營業所則為 42，所以，查詢結果就會不同。像這樣，在主要的 SELECT 命令和子查詢之間，保有某種關係的就叫做「相關子查詢」。

❖ 要使用函式時該怎麼做？

使用者定義函式

利用子查詢，就能進行複雜的查詢動作，不過相對地，SELECT 命令也會變得複雜。若把子查詢的部分做成函式，再用 SELECT 命令來呼叫該函式，就會清爽許多。

我們試著把前一個範例的「業績資料表」的副查詢改寫成函式看看。首先，把副查詢部分抽出，建立成「GETAVG」函式。呼叫 GETAVG 函式時要指定營業所名稱作為參數，然後該函式就會傳回業績資料表中指定營業所的平均接單數。

```
CREATE FUNCTION GETAVG(eigyousyo IN VARCHAR2)          Oracle
  RETURN NUMBER AS heikin NUMBER;
  BEGIN
    SELECT AVG(接單數) INTO heikin FROM 業績
      WHERE 營業所=eigyousyo;
    RETURN heikin;
  END;
```

函式一旦建立好後, 就可以用 SELECT 自由運用。

```
SELECT * FROM 業績 WHERE 接單數 > GETAVG(營業所)
```

圖 A-7 利用函式而查詢出的結果

姓名	營業所	接單數
山田	所澤	32
高橋	所澤	28
山本	川越	47

函式並非只能用 SELECT 命令來呼叫。以 GETAVG 函式所算出的結果, 也能 INSERT 到資料表中, 或是 UPDATE 資料表中之值。

```
INSERT INTO foo VALUES(GETAVG('所澤'))
UPDATE foo SET a = GETAVG('所澤')
```

---

* 對支援 WITH 語法的資料庫而言, 也可不建立函式, 而是使用行內 (inline) 的子查詢。詳細請參考本書中 WITH 語法的説明。

❖ 要呼叫程序時該怎麼做?

呼叫程序

要呼叫預存程序時, 在 SQL Server 中要用「EXECUTE」命令。在 EXECUTE 之後接著寫上想要執行的程序名稱就可以了。

在 Oracle 中, 只要寫上程序名稱, 就能呼叫該程序了。不過, 必須在「PL/SQL 的命令中」才可以。因此, 呼叫時, 必須以「BEGIN」和「END」明確定義出 PL/SQL 的區塊才行。另外, 呼叫程序也屬於 PL/SQL 命令的一種, 所以其後必須接著寫上分號。若有使用 SQL*Plus 時, 則可以用 EX-ECUTE 命令來呼叫程序。這是因為 SQL*Plus 會把 EXECUTE 轉換成 BEGIN proc END;這樣的形式來執行的關係。

DB2、MySQL 可使用 CALL proc; 執行程序。

```
EXECUTE p_foo                          SQLServer
BEGIN p_foo; END;                      Oracle
CALL p_foo;                            DB2  MySQL/MariaDB
```

在 Oracle 中, 不建立程序也可將相關的 PL/SQL 用「無名區塊」(沒有設定名稱, 被 PL/SQL 的 BEGIN 和 END 所包圍之區塊) 的形式來執行。上述的程序使用方式就是典型的無名區塊。例如, 當需要將從 1 到 9, 999 的值存入資料表時, 執行以下的 PL/SQL 就可簡單地完成。

```
DECLARE i NUMBER;                                          Oracle
BEGIN
i := 1;
WHILE i<10000 LOOP
INSERT INTO big VALUES(i);
i := i + 1;
END LOOP;
END;
```

要呼叫含有參數的預存程序時, 必須同時指定參數值給該程序。和呼叫不含參數的程序時一樣, 在 SQL Server 中要用 EXECUTE, 在 Oracle 中則要在 BEGIN 、 END 所定義出的 PL/SQL 命令區塊中呼叫。呼叫時要指定必要個數的參數值。由於參數值也可以用陳述式來指定, 所以也可以寫成像「proc 1, 1+2」這樣。

但是, 若定義程序時, 其參數有指定為 OUTPUT 或 OUT 型態的話, 呼叫時就必須指定變數給該參數作為值來執行。而在 SQL Server 中, 必須於參數後方接著寫上 OUTPUT, 才算是明確指定該參數為 OUTPUT 參數。

```
EXECUTE p_foo 1, 2                                        SQLServer
DECLARE @result int
EXECUTE p_foo 1,@result OUTPUT

BEGIN p_foo(1,2); END;                                     Oracle
DECLARE result NUMBER;
BEGIN p_foo(1,result); END;

CALL p_foo(1,2);                                      DB2  MySQL/
DECLARE result INTEGER;                                    MariaDB
CALL p_foo(1, result);
```

GROUP BY 與統計函式

在有指定 GROUP BY 的查詢中, 若直接在選擇欄位清單裡寫上 GROUP BY 中沒有指定的欄位, 就會發生錯誤。

這很難理解, 所以讓我們舉例來說明吧。我們把前一個範例中的銷售資料表稍微做了點改變。增加了 1 個日期欄位, 以保存商品不同月份的銷量值。商品資料表則不做變動。此時, 若要從銷量資料表算出各商品的總銷量的話, 用「GROUP BY 商品編號」便能達成。

由於銷售資料表中沒有商品名稱資料, 所以必須藉著結合商品資料表, 好將商品名稱也一併輸出, 所以就會想用「SELECT 商品.商品名稱, SUM(實績.銷量) ... GROUPBY 實績.商品編號」這樣的寫法來做了。但是, 由於商品名稱沒有在 GROUP BY 中, 所以會造成錯誤。

為了避開這個問題, 只要寫成「GROUP BY 商品名稱」就可以輕鬆解決。不過, 若銷售資料表和商品資料表本來就是以商品編號作為彼此之關係而設計的話, 我們就不推薦這種寫法。當商品資料表的主鍵就是商品編號時, 商品編號欄位之值就必須是每筆資料都不同的 (每筆資料之商品編號都獨一無二) 。然而, 商品名稱是自由的, 可能有重複的名稱。例如, 「商品編號 =5」的可樂和「商品編號 =1」的可樂, 它們的商品名稱是相同的。寫成「GROUP BY 商品名稱」的話, 則本來商品編號 1 和 5 應屬於不同的群組, 卻會被當成同一群組來處理。

圖 A-8 結合和群組化的範例

銷售資料表

商品編號	日期	銷量
1	1999/5	5640
1	1999/6	7680
2	1999/5	31000
2	1999/6	35500
3	1999/5	6300
3	1999/6	7400
4	1999/5	4800
4	1999/6	6200

商品資料表

商品編號	單價	種類	商品名稱
1	120	飲料	可樂
2	250	香菸	香菸
3	100	零食	口香糖
4	100	零食	糖果
5	100	飲料	可樂

```
SELECT MAX(商品.商品名稱), SUM(銷售.銷量) FROM 銷售, 商品
    WHERE 銷售.商品編號=商品.商品編號
    GROUP BY 銷售.商品編號
```

那麼，這問題到底該怎麼解決？答案是利用統計函式來處理。由於商品資料表中的商品編號為獨一無二的，所以用商品編號來做群組化，群組內的商品名稱一定會一致。這樣一來，用統計函式中的 MAX 來查詢，所得的結果也會一樣。不用 MAX，用 MIN 也是可行的。這個查詢的執行結果如下。

圖A-9　查詢的結果

商品名稱	SUM(銷量)
可樂	13320
香菸	66500
口香糖	13700
糖果	11000

❖ 要算出合計、小計時，該怎麼做？

利用 ROLLUP 選項來統計出列資料

GROUP BY 含有「ROLLUP」、「CUBE」、「GROUPING SETS」3 種選項可指定。這 3 種選項都是用來增加統計資料列的。看實際的範例應該比較容易了解其功用。

我們在解釋副查詢時使用了「業績資料表」的範例，利用同樣的範例資料，查詢營業所、姓名欄位時，使用 GROUP BY 並指定 ROLLUP 選項，來算算看接單數的合計值。在 Oracle 中，於 ROLLUP 之後要接著以括弧來指定欄位。在 SQLServer 2008 之前中，則在 GROUP BY 之後指定欄位後，再加上 WITH ROLLUP。而 DB2 則可使用上述兩種語法。

```
SELECT 營業所, 姓名, SUM(接單數) FROM 業績          Oracle  DB2
    GROUP BY ROLLUP(營業所, 姓名)
SELECT 營業所, 姓名, SUM(接單數) FROM 業績          SQLServer  DB2
    GROUP BY 營業所, 姓名 WITH ROLLUP
```

圖 A-10　指定 ROLLUP 選項的 GROUP BY 結果

營業所	姓名	接單數
所澤	高橋	28
所澤	山田	32
所澤	田中	26
所澤	鈴木	19
所澤	NULL	105
川越	佐藤	38
川越	山本	47
川越	NULL	85
NULL	NULL	190

← 因 ROLLUP 選項而增加的統計列資料

　　像這樣，ROLLUP 會將同一群組的資料做統計，然後在結果中增加同群組的統計列資料。若是寫成「GROUP BY A, B」這樣，群組為階層式的狀況下，則會增加出各階層的的統計資料列。在我們的範例中，各營業所的合計，和全部的合計也都分別被算出，並增加了列資料。

　　不過，這裡還有點問題要處理。因 ROLLUP 選項而增加的統計列資料，會出現 NULL 值。資料中一旦有 NULL 值，就會無法判斷出該資料到底是因為 ROLLUP 而產生的，還是由 NULL 值所統計出的結果。為了解決這種問題，所以有「GROUPING 函式」的存在。把 ROLLUP 所指定的 GROUP BY 欄位指定給 GROUPING 函式為參數值的話, 碰到統計列資料時, 就會傳回 1 。

```
SELECT 營業所, 姓名, SUM(接單數), GROUPING(營業所),     Oracle  DB2
   GROUPING(姓名) FROM 業績 GROUP BY ROLLUP(營業所, 姓名)
SELECT 營業所, 姓名, SUM(接單數), GROUPING(營業所),     SQLServer  DB2
   GROUPING(姓名) FROM 業績 GROUP BY 營業所, 姓名 WITH ROLLUP
```

圖 A-11 使用 GROUPING 函式的結果

營業所	姓名	接單數	GROUPING (營業所)	GROUPING (姓名)
所澤	高橋	28	0	0
所澤	山田	32	0	0
所澤	田中	26	0	0
所澤	鈴木	19	0	0
所澤	NULL	105	0	1
川越	佐藤	38	0	0
川越	山本	47	0	0
川越	NULL	85	0	1
NULL	NULL	190	1	1

因 ROLLUP 選項而增加的統計列資料

❖ 想指定選擇欄位清單中的某欄位來排序的話,該怎麼做?

以順序號碼來指定排序

我們可以在 ORDER BY 中,指定要用選擇欄位清單中的第幾個欄位作為排序依據。當選擇欄位清單中的寫法很複雜時,這種指定方法就會顯得方便很多。

```
SELECT RTRIM(s) + SUBSTRING(t, 1, 2), a FROM foo ORDER BY 1
```

如上例中,我們也可以寫成像「ORDER BY RTRIM(s)+SUBSTRING(t, 1, 2)」這樣,使用和選擇欄位清單中一樣的寫法,不過同樣的東西寫兩次並不好,所以用指定編號的方式來寫也可以防止因人為疏失而產生的BUG。

❖ 如何只取得必要的資料?

列數限制

資料表中有許多列,只想取得其中符合某條件的前幾筆資料時,雖然從遠端可以進行處理,但是若想保留的資料只有那前幾筆資料的話,剩下的資料就等於是浪費空間了。若一開始就能告訴伺服器,這些資料都不需要的話,就不會造成浪費。而告知伺服器 (指定) 的方法,則依伺服器種類不同而有差異,故以下我們分別加以說明。

以 SQL Server 來説, 可以用「ROWCOUNT」選項, 或是 SELECT 中的「TOP」來指定。首先, ROWCOUNT 選項是用來限制伺服器傳回之列資料數的選項, 是以連結到資料庫伺服器之工作階段 (SESSION) 作爲設定之基本單位的。寫成「SET ROWCOUNT 10」的話, 該 SESSION 的所有 SELECT 命令之執行結果, 就最多只傳回 10 列 (筆) 。 TOP 則要寫在 SELECT 命令中選擇欄位清單的最前頭。

```
SELECT TOP 10 * FROM foo ORDER BY a                    SQLServer MS Access
```

TOP 是 SELECT 命令的一部分, 所以只對所在的 SELECT 命令有效力。另外, 有指定 ORDER BY 時, 會在排序後才套用列數限制。因此, 我們就可以執行一命令, 找出以某數值從大到小排序後之結果的最前面 10 筆資料。ROWCOUNT 選項也會影響 SESSION 中所執行的 INSERT、UPDATE 命令。要解除列數限制時, 就寫成「SET ROWCOUNT 0」。用 TOP 比用 ROWCOUNT 要好一些, 不過 TOP 是在 SQL Server 7.0 以後才有的功能, 之前版本的 SQL Server 必須用 ROWCOUNT 選項。

在 Oracle 中, 不能在 SELECT 裡指定 TOP, 不過有「ROWNUM」這種模擬列存在, 可以加以利用。 ROWNUM 會顯示出以 SELECT 所取得的列資料序號。利用這個, 就可以限制所取得的列資料。

```
SELECT * FROM foo WHERE ROWNUM < = 10                            Oracle
```

可惜的是, ORACLE 的 ROWNUM 是在 ORDER BY 進行排序之前所編上的號碼, 所以無法針對排序後的結果來做列數限制。要解決這個問題的話, 可以針對 View 來用 ROWNUM, 或是在 FROM 句中寫上副查詢來避開。

在 PostgreSQL 、 MySQL 中, 可以用「LIMIT 」。LIMIT 所做的列數限制會在排序後才進行, 所以能獲得我們所需要的結果。只想取得前 10 筆結果資料時, 可以如下寫。

```
SELECT * FROM foo ORDER BY a LIMIT 10              PostgreSQL MySQL/MariaDB
```

可使用 OFFSET FETCH 形式來限制資料筆數的資料庫正在增加。因爲 OFFSET FETCH 包含在 SQL 標準規範內, 所以在能使用的資料庫中, 建議使用。詳細請參考本書中的「OFFSET FETCH」。

❖ 將陳述式指定給 INSERT VALUES 命令

DEFAULT 值 · Sequence 值

INSERT 命令中的 VALUES, 不僅可以指定常數值, 也可以指定陳述式。

使用運算式的時候, 運算式先進行評估, 然後再將計算後的值儲存至資料表。

在 Access 以外的資料庫中, 要 INSERT 預設值時, 可以用「DEFAULT」來明白地指定要插入預設值。不過, 該資料表必須事先設定好預設值。在 Access 中, 則不能使用 DEFAULT 這樣的寫法。若資料表中有定義的欄位, INSERT 時卻沒指定值給該欄位, 就會被填入 NULL 值, 但若該欄位設有預設值的話, 該預設值就會填入。在以下的範例中, 當 foo 資料表的第 1 個欄位為 a 的情況下, 這兩個 INSERT 命令的結果會相同。

```
INSERT INTO foo VALUES(1, DEFAULT, DEFAULT)
INSERT INTO foo(a) VALUES(1)
```

在 Oracle、SQL Server 2012 以後版本、DB2、PostgreSQL 中, 我們可以 INSERT 進 Sequence 的下一個值。Sequence 是可以管理連續編號的物件。只要參照到 Sequence 的「NEXTVAL」模擬欄, Sequence 內部所保存的值就會進行遞增後傳回。

```
INSERT INTO foo(i) VALUES(seq.NEXTVAL)
```
`Oracle`

❖ 如何一次 INSERT 多筆資料？

VALUES(1, 2), (3, 4)

要增加多列資料時, 必須如下這樣, 為想要增加的每一行都寫一次 INSERT 命令。

```
INSERT INTO foo VALUES(1, 2)
INSERT INTO foo VALUES(3, 4)
```

在 DB2、PostgreSQL、MySQL 中, 可以把這樣好幾行的 INSERT 命令整合成 1 行來做。也就是說, 只用 1 個 INSERT 命令, 就能插入多筆資料。上述的 2 行 INSERT 命令, 可以用如下的 1 行 INSERT 命令來達成。

```
INSERT INTO foo VALUES(1, 2), (3, 4)
```
`DB2` `PostgreSQL` `MySQL/MariaDB`

在 Oracle 中，還可以用更進階的 INSERT 命令來寫。要一次增加多筆資料時，可以用以下的寫法來寫。

```
INSERT ALL INTO foo VALUES(1, 2) INTO foo VALUES(3, 4)    Oracle
  SELECT * FROM DUAL
```

接在 INSERT 之後寫上 ALL。而 INTO foo VALUES(1, 2)和 INTO foo VALUES(3, 4)則是用來實際指定要新增的列資料。 INSERT ALL 還需要 SELECT 命令的配合。指定值給 VALUES 時，也需要用到 SELECT。

由於在 INSERT ALL 中，可以接在 INTO 之後指定資料表，所以不只是能在同一個資料表中新增列資料，也可以用 1 個 INSERT 命令，在不同的資料表中新增資料。以下例來說，我們在 foo 資料表中新增(1, 2)的資料，在 bar 資料表中新增(3, 4)的資料。

```
INSERT ALL INTO foo VALUES(1, 2) INTO bar VALUES(3, 4)    Oracle
  SELECT * FROM DUAL
```

而在 Oracle 中，還能用條件式來寫出更高級的 INSERT 命令。而關於這種用法，我們留在下一段中解說。

❖ 如何依條件來分別在不同資料表中插入資料？

INSERT ALL WHEN THEN

在 Oracle 中，利用 WHEN 以及 THEN，就可以依條件來分別把資料插入到特定的資料表中。而 WHEN、THEN 的用法，和 CASE 很像。舉例來說，像以下這樣的 INSERT 命令。

```
INSERT ALL                                               Oracle
  WHEN 金額 < 10000 THEN
    INTO 小額訂貨
  WHEN 金額 >= 10000 AND 金額 < 50000 THEN
    INTO 一般訂貨
  ELSE
    INTO 高額訂貨
  SELECT 訂貨編號, 金額, 顧客編號 FROM 訂貨
```

基本上, 由於是 INSERT SELECT 的形式, 所以 SELECT 的結果會被插入到資料表中。要新增列資料時, 是依據金額欄位的值來處理。一開始的「WHEN 金額 < 10000 THEN」, 指的就是金額欄位之值比 10000 小的話, 就用「INTO 小額訂貨」, 將列資料插入到小額訂貨資料表裡。同樣地, 10000 以上, 未滿 50000 的資料, 就插入到一般訂貨資料表裡。不符合所有列出的條件的話, 就用 ELSE 以下所寫的命令來處理, 也就是將資料插入到高額訂貨資料表中。 3 個資料表都包含訂貨編號、金額、顧客編號這 3 個欄位, 所以插入之資料也必須具備這 3 樣資料。

像這樣的邏輯, 過去以來, 一直都是由呼叫 SQL 命令的程式語言來控制的。而現在 INSERT ALL 命令本身, 則可以進行簡單的條件分歧控制了。

❖ 在 UPDATE 與 DELETE 命令中使用子查詢

UPDATE 、 DELETE 與子查詢

子查詢也可以針對 UPDATE 和 DELETE 來使用。將 UPDATE 的 SET 所指定的更新值以子查詢來寫的話, 就可以參照其他資料表的欄位值, 甚至進行統計後, 再 UPDATE 資料表之資料。

```
UPDATE foo SET a = (SELECT MAX(b) FROM bar) WHERE i = 1
```

使用 WHERE 的話, 就可以把非更新或刪除對象之資料表的資料作為來源, 進行 UPDATE 、 DELETE 的動作。

```
DELETE FROM foo WHERE a = ( SELECT a FROM bar
  WHERE b = 'deleted' )
```

在 SQL Server 中, 在 UPDATE、DELETE 命令中, 寫上 FROM 句, 還能將更新對象的資料表和別的資料表做結合, 再將結合後的資料表之值以 SET 來加以利用。

```
UPDATE foo SET a = bar.c FROM bar WHERE foo.b = bar.b    Oracle
DELETE FROM foo FROM bar
  WHERE foo.a = bar.b AND bar.c = 'deleted'
```

❖ 想把橫向列資料改成多欄資料時，該怎麼做？

樞紐資料表

　　若使用樞紐資料表，就可以將橫向列資料轉成多欄資料。以如下保存年度銷量的資料表－「年度銷量」為例，一起來想想看。

圖 A-12　年度銷量

年	銷量
1997	24, 325
1998	28, 420
1999	10, 321

　　由於資料很自然地會一列一列地增加，所以這樣設計的資料表是正確無誤的。但是，對於使用者來說，有時以橫向分成多欄位的呈現方式，會比較容易查看。

圖 A-13　資料以橫向排列的樣子

1997	1998	1999
24, 325	28, 420	10, 321

　　為了得到這樣的結果，可以單純用 3 次 SELECT 命令來達成。

```
SELECT 銷量 FROM 年度銷量 WHERE 年= 1997
SELECT 銷量 FROM 年度銷量 WHERE 年= 1998
SELECT 銷量 FROM 年度銷量 WHERE 年= 1999
```

　　若使用樞紐資料表，就可以利用結合的技巧，以 1 次的查詢命令，把資料轉成橫向的各欄位值。我們先建立出以下的樞紐資料表。

圖 A-14　樞紐資料表

年	前年	去年	今年
1997	1	0	0
1998	0	1	0
1999	0	0	1

　　此資料表看起來，呈現出 1 構成的對角線。接著把這個樞紐資料表和年度銷量資料表以「年」欄位做結合。結合出的結果如下。

圖 A-15　與樞紐資料表結合後的結果

年度銷量		樞紐			
年	銷量	年	前年	去年	今年
1997	24, 325	1997	1	0	0
1998	28, 420	1998	0	1	0
1999	10, 321	1999	0	0	1

　以前年, 也就是 1997 年的銷量來看, 其值就是年度銷量資料表 1997 年那一筆列資料的銷量欄位值, 所以剛好符合樞紐資料表中的前年欄位中的 1 值 (表示爲該年度之資料)。

　把銷量欄位和前年、去年、今年欄位分別乘算處理, 如下。

```
SELECT 前年*銷量, 去年*銷量, 今年*銷量
   FROM 年度銷量, 樞紐 WHERE 年度銷量.年=樞紐.年
```

圖 A-16　查詢之結果

年	前年*銷量	去年*銷量	今年*銷量
1997	24, 325	0	0
1998	0	28, 420	0
1999	0	0	10, 321

　取得上面這樣的狀態就很夠了, 不過若以 SUM 來算出合計值的話, 資料表就會顯得更單純。由於和樞紐資料表的欄位做乘算之欄位, 在非必要之處都被填入 0, 所以做合計後, 值依然維持不變。

```
SELECT SUM(前年*銷量), SUM(去年*銷量), SUM(今年*銷量)
   FROM 年度銷量, 樞紐 WHERE 年度銷量.年=樞紐.年
```

　在本例中, 由於是使用「年」這樣的時間單位, 所以樞紐資料表也必須以年爲單位來更新其資料, 不過即使年度銷量是以月爲單位, 依然能對應處理, 這一點也是樞紐資料表的優點之一。

❖ 如何利用 CASE, 把橫向列資料轉成多欄資料?

在統計函式中, 以 CASE 來指定陳述式

在前一個技巧中, 我們介紹了該如何使用樞紐資料表, 把橫向列資料轉換成垂直欄位方向。在這裡, 則要介紹如何於統計函式內, 以 CASE 來決定陳述式, 好達成像使用樞紐資料表的效果, 也就是把橫列方向的資料轉成直向多欄位的資料。

我們利用上一個範例中的資料表,「年度銷量」來做說明。年度銷量資料表如下。

圖 A-17　年度銷量

年	銷量
1997	24, 325
1998	28, 420
1999	10, 321

為了把資料轉成直向的同一欄位, 我們可以執行如下的 SELECT 命令。

```
SELECT SUM(CASE 年 WHEN 1997 THEN 銷量 END),          Oracle
   SUM(CASE 年 WHEN 1998 THEN 銷量 END),
   SUM(CASE 年 WHEN 1999 THEN 銷量 END)
   FROM 年度銷量
```

圖 A-18　查詢之結果

SUM(CASE...)	SUM(CASE...)	SUM(CASE...)
24, 325	28, 420	10, 321

在統計函式中, 不只可以單純地寫上欄位名稱, 還可以寫入陳述式。就像先前講過的, 我們也可以將 CASE 陳述式當成 SUM 函式的參數來寫入。先仔細觀察一開始的 SUM 函式, 其中依據 CASE 陳述式, 在進行統計時, 年欄位為 1997 時, 其銷量欄位的值就會被採用。年為 1997 以外之值時, 則採用 NULL。因此, 最初的 SUM 計算的是 1997 年該筆資料的銷量欄位值, 第 2 個 SUM 則計算出 1998 之銷量欄位值。而最後的 SUM 算出的就是 1999 的銷量欄位之值。

Oracle 的舊版本是不支援 CASE 陳述式的。但是利用與 CASE 同功能的 DECODE 函式，也可以用同樣的方式來指定 SELECT 命令。

```
SELECT SUM(DECODE(年, 1997 銷量),
  SUM(DECODE(年, 1998, 銷量),
  SUM(DECODE(年, 1999, 銷量)
  FROM 年度銷量
```

圖 A-19　查詢結果

SUM(DECODE...)	SUM(DECODE...)	SUM(DECODE...)
24, 325	28, 420	10, 321

關於 CASE 陳述式或 DECODE 函式的詳細語法，請參照本書前面的說明。

❖ 如何算出順位？

在選擇欄位清單中寫上子查詢

若利用 ORDER BY 來進行排序的話，就可以輕易算出順位，但是，當有同樣的值時，想將它們排成同號的話，做法就有點麻煩。以下，我們以保存有高爾夫球成績的資料表為例來說明。

圖 A-20　高爾夫球成績資料表

順位	姓名	成績
1	山田	74
2	鈴木	79
2	佐藤	79
4	田中	82
5	山本	89

鈴木和佐藤的成績都是 79，所以同樣排名第 2 。而田中就變成不是第 3 名，而是第 4 名。為了得到像這樣的順位，只要算出比目前要算出排名者之成績更好的人 (成績欄位值更小的) 有幾人，就能找出其順位了。

為了要讓 SQL 做聰明又有效率的計算，就得用子查詢。由於我們可以在選擇欄位清單中寫入子查詢，所以只要寫成如下這樣，就能獲得我們所想要的結果。

```
SELECT (SELECT COUNT(*)+1 FROM 高爾夫球成績 WHERE
  高爾夫球成績.成績<S.成績), S.姓名, S.成績 FROM 高爾夫球成績 S
```

的是，要在「沒有比自己成績更好的人」＝「COUNT(*)的結果為 0」的時候，把這個人列為第 1 名。

　　為了在主要的 SELECT 命令中和子查詢中使用同一個高爾夫球成績資料表，所以我們為主要的 SELECT 所使用的高爾夫球成績資料表指定了一個別名，叫做「S」。

　　在 Oracle 、 DB2 中，也可以用「RANK」或「DENSE_RANK」函式來計算順位。而關於這些函式的使用方法，請參照前面章節。

❖ 如何變更資料類型？

利用資料類型變換函式來變更資料類型

　　進行不同資料類型之值的比較運算時，有時系統會偷偷地進行資料類型的轉換，不過由於有發生錯誤的可能性，所以最好還是用資料類型轉換函式來轉換資料類型比較好。

　　在 SQL Server 中，數值資料類型和字串資料類型之間，不會偷偷地自動進行資料類型轉換，而會直接發生錯誤，所以，一定要用「CONVERT」來進行資料類型轉換才可以。 CONVERT 函式可以像以下範例中這樣使用，也就是指定轉換後之資料類型、要轉換之陳述式，必要時還可以指定轉換後的格式給該函式作為參數值。

```
CONVERT(datatype[(length)], expression[, style])                    SQLServer
```

「datatype」參數所指定的是轉換後之資料類型。轉換後之資料類型可以是任意一種系統資料類型，但不能指定使用者定義資料類型。必要時，還可以指定資料長度。「expression」參數所指定的則是要轉換之陳述式，此陳述式的內容會被轉換成 datatype 所指定的資料類型後傳回。格式是在轉換成日期資料類型時才可以指定，且要以整數值來指定。對於日期資料類型以外的資料則沒有意義。

　　在 Oracle 中，各種資料類型的轉換有各自專用的函式可以利用。要轉換成字串資料類型時，用「TO_CHAR」資料類型轉換函式；要轉換成數值資料類型時，就用「TO_NUMBER」；轉換成日期資料類型時，則用「TO_DATE」。 Oracle 中也有 CONVERT 函式, 不過它是用來轉換文字編碼用的，而非轉換資料類型。

```
TO_CHAR(expression[, format[, 'nlsparams']])                          Oracle
```

「expression」參數所指定的是要轉換的陳述式。此陳述式的內容會被轉換成字串後傳回。必要時,可以用「format」參數,以字串值來指定格式。接著的「nlsparams」參數,必要時可以在格式中使用,我們可用字串來指定依據各國習慣或規定不同的月份名稱或通貨符號、標記數值位數的符號等。 TO_NUMBER 、 TO_DATE 也是用同樣的形式來呼叫。例如為了使用 LIKE 來檢索數值資料時,要先把數值轉換成字串,便可如下這樣寫。

```
SELECT * FROM foo WHERE CONVERT(varchar, i) LIKE '1%'   SQLServer
SELECT * FROM foo WHERE TO_CHAR(i) LIKE '1%'            Oracle
```

在 SQL-92 中,規定了「CAST」函式可以進行資料類型的轉換。 CAST 函式雖然可以進行單純的資料類型轉換,但是不能指定格式。

❖ 如何處理字串?

字串結合與刪除空白

SQL 可以運算欄位的內容。最常用的,大概就是加工字串值了。字串資料類型包括了長度固定的「char」,或是「CHARACTER」型,以及可變動長度的「varchar」,或是「VARCHAR2」型,共 2 種。前者是將長度固定的字串存在資料庫中。以長度為 8 位元組之字串資料類型欄位來說,最多可容納 8 個半形文字。不滿 8 個文字時,空的部分就會被填入空白。

要將某字串資料類型之欄位值做字串結合,讓它成為單一欄位值時,就如下一般,用「+ 運算子」或是「|| 運算子」來做 SELECT 即可。

```
SELECT s, t, s + t FROM foo           SQLServer  MS Access
SELECT s, t, s || t FROM foo    Oracle  DB2  PostgreSQL  SQLite
```

圖 A-21 字串結合之範例

s	t	s + t
1	abc	1 abc
12	abc	12 abc
123	abc	123 abc
1234	abc	1234abc

　　若欄位 s 為長度 4 的 char 資料類型, 則對於不滿 4 位元組的字串, 系統就會自動填入空白, 讓它變成長度 4 位元組, 因此, 結果就會變成如圖 A-21 那樣。想要消除空白的話, 可以用「RTRIM」和「LTRIM」函式。由於這些函式所傳回的值是 varchar 資料類型, 所以不會再出現空白。RTRIM 會把字串右側的空白給刪掉; LTRIM 則會把字串左側的空白刪除。我們利用剛剛所舉的例子, 但除去字串中的空白, 那麼就如下寫即可。

```
SELECT s, t, RTRIM(s) + t FROM foo          SQL Server  MS Access
SELECT s, t, RTRIM(s) || t FROM foo    Oracle  DB2  PostgreSQL  SQLite
```

圖 A-22　RTRIM 之範例

s	t	RTRIM(s) + t
1	abc	1abc
12	abc	12abc
123	abc	123abc
1234	abc	1234abc

❖ 如何使用 Sequence?

CREATE SEQUENCE 命令

　　只要建立了 Sequence, 就能輕鬆地為資料依序編號。而使用以下的 CREATE SEQUENCE 命令, 就能建立出 Sequence。

```
CREATE SEQUENCE s_foo START WITH 1
```

　　建立出的 Sequence, 一定含有 1 個整數值。這個整數值, 可以用 CURRVAL 模擬欄來參照到, 用 NEXTVAL 模擬欄則可以在取得目前值後, 將該值自動遞增一次。

　　以下例來看, 我們將 Sequences s_foo 之值 INSERT 到資料表 foo 的 a 欄位中, 就能建立出不重複的 ID 資料。

```
INSERT INTO foo(a) VALUES(s_foo.NEXTVAL)              Oracle
INSERT INTO foo(a) VALUES(s_foo.NEXTVAL)
SELECT * FROM foo

a
------

1
2
```

Sequence 可以不受交易功能的影響, 正常運作。 Sequence 不會因交易功能被鎖住, 而不能遞增編號。參照 Sequence 的 NEXTVAL 時, 即使將交易功能 COMMIT, 或 ROLLBACK, Sequence 依然會遞增。

　　使用 NEXTVAL 來 INSERT 時, 若把 INSERT 命令 ROLLBACK, 由 INSERT 所新增的列資料雖然會消失, 但是 Sequence 的值卻不會倒編回去。因此, 下一次用 NEXTVAL 來 INSERT 資料時, 編號就會跳號。

```
CREATE SEQUENCE s_foo START WITH 1                        Oracle
INSERT INTO foo(a) VALUES(s_foo.NEXTVAL)
COMMIT -- NEXTVAL 的值為 1
SELECT * FROM foo

a
- - - - - - - - - - - - - - - - - - - - - - - - - - - - - - -
1

INSERT INTO foo(a) VALUES(s_foo.NEXTVAL)
ROLLBACK -- NEXTVAL 的值為 2, 但編號 2 的列資料被 ROLLBACK
SELECT * FROM foo

a
- - - - - - - - - -
1

INSERT INTO foo(a) VALUES(s_foo.NEXTVAL)
COMMIT -- NEXTVAL 之值為 3

a
- - - - - - - - - -
1
3
```

　　* 在 SQL*Plus 中, 各行的最後都要加上分號。

A

SQL 的使用技巧

❖ 為資料表設定主鍵

主鍵的設定方法

一般來說, 資料表中都有 1 個甚至多個可以分辨各筆資料的欄位存在。在每個資料表中, 都可以指定 1 個 Primary key, 也就是主鍵。主鍵則可以指定為 1 個, 或者多個欄位。

指定為主鍵的欄位不能含有 NULL 值, 所以要指定為主鍵之欄位, 必須是在 CREATE TABLE 時有指定為 NOT NULL 的欄位才行。另外, 被指定為主鍵的欄位, 若以 INSERT 或 UPDATE 插入完全相同的資料時, 會產生錯誤。

主鍵可以在 CREATE TABLE 時指定, 也可以用「ALTER TABLE」為既存之資料表指定主鍵。以 CREATE TABLE 來指定主鍵的做法如下。

```
CREATE TABLE foo (
  a int not null CONSTRAINT bar PRIMARY KEY,
  b varchar(10)
)
```

將「PRIMARY KEY」指定為 a 欄位之屬性, 就是指定了主鍵制約。在此將制約名稱命名為 bar, 主鍵則為 a 欄位, 建立出的資料表名稱則為 foo。要指定多個欄位作為主鍵時, 就要用 ALTER TABLE 來指定, 或是以定義資料表全體的制約之方式來做。

```
ALTER TABLE foo ADD CONSTRAINT bar PRIMARY KEY (a, b)

CREATE TABLE foo (
  a int not null,
  b varchar(10) not null,
  CONSTRAINT bar PRIMARY KEY(a, b)
)
```

由於 ALTER TABLE 是用來更新資料表之屬性的, 所以資料表一定要先存在才行。資料表中已有資料的話, 資料內容會先被檢查過, 若所指定之欄位中有 NULL 值, 或是有重複值的話, 就會發生錯誤。

「CONSTRAINT bar」這樣的寫法, 是為主鍵制約指定名稱為 bar。若不需要名稱的話, 就可以省略此部分。

外來鍵的設定方法

在資料表中設定外來鍵時，所參照之資料表中一定要設有主鍵才行。和主鍵一樣，可以在 CREATE TABLE 時來指定，也可以用 ALTER TABLE 來指定。

```
CREATE TABLE foo (
  a int not null,
  b int not null,
  CONSTRAINT fkey_foo FOREIGN KEY(b) REFERENCES bar(a)
)
```

```
ALTER TABLE foo ADD CONSTRAINT fkey_foo
  FOREIGN KEY(b) REFERENCES bar(a)
```

在「FOREIGN KEY」之後，要接著寫上此資料表要參照到外部資料表之欄位名稱。而外部資料表的欄位則要接在「REFERENCES」後，以「資料表名稱(欄位名稱)」的形式來指定。指定之外部資料表欄位，必須和該資料表之主鍵完全一致才行。以上例來說，就是 bar 資料表的主鍵必須是 a 欄位才行。

設定了外來鍵的資料表和被參照到的資料表會被加上許多限制，像是將被參照的資料表 (在本例中為 bar) 中所沒有的值，INSERT 到所設定之資料表 (在本例中為 foo) 中，或是以 UPDATE 來變更其值，都是不行的。當 bar 資料表的 a 欄位中只有 1、2、3 這 3 個值存在時，以下的 INSERT、UPDATE 命令就會發生錯誤。

```
SELECT a FROM bar

a
- - - - - - - - - - - - -
1
2
3

INSERT INTO foo VALUES(1, 4)          ──因為沒有父鍵，所以發生錯誤
UPDATE foo SET b = 4 WHERE a = 1      ──因為沒有父鍵，所以發生錯誤
```

被參照的資料表也會被加上一些限制。當 foo 資料表的 b 欄位之值為 1 和 2 時，就表示 bar 資料表的 a 欄位中 1 和 2 的值被參照到、所以含有這些欄位值之列資料就不能被刪除。而 foo 資料表沒參照到的，含有 3 之值的列資料則可以被刪除。

```
SELECT a FROM foo


a         b
- - - - - - - - - - - -
1         1
2         2
3         2

DELETE FROM bar WHERE a = 1 ◄─────── 由於有子資料錄存在, 所以發生錯誤
DELETE FROM bar WHERE a = 3 ◄─────── 由於沒有被參照到, 所以能成功執行
```

像這樣，設定了外來鍵的話，就能確認跨資料表間的資料整合性。

❖ 指定資料表欄位的預設值

由系統自動插入值

資料表中的欄位，可以指定在 INSERT 時，沒有被指定到欄位資訊的情況下，由系統自動插入之預設值。

在 SQL Server 中, CREATE TABLE 時, 在定義欄位部分寫上「DEFAULT default_value」, 就能指定欄位預設值。在下例中, 我們將數值資料類型的欄位 b 的預設值設為 1。

```
CREATE TABLE foo (
  a int not null,
  b int null DEFAULT 1
)
```

預設值會在 INSERT 命令沒有明確指定值時, 被系統所採用。在下例中, 一開始的 INSERT 命令明確指定了值給 a、b 兩欄位, 所以預設值就派不上用場。第 2 個 INSERT 命令則只指定了值給欄位 a, 所以欄位 b 就會被填入預設值。

```
INSERT INTO foo VALUES(1, 99)
INSERT INTO foo(a) VALUES(2)
```

```
SELECT * FROM foo

a       b
---------
1       99
2       1
```

同樣地, 在 Oracle 中, 在 CREATE TABLE 時, 於欄位定義處寫上「DEFAULT default_value」的話, 就能指定欄位之預設值。不過, 必須寫在 NULL 、NOT NULL 的設定之前才行, 否則會發生錯誤。

```
CREATE TABLE foo (                                    Oracle
  a NUMBER(4) NOT NULL,
  b NUMBER(4) DEFAULT 1 NULL
)
```

在 Oracle 中, 可以用 ALTER TABLE 在新增欄位時, 為該欄位指定預設值, 則該新增之欄位就會用該預設值作為初始值。之後, 則會和用 CREATE TABLE 來設定預設值時的情況一樣。這只在以非 NULL 值新增欄位時有效。

❖ 如何對資料表、欄位進行某些限制？

使用者自定之限制

在進行 CREATE TABLE 或 ALTER TABLE 時, 可以在欄位定義處以 CONSTRAINT 來設定主鍵或外來鍵, 也可以定義出使用者自訂的制約條件。只要以指定屬性的方式, 定義出對於某欄外來說, 怎樣的值才算是正確的值, 資料的整合性就會提高, 維護資料也會變得更輕鬆。只是單純限制欄位值必須符合某些條件的話, 可以用建立 CHECK 制約的方式來做。

```
CREATE TABLE foo (
  code CHAR(4) NOT NULL,
  sub CHAR(1) CONSTRAINT chk_foo CHECK(sub = 'A' OR sub =
  'B')
)
```

附加有 CHECK 制約的 foo 資料表的 sub 欄位之值, 只能 INSERT 入 A 或 B 。若要增加可以插入的值時, 用 IN 運算子來寫會更清楚易懂。

```
CREATE TABLE foo (
  code CHAR(4) NOT NULL,
   sub CHAR(1) CONSTRAINT chk_foo CHECK(sub IN ('A', 'B',
'P', 'Z'))
)
```

　只要對資料表指定好制約條件，就可以用欄位資料的組合狀況來進
行資料檢查。舉例來說，當 code 欄位之值的最前 1 位數為 1 時，sub 欄
位之值就只能是 A 或 B，而當 code 欄位的最前 1 位數為 2 時，sub 欄位之
值就必須是 P 或 Z。像這樣，我們就能建立出複雜的制約條件。

```
CREATE TABLE foo (
  code CHAR(4) NOT NULL,
  sub CHAR(1) NOT NULL,
  CONSTRAINT chk_foo CHECK(
    (SUBSTR(code, 1, 1)='1' AND sub IN ('A', 'B')) OR
    (SUBSTR(code, 1, 1)='2' AND sub IN ('P', 'Z'))
  )
)
```

❖ 如何使用臨時資料表 (SQL Server) ？

臨時資料庫的臨時資料表

　臨時資料庫是在有臨時需求時，可以利用來建立臨時資料表，相當方
便好用。而在 SQL Server 中，使用者可以主動地利用臨時資料庫。

　要在臨時資料庫中建立資料表時，必須在資料表名稱的最前頭加上 #
符號。

```
CREATE TABLE #temp (a int, b varchar(10))
```
`SQLServer`

　這樣就能在臨時資料庫中建立出臨時資料表了。實際上建立出的資
料表 #temp 其名稱後還會接上系統自動加上的編號，使用者則不用在
意這個編號。這個編號是對應 SESSION 的號碼，好讓不同的 SESSION
即使用了同樣的臨時資料表名稱，也不會衝突，而能確實使用到不同的
臨時資料表。

建立好的臨時資料表，可以和一般的資料表一樣操作。 SESSION 消失時，也就是使用者登出時，由該 SESSION 所建立之臨時資料表就會被全數刪除。當然，也可以用 DROP TABLE 來刪除臨時資料表。

在預存程序內也可以操作臨時資料表。例如在程序內，將進行之統計結果存成臨時資料表，再利用該臨時資料表進一步取出資料。像上述這麼複雜的處理，也是可以做到的。

例如，我們要將多個 SELECT 命令以 UNION 做結合，再將所得之結果整合後，以 GROUP BY 來做統計。整個查詢就寫成如下。

```
SELECT x, SUM(a) FROM foo GROUP BY x
UNION
SELECT y, SUM(b) FROM bar GROUP BY y
```

上面這樣的寫法無法獲得我們想要的結果。這樣只是把各 SELECT 命令之統計結果整合成在一起而已。因此，我們要利用臨時資料表，寫成如下這樣，就能解決問題了。

```
SELECT x, a INTO #temp FROM foo                    SQLServer
INSERT INTO #temp SELECT y, b FROM bar
SELECT x, SUM(a) FROM #temp GROUP BY x
```

第 1 個 SELECT 命令將 foo 資料表的內容，完完整整地做成 #temp 臨時資料表。而下一個 INSERT 命令，則把 bar 資料表的內容追加到 #temp 臨時資料表中。最後再把建立出的 #temp 以 GROUP BY 來做統計。

臨時資料庫也是資料庫的一種，所以有容量限制。當資料量超過所設定的容量時，資料庫就無法存入資料了。所以需要很大容量時，就得擴充臨時資料庫。

❖ 如何使用臨時資料表 (PostgreSQL、 MySQL)？

CREATE TEMPORARY TABLE

PostgreSQL、MySQL 也和 SQL Server 一樣, 各 SESSION 可以建立出有效的臨時資料表。 SQL Server 中, 資料表名稱之前加上 # 符號, 就表示要建立的是臨時資料表, 而在 PostgreSQL、 MySQL 中, 則要用 CREATE TEMPOARY TABLE 來建立。

```
CREATE TEMPORARY TABLE temp (a int, b varchar(10))    PostgreSQL  MySQL/MariaDB
```

臨時資料表在所屬之 SESSION 結束時, 就會自動被 DROP TABLE。 當然, 我們也可以主動用 DROP TABLE 來刪除。此外, 若 SESSION 不同, 則即使同名, 也會被視為是不同的資料表。以功能上來說, 幾乎和 SQL Server 的臨時資料表完全相同。

❖ 如何使用臨時資料表 (Oracle)？

CREATE GLOBAL TEMPORARY TABLE

在 Oracle 中也能建立臨時資料表。但是和 SQLServer 或 PostgreSQL 不一樣, SESSION 結束之後, 臨時資料表也不會被刪除。和一般的永久資料表一樣, 臨時資料表一旦建立後, 只要使用者不主動做 DROP TABLE 的動作, 該資料表就不會被刪除。

但是, 關於臨時資料表中的列資料, 會以 SESSION 為單位, 或以交易功能為單位被保護, 而在結束時自動被刪除掉。我們以實際的範例來說明。首先, 要用 CREATE GLOBAL TEMPORARY TABLE 來建立臨時資料表。

```
CREATE GLOBAL TEMPORARY TABLE temp (              Oracle
  a INTEGER, b INTEGER
);
```

這樣就建立出了名為 temp 的臨時資料表。接著我們試著插入列資料。

```
INSERT INTO temp VALUES(1, 2);
```

我們用 INSERT 命令插入列資料到臨時資料表中, 再用 SELECT 來確認。

```
SELECT * FROM temp;


a          b
----------
1          2
```

確認資料正確插入到臨時資料表中了。接著再用其他的 SESSION 來參照, 看看資料還存不存在就行了。更進一步, 為了確認交易功能的影響, 我們執行了 COMMIT (此處是以系統中有 SQL*Plus 在運作為前提的動作。另外, 若處於自動 COMMIT 模式, 則會像這樣動作, 請特別注意了)。

```
COMMIT;
SELECT * FROM temp;

無資料
```

在 Oracle 中的臨時資料表, 預設在交易功能中是有效的。因此, 將交易功能 COMMIT 後, 臨時資料表中的列資料就會被刪除。藉由指定 ON COMMIT PRESERVE ROWS, 就可使原本在交易功能內有效的預設設定改成在 SESSION 中有效。

```
CREATE GLOBAL TEMPORARY TABLE temp_session (          Oracle
  a INTEGER, b INTEGER
) ON COMMIT PRESERVE ROWS;
```

這樣, 建立出的 temp_session 臨時資料表, 就是在 SESSION 中有效的。要改設定為在交易功能內有效的話, 則要指定 ON COMMITD ELETE ROWS。

臨時資料表不論是在交易功能內有效, 還是在 SESSION 中有效, 資料表本身, 只要不被 DROP TABLE, 就不會被刪除。會被自動刪除的, 只有臨時資料表中的列資料。這一點和其他資料庫中的臨時資料表不同, 請特別注意了。

❖ 如何給予最佳化調整器暗示？

最佳化調整器與效能調校

查詢最佳化調整器會分析 SELECT 命令, 然後為了能用最佳的檢索處理來執行該查詢, 而決定該怎樣使用索引 (查詢計畫) 。

最佳化調整器不只是單純地從欄位來找出索引, 而會以統計的方式調查出索引的狀態。若使用到相同值很多的索引, 很可能反而會降低查詢的效率。

不論最佳化調整器有無找到有效的索引, 在它不用索引的時候, 只要提供暗示給最佳化調整器, 也可能讓查詢效率提升。

在 SQL Server 中, 要用 SELECT 命令的 FROM 子句來暗示。只要在 FROM 句所指定之資料表名稱後面加上 WITH, 再於 INDEX 後指定要用的索引名稱即可。

```
SELECT * FROM foo WITH (INDEX(i_foo)) WHERE a = 1
```
`SQLServer`

在 Oracle 中, 暗示要寫在註解裡。不論是 /* */ 這種形式的註解, 還是 -- 這種形式的註解都可以。在 SELECT 命令之後, 寫上含有暗示的註解即可。為了與一般的註解區別開來, 在註解的最前頭要加上 + 符號。就像這樣「/*+ hint ... */」、「--+ hint ... 」。

```
SELECT /*+ INDEX(foo i_foo) */ * FROM foo WHERE a = 1
```
`Oracle`

像上例的寫法, 在檢索 foo 資料表之 a 欄位時, 就會優先採用索引 i_foo 來進行。當然, 若查詢最佳化調整器找到了適合的索引時, 就不用寫上暗示了。

當資料表的內容有很大的變更, 或是有大量的新增資料, 造成索引的統計資訊情報和資料內容有很大誤差時, 若不更新統計資訊, 最佳化調整器就無法做出最佳的查詢計畫。

關於統計資訊的更新, 在 SQL Server 中, 是用「UPDATE STATISTICS」命令, 做法如下。

```
UPDATE STATISTICS foo
```
`SQLServer`

在 Oracle 中, 可以用「ANALYZE」命令來分析資料表或索引的統計資訊。

```
ANALYZE TABLE foo COMPUTE STATISTICS                          Oracle
```

在 PostgreSQL 中，我們無法給最佳化調整器暗示。統計資訊可以用
「VACUUM」命令來更新。而 VACUUM 命令本來的用途，是為了清掃資
料庫中不需要的值組時用的。

```
VACUUM ANALYZE foo                                       PostgreSQL
```

❖ 如何確認查詢計畫？

最佳化調整器的查詢計畫

A

SQL 的使用技巧

當查詢效率低落時，查出最佳化調整器到底用了哪個索引，會是很有
幫助的。

• Oracle

在 Oracle 中，要找出查詢是如何進行的話，可以用「EXPLAIN PLAN」
命令。要執行此命令時，一開始得先建立出名為「PLAN_TABLE」的資
料表。若 PLAN_TABLE 不存在的話，就一定要先建立之才行，不過一開
始內建的 SCRIPT 應該就將之安裝好了。

```
Oracle 的資料夾\RDBMS\ADMIN\UTLXPLN.SQL
```

將該檔讀入執行，準備動作就完成了。接著只要用 EXPLAIN PLAN 命
令來執行想要調查的 SELECT 命令即可。

```
EXPLAIN PLAN FOR SELECT * FROM foo WHERE a=1
```

執行了上例程式後，只會顯示出類似「Explain 成功」這樣的文字。
調查結果會存在剛剛所提到的 PLAN_TABLE 中。觀察此資料表之內容，
雖然可以確認內容，但是很可能看不太懂，所以此時可以利用好用的
SCRIPT 來分析。

```
Oracle 的資料夾\RDBMS\ADMIN\UTLXPLP.SQL
```

執行上面所寫的 SCRIPT 後，就會輸出易看懂的結果了。

• SQL Server

在 SQL Server 中，只要利用附屬的「查詢分析器」，就可以用操作選單
般的簡易且視覺化的方式，讓結果顯示出來。而這個功能，當然只有販
賣圖形使用者介面的作業系統之廠商的產品才有。

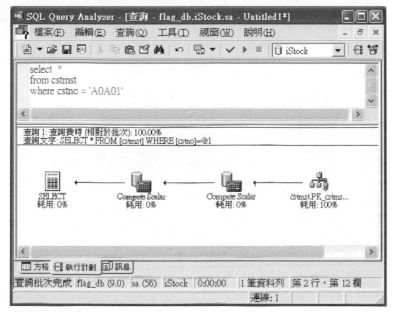

圖 A-24 以查詢分析器來顯示查詢計畫

• DB2

在 DB2 中, 也可以用「EXPLAIN」命令來檢視查詢計畫。使用方法如下：

```
EXPLAIN ALL FOR SELECT * FROM foo WHERE a = 1
```

像這樣, 在 EXPLAIN ALL FOR 之後, 接著寫上 SELECT 命令即可。而 EXPLAIN 的執行結果會輸出到 EXPLAIN 表中。但與其用 EXPLAIN 命令, 還不如用「Command Center」, 來檢視, 就可叫出圖像化, 更易看懂的結果來觀察。

• PostgreSQL 、 MySQL

在 PostgreSQL 、 MySQL 中, 也可以用「EXPLAIN」命令來檢視查詢計畫。使用方法如下：

```
EXPLAIN SELECT * FROM foo WHERE a = 1
```

像這樣, 在 EXPLAIN 之後, 接著寫上 SELECT 命令即可。則該 SELECT 命令所利用的索引等資訊就會列出來。

在 PostgreSQL 中使用 EXPLAIN 的範例

```
EXPLAIN SELECT * FROM foo WHERE a = 1
NOTICE: QUERY PLAN:
Index Scan using foo_pkey on foo (cost=0.00..4.82 rows=1
  width=28)
EXPLAIN
```

附錄 B　Import 與 Export

　　將資料從外部 import (匯入) 到資料庫中, 或是將資料庫中的資料 export(匯出) 是常有的事。經由網路而連結在一起的電腦之間, 也可以直接互傳資料。但是由於網路頻寬的關係, 有時可能得花太多時間在傳輸上。而沒有用網路相連的電腦之間, 要進行資料移動時, 就得先匯出資料, 將之存到適當的儲存媒體, 再匯入到目標伺服器中。

　　雖然 SELECT、CREATE TABLE 等 SQL 指令是在資料庫伺服器執行, 但關於匯出、匯入的功能, 有些資料庫會使用外部程式的方式來處理。

　　Oracle 的 IMP、EXP 為外部程式。外部程式的指令名稱會隨著 OS 不同而區分大小寫。例如在 UNIX 中, 指令名稱為 imp、exp。

　　SQL Server 使用 BCP 來進行匯出、匯入。 BCP 是外部程式。因為在 Windows 上不區分小寫, 所以 BCP 或 bcp 都可使用。

　　DB2 使用 IMPORT、EXPORT 指令進行匯入、匯出。這是在資料庫伺服器執行的指令。 PostgreSQL 使用 COPY 指令進行匯出、匯入。 COPY 是在資料庫伺服器執行的指令。 MySQL 使用 LOAD DATA 指令進行匯入, SELECT INTO OUTFILE 指令進行匯出。也可使用外部程式 mysqlimport 進行匯入。

IMP

| Oracle | SQL Server | DB2 | Postgre SQL |
| MySQL/ MariaDB | SQLite | MS Access | SQL 標準 |

Oracle 的匯入工具

B

Import 與 Export

語法

IMP user/password[@connect-string]
keyword = value keyword = (value [, value ...])

參數

user	使用者
password	密碼
connect-string	用於連結的 host 字串
keyword	關鍵字
value	關鍵字之值

「IMP」是 Oracle 的「匯入工具」。 Oracle 資料庫的資料庫物件可以從外部檔案匯入。

不指定參數，直接執行此工具時，就會出現要求輸入使用者名稱和密碼的訊息。至於詳細的選項，就以「關鍵字 = 值」或是「關鍵字 =(值,值 ...)」這樣的形式來指定即可。也可以將參數寫在參數檔案中，然後以「PARFILE= 參數檔案名稱」的方式來執行。我們將具代表性的幾個關鍵字整理列出，如圖表 B-1, 以供參考。

圖表 B-1 IMP 的關鍵字

關鍵字	預設值	value 的意義
FULL	N	匯入全部檔案
FILE	EXPDAT.DMP	匯入之檔案名稱
FROMUSER		指定檔案之使用者
TOUSER		指定要匯入給哪個使用者
TABLES		要匯入之資料表名稱
GRANTS	Y	匯入權限
INDEXES	Y	匯入索引
ROWS	Y	匯入列資料
CONSTRAINTS	Y	匯入制約
TRIGGERS	Y	匯入 Trigger
PARFILE		參數檔案名稱

範例 全部匯入。

```
imp system/manager full=y
```

範例 只匯入 foo 和 bar 資料表

```
imp scott/tiger tables=(foo, bar)
```

範例 從 foo.dmp 檔匯入 foo 資料表

```
imp scott/tiger tables=(foo) file=foo.dmp
```

範例 指定連結文字, 與資料庫進行連結

```
imp scott/tiger@peta tables(foo)
```

EXP

Oracle 的匯出工具

> **語法**
>
> **EXP** user/password[@connect-string]
> keyword = value keyword = (value [, value ...])

> **參數**
>
> | user | 使用者 |
> | password | 密碼 |
> | connect-string | 用於連結的 host 字串 |
> | keyword | 關鍵字 |
> | value | 關鍵字的值 |

「EXP」是 Oracle 的「匯出工具」。 Oracle 資料庫的資料庫物件可以匯出成外部檔案。

不指定參數，直接執行此工具時，就會出現要求輸入使用者名稱和密碼的訊息。至於詳細的選項，就以「關鍵字 = 值」或是「關鍵字 =(值,值 ...)」這樣的形式來指定即可。也可以將參數寫在參數檔案中，然後以「PARFILE= 參數檔案名稱」的方式來執行。我們將具代表性的幾個關鍵字整理列出，如圖表 B-2, 以供參考。

圖表 B-2 EXP 的關鍵字

關鍵字	預設值	value 的意義
FULL	N	全部匯出模式
FILE	EXPDAT.DMP	匯出之檔案名稱
OWNER		指定所有者
TABLES		要匯出之資料表名稱
COMPRESS	Y	壓縮
GRANTS	Y	匯出權限
INDEXES	Y	匯出索引
ROWS	Y	匯出列資料
CONSTRAINTS	Y	匯出制約
TRIGGERS	Y	匯出 Trigger
QUERY		匯出查詢結果
PARFILE		參數檔案名稱

範例 匯出資料庫全體

```
exp system/manager full=y
```

範例 只匯出 foo 和 bar 資料表

```
exp scott/tiger tables=(foo,bar)
```

範例 將 foo 資料表匯出成 foo.dmp 檔

```
exp scott/tiger tables=(foo) file=foo.dmp
```

範例 指定連結字串, 與資料庫連結

```
exp scott/tiger@peta tables(foo)
```

範例 將使用者 scott 所擁有的所有物件匯出

```
exp scott/tiger owner=(scott)
```

BCP

SQL Server 的匯入 / 匯出

語法

BCP table_name { in | out } datafile_name options
BCP "query" queryout datafile_name options

參數

table_name	匯入、匯出之資料表名稱
query	查詢
datafile_name	匯入、匯出之檔案名稱
optioins	選項

在「BCP」之後，要接著指定想匯入、匯出的物件。若指定的是資料表名稱，則可以匯入或匯出該資料表。若指定的是查詢 (SELECT 命令)，則要用雙引號將之包起來。

要匯入或匯出的是資料表，還是查詢之後，接著要決定是要匯入還是匯出。指定資料表名稱時，寫上「in」就表示要匯入資料表，寫上「out」則表示要匯出資料表。指定的是查詢時，則用「queryout」表示要匯出。而用 in 是不能指定匯入查詢結果的。

圖表 B-3　BCP 的選項

選項	意義
-m max_errors	設定可容許的錯誤次數
-f format_file	指定要格式化之檔案
-F first_line	指定要開始之資料檔案中的列編號
-L last_line	指定要結束之資料檔案中的列編號
-n	以 native 的形式來匯入、匯出
-c	以純文字的形式來匯入、匯出。區塊的分隔文字是 \t(TAB)、換行則用 \n
-w	以純文字形式匯入、匯出的話，漢字會以 Unicode 編碼
-S server_name	指定伺服器名稱。省略時，會連結到本機。
-U user_name	指定使用者名稱
-P password	指定密碼。若省略，就會出現要求輸入密碼的訊息

-n 、-c 、-w 中任何一個選項都不指定的話，BCP 就會顯示出要求指示的訊息。

IMPORT

DB2 的匯入命令

〔語法〕

IMPORT FROM file_name **OF** file_type
[LOBS FROM lob_path **[** , lob_path ... **]]**
[MODIFIED BY file_type_mod **]**
[MESSAGES message_file **]**
**{ INSERT | INSERT_UPDATE | REPLACE |
REPLACE_CREATE | CREATE } INTO**
{ table_name **|** hierarchy_specified **}**

〔參數〕

file_name	要匯入之檔案名稱
file_type	資料形式 ASC/DEL/WSF/IFX
lob_path	要匯入之 LOB 資料的路徑
file_type_mod	追加選項
message_file	訊息檔案
table_name	資料表名稱
hierarchy_specified	指定匯入之資料表的階層

　　在 DB2 中，用「IMPORT」命令，就能進行匯入動作。基本的用法就是寫成「IMPORT FROM 檔案名稱 OF 類型 INSERT INTO 資料表名稱」這樣的形式。其中，類型要指定的是「ASC(無符號區分的純文字形式)」、「DEL(以符號區分的純文字形式)」、「WSF(worksheet 形式)」、「IXF(整合交換格式)」中的任一者。

　　在「INTO 資料表名稱」之前，我們要指定要匯入時的動作。指定「INSERT」，表示檔案之內容要新增到既存之資料表中。指定「INSERT_UPDATE」的話，檔案之內容會新增到既存之資料表中，但當主鍵一樣時，該列資料就會被更新。「REPLACE」則會將檔案之內容新增到既存之資料表裡，但是資料表中原有的列資料會先全部被刪除。「REPLACE_CREATE」會在所指定的資料表已存在時，先將其中的列資料刪除後，進行匯入，而若指定之資料表不存在的話，就建立該資料表後再匯入資料。「CREATE」則是建立新資料表，然後進行匯入動作。

範例 從純文字形式的檔案 foo.txt 來匯入資料到資料表 foo 中。

```
IMPORT FROM foo.txt OF DEL INSERT INTO foo
```

EXPORT

Oracle | SQL Server | **DB2** | Postgre SQL | MySQL/MariaDB | SQLite | MS Access | SQL 標準

DB2 的匯出命令

【語法】

EXPORT TO file_name **OF** file_type
[LOBS TO lob_path **[** , lob_path ... **]]**
[LOBFILE lob_file_name **[** , lob_file_name ... **]]**
[MODIFIED BY file_type_mod**]**
[METHOD N (column **[** , column ... **])]**
[MESSAGES message_file**]**
{ select_statement **| HIERARCHY** hierarchy_specified }

【參數】

file_name	要匯出之檔案名稱
file_type	資料形式 DEL/WSF/IFX
lob_path	匯出 LOB 資料之路徑
lob_file_name	匯出 LOB 資料之檔案名稱
file_type_mod	追加選項
column	匯出之檔案中的欄位名稱
message_file	訊息檔案
select_statement	SELECT 命令
hierarchy_specified	指定匯出之資料表的階層

在 DB2 中, 利用「EXPORT」命令, 就能進行匯出動作。基本的用法就是寫成「EXPORT TO 檔案名稱 OF 類型 SELECT 命令」這樣的形式。其中, 類型要指定的是「DEL(以符號區分的純文字形式)」、「WSF(worksheet 形式)」、「IXF(整合交換格式)」中的任一者。

「LOBS TO」和「LOBFILE」的部分, 是要指定 LOB 資料匯出之檔案名稱和路徑。

「MESSAGES」可以指定要將匯出時之警告訊息保存到哪個檔案中去。要直接將資料表原原本本地匯出時, 用「SELECT * FROM 資料表」這樣的 SELECT 命令就行了。在「HIERARCHY」之後, 接著在括弧內列出資料表名稱, 就能匯出資料表階層。寫成「HIERARCHY STARTING 根資料表」這樣的話, 根資料表以下的子資料表就會全部匯出。

範例 將 foo 資料表以 DEL 的形式匯出成 foo.txt 檔。

```
EXPORT TO foo.txt OF DEL SELECT * FROM foo
```

COPY

PostgreSQL 的匯入 / 匯出命令

語法

```
COPY [ BINARY ] table_name [ WITH OIDS ]
 FROM { 'file_name' | stdin }
 [[ USING ] DELIMITERS 'delimiter' ]
 [WITH NULL AS 'null string' ]

COPY [ BINARY ] table_name [ WITH OIDS ]
 TO { 'file_name' | stdout }
 [ [ USING ] DELIMITERS 'delimiter' ]
 [WITH NULL AS 'null string' ]
```

參數

table_name	要匯入、匯出之資料表名稱
file_name	要匯入、匯出之檔案名稱
delimiter	分隔符號
null string	代替 NULL 值之字串

在 PostgreSQL 中, 匯入、匯出要用「COPY」命令來進行。匯入要寫成「COPY 資料表 FROM ' 檔案 '」的形式。而檔案要以本機的絕對路徑來指定。匯出時, 則用「COPY 資料表 TO' 檔案 '」的形式來寫。也可以指定 stdin、stdout 來代替檔名。這樣寫的話, 就表示要從標準輸入來匯入, 或是匯出到標準輸出去。寫成「COPY BINARY」的話, 就可以匯入、匯出 2 進位的資料了。不加上 BINARY 的話, 就會用純文字形式來處理。

「WITH OID」是用來指定是否要包含 OID 欄位。

使用「USING DELIMITERS」的話, 可以指定分隔各欄位資料用的分隔符號。指定為 BINARY 時, 這個句子就無效。

用「WITH NULL AS」, 可以指定要用來代替 NULL 值之字串。指定為 BINARY 時, 這個句子就無效。

範例 將 foo 資料表之資料以逗號分隔, 匯出成 /tmp/foo.txt 檔。

```
COPY foo TO '/tmp/foo.txt' USING DELIMITERS ','
```

範例 將以逗號分隔資料之 /tmp/foo.txt 檔, 匯入到 foo 資料表中。

```
COPY foo FROM '/tmp/foo.txt' USING DELIMITERS ','
```

LOAD DATA

MySQL 的匯入命令

語法

LOAD DATA [LOCAL] INFILE 'file_name' **[REPLACE | IGNORE]**
INTO TABLE table_name
[FIELDS [TERMINATED BY 'delimiter' **]**
[[OPTIONALLY] ENCLOSED BY 'enclosed' **]**
[ESCAPED BY 'escape' **]]**
[LINES TERMINATED BY 'line_term' **]**
[IGNORE line **LINES]**
[(column **[,** column **...])]**

參數

file_name	檔案名稱
table_name	資料表名稱
delimiter	區間分隔符號
enclosed	包住項目的符號
escape	跳脫文字
line	指定要忽略之列
column	欄位

在 MySQL 中, 要用「LOAD DATA」命令來進行匯入的動作。從 file_name 讀入資料, 然後新增到 table_name 中。

「LOCAL」表示要匯入存在於遠端使用者的電腦裡的檔案。不加上 LOCAL 的話, 就表示要匯入之檔案存在於伺服器上。

「REPLACE」、「IGNORE」是指定遇到有重複之主鍵出現時, 該進行的動作。指定為 REPLACE 的話, 表示遇到有相同主鍵值之列資料時, 就拿匯入的資料來取代資料表中的該筆資料。指定為 IGNORE 的話, 遇到有相同主鍵值之列資料時, 就忽略不處理。

「FILEDS TERMINATED BY」可以指定匯入之檔案中的欄位項目的分隔文字符號, 預設是用 TAB 。

「FIELDS ENCLOSED BY」可以指定包住各項目的符號。加上 OPTIONALLY 的話, 就表示只有 CHAR 、 VARCHAR 資料類型之項目會被包起來。

「LINES TERMINATED BY」可以指定換行符號。

範例 匯入 /tmp/import.txt 檔到 foo 資料表。 import.txt 中之資料是以 逗號分隔, 而文字資料則以 " 包起來。換行符號為 \n 。

```
LOAD DATA INFILE '/tmp/import.txt' INTO TABLE foo
FIELDS TERMINATED BY ',' OPTIONALLY ENCLOSED BY '"'
LINES TERMINATED BY '\n'
```

SELECT INTO OUTFILE

MySQL 的匯出命令

語法

SELECT ... INTO OUTFILE 'file_name'
[FIELDS [TERMINATED BY 'delimiter' **]**
[[OPTIONALLY] ENCLOSED BY 'enclosed' **]**
[ESCAPED BY 'escape' **]]**
[LINES TERMINATED BY 'line_term' **]**
FROM table_name ....

參數

file_name	檔案名稱
table_name	資料表名稱
delimiter	區間分隔符號
enclosed	包住項目的符號
escape	跳脫文字

在 MySQL 中, 匯出要用 SELECT 命令來進行。只要在一般的 SELECT 命令中, 加上「INTO OUTFILE」即可。用這樣的方式, 就能把 SELECT 命令之執行結果匯出成檔案。而 FIELDS、LINES 選項的意義, 則和 LOAD DATA 命令中相同。

範例 將 foo 資料表之內容匯出成 /tmp/export.txt 檔。 export.txt 中之資料形式會是以逗號分隔, 而文字資料則以 " 符號包住。換行符號為 \n 。

```
SELECT * INTO OUTFILE '/tmp/export.txt'
 FIELDS TERMINATED BY ','
 OPTIONALLY ENCLOSED BY '"' LINES TERMINATED BY '\n'
 FROM foo
```

Index

字母索引
功能・目的別索引

字母索引

字母索引

功能・目的別索引

功能・目的別索引

功能・目的別索引

旗 標 FLAG

http://www.flag.com.tw